ΣBEST
シグマベスト

シグマ 基本問題集
数学Ⅱ+B

文英堂編集部　編

文英堂

特色と使用法

◎ **「シグマ基本問題集　数学Ⅱ＋B」**は，問題を解くことによって教科書の内容を基本からしっかりと理解していくことをねらった**日常学習用問題集**である。編集にあたっては，次の点に気を配り，これらを本書の特色とした。

学習内容を細分し，重要ポイントを明示

学校の授業にあわせた学習がしやすいように，「数学Ⅱ＋B」の内容を 52 の項目に分けた。また，**「テストに出る重要ポイント」**では，その項目での重要度が非常に高く，テストに出そうなポイントだけをまとめた。これには必ず目を通すこと。

「基本問題」と「応用問題」の２段階編集

基本問題は教科書の内容を理解するための問題で，**応用問題**は教科書の知識を応用して解く発展的な問題である。どちらも小問ごとにチェック欄を設けてあるので，できたかどうかをチェックし，弱点の発見に役立ててほしい。また，解けない問題は，ガイドなどを参考にして，できるだけ自分で考えよう。

特に重要な問題は例題として解説

特に重要と思われる問題は例題研究として掲げ，着眼と解き方をつけてくわしく解説した。着眼で，問題を解くときにどんなことを考えたらよいかを示してあり，解き方で，その考え方のみちすじを示してある。ここで，問題解法のコツをつかんでほしい。

定期テスト対策も万全

基本問題のなかで，定期テストに出やすい問題にはテスト必出マークを，**応用問題**のなかで，テストに出やすい問題には差がつくマークをつけた。テスト直前には，これらの問題をもう一度解き直そう。

くわしい解説つきの別冊正解答集

解答は，答え合わせをしやすいように別冊とし，問題の解き方が完璧（かんぺき）にわかるようにくわしい解説をつけた。また，テスト対策では，定期テストなどの試験対策上のアドバイスや留意点を示した。大いに活用してほしい。

もくじ

1　3次の乗法公式

テストに出る重要ポイント

展開公式

① $(a\pm b)^3=a^3\pm 3a^2b+3ab^2\pm b^3$ （複号同順）

② $(a\pm b)(a^2\mp ab+b^2)=a^3\pm b^3$ （複号同順）

因数分解の公式

① $a^3\pm 3a^2b+3ab^2\pm b^3=(a\pm b)^3$ （複号同順）

② $a^3\pm b^3=(a\pm b)(a^2\mp ab+b^2)$ （複号同順）

基本問題

解答 → 別冊 p. 1

できたらチェック。

1 次の式を展開せよ。

□ (1) $(x+3)^3$　　□ (2) $(x-4)^3$

□ (3) $(x+5)(x^2-5x+25)$　　□ (4) $(x-6y)(x^2+6xy+36y^2)$

2 次の式を因数分解せよ。

□ (1) x^3+8　　□ (2) $27x^3-64y^3$

□ (3) $x^3+15x^2+75x+125$　　□ (4) $8x^3-12x^2y+6xy^2-y^3$

応用問題

解答 → 別冊 p. 1

3 次の式を因数分解せよ。

□ (1) $a^3+b^3+c^3-3abc$　　□ (2) $27x^3-8y^3+18xy+1$

ガイド　(1) $a^3+b^3=(a+b)^3-3ab(a+b)$ として，まず $(a+b)^3+c^3$ に公式を適用する。

4 $\alpha=\dfrac{2}{\sqrt{6}+\sqrt{2}}$，$\beta=\dfrac{2}{\sqrt{6}-\sqrt{2}}$ のとき，次の式の値を求めよ。 差がつく

□ (1) $\alpha+\beta$　　□ (2) $\alpha^3+\beta^3$　　□ (3) $\alpha^6+\beta^6$

2 二項定理

テストに出る重要ポイント

- **二項定理**

  $(a+b)^n={}_n\mathrm{C}_0a^n+{}_n\mathrm{C}_1a^{n-1}b+\cdots+{}_n\mathrm{C}_ra^{n-r}b^r+\cdots+{}_n\mathrm{C}_nb^n$

- **一般項，二項係数**…${}_n\mathrm{C}_ra^{n-r}b^r$ を**一般項**，各係数 ${}_n\mathrm{C}_r$ を**二項係数**という。
- **多項定理**…$(a+b+c+\cdots)^n$ の展開式における $a^pb^qc^r\cdots$ の係数は

  $\dfrac{n!}{p!q!r!\cdots}$ （ただし，$p+q+r+\cdots=n$）

基本問題

解答 → 別冊 p. 1

できたらチェック。

5 二項定理を使って，次の式を展開せよ。

□ (1) $(x-y)^8$　□ (2) $(a+2b)^4$　□ (3) $(x-2y)^5$

□ (4) $(2a+b)^6$　□ (5) $(2x-3y)^5$　□ (6) $(3a+2b)^5$

6 二項定理を使って，次の式を展開せよ。

□ (1) $\left(x-\dfrac{1}{2}\right)^5$　□ (2) $\left(\dfrac{1}{3}a+2b\right)^4$　□ (3) $\left(2x+\dfrac{1}{x}\right)^6$

□ (4) $\left(x^2+\dfrac{1}{x}\right)^6$　□ (5) $\left(x^2-\dfrac{3}{x}\right)^5$　□ (6) $\left(x^2+\dfrac{2}{x}\right)^5$

例題研究》 $\left(x^2-\dfrac{2}{x}\right)^6$ の展開式における x^6 の係数を求めよ。

着眼 $(a+b)^n$ の展開式を扱う場合，n が大きいときは，まず一般項 ${}_n\mathrm{C}_ra^{n-r}b^r$ を作る。n が小さいときは，パスカルの三角形によって二項係数の値を計算すると便利である。

解き方 この展開式の一般項は

$${}_6\mathrm{C}_r(x^2)^{6-r}\left(-\frac{2}{x}\right)^r=(-2)^r{}_6\mathrm{C}_r\frac{x^{12-2r}}{x^r}$$

→ この種の問題では，まず一般項を求める

$(12-2r)-r=6$ とおけば　$r=2$

したがって，x^6 の係数は

$(-2)^2\times{}_6\mathrm{C}_2=4\times15=60$

答 60

7 次の展開式における〔　〕の中に示した項の係数を求めよ。 テスト必出

□ (1) $(2x-3)^8$ 〔x^6〕　　□ (2) $(x+5)^{10}$ 〔x^7〕

□ (3) $\left(x-\dfrac{2}{x}\right)^8$ 〔$\dfrac{1}{x^2}$〕　　□ (4) $\left(x^2+\dfrac{2}{x}\right)^7$ 〔$\dfrac{1}{x}$〕

例題研究》 $(x+2y+3z)^8$ を展開したときの $x^2y^3z^3$ の係数を求めよ。

着眼 多項定理の一般項より考える。計算が複雑になるので，まちがえないように注意すること。

解き方 多項定理から一般項は

$$\frac{8!}{p!q!r!}x^p(2y)^q(3z)^r=\frac{2^q\cdot3^r\cdot8!}{p!q!r!}x^py^qz^r \qquad (p+q+r=8)$$

→ この関係に注意！

よって，$x^2y^3z^3$ の係数は $p=2$, $q=3$, $r=3$ として

$$\frac{2^3\cdot3^3\cdot8!}{2!3!3!}=120960$$

答 **120960**

□ **8** $(x-y-2z)^6$ の展開式における x^2y^3z の係数を求めよ。

□ **9** $(x+2y-3z)^6$ の展開式における x^3y^2z の係数を求めよ。 テスト必出

応用問題

解答 → 別冊 p. 2

□ **10** $y=\dfrac{(1-2x)^5-1}{x}$ を x の多項式に展開したときの x^2 の係数を求めよ。

□ **11** 次の展開式における x^6 の係数を求めよ。

$$(1+x^2)+(1+x^2)^2+(1+x^2)^3+\cdots+(1+x^2)^{10}$$

□ **12** 0.98^4 を二項定理を用いて計算せよ。

□ **13** $(x^2+2x+3)^4$ の展開式における x^5 の係数を求めよ。

□ **14** $(1+2x-3x^2-4x^3)^4$ の展開式における x^4 の係数を求めよ。 差がつく

3 整式の除法

テストに出る重要ポイント

- **指数法則(除法)**…m，n が正の整数で，$a \neq 0$ のとき

$$a^m \div a^n = \begin{cases} a^{m-n} & (m>n) \\ 1 & (m=n) \\ \dfrac{1}{a^{n-m}} & (m<n) \end{cases}$$

- **整式の除法**…1つの文字について**降べきの順に式を整理**してから割り算をする。
- **整式の商と余り**…整式 A を整式 B で割ったときの商を Q，余りを R とすると

$$A=BQ+R \quad (R\text{ の次数}<B\text{ の次数})$$

㊟整数の除法とちがって，整式の除法では余りが負の数になってもよい。負の数の次数は0で，(余りの次数)<(割る式の次数) を満たしている。

また，$\dfrac{A}{B}=Q+\dfrac{R}{B}$ はよいが，$\dfrac{A}{B}=Q+R$ や $\dfrac{A}{B}=Q$ 余り R などはだめ。

基本問題

解答 → 別冊 p. 3

できたらチェック。

15 次の計算をせよ。

□ (1) $x^4 \div x^2$　□ (2) $(-4x^3y^2) \div 2x^2y$　□ (3) $x^2y^3 \div xy$

□ (4) $(3x^2y-4xy^3) \div xy$　□ (5) $(6x^2y-8xy^2) \div 2xy$

16 次の整式 A を整式 B で割った商と余りを求めよ。 テスト必出

□ (1) $A=4x^2+3x-1$，$B=2x+3$

□ (2) $A=2x^3+3x^2-6x+2$，$B=x-1$

□ (3) $A=-2x^3+x^2+5x-4$，$B=x-1$

□ (4) $A=2x^2+7x+5-3x^3$，$B=3x-1$

□ (5) $A=x^3+3x^2+8x-1$，$B=x^2-2x+1$

□ (6) $A=-2x^3-5+3x^2$，$B=x^2+2x-1$

ガイド (4) 降べきの順に整理する。(6) 降べきの順に整理し，欠けた項はあける。

□ **17** 整式 A を $2x^2-x+3$ で割ったら，商が x^4-x+1，余りが $x-2$ となった。整式 A を求めよ。

応用問題

解答 → 別冊 p. 3

□ **18** 整式 $8x^3+3x-6$ を整式 P で割ったときの余りが $3x-5$ であった。P の最高次の係数が1であるとして，整式 P を求めよ。

□ **19** x^3 をある整式 A で割ったとき，商 $x+2$，余り $x-6$ を得た。整式 A を求めよ。

20 次の整式 A，B を x についての整式とみて，A を B で割った商と余りを求めよ。

□ (1)　$A=x^2-xy-6y^2+x+7y-3$，$B=x+2y-1$

□ (2)　$A=4x^3-7xy^2+4y^3$，$B=2x-3y$

例題研究》 m，n を $m>n>0$ である整数とする。$x^3-mnx+2(m+n)$ が $x-1$ で割り切れるとき，m，n の値と商を求めよ。

着眼　割り切れるということは，実際に割り算をしたとき**余りが0**であればよいのだから，割り算を実行してみる。

解き方　実際に割り算を行うと，余りが $-mn+2(m+n)+1$ となる。割り切れるということは余りが0であるので　$-mn+2(m+n)+1=0$

$(m-2)(n-2)=5$　→ 大切

m，n は $m>n>0$ を満たす整数だから

$m-2=5$，$n-2=1$

よって　$\boldsymbol{m=7}$，$\boldsymbol{n=3}$　……答

$m=7$，$n=3$ を商に代入すれば商は　$\boldsymbol{x^2+x-20}$　……答

$$
\begin{array}{r|l}
 & x^2 + x + (1-mn) \\ \hline
x-1 & x^3 \qquad -mnx+2(m+n) \\
 & x^3-x^2 \\ \hline
 & x^2 - mnx \\
 & x^2 - x \\ \hline
 & (1-mn)x+2(m+n) \\
 & (1-mn)x-(1-mn) \\ \hline
 & -mn+2(m+n)+1
\end{array}
$$

□ **21** x^4+ax^2+1 が x^2+ax+1 で割り切れるとき，a の値を求めよ。《差がつく

□ **22** $2x^3-5x^2-7x+3$ を $(x+1)$ の多項式として表せ。

ガイド　$x+1=y$ とおき，$x=y-1$ を与えられた式に代入すればよい。

4　分数式の計算

テストに出る重要ポイント

- **整式の約数と倍数**…整式 A が整式 B で割り切れるとき，B を A の**約数**，A を B の**倍数**という。2つ以上の整式に共通な約数を**公約数**といい，そのうちで次数の最も高いものを**最大公約数**(G. C. D.)という。2つ以上の整式に共通な倍数を**公倍数**といい，そのうちで次数の最も低いものを**最小公倍数**(L. C. M.)という。
- **分数式の約分と通分**…A，B を整式とするとき $\dfrac{A}{B}$ **の形の式を分数式**といい，A を分子，B を分母という。分数式の分母，分子が共通因数をもつとき，分母，分子を共通因数で割ることを**約分する**という。また，2つ以上の分数式の分母を同じ整式にそろえることを**通分する**という。
- **分数式の四則演算**

加法：$\dfrac{A}{C}+\dfrac{B}{C}=\dfrac{A+B}{C}$　　減法：$\dfrac{A}{C}-\dfrac{B}{C}=\dfrac{A-B}{C}$

乗法：$\dfrac{A}{B}\times\dfrac{C}{D}=\dfrac{AC}{BD}$　　除法：$\dfrac{A}{B}\div\dfrac{C}{D}=\dfrac{A}{B}\times\dfrac{D}{C}=\dfrac{AD}{BC}$

基本問題

解答 → 別冊 p. 4

できたらチェック。

23 次の分数式を約分せよ。

□ (1) $\dfrac{27a^3b^2xy}{15a^2bx^3y^2}$　　□ (2) $\dfrac{3x^2-5x+2}{2x^2+x-3}$　　□ (3) $\dfrac{x^3+3x^2+2x}{x^3-4x}$

□ **24** $A=\dfrac{x-4}{x^2-4x+3}$，$B=\dfrac{x+3}{x^2+x-2}$　を通分せよ。

25 次の計算をせよ。〈テスト必出

□ (1) $\dfrac{2x}{x-y}+\dfrac{4x}{y-x}$　　□ (2) $\dfrac{2x}{x^2-4}-\dfrac{1}{x-2}$　　□ (3) $\dfrac{1}{x+1}-\dfrac{1}{x-1}+\dfrac{2x}{x^2-1}$

26 次の計算をせよ。

□ (1) $\dfrac{x+2}{x-1}\times\dfrac{x-2}{x+1}$

□ (2) $\dfrac{x^2-x-6}{x^2-1}\times\dfrac{x^3-1}{2x^2+3x-2}$

□ (3) $\dfrac{x^2-4x+3}{x^2-5x+6}\div\dfrac{x^2-1}{x^2-x-2}$

□ (4) $\dfrac{2x^2+x}{3x^2-11x+6}\div\dfrac{x^2-5x}{x^2-8x+15}$

応用問題

解答 ➡ 別冊 p. 5

例題研究》 次の式を計算せよ。

(1) $\dfrac{3x+1}{x}-\dfrac{4x-3}{x-1}-\dfrac{x-1}{x-2}+\dfrac{2x-5}{x-3}$

(2) $\dfrac{1}{(x-1)(x-2)}+\dfrac{1}{(x-2)(x-3)}+\dfrac{1}{(x-3)(x-4)}$

着眼 (1) 分子 A を分母 B で割った商が Q, 余りが R ならば, $A=BQ+R$ であるから $\dfrac{A}{B}=\dfrac{BQ+R}{B}=Q+\dfrac{R}{B}$ となる。

(2) 次の等式が成り立つことを利用する。

$$\frac{1}{(x+n)(x+n+1)}=\frac{1}{x+n}-\frac{1}{x+n+1}$$

解き方 (1) 与式

$$=\left(3+\frac{1}{x}\right)-\left(4+\frac{1}{x-1}\right)-\left(1+\frac{1}{x-2}\right)+\left(2+\frac{1}{x-3}\right)$$

$$=\left(\frac{1}{x}-\frac{1}{x-1}\right)-\left(\frac{1}{x-2}-\frac{1}{x-3}\right)=\frac{-1}{x(x-1)}+\frac{1}{(x-2)(x-3)}$$

$$=\boldsymbol{\frac{2(2x-3)}{x(x-1)(x-2)(x-3)}}$$ ……答

(2) 与式 $=\left(\dfrac{1}{x-2}-\dfrac{1}{x-1}\right)+\left(\dfrac{1}{x-3}-\dfrac{1}{x-2}\right)+\left(\dfrac{1}{x-4}-\dfrac{1}{x-3}\right)$

→ 部分分数に分解すること

$$=\frac{1}{x-4}-\frac{1}{x-1}=\boldsymbol{\frac{3}{(x-1)(x-4)}}$$ ……答

27 次の計算をせよ。《差がつく》

□ (1) $\dfrac{x^2}{(x-y)(z-x)}+\dfrac{y^2}{(y-z)(x-y)}+\dfrac{z^2}{(z-x)(y-z)}$

□ (2) $\dfrac{x+2+\dfrac{1}{x}}{x-\dfrac{1}{x}}$

□ (3) $\dfrac{\dfrac{1}{x}-\dfrac{1}{x-y}}{\dfrac{1}{x+y}-\dfrac{1}{x}}$

5 恒等式

テストに出る重要ポイント

- **恒等式**…含まれている文字にどんな値を代入しても成り立つ等式を**恒等式**という。また，与えられた等式が恒等式となるように係数を決定する方法(未定係数法)には，**数値代入法**と**係数比較法**がある。
- **数値代入法**…恒等式に適当な数値を代入して，未定係数についての連立方程式をつくり，解く。このとき，**十分性の証明**をしなければならない。
- **係数比較法**…任意の実数 x に対して
  $ax^2+bx+c=a'x^2+b'x+c' \Longleftrightarrow$ $\boldsymbol{a=a'}$，$\boldsymbol{b=b'}$，$\boldsymbol{c=c'}$

できたらチェック。

基本問題

解答 → 別冊 p. 5

□ **28** 次の等式のうち，恒等式はどれか。

(1) $x^2-4x+2=(x-2)^2-2$　　(2) $2x(x-1)=2x^2-x$

(3) $\dfrac{6}{x^2-9}=\dfrac{1}{x-3}-\dfrac{1}{x+3}$　　(4) $\dfrac{2}{(x+1)(x+2)}=\dfrac{1}{x+1}-\dfrac{1}{x+2}$

29 次の等式が恒等式となるように定数 a，b，c の値を定めよ。

□ (1) $x^2-3x-a=(x-2)(x-b)$

□ (2) $x^2-x+c=a(x-1)(x+1)+b(x-1)(x-2)$

□ (3) $ax^2+bx-1=(x-2)(x+1)+c(x-1)^2$

□ (4) $xy+ax-y+b=(x-c)(y-1)$

□ (5) $x^3+x^2+3=(x^2-2x-1)(x-a)+(bx+c)$

□ (6) $x^3=(x-1)^3+a(x-1)^2+b(x-1)+c$

30 次の等式が恒等式となるように定数 a，b，c の値を定めよ。 テスト必出

□ (1) $\dfrac{a}{x^2-1}=\dfrac{b}{x+1}-\dfrac{1}{x-1}$　　□ (2) $\dfrac{1}{x^3-1}=\dfrac{a}{x-1}+\dfrac{bx+c}{x^2+x+1}$

ガイド　通分してから分子の係数を比較する。

応用問題

解答 → 別冊 p. 6

例題研究》 3次式 x^3-3x^2-ax-b が2次式 x^2-x+1 で割り切れるように，定数 a，b の値を定めよ。

着眼 3次式 A が2次式 B で割り切れるから，商を C とすれば，$A=BC$ となる。右辺を展開し，整理してから係数を比較すればよい。

解き方 3次式を2次式で割るから，商は1次式で $px+q$ と表せる。割り切れるから

$x^3-3x^2-ax-b=(x^2-x+1)(px+q)$ は恒等式である。

$x^3-3x^2-ax-b=px^3+(-p+q)x^2+(p-q)x+q$

両辺の係数を比較して

$1=p$,　$-3=-p+q$,　$-a=p-q$,　$-b=q$

これらを解いて　$p=1$,　$q=-2$,　$a=-3$,　$b=2$

よって　$\boldsymbol{a=-3}$,　$\boldsymbol{b=2}$　……答

→ 係数比較法では十分性の証明は必要ではない

□ **31** 整式 ax^3+4x^2-bx+7 は整式 x^2+x-2 で割ると余りが11になるという。このとき，定数 a，b の値を求めよ。

□ **32** $2x^2-axy-2y^2+7x+y-b=(2x+y+c)(x-2y-d)$ が，x，y についての恒等式となるという。このとき，定数 a，b，c，d の値を求めよ。

□ **33** $(2k+1)x+(k-1)y-2k-7=0$ はどのような k の値に対しても成り立つとする。このとき，x，y の値を求めよ。

□ **34** x についての恒等式 $(x-1)(x-2)f(x)=x^3+mx+n$ が成り立つとする。このとき，m，n の値と x の整式 $f(x)$ を求めよ。 **差がつく**

ガイド 与式に $x=1$，$x=2$ を代入し，m，n を求める。

□ **35** 3次式 $f(x)$ に対して，$f(x)-2$ は $(x+1)^2$ で割り切れ，$f(x)+2$ は $(x-1)^2$ で割り切れるという。$f(x)$ を求めよ。

6 等式の証明

✪ テストに出る重要ポイント

- **等式 $A=B$ の証明**
  ① $\boldsymbol{A}$ **を変形して** $\boldsymbol{B}$ を導く。または $\boldsymbol{B}$ **を変形して** $\boldsymbol{A}$ を導く。
  ② $\boldsymbol{A-B=0}$ を示す。
  ③ $\boldsymbol{A=C,\ B=C}$ を示す。
- **条件つきの等式の証明**
  ① 条件式を用いて文字を減らす。
  ② 条件 $C=0$ のもとで，$A=B$ を証明するとき，$A-B$ を因数分解して C を因数にもつことを示す。
  ③ 条件式が比例式のとき，**比例式＝$\boldsymbol{k}$** とおく。

基本問題

解答 → 別冊 p. 7

できたらチェック。

36 次の等式が成り立つことを証明せよ。 〈テスト必出

□ (1) $(a-b)^2+(a+b)^2=2(a^2+b^2)$

□ (2) $(a^2+b^2)(x^2+y^2)=(ax-by)^2+(ay+bx)^2$

□ (3) $a^2+b^2+c^2-ab-bc-ca=\frac{1}{2}\{(a-b)^2+(b-c)^2+(c-a)^2\}$

ガイド (3) 右辺を展開してみよう。

例題研究》 $a+b+c=0$ のとき，次の等式が成り立つことを証明せよ。

$$(a+b)(b+c)(c+a)=-abc$$

着眼 等式の証明の原則は，**(左辺)−(右辺)=0 を示す**ことである。条件式がついている場合，条件式を用いて1つの文字を消去すれば，条件式のない場合と同様になる。

解き方 $a+b+c=0$ から $c=-(a+b)$　これを代入して

(左辺)−(右辺)$=(a+b)\{b-(a+b)\}\{-(a+b)+a\}+ab\{-(a+b)\}$

→ この値が0であることを示せばよい

$=ab(a+b)-ab(a+b)=0$

ゆえに　$(a+b)(b+c)(c+a)=-abc$　〔証明終〕

37 $a+b+c=0$ のとき，次の等式が成り立つことを証明せよ。

□ (1) $2a^2+bc=(a-b)(a-c)$

□ (2) $\dfrac{b^2-c^2}{a}+\dfrac{c^2-a^2}{b}+\dfrac{a^2-b^2}{c}=0$ （ただし $abc\neq 0$）

38 $a+b=1$ のとき，次の等式が成り立つことを証明せよ。

□ (1) $a^2+b=a+b^2$

□ (2) $a^2+b^2+1=2(a+b-ab)$

39 $\dfrac{a}{b}=\dfrac{c}{d}$ のとき，次の等式が成り立つことを証明せよ。

□ (1) $\dfrac{a-b}{b}=\dfrac{c-d}{d}$

□ (2) $\dfrac{a+2b}{b}=\dfrac{c+2d}{d}$

□ (3) $(a^2+c^2)(b^2+d^2)=(ab+cd)^2$

応用問題

解答 ➡ 別冊 *p.* 8

例題研究》 $x+y+z=\dfrac{1}{x}+\dfrac{1}{y}+\dfrac{1}{z}=1$ のとき，x，y，z のうち少なくとも1つは1に等しいことを示せ。

着眼　結論を式で表すと $(x-1)(y-1)(z-1)=0$ だから，この式を作るように工夫すればよい。
→ 覚えておこう！

解き方　条件式より　$x+y+z=1$　……①

また，$\dfrac{1}{x}+\dfrac{1}{y}+\dfrac{1}{z}=1$ より　$yz+zx+xy=xyz$　……②

$(x-1)(y-1)(z-1)=xyz-(xy+yz+zx)+x+y+z-1$ に

①，②を代入すると　$(x-1)(y-1)(z-1)=0$

ゆえに　$x=1$　または　$y=1$　または　$z=1$

したがって，x，y，z のうち少なくとも1つは1に等しい。　〔証明終〕

□ **40** $\dfrac{1}{x}+\dfrac{1}{y}+\dfrac{1}{z}=\dfrac{1}{x+y+z}$ のとき，$y+z$，$z+x$，$x+y$ のうち，少なくとも1つは0に等しいことを示せ。〈差がつく

ガイド　$(y+z)(z+x)(x+y)=0$ であることを示せばよい。

7 不等式の証明

テストに出る重要ポイント

不等式 $A>B$ の証明

① $A-B$ を因数分解し，符号を調べる。

② 平方の和などに変形する。(実数)$^2\geqq 0$

③ $A\geqq 0$，$B\geqq 0$ のとき　$A^2>B^2$ を示す。

④ 不等式の公式を利用する。

・［**相加平均**と**相乗平均**の関係］

$a\geqq 0$，$b\geqq 0$ のとき　$\dfrac{a+b}{2}\geqq\sqrt{ab}$（等号は $a=b$ のとき）

・［コーシー・シュワルツの不等式］

$(a^2+b^2)(x^2+y^2)\geqq(ax+by)^2$（等号は $a:b=x:y$ のとき）

・［三角不等式］

$|a|-|b|\leqq|a+b|\leqq|a|+|b|$

（等号は左は $|a|\geqq|b|$ かつ $ab\leqq 0$，右は $ab\geqq 0$ のとき）

⑤ 条件式があるときは，それを使って文字を減らす。

基本問題

解答 → 別冊 p. 8

できたらチェック。

41 次の不等式が成り立つことを証明せよ。

□ (1) $a>1$，$b>1$ のとき　$ab+1>a+b$

□ (2) $a>b>0$ のとき　$a^2>b^2$

□ (3) $a\geqq b$ のとき　$a^3\geqq b^3$

42 x，y が実数のとき，次の不等式が成り立つことを証明せよ。 テスト必出

□ (1) $x^2+y^2\geqq 2(x+y-1)$

□ (2) $x^2+y^2\geqq x(y+1)+y-1$

43 a，b が正の数のとき，次の不等式が成り立つことを証明せよ。

□ (1) $\sqrt{a}+\sqrt{b}\leqq\sqrt{2(a+b)}$

□ (2) $\dfrac{a+b}{2}\leqq\sqrt{\dfrac{a^2+b^2}{2}}$

ガイド　左辺，右辺ともに正であるから，平方して差が正または0であることを示す。

44 文字はすべて正の数とする。このとき，次の不等式が成り立つことを相加平均と相乗平均の関係を使って証明せよ。 テスト必出

□ (1) $a+\dfrac{4}{a}\geqq 4$

□ (2) $\dfrac{b}{a}+\dfrac{a}{b}\geqq 2$

□ (3) $\left(\dfrac{a}{b}+\dfrac{c}{d}\right)\left(\dfrac{b}{a}+\dfrac{d}{c}\right)\geqq 4$

□ (4) $(a+b)(b+c)(c+a)\geqq 8abc$

応用問題

解答 ➡ 別冊 p. 9

例題研究》 a，b，c が実数のとき，次の不等式が成り立つことを証明せよ。

$$a^2+b^2+c^2\geqq ab+bc+ca$$

着眼 差をとって**平方の和の形に変形**できないか，または，a についての2次式と考えて**平方完成**することができないかを考える。

解き方 $P=(\text{左辺})-(\text{右辺})=a^2+b^2+c^2-ab-bc-ca$

→ 正または0であることを示す

$=\dfrac{1}{2}(2a^2+2b^2+2c^2-2ab-2bc-2ca)$

$=\dfrac{1}{2}\{(a^2-2ab+b^2)+(b^2-2bc+c^2)+(c^2-2ca+a^2)\}$

→ この変形が大切

$=\dfrac{1}{2}\{(a-b)^2+(b-c)^2+(c-a)^2\}$

→ この結果を覚えておこう

a，b，c は実数だから　$(a-b)^2\geqq 0$，$(b-c)^2\geqq 0$，$(c-a)^2\geqq 0$　　ゆえに　$P\geqq 0$

すなわち　$a^2+b^2+c^2\geqq ab+bc+ca$

等号は $(a-b)^2=(b-c)^2=(c-a)^2=0$ のとき，すなわち $a=b=c$ のとき成立する。〔証明終〕

45 a，b は実数とする。このとき，$|a+b|\leqq|a|+|b|$ が成り立つことを証明し，これを用いて次の不等式が成り立つことを証明せよ。

□ (1) $|a-b|\leqq|a|+|b|$

□ (2) $|a|-|b|\leqq|a-b|$

ガイド (1) $-|a|\leqq a\leqq|a|$，$-|b|\leqq b\leqq|b|$ の2式の辺々を加え $|a+b|\leqq|a|+|b|$ を導き，b に $-b$ を代入すればよい。

□ **46** x，y が実数，a，b が正の数で $a+b=1$ を満たす。このとき，次の不等式が成り立つことを証明せよ。 差がつく

$ax^2+by^2\geqq(ax+by)^2$

8 複素数

テストに出る重要ポイント

- **虚数単位**…平方すると -1 になる数を $\boldsymbol{i}$（虚数単位）で表す。つまり $\boldsymbol{i^2=-1}$ である。$a>0$ のとき，$\sqrt{-\boldsymbol{a}}=\sqrt{\boldsymbol{a}}\boldsymbol{i}$
- **複素数の四則計算**
  ① 実数のときと同じ要領で行えばよい。
  ② i^2 は -1 におきかえる。
  ③ 分母に i があるときは実数にしておく。
- **複素数の相等**…a，b，c，d が実数のとき，
  ① $\boldsymbol{a+bi=c+di \Longleftrightarrow a=c,\ b=d}$　② $\boldsymbol{a+bi=0 \Longleftrightarrow a=b=0}$
- **共役な複素数**…複素数 $\alpha=a+bi$ に対して，$\overline{\alpha}=\boldsymbol{a-bi}$ を α と**共役な複素数**という。
  ① $\overline{\alpha\pm\beta}=\overline{\alpha}\pm\overline{\beta}$（複号同順）　② $\overline{\alpha\beta}=\overline{\alpha}\,\overline{\beta}$　③ $\overline{\left(\dfrac{\alpha}{\beta}\right)}=\dfrac{\overline{\alpha}}{\overline{\beta}}$

基本問題

解答 ➡ 別冊 p. 9

できたらチェック。

47 次の数を i（虚数単位）を用いて表せ。

□ (1) $\sqrt{-5}$　□ (2) $\sqrt{-12}$　□ (3) $\sqrt{-16}$

□ (4) $\sqrt{-\dfrac{1}{4}}$　□ (5) $\sqrt{-\dfrac{5}{16}}$　□ (6) $\sqrt{-\dfrac{9}{5}}$

48 次の式を計算せよ。 〈テスト必出

□ (1) $\sqrt{-9}+\sqrt{-16}$　□ (2) $3\sqrt{-4}-5\sqrt{-25}$

□ (3) $\sqrt{-64}+\sqrt{-49}$　□ (4) $(\sqrt{-6})^2$

□ (5) $\sqrt{-5}\times\sqrt{-7}$　□ (6) $\sqrt{5}\times\sqrt{-75}$

□ (7) $\dfrac{\sqrt{-30}}{\sqrt{-5}}$　□ (8) $\dfrac{3\sqrt{-12}\times\sqrt{-4}}{\sqrt{-8}}$

49 次の式を計算せよ。

□ (1) i^2　□ (2) $-i^2$　□ (3) $(2i)^2$　□ (4) $(-i)^2$　□ (5) $(-i)^3$　□ (6) i^4

50 次の式を計算し，$a+bi$ の形で表せ。

□ (1) $(4+2i)+(3-6i)$　□ (2) $(3i-1)+(3+6i)$

□ (3) $(2+3i)-(-5-2i)$　□ (4) $(3-2i)-(2-i)$

□ (5) $(5i+3)-(2i-6)$　□ (6) $(4-8i)-(3-7i)$

51 次の式を計算し，$a+bi$ の形で表せ。

□ (1) $(1+i)i$　□ (2) $i(-6-2i)$　□ (3) $(2+5i)(1+3i)$

□ (4) $(1+2i)(2-5i)$　□ (5) $(1-i)(1+i)$　□ (6) $(\sqrt{3}+i)(\sqrt{3}-i)$

□ (7) $(1+i)^2$　□ (8) $(2-i)^2$

52 次の式を計算し，$a+bi$ の形で表せ。

□ (1) $\dfrac{1}{1-i}$　□ (2) $\dfrac{i}{2+i}$　□ (3) $\dfrac{1+i}{3+2i}$

□ (4) $\dfrac{1+i}{3-2i}$　□ (5) $\dfrac{\sqrt{2}}{\sqrt{2}+i}$　□ (6) $\dfrac{\sqrt{3}+\sqrt{2}i}{\sqrt{3}-\sqrt{2}i}$

例題研究》 次の等式を満たす実数 x，y の値を求めよ。

$$(1+i)x-(1-i)y=2-2i$$

着眼 与式の左辺，右辺をそれぞれ $a+bi$ の形に整理し，**実数の部分，虚数の部分を比較**する。　$\boldsymbol{a+bi=c+di \Longleftrightarrow a=c,\ b=d}$

解き方 与式を整理すれば　$(x-y)+(x+y)i=2-2i$

→ i を含まないものと含むものに整理する

これより　$x-y=2$　……①　$x+y=-2$　……②

①＋②より　$x=0$　……③

③を①に代入して　$y=-2$

よって　$\boldsymbol{x=0}$，$\boldsymbol{y=-2}$　……答

53 次の等式を満たす実数 x，y の値を求めよ。

□ (1) $x+yi=0$　□ (2) $x-yi=i$　□ (3) $x+yi=1$

ガイド (2) $x-(y+1)i=0$ と変形し，$a+bi=0 \Longleftrightarrow a=b=0$ を利用。

54 次の等式を満たす実数 x，y の値を求めよ。 **テスト必出**

□ (1) $(2x+2y-3)i+(5x-y-7)=0$　□ (2) $(2x+yi)+(x-2yi)=10-30i$

応用問題 解答 → 別冊 p. 10

例題研究 $\alpha=1+2i$, $\beta=2-i$ について α, β の和，差，積，商と共役な複素数は，それぞれ α, β の共役な複素数 $\overline{\alpha}$, $\overline{\beta}$ の和，差，積，商であることを示せ。

着眼 $\alpha=1+2i$ と共役な複素数 $\overline{\alpha}$ は，$\overline{\alpha}=1-2i$ である。複素数の四則計算をして具体的に示せばよい。

解き方 $\overline{\alpha}=1-2i$, $\overline{\beta}=2+i$

〔和〕 $\alpha+\beta=(1+2i)+(2-i)=3+i$ ゆえに $\overline{\alpha+\beta}=3-i$ ……①

$\overline{\alpha}+\overline{\beta}=(1-2i)+(2+i)=3-i$ ……②

①，②より $\overline{\alpha+\beta}=\overline{\alpha}+\overline{\beta}$

→ 公式として覚えておこう！

〔差〕 $\alpha-\beta=(1+2i)-(2-i)=-1+3i$ ゆえに $\overline{\alpha-\beta}=-1-3i$ ……③

$\overline{\alpha}-\overline{\beta}=(1-2i)-(2+i)=-1-3i$ ……④

③，④より $\overline{\alpha-\beta}=\overline{\alpha}-\overline{\beta}$

→ 公式だよ

〔積〕 $\alpha\beta=(1+2i)(2-i)=4+3i$ ゆえに $\overline{\alpha\beta}=4-3i$ ……⑤

$\overline{\alpha}\,\overline{\beta}=(1-2i)(2+i)=4-3i$ ……⑥

⑤，⑥より $\overline{\alpha\beta}=\overline{\alpha}\,\overline{\beta}$

→ 公式として覚える

〔商〕 $\dfrac{\alpha}{\beta}=\dfrac{1+2i}{2-i}=\dfrac{(1+2i)(2+i)}{(2-i)(2+i)}=\dfrac{5i}{5}=i$ ゆえに $\overline{\left(\dfrac{\alpha}{\beta}\right)}=-i$ ……⑦

$\dfrac{\overline{\alpha}}{\overline{\beta}}=\dfrac{1-2i}{2+i}=\dfrac{(1-2i)(2-i)}{(2+i)(2-i)}=\dfrac{-5i}{5}=-i$ ……⑧

⑦，⑧より $\overline{\left(\dfrac{\alpha}{\beta}\right)}=\dfrac{\overline{\alpha}}{\overline{\beta}}$ 〔証明終〕

→ これも公式として覚えておこう！

55 次の式を計算せよ。

□ (1) $\{(2i-1)-(-2+3i)\}^2$

□ (2) $(1-i)(2-i)(1+i)(2+i)$

□ (3) $(2+i)^3+(2-i)^3$

□ (4) $i^{12}+i^{11}+i^{10}+i^9$

□ (5) $\dfrac{1-i}{1+i}+\dfrac{1+i}{1-i}$

□ (6) $\dfrac{1}{(1+\sqrt{2}i)^3}$

56 $\alpha=(1+2i)(2+i)$, $\beta=(1-2i)(2-i)$ とする。**差がつく**

□ (1) α, β は互いに共役な複素数であることを示せ。

□ (2) $\alpha+\beta$, $\alpha\beta$ の値を求めよ。

9　2次方程式

テストに出る重要ポイント

- **2次方程式の解**

① 因数分解による解法

② 解の公式による解法

(i) $ax^2+bx+c=0\ (a\neq 0)$ のとき　$x=\dfrac{-b\pm\sqrt{b^2-4ac}}{2a}$

(ii) $ax^2+2b'x+c=0\ (a\neq 0)$ のとき　$x=\dfrac{-b'\pm\sqrt{b'^2-ac}}{a}$

- **2次方程式の解の判別**…実数係数の2次方程式 $ax^2+bx+c=0\ (a\neq 0)$ で $D=b^2-4ac$ とおくとき，D を**判別式**という。

① $D>0 \iff$ **異なる2つの実数解**

② $D=0 \iff$ **重解(実数解)**

③ $D<0 \iff$ **異なる2つの虚数解**

基本問題

解答 → 別冊 p. 11

できたらチェック。

57 次の2次方程式を解け。 テスト必出

□ (1) $x^2+2=0$　　□ (2) $x^2+3x+4=0$

□ (3) $3x^2+5x+3=0$　　□ (4) $6x^2-4x+3=0$

例題研究》 $(2x-3)^2-4(2x-3)+5=0$ を解け。

着眼 展開して整理すると2次方程式になるが，計算が少しめんどうである。式をよくみれば，**$2x-3$ を1つの文字でおきかえる**ことによって，その文字の2次方程式になることがわかる。

解き方 $2x-3=X$ とおくと，与式は $X^2-4X+5=0$

これを解いて　$X=2\pm\sqrt{4-5}=2\pm i$

→ これは求める解でないことに注意

$2x-3=2\pm i$ より　$x=\dfrac{5\pm i}{2}$　……答

58 次の2次方程式について，判別式の値を求めて解を判別せよ。

□ (1) $x^2+x+1=0$ □ (2) $x^2-2(\sqrt{6}-1)x+2=0$

□ (3) $-3x^2+2x-2=0$ □ (4) $(\sqrt{3}-\sqrt{2})x^2-2x+(\sqrt{3}+\sqrt{2})=0$

例題研究》 2次方程式 $x^2+(a+1)x+(2a-1)=0$ の解を判別せよ。ただし，a は実数とする。

着眼 解の判別は，判別式 D によってできる。$D>0$ のとき異なる2つの実数解，$D=0$ のとき重解，$D<0$ のとき異なる2つの虚数解である。

解き方 この方程式の判別式を D とすると

$D=(a+1)^2-4(2a-1)=a^2-6a+5=(a-1)(a-5)$

$D>0$ となるのは $(a-1)(a-5)>0$ より $a<1,\ 5<a$

$D=0$ となるのは $(a-1)(a-5)=0$ より $a=1,\ 5$

$D<0$ となるのは $(a-1)(a-5)<0$ より $1<a<5$

答 **$a<1,\ 5<a$ のとき異なる2つの実数解**
$a=1,\ 5$ のとき重解(実数解)
$1<a<5$ のとき異なる2つの虚数解

59 次の2次方程式の解を判別せよ。ただし，a，b は実数とする。

□ (1) $x^2-ax+a^2=0$ □ (2) $a^2x^2-2abx-2b^2=0$ $(a\neq 0)$

□ (3) $x^2-2(a+1)x+2(a^2+1)=0$ □ (4) $x^2+2x-a+5=0$

□ **60** 2次方程式 $(a-1)x^2+2x-3=0$ が異なる2つの虚数解をもつように，実数 a の値の範囲を定めよ。

□ **61** 2次方程式 $x^2-2ax+4a+8=0$ が実数解をもつような a の値の範囲を求めよ。また，異なる2つの虚数解をもつような a の値の範囲を求めよ。ただし，a は実数とする。《テスト必出

応用問題

解答 → 別冊 p.11

62 次の方程式を解け。

□ (1) $(x^2+x)^2+4(x^2+x)-12=0$

□ (2) $(x-1)(x-2)(x-3)(x-4)-24=0$

10 2次方程式の解と係数の関係

テストに出る重要ポイント

- **解と係数の関係**…2 次方程式 $ax^2+bx+c=0\ (a\neq 0)$ の 2 つの解を α, β とすれば　$\alpha+\beta=-\dfrac{b}{a}$, $\alpha\beta=\dfrac{c}{a}$
- **2 次式の因数分解**…2 次方程式 $ax^2+bx+c=0\ (a\neq 0)$ の 2 つの解を α, β とすれば　$ax^2+bx+c=a(x-\alpha)(x-\beta)$
- **2 次方程式の作成**…2 数 α, β を 2 つの解とする 2 次方程式は
  $a(x-\alpha)(x-\beta)=0\ (a\neq 0)$
  すなわち $a\{x^2-(\alpha+\beta)x+\alpha\beta\}=0\ (a\neq 0)$

基本問題

解答 → 別冊 p. 12

できたらチェック。

63 次の 2 次方程式の 2 つの解の和と積を求めよ。ただし，a は実数とする。

□ (1) $2x^2-3x+4=0$　□ (2) $3x^2+4=0$

□ (3) $x^2+(a+2)x+a-3=0$　□ (4) $(a^2+1)x^2-4ax-a-1=0$

64 2 次方程式 $2x^2+3x-4=0$ の 2 つの解を α, β とする。このとき，次の式の値を求めよ。

□ (1) $(\alpha+1)(\beta+1)$　□ (2) $\alpha^2+\beta^2$　□ (3) $\alpha^2\beta+\alpha\beta^2$　□ (4) $(\alpha-\beta)^2$

□ (5) $(2\alpha+\beta)(\alpha+2\beta)$　□ (6) $\alpha^3+\beta^3$　□ (7) $\dfrac{1}{\alpha}+\dfrac{1}{\beta}$　□ (8) $\dfrac{1}{\alpha+1}+\dfrac{1}{\beta+1}$

65 2 次方程式 $x^2+ax-1=0$ の 2 つの解を α, β とする。このとき，次の式を満たす実数 a の値を求めよ。

□ (1) $\alpha^2+\beta^2=6$　□ (2) $\dfrac{\beta}{\alpha}+\dfrac{\alpha}{\beta}=-3$

66 次の 2 次方程式の 1 つの解が 2 のとき，a と他の解を求めよ。〈テスト必出〉

□ (1) $2x^2-ax+10=0$　□ (2) $3x^2-4x-a=0$

□ (3) $ax^2+x-6=0$

例題研究》 2次方程式 $x^2-2(a-3)x+27=0$ の1つの解が，他の解の3倍になるように実数 a の値を定めよ。また，そのときの解を求めよ。

着眼 1つの解を α とすれば他の解は 3α とおける。α と 3α はこの2次方程式の解であるから，**解と係数の関係**を使う。

解き方 1つの解を α とすると，題意より他の解は 3α とおける。
解と係数の関係より
→ 解ときたら必ず解と係数の関係が使えないかを考える

$\alpha+3\alpha=2(a-3)$ ……①　　$\alpha\cdot3\alpha=27$ ……②

②より　$\alpha^2=9$　ゆえに　$\alpha=\pm3$

$\alpha=3$ のとき，①より　$4\times3=2a-6$　　$2a=18$　　ゆえに　$a=9$

$\alpha=-3$ のとき，①より　$4\times(-3)=2a-6$　　$2a=-6$　　ゆえに　$a=-3$

答 **$a=9$ のとき，2つの解は 3，9**
$a=-3$ のとき，2つの解は -3，-9

□ **67** 2次方程式 $2x^2-ax-a-2=0$ の2つの解の比が5：2となるように，実数 a の値を定めよ。また，そのときの解を求めよ。

□ **68** 2次方程式 $x^2+8x-a=0$ の2つの解の差が1である。このとき，実数 a の値を定めよ。また，そのときの解を求めよ。

69 解の公式を用いて，次の式を因数分解せよ。

□ (1) $x^2+5x-13$　　□ (2) $7x^2-11x+2$

□ (3) $2x^2-4x-1$　　□ (4) $3x^2+2x-1$

70 次の2数を解とし，x^2 の係数が1である2次方程式を作れ。

□ (1) 1，-2　　□ (2) $-2+\sqrt{3}$，$-2-\sqrt{3}$

□ (3) $\dfrac{2+\sqrt{3}i}{2}$，$\dfrac{2-\sqrt{3}i}{2}$　　□ (4) $\dfrac{5+\sqrt{6}}{3}$，$\dfrac{5-\sqrt{6}}{3}$

71 2次方程式 $-x^2-3x+2=0$ の2つの解を α，β とする。このとき，次の2数を解とする，x^2 の係数が1である2次方程式を作れ。 **テスト必出**

□ (1) $\alpha-1$，$\beta-1$　　□ (2) $\dfrac{1}{\alpha}$，$\dfrac{1}{\beta}$

ガイド (1) 2解 $\alpha-1$，$\beta-1$ の和，積から α，β を消去してみよう。

72　2次方程式 $x^2-3x-4=0$ の2つの解を α, β とする。このとき，次の2数を解とする，x^2 の係数が1である2次方程式を作れ。

□ (1)　$3\alpha+1$，$3\beta+1$　　□ (2)　$\dfrac{\beta}{\alpha}$，$\dfrac{\alpha}{\beta}$

応用問題

解答 ⟹ 別冊 *p. 14*

□ **73**　2次方程式 $x^2+4x+a=0$ の2つの実数解 α, β の間に $\alpha^2=16\beta$ の関係がある。このとき，a の値を求めよ。

74　解の公式を用いて，次の式を因数分解せよ。

□ (1)　$x^2+2xy+y^2-2x-2y-35$　　□ (2)　$2x^2-11xy+5y^2+5x-16y+3$

例題研究》　2次式 $2x^2+xy-y^2+7x+y+a$ が x と y の1次式の積で表されるように実数 a の値を定めよ。

着眼　x と y の1次式の積で表されるとは，与式$=0$ を x について解いたとき，x が y の1次式で表されることである。そのために，根号内を完全平方式にする。

解き方　与式$=2x^2+(y+7)x-y^2+y+a$

与式$=0$ の解を求めると

$$x=\frac{-(y+7)\pm\sqrt{(y+7)^2-8(-y^2+y+a)}}{4}=\frac{-y-7\pm\sqrt{9y^2+6y+49-8a}}{4}$$

上式が y の1次式となるためには，根号内が完全平方式になればよいから，

根号内の判別式 D が0より　$\dfrac{D}{4}=9-9(49-8a)=0$

→ ポイントだ！

ゆえに　$\boldsymbol{a=6}$ ……答

□ **75**　2次方程式 $8x^2-2ax+a=0$ の2つの解の和と積を解とする2次方程式が，$4x^2-bx+b-3=0$ であるという。このとき，実数 a, b の値を求めよ。

□ **76**　A，B2人が同じ2次方程式を解いた。Aは解の公式を用いたとき，開平(平方根を求めること)を誤ったために $2\pm3i$ という解を得た。また，Bは1次の係数を書き誤ったために3，-4 という解を得た。正しい解を求めよ。

差がつく

ガイド　Aは2つの解の和，Bは2つの解の積が正しいことを利用する。

11 因数定理

テストに出る重要ポイント

- **剰余の定理**…整式 $f(x)$ について
  ① **$x-\alpha$ で割ったときの余りは $f(\alpha)$** に等しい。
  ② **$ax+b$ $(a \neq 0)$ で割ったときの余り**は $f\left(-\dfrac{b}{a}\right)$ に等しい。
- **因数定理**…整式 $f(x)$ について
  ① **$f(\alpha)=0 \iff f(x)$ は $x-\alpha$ を因数にもつ。**
  ② **$f\left(-\dfrac{b}{a}\right)=0 \iff f(x)$ は $ax+b$ $(a \neq 0)$ を因数にもつ。**
  ③ $f(\alpha)=0$ となる α を見つけるには，次の値を与式に代入して確かめればよい。　$\pm\dfrac{\text{定数項の約数}}{\text{最高次の係数の約数}}$

基本問題

解答 → 別冊 p. 15

できたらチェック。

77 $f(x)=x^3-2x^2+3x-4$，$g(x)=x^2-5$ とする。次の値を求めよ。

□ (1) $f(1)$　□ (2) $g(-2)$　□ (3) $f(-3)+g(4)$

78 剰余の定理を用いて，$f(x)=x^3+2x^2-3x+4$ を次の式で割ったときの余りをそれぞれ求めよ。 テスト必出

□ (1) $x+1$　□ (2) $x-1$　□ (3) $x+2$

□ **79** 整式 $f(x)$ を1次式 $ax+b$ で割ったときの余りを R とする。このとき，$R=f\left(-\dfrac{b}{a}\right)$ であることを示せ。

80 前問を用いて，$f(x)=4x^3-3x^2+x+2$ を次の式で割ったときの余りをそれぞれ求めよ。

□ (1) $2x+1$　□ (2) $2x-1$　□ (3) $2x+3$

ガイド　整式 $f(x)$ を1次式 $ax+b$ で割ったときの余りは $f\left(-\dfrac{b}{a}\right)$ であることを使う。

□ **81** $f(x)=2x^3+3x-a$ を $x+1$ で割ると余りが2になるという。このとき，a の値を求めよ。

82 次のように，a，b の値を定めよ。

□ (1) $f(x)=x^3+ax^2+bx-4$ を $x-1$ で割ると3余り，$x+2$ で割ると -5 余る。

□ (2) $f(x)=8x^3+ax^2-3x+b$ は $2x-1$ で割り切れ，$x+1$ で割ると10余る。

例題研究》 整式 $f(x)$ は $x-1$ で割り切れ，$x+2$ で割ると3余る。$f(x)$ を x^2+x-2 で割ったときの余りを求めよ。

着眼 **2次式で割った余りは1次以下の式**である。商を $Q(x)$ とすれば $f(x)$ はどんな式で表されるか。$f(x)$ が $x-1$ で割り切れるということは $\boldsymbol{f(1)=0}$ ということ，$f(x)$ を $x+2$ で割って余りが3ということは $\boldsymbol{f(-2)=3}$ ということである。

解き方 $f(x)$ を x^2+x-2 で割った商を $Q(x)$ とする。
余りは1次以下の整式であるから

$f(x)=(x^2+x-2)Q(x)+ax+b$

→ 余りが，このようにおけることに注意

$=(x+2)(x-1)Q(x)+ax+b$ ……①

とおける。①において
$x=1$ を代入すると　$f(1)=a+b$
$x=-2$ を代入すると　$f(-2)=-2a+b$
一方，剰余の定理より　$f(1)=0$，$f(-2)=3$

→ 割ると…の問題には剰余の定理が使えないかを考えよ

したがって　$a+b=0$ ……②

$-2a+b=3$ ……③

②，③を解いて　$a=-1$，$b=1$

→ あわて者は，これで止める

よって，求める余りは　$\boldsymbol{-x+1}$ ……答

□ **83** $x-1$，$x+1$，$x-2$，$x+2$，$x-3$ のうちで $-2x^3+49x^2-78x+31$ の因数であるものはどれか。

ガイド $f(x)=-2x^3+49x^2-78x+31$ とおき，$f(a)=0$ となるものを求める。

□ **84** x^3-3x^2+ax-5 が $x+1$ で割り切れるように a の値を定めよ。 テスト必出

ガイド $f(x)=x^3-3x^2+ax-5$ とおき，$f(-1)=0$ となる a を求めればよい。

85 因数定理を用いて，次の式を因数分解せよ。

□ (1) x^3+x^2-2　□ (2) $x^3-6x^2+11x-6$　□ (3) $4x^3+12x^2-x-3$

応用問題

解答 ➡ 別冊 *p. 16*

□ **86** x の 2 次式 ax^2+bx+c を，$x-1$ で割れば 3 余り，$x+1$ で割れば 5 余り，$x+3$ で割れば 9 余る。

このとき，a，b，c の値を求めよ。

□ **87** $2x^3-ax^2+bx+2$ が x^2-1 で割り切れるように a，b の値を定めよ。

例題研究》 整式 $f(x)$ を $x-2$，$(x-1)^2$ で割ったときの余りがそれぞれ 3，$x+2$ である。$f(x)$ を $(x-1)^2(x-2)$ で割ったときの余りを求めよ。

着眼 $f(x)$ を $(x-1)^2(x-2)$ で割った余りは，$f(x)$ を $(x-1)^2$ で割った余りが $x+2$ であることを利用して，どのように表されるだろうか。

解き方 $f(x)$ を $(x-1)^2(x-2)$ で割ったときの商を $Q(x)$，余りを ax^2+bx+c とおくと，（→ これがポイント！）

$f(x)=(x-1)^2(x-2)Q(x)+ax^2+bx+c$　……①

と表せる。$f(x)$ を $(x-1)^2$ で割った余りは $x+2$ であるから

①より，$f(x)$ を $(x-1)^2$ で割った余りは ax^2+bx+c を $(x-1)^2$ で割った余りとなり，これが $x+2$ である。

$ax^2+bx+c=a(x-1)^2+x+2$　となる。

すなわち $f(x)=(x-1)^2\{(x-2)Q(x)+a\}+x+2$　……②

$f(x)$ を $x-2$ で割った余りは 3 であるから　$f(2)=3$

②において，

$f(2)=(2-1)^2\{(2-2)\cdot Q(2)+a\}+2+2=3$

$a+4=3$　　ゆえに　$a=-1$

よって，求める余りは　$-(x-1)^2+x+2=\boldsymbol{-x^2+3x+1}$　……答

□ **88** 整式 $f(x)$ を $(x+2)^2$ で割ると割り切れ，$x+4$ で割ると 3 余る。

$f(x)$ を $(x+2)^2(x+4)$ で割ったときの余りを求めよ。〈差がつく〉

ガイド　$f(x)$ を $(x+2)^2(x+4)$ で割ったときの余りを ax^2+bx+c とおく。

12 高次方程式

テストに出る重要ポイント

- **高次方程式の解法**…3次以上の方程式を**高次方程式**という。解法は
  ① **因数定理**などを利用して因数分解する。
  ② **共通因数**がでるように項の組み合わせを考え，因数分解する。
  ③ **複2次方程式** $ax^4+bx^2+c=0$ の形の場合，$x^2=X$ とおき因数分解するか，または A^2-B^2 の形に変形して因数分解する。
  ④ 実数係数の3次方程式が虚数解 $a+bi\ (b\neq 0)$ をもてば，必ず $\boldsymbol{a-bi}$ **も解にもつ**ことを利用する。
- **1の3乗根**…$x^3=1$ の解，すなわち **1，$\dfrac{-1\pm\sqrt{3}i}{2}$** を**1の3乗根**という。
  このうち虚数のものをとくに1の虚数3乗根といい，一方を ω で表すと他方の虚数3乗根は ω^2 となる。ω の性質として，$\boldsymbol{\omega^3=1}$，$\boldsymbol{\omega^2+\omega+1=0}$

基本問題

解答 → 別冊 p. 17

できたらチェック。

89 次の方程式を解け。

□ (1)　$x^3=1$　　□ (2)　$x^3=-1$　　□ (3)　$x^3=8$

例題研究》 次の方程式を解け。

$$x^3-2x^2-5x+6=0$$

着眼 3次方程式だから，**因数定理**を用いてまず因数分解する。2次以下の式の積の形にすれば解は求められる。

解き方 $f(x)=x^3-2x^2-5x+6$　とおくと，$f(1)=0$ より
$f(x)$ は $x-1$ で割り切れて，商は x^2-x-6 となる。
→ 因数定理だ！
よって　$f(x)=(x-1)(x^2-x-6)=(x-1)(x+2)(x-3)$
したがって　$x-1=0$　または　$x+2=0$　または　$x-3=0$
ゆえに　$\boldsymbol{x=1,\ -2,\ 3}$　……**答**

90 次の方程式を解け。

□ (1) $x^3-7x-6=0$　□ (2) $x^3-3x-2=0$

□ (3) $3x^3+5x^2+5x+3=0$

例題研究》 次の方程式を解け。

(1) $x^4-10x^2+9=0$　(2) $x^4+5x^2+9=0$

着眼 $x^2=X$ とおくと，aX^2+bX+c となるので，もとの式を**複2次式**という。
(2)は A^2-B^2 の形に変形して因数分解する。

解き方 (1) $x^4-10x^2+9=(x^2-1)(x^2-9)$

$=(x-1)(x+1)(x-3)(x+3)=0$

ゆえに　$\boldsymbol{x=\pm1,\ \pm3}$　……答

(2) $x^4+5x^2+9=x^4+6x^2+9-x^2=\underline{(x^2+3)^2-x^2}$

→ この変形はよくやるよ！

$=(x^2+x+3)(x^2-x+3)=0$

ゆえに　$\boldsymbol{x=\dfrac{-1\pm\sqrt{11}i}{2},\ \dfrac{1\pm\sqrt{11}i}{2}}$　……答

91 次の方程式を解け。

□ (1) $x^4-4x^2-5=0$　□ (2) $x^4+x^2+1=0$

□ (3) $x^4-3x^2-10=0$　□ (4) $x^4-6x^2+4=0$

92 a，b は実数で，方程式 $x^3+x^2-ax+b=0$ の解の1つが $1-i$ である。

テスト必出

□ (1) a，b の値を求めよ。

□ (2) 他の2つの解を求めよ。

ガイド　実数係数の3次方程式であるから，$1+i$ も解にもつことを利用する。

応用問題

解答 ➡ 別冊 p. 18

□ **93** 次の方程式を解け。

$x(x+2)(x+4)=1\cdot3\cdot5$

□ **94** $\alpha=a+bi$ が $x^3+px^2+qx+r=0$ の解であるとする。このとき，α と共役な複素数 $\overline{\alpha}=a-bi$ も，この方程式の解であることを証明せよ。ただし a，b は0でなく p，q，r は実数とする。

例題研究》 方程式 $x^3=1$ について，次の問いに答えよ。

(1) 方程式 $x^3=1$ の虚数解の1つを ω とすれば，他の虚数解は ω^2 であることを示せ。

(2) $\omega^{10}+\omega^5+1$ の値を求めよ。

着眼 (1) 2通りあることに注意せよ。

(2) ω の性質として　$\boldsymbol{\omega^3=1}$，$\boldsymbol{\omega^2+\omega+1=0}$ を利用する。

解き方 $x^3-1=0$　$(x-1)(x^2+x+1)=0$

ゆえに　$x=1,\ \dfrac{-1\pm\sqrt{3}i}{2}$

(1) $\omega=\dfrac{-1+\sqrt{3}i}{2}$ とすると　$\omega^2=\left(\dfrac{-1+\sqrt{3}i}{2}\right)^2=\dfrac{-1-\sqrt{3}i}{2}$

$\omega=\dfrac{-1-\sqrt{3}i}{2}$ とすると　$\omega^2=\left(\dfrac{-1-\sqrt{3}i}{2}\right)^2=\dfrac{-1+\sqrt{3}i}{2}$　〔証明終〕

(2) ω は方程式 $x^3=1$ の虚数解であるから　$\omega^3=1$，$\omega^2+\omega+1=0$ である。

→ ω ときたらこれを使う！

$\omega^{10}+\omega^5+1=(\omega^3)^3\cdot\omega+\omega^3\cdot\omega^2+1=\omega+\omega^2+1=\mathbf{0}$ ……**答**

95 1の3乗根のうち虚数のものの1つを ω とするとき，次の式の値を求めよ。

□ (1) $\omega^6+\omega^3+1$　□ (2) $\omega^8+\omega^4+1$

□ (3) $\omega^{2n}+\omega^n+1$　(n は正の整数)

□ **96** 3次方程式 $x^3+3x^2+(a-4)x-a=0$ が重解をもつように，実数の定数 a の値を定めよ。**差がつく**

ガイド $(x-1)(x^2+4x+a)=0$ が重解をもつのは2通りある。

□ **97** 3次方程式 $x^3+(a-1)x-a=0$ が異なる3つの実数解をもつように，実数の定数 a の値の範囲を定めよ。

13 点の座標

テストに出る重要ポイント

- **2 点間の距離**…平面上の 2 点 $A(x_1,\ y_1)$, $B(x_2,\ y_2)$ の距離 AB は
  $AB=\sqrt{(x_2-x_1)^2+(y_2-y_1)^2}$
- **内分点と外分点**…$A(x_1,\ y_1)$, $B(x_2,\ y_2)$ を結ぶ線分 AB を $m:n$ に分ける点の座標は $\left(\dfrac{nx_1+mx_2}{m+n},\ \dfrac{ny_1+my_2}{m+n}\right)$ である。$mn>0$ **のとき内分点**，$mn<0$ **のとき外分点**。とくに**中点**は $\left(\dfrac{x_1+x_2}{2},\ \dfrac{y_1+y_2}{2}\right)$
- **三角形の重心**…3 点 $A(x_1,\ y_1)$, $B(x_2,\ y_2)$, $C(x_3,\ y_3)$ を頂点とする △ABC の**重心**の座標は $\left(\dfrac{x_1+x_2+x_3}{3},\ \dfrac{y_1+y_2+y_3}{3}\right)$
- **点 $(x,\ y)$ の対称点**…x 軸に関して対称な点は $(x,\ -y)$，y 軸に関して対称な点は $(-x,\ y)$，原点に関して対称な点は $(-x,\ -y)$

基本問題

解答 → 別冊 p. 19

できたらチェック。

98 数直線上の点 A，B，C の座標が，それぞれ -4，2，5 のとき，次の 2 点間の距離を求めよ。

□ (1) A，B　□ (2) A，C　□ (3) B，C

99 次の 2 点間の距離を求めよ。

□ (1) $(3,\ 4)$，$(5,\ 8)$　□ (2) $(-2,\ -4)$，$(-1,\ 3)$

□ (3) $(\sqrt{3},\ \sqrt{2})$，$(\sqrt{2},\ -\sqrt{3})$　□ (4) $(a,\ b)$，$(b,\ -a)$

100 点 $(1,\ 2)$ と次のそれぞれに関して対称な点の座標を求めよ。

□ (1) x 軸　□ (2) y 軸　□ (3) 原点

101 次の 3 点を頂点とする △ABC は，どんな形の三角形か。 テスト必出

□ (1) $A(0,\ -1)$，$B(4,\ 2)$，$C(-3,\ 3)$

□ (2) $A(2,\ 2)$，$B(2,\ 0)$，$C(\sqrt{3}+2,\ 1)$

例題研究》 2点 A$(-2,\ 1)$，B$(3,\ 4)$ から等距離にある x 軸上の点の座標を求めよ。

着眼 求める点は x 軸上の点であるから $(x,\ 0)$ とおける。この点をPとすると，**AP＝BP を満たす x を求めればよい。**

解き方 題意を満たす x 軸上の点Pの座標を $(x,\ 0)$ とすれば

→ y 座標が0であることに注意

AP＝BP すなわち $AP^2=BP^2$ より

$$(x+2)^2+(0-1)^2=(x-3)^2+(0-4)^2$$

$$x^2+4x+5=x^2-6x+25 \qquad 10x=20 \qquad x=2$$

ゆえに，求める x 軸上の点の座標は　**(2, 0)**　……答

□ **102** 2点 A$(1,\ -3)$，B$(3,\ 5)$ から等距離にある y 軸上の点の座標を求めよ。

103 3点 A，B，C が x 軸上にあり，その x 座標がそれぞれ 2，5，9 である。

□ (1) 線分 AB を 3：2 に内分する点，外分する点の座標を求めよ。

□ (2) 線分 AC の中点の座標を求めよ。

104 2点 A$(3,\ 6)$，B$(8,\ 14)$ がある。

□ (1) 線分 AB を 1：2 に内分する点，外分する点の座標を求めよ。

□ (2) 線分 AB の中点の座標を求めよ。

105 2点 A$(-1,\ -5)$，B$(2,\ 3)$ がある。〈テスト必出

□ (1) 線分 AB を 2：1 に内分する点，外分する点の座標を求めよ。

□ (2) 線分 AB を3等分する点の座標を求めよ。

106 3点 A$(-3,\ 5)$，B$(1,\ -4)$，C$(7,\ -8)$ を3つの頂点とする平行四辺形 ABCD がある。

□ (1) 対角線の交点の座標を求めよ。

□ (2) 頂点Dの座標を求めよ。

107 点 $(1,\ 3)$ に関して，次の各点と対称な点の座標を求めよ。

□ (1) $(3,\ 6)$　　□ (2) $(-4,\ 0)$　　□ (3) $(a,\ b)$

例題研究》 3 点 $A(x_1,\ y_1)$，$B(x_2,\ y_2)$，$C(x_3,\ y_3)$ を頂点とする三角形の重心の座標を求めよ。

着眼 三角形の 3 つの中線は 1 点で交わり，この点が三角形の重心である。重心は，中線を頂点のほうから **2：1 の比に内分する点**であることを用いて解けばよい。

解き方 辺 BC の中点 M の座標は $\left(\dfrac{x_2+x_3}{2},\ \dfrac{y_2+y_3}{2}\right)$ である。求める重心 G の座標を $(x,\ y)$ とすると，G は線分 AM を 2：1 の比に内分する点だから

$$x=\frac{1\cdot x_1+2\cdot\dfrac{x_2+x_3}{2}}{2+1}=\frac{x_1+x_2+x_3}{3}$$

y についても同様にして　$y=\dfrac{y_1+y_2+y_3}{3}$

ゆえに　$\left(\dfrac{\boldsymbol{x_1+x_2+x_3}}{\boldsymbol{3}},\ \dfrac{\boldsymbol{y_1+y_2+y_3}}{\boldsymbol{3}}\right)$ ……答

→ 公式として覚えよ！

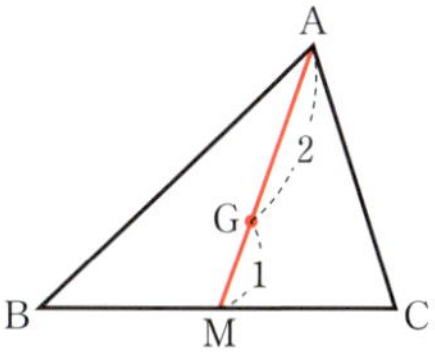

□ **108** △ABC の頂点 A，B の座標がそれぞれ (1, 3)，(6, 8) であるとする。この三角形の重心 G の座標が (4, 8) であるとき，頂点 C の座標を求めよ。

□ **109** △ABC の各辺 AB，BC，CA の中点がそれぞれ (3, −2)，(5, 4)，(−2, 1) である。このとき，この三角形の 3 つの頂点の座標を求めよ。

応用問題

解答 ➡ 別冊 p. 20

□ **110** 直線 $y=x+1$ 上にあって，2 点 A(3, 0)，B(0, 2) から等距離にある点の座標を求めよ。

□ **111** △ABC の辺 BC の中点を M とするとき，次の等式が成り立つことを証明せよ。　$AB^2+AC^2=2(AM^2+BM^2)$　（中線定理）

□ **112** △ABC の各辺 BC，CA，AB の中点をそれぞれ D，E，F とする。このとき，△ABC と △DEF の重心は一致することを証明せよ。

□ **113** 3 点 A(2, 3)，B(5, 8)，C(4, 1) を頂点とする三角形の外心の座標と外接円の半径を求めよ。 《差がつく

14 直線の方程式

テストに出る重要ポイント

- **直線の方程式**
  ① 一般形：$\boldsymbol{ax+by+c=0}$（a，b は同時には 0 でない）
  ② y 軸に平行：$\boldsymbol{x=a}$　　x 軸に平行：$\boldsymbol{y=b}$
  ③ 傾き m，y 切片 n：$\boldsymbol{y=mx+n}$（y 軸に平行な直線は表せない）
  ④ 傾き m，点 $(x_1,\ y_1)$ を通る：$\boldsymbol{y-y_1=m(x-x_1)}$
  ⑤ 2 点 $(x_1,\ y_1)$，$(x_2,\ y_2)$ を通る：$\boldsymbol{(x_2-x_1)(y-y_1)=(y_2-y_1)(x-x_1)}$
  ⑥ x 切片 a，y 切片 b：$\boldsymbol{\dfrac{x}{a}+\dfrac{y}{b}=1}$（$ab\neq 0$）
- **2 直線の位置関係**…2 直線 $y=mx+n$ と $y=m'x+n'$ について
  ① 交わる条件：$m\neq m'$
  ② 平行条件：$\boldsymbol{m=m'}$（さらに $n=n'$ のとき，2 直線は一致する）
  ③ 垂直条件：$\boldsymbol{m\cdot m'=-1}$
  　2 直線 $ax+by+c=0$，$a'x+b'y+c'=0$ の垂直条件：$\boldsymbol{aa'+bb'=0}$
- **交点を通る直線**…$ax+by+c=0$，$a'x+b'y+c'=0$ の交点を通る直線の方程式は　$\boldsymbol{ax+by+c+k(a'x+b'y+c')=0}$（$k$ は定数）
- **点と直線の距離**…点 $(x_1,\ y_1)$ と直線 $ax+by+c=0$ の距離 d は
  $$\boldsymbol{d=\frac{|ax_1+by_1+c|}{\sqrt{a^2+b^2}}}$$
- **三角形の面積**…3 点 $(0,\ 0)$，$(x_1,\ y_1)$，$(x_2,\ y_2)$ を頂点とする三角形の面積 S は　$\boldsymbol{S=\dfrac{1}{2}|x_1y_2-x_2y_1|}$

基本問題

解答 → 別冊 p. 20

できたらチェック。

114 次の直線の方程式を求めよ。

□ (1) 点 $(3,\ -4)$ を通り x 軸に平行な直線

□ (2) 点 $(1,\ 2)$ を通り y 軸に平行な直線

□ (3) 傾きが 2 で y 切片が -4 の直線

□ (4) 傾きが -2 で点 $(3,\ -4)$ を通る直線

115 次の直線の方程式を求めよ。

□ (1) 点 $(-2,\ -4)$ と原点を通る直線

□ (2) 2 点 $(2,\ 3)$, $(-4,\ 6)$ を通る直線

□ (3) 2 点 $(3,\ -4)$, $(3,\ 5)$ を通る直線

□ (4) 2 点 $(-2,\ 3)$, $(3,\ 3)$ を通る直線

□ (5) 2 点 $(-2,\ 0)$, $(0,\ -3)$ を通る直線

□ (6) x 切片が 2, y 切片が -2 の直線

□ **116** 右の図から 2 直線 ℓ, m の方程式を求めよ。

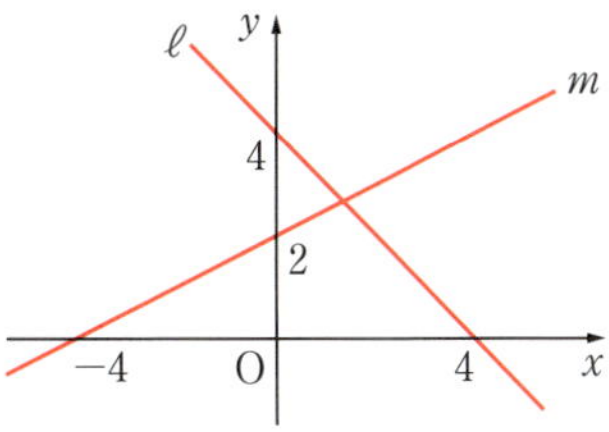

例題研究》 次の 3 点が同一直線上にあるように，定数 a の値を定めよ。

$(-4,\ -6)$, $(3,\ 2)$, $(a,\ -1)$

着眼 2 点が定まれば直線が 1 つ定まる。**第 3 の点がこの直線上にあることを方程式で表す**とどうなるだろうか。

解き方 まず，2 点 $(-4,\ -6)$, $(3,\ 2)$ を通る直線の方程式を求めると

$$y-2=\frac{-6-2}{-4-3}(x-3)=\frac{8}{7}(x-3) \quad \cdots\cdots ①$$

与えられた 3 点が同一直線上にあるようにするには，点 $(a,\ -1)$ が直線①上にあればよい。

すなわち $\underline{-1-2=\frac{8}{7}(a-3)}$ ……②

→ x に a, y に -1 を代入する

②を満たす a を求めると $\boldsymbol{a=\frac{3}{8}}$ ……答

117 次の問いに答えよ。

□ (1) 3 点 $(-1,\ 0)$, $(2,\ 3)$, $(6,\ 8)$ は同一直線上にあるか。

□ (2) 次の 3 点が同一直線上にあるように，定数 a の値を定めよ。

A$(3,\ -2)$, B$(1,\ a)$, C$(a,\ 0)$

□ **118** 2直線 $x+y-3=0$，$3x-y-5=0$ の交点と点 $(5,\ 8)$ を通る直線の方程式を求めよ。 テスト必出

119 直線 $ax+by+c=0$ は，次の場合にそれぞれ第何象限を通るか。

□ (1) $ab>0$，$bc>0$
□ (2) $ab<0$，$bc<0$
□ (3) $a=0$，$bc<0$
□ (4) $b=0$，$ac<0$
□ (5) $c=0$，$ab<0$

□ **120** x 切片が a，y 切片が b の直線がある。その直線が点 $(3,\ 2)$ を通るとき，$2a+3b=ab$ が成り立つことを証明せよ。ただし，$a\neq0$，$b\neq0$ とする。

□ **121** 3直線 $x+y-3=0$，$2x-3y+1=0$，$x-ay=0$ が1点で交わるように，定数 a の値を定めよ。 テスト必出

ガイド　2直線の交点を残りの直線が通ると考える。

□ **122** 次の直線の中で，互いに平行であるもの，および互いに垂直であるものの組をいえ。

(1) $y=-3x+2$
(2) $y=3x+2$
(3) $3x-y+1=0$
(4) $x-3y+2=0$

□ **123** 点 $(1,\ 3)$ を通り，直線 $x+2y+3=0$ に平行な直線の方程式と垂直な直線の方程式を求めよ。

□ **124** 点 $(-2,\ -3)$ を通り，2点 $(1,\ 6)$，$(4,\ 3)$ を通る直線に平行な直線の方程式と垂直な直線の方程式を求めよ。

□ **125** 2点 $(-1,\ 4)$，$(9,\ 6)$ を結ぶ線分の垂直二等分線の方程式を求めよ。

例題研究》 直線 $2x-y-1=0$ に関して，点 A$(-2,\ 6)$ と対称な点の座標を求めよ。

着眼 求める点を P$(a,\ b)$ とすると，直線 $2x-y=1$ は線分 PA の垂直二等分線である。すなわち，直線 PA は $2x-y=1$ に垂直であり，線分 PA の中点 M は $2x-y=1$ 上にある。この 2 つの条件から $a,\ b$ を求めることができる。

解き方 求める点を P$(a,\ b)$ とおき，2 点 A，P を結ぶ線分 PA の中点を M とする。

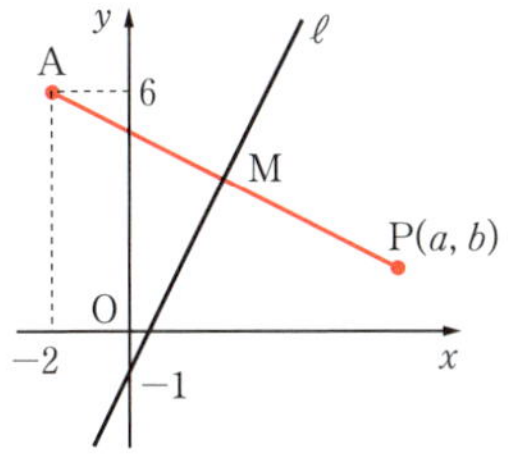

中点の公式より　$\mathrm{M}\left(\dfrac{a-2}{2},\ \dfrac{b+6}{2}\right)$

M は直線 ℓ：$2x-y=1$ 上にあるから

$$2\left(\frac{a-2}{2}\right)-\frac{b+6}{2}=1$$

ゆえに　$2a-b=12$　……①

また，直線 ℓ と直線 PA が垂直であるから，直線 PA の方程式は $x+2y=k$ と書ける。

これが A$(-2,\ 6)$ を通るから　$-2+12=k$　　ゆえに　$k=10$

したがって，PA の方程式は　$x+2y=10$

（上の k の値を代入する）

点 P$(a,\ b)$ は PA 上にあるから　$a+2b=10$　……②

①，②より　$a=\dfrac{34}{5}$，$b=\dfrac{8}{5}$　　ゆえに　$\left(\dfrac{\mathbf{34}}{\mathbf{5}},\ \dfrac{\mathbf{8}}{\mathbf{5}}\right)$　……答

□ **126** 直線 $3x+y-6=0$ に関して，点 A$(5,\ 11)$ と対称な点の座標を求めよ。

127 2 直線 $x-y+1=0$，$x+2y+4=0$ の交点を通り，次の条件を満たす直線の方程式を求めよ。

□ (1) 点 $(3,\ 5)$ を通る　　□ (2) y 切片が 2 である

□ (3) 直線 $x-3y=0$ に平行　　□ (4) 直線 $3x-4y-1=0$ に垂直

ガイド 2 直線 $ax+by+c=0$，$a'x+b'y+c'=0$ の交点を通る直線の方程式は $ax+by+c+k(a'x+b'y+c')=0$（k は定数）とおける。

□ **128** k がどんな実数値をとっても，次の直線は定点を通ることを示せ。

$(3-k)x-(1+4k)y-3-2k=0$

ガイド k について整理すると，2 直線の交点を通る直線とみることができる。

129 公式を用いて，次の点と直線の距離を求めよ。

□ (1) 点 $(1,\ 1)$ と直線 $3x-4y-5=0$　□ (2) 原点と直線 $x-2y-3=0$

□ (3) 点 $(-2,\ 1)$ と直線 $y=\frac{1}{2}x+1$

□ **130** 2直線 $3x-y=2$，$3x-y=4$ の間の距離を求めよ。

ガイド　平行な2直線の間の距離は，一方の直線上の点と他方の直線との距離を求めればよい。

例題研究》 3点 $O(0,\ 0)$，$A(x_1,\ y_1)$，$B(x_2,\ y_2)$ を頂点とする三角形の面積 S は，$S=\frac{1}{2}|x_1y_2-x_2y_1|$ であることを証明せよ。

着眼　O より AB に垂線を下ろし，垂線と AB の交点を H とすれば，$\boldsymbol{S=\frac{1}{2}AB\cdot OH}$ で求められる。

解き方　2点 A，B を通る直線の方程式は

$(y_2-y_1)x-(x_2-x_1)y+y_1x_2-x_1y_2=0$

原点 O より直線 AB に下ろした垂線と AB の交点を H とすれば

$$OH=\frac{|y_1x_2-x_1y_2|}{\sqrt{(y_2-y_1)^2+(x_2-x_1)^2}}$$

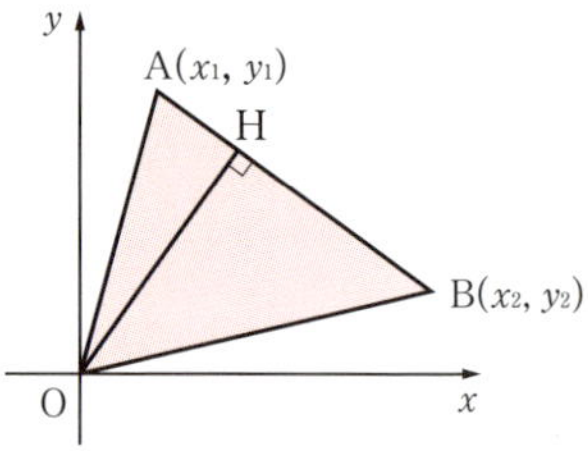

よって，求める面積 S は

$$S=\frac{1}{2}AB\cdot OH$$
$$=\frac{1}{2}\sqrt{(x_2-x_1)^2+(y_2-y_1)^2}\times\frac{|y_1x_2-x_1y_2|}{\sqrt{(y_2-y_1)^2+(x_2-x_1)^2}}$$
$$=\frac{1}{2}|y_1x_2-x_1y_2|=\frac{1}{2}|x_1y_2-x_2y_1|$$　〔証明終〕

→ これは公式として覚えておく

□ **131** 3点 $A(-2,\ 4)$，$B(3,\ -2)$，$C(-4,\ -1)$ を頂点とする三角形の面積を求めよ。

□ **132** 3直線 $x+2y=5$，$3x+y=2$，$2x-y=3$ で囲まれてできる三角形の面積を求めよ。

テスト必出

応用問題

解答 → 別冊 p. 23

□ **133** 3 点 $(x,\ 0)$, $\left(\frac{1}{2},\ 14\right)$, $(0,\ y)$ が同一直線上にあり，x, y は正の整数で $y \leqq 25$ である。このとき，x, y の値を求めよ。 差がつく

□ **134** 3 点 $\mathrm{A}(x_1,\ y_1)$, $\mathrm{B}(x_2,\ y_2)$, $\mathrm{C}(x_3,\ y_3)$ が同一直線上にあるための条件は，$(x_2-x_1)(y_3-y_1)=(y_2-y_1)(x_3-x_1)$ であることを証明せよ。

ガイド 直線 AB 上に点 C がある条件を考える。

例題研究 定数 a が 0 以外のどんな値をとっても，直線 $2x+a^2y=2a$ と座標軸とで囲まれる部分の面積は一定であることを証明せよ。

着眼 この直線と座標軸とで囲まれる部分は三角形であるから，x 軸，y 軸との交点を求めればよい。座標が負のときもあるので，面積の計算では，**絶対値記号を使う**こと。

解き方 直線 $2x+a^2y=2a$ と x 軸，y 軸の交点を求めると

$y=0$ として $x=a$

$x=0$ として $y=\dfrac{2}{a}$

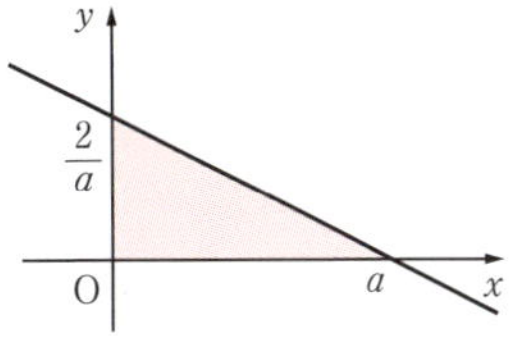

よって，求める図形の面積 S は

$$S=\frac{1}{2}|a|\left|\frac{2}{a}\right|=1$$

→ 三角形の辺だから正にしておく

したがって，面積は一定である。 〔証明終〕

135 座標平面上に 4 点 $\mathrm{A}(-1,\ -1)$, $\mathrm{B}(1,\ -1)$, $\mathrm{C}(1,\ 2)$, $\mathrm{D}(-1,\ 2)$ がある。

□ (1) $\mathrm{A}(-1,\ -1)$ を通り，傾きが m の直線の方程式を求めよ。

□ (2) この直線が長方形 ABCD の面積を $1:2$ に分けるとき，m の値を求めよ。

ガイド (2) 直線が辺 BC と交わる場合と，辺 CD と交わる場合がある。

例題研究》 点 $(2,\ -1)$ に関して，直線 $x-2y-1=0$ と対称な直線の方程式を求めよ。

着眼　点 $(2,\ -1)$ に関して，$\mathrm{P}(x,\ y)$ と $\mathrm{Q}(X,\ Y)$ が対称であるとすれば，線分 PQ の**中点の座標が $(2,\ -1)$ であること**がわかる。

解き方　直線 $x-2y-1=0$ 上の点 $\mathrm{P}(x,\ y)$ と点 $\mathrm{Q}(X,\ Y)$ が点 $(2,\ -1)$ に関して対称であれば

$$\frac{x+X}{2}=2,\quad \frac{y+Y}{2}=-1$$

ゆえに　$x=4-X,\ y=-2-Y$　……①

P は直線 $x-2y-1=0$ 上にあるので，これに①を代入すると

$(4-X)-2(-2-Y)-1=0$　　ゆえに　$X-2Y-7=0$

よって，求める直線の方程式は

$$\boldsymbol{x-2y-7=0}$$ ……答

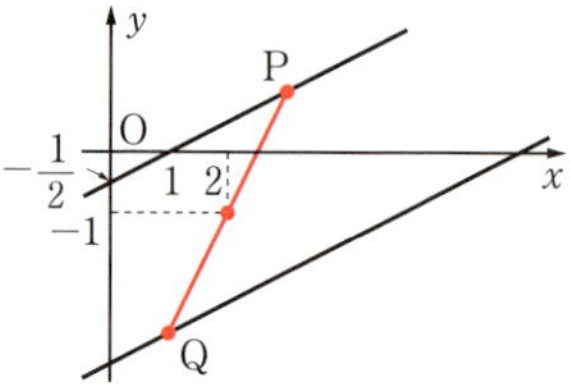

136 直線 $y=-x+3$ に関して，直線 $y=3x-1$ と対称な直線の方程式を求めよ。

137 直線 $2y-x+k=0$ 上を点 $(a,\ b)$ が動くものとする。このとき，直線 $(b-1)y+ax-4b=0$ はつねにある定点 P を通ることを証明し，その点 P の座標を求めよ。ただし，k は -2 でない定数とする。

ガイド　$a,\ b$ は $2b-a+k=0$ を満たすので，a または b を消去して考える。

138 点 $(1,\ 2)$ を通る直線を考える。このうち，点 $(5,\ 6)$ からの距離が 4 であるようなものの方程式を求めよ。

139 点 $(-1,\ 3)$ を通り，互いに直交する 2 つの直線がある。それらの原点からの距離が等しいとき，この 2 つの直線の方程式を求めよ。 差がつく

ガイド　点 $(-1,\ 3)$ を通る直線を $y=m(x+1)+3,\ y=n(x+1)+3$ とおく。

15 円と直線

テストに出る重要ポイント

- **円の方程式**

① 円の方程式の一般形：$\boldsymbol{x^2+y^2+ax+by+c=0}$ $(a^2+b^2>4c)$

② 原点が中心，半径 r の円：$\boldsymbol{x^2+y^2=r^2}$

③ 中心 $(a,\ b)$，半径 r の円：$\boldsymbol{(x-a)^2+(y-b)^2=r^2}$

- **円と直線の位置関係**…円と直線の方程式から，x または y を消去した 2 次方程式の判別式を D とすれば

① 異なる 2 つの実数解 $(\boldsymbol{D>0})$ $\Longleftrightarrow$ **異なる 2 点で交わる。**

② 重解(実数解) $(\boldsymbol{D=0})$ $\Longleftrightarrow$ **1 点で接する。**

③ 虚数解 $(\boldsymbol{D<0})$ $\Longleftrightarrow$ **共有点をもたない。**

- **円の接線の方程式**…円 $x^2+y^2=r^2$ 上の点 $(x_0,\ y_0)$ における接線の方程式は　$\boldsymbol{x_0x+y_0y=r^2}$

- **2 円の交点を通る円，直線**…2 円 $f(x,\ y)=0$，$g(x,\ y)=0$ が交わるとき $f(x,\ y)+kg(x,\ y)=0$ は

① $k=-1$ のとき，2 円の交点を通る直線

② $k\neq-1$ のとき，2 円の交点を通る円

基本問題

解答 → 別冊 p. 25

できたらチェック。

140 次の円の方程式を求めよ。〈テスト必出

□ (1) 原点を中心とする半径 4 の円

□ (2) 点 $(1,\ -2)$ を中心とする半径 3 の円

□ (3) 中心が $(2,\ -3)$ で x 軸に接する円

□ (4) 中心が $(1,\ 2)$ で y 軸に接する円

□ (5) 点 $(2,\ 1)$ を中心とし，点 $(5,\ 3)$ を通る円

□ (6) 2 点 $(3,\ 2)$，$(-7,\ 4)$ を直径の両端とする円

□ (7) 点 $(1,\ 2)$ を通り，両座標軸に接する円

ガイド (7) 求める円の方程式を $(x-\alpha)^2+(y-\beta)^2=\alpha^2$，$\beta=\pm\alpha$ とおき，$(1,\ 2)$ を代入する。

141 次の円の中心と半径を求めよ。

□ (1) $(x-3)^2+(y-2)^2=5^2$

□ (2) $(x+3)^2+(y+2)^2=25$

□ (3) $x(x+2)+(y-2)(y+4)=0$

□ (4) $x^2+y^2-6y=0$

□ (5) $x^2+y^2-8x+6y=0$

□ (6) $2x^2+2y^2-4x+8y+1=0$

□ (7) $x^2+y^2-2ax=0$ $(a \neq 0)$

例題研究》 点 $(4,\ -3)$ を中心とし，直線 $x-y+1=0$ に接する円の方程式を求めよ。

着眼　中心がわかっているので半径がわかればよい。**半径は，中心と直線 $x-y+1=0$ の距離に等しいことを使って求める。**

解き方　点 $(4,\ -3)$ を中心とし，直線 $x-y+1=0$ に接する円の半径 r は，点 $(4,\ -3)$ と直線 $x-y+1=0$ の距離に等しいので，

$$r=\frac{|4+3+1|}{\sqrt{1+1}}=\frac{8}{\sqrt{2}}=4\sqrt{2}$$

→ 点と直線の距離の公式より

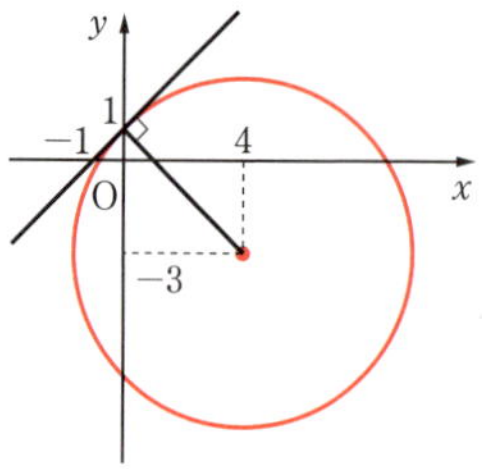

よって，求める円の方程式は

$(x-4)^2+(y+3)^2=32$ ……答

□ **142** 点 $(3,\ 4)$ を中心とし，円 $x^2+y^2=1$ に接する円の方程式(内接する場合と外接する場合がある)を求めよ。

ガイド　2円の半径を r_1，r_2，中心間の距離を d とすると，
外接する $\iff d=r_1+r_2$，内接する $\iff d=|r_1-r_2|$

□ **143** 3点 $(0,\ -4)$，$(3,\ 3)$，$(5,\ -2)$ を通る円の方程式を求めよ。

□ **144** $x^2+y^2+2x-4y+k=0$ が円を表すように，k の値の範囲を定めよ。

テスト必出

145 次の円の方程式を求めよ。

□ (1) $x^2+y^2-4x-8y-5=0$ と中心が同じで y 軸に接する円

□ (2) 原点と点 $(1,\ 2)$ を通り，中心が直線 $y=x+5$ 上にある円

ガイド (2) 中心を $(a,\ a+5)$ とおく。

□ **146** 3 直線 $3y=2x+5$，$y=x+3$，$y=3$ で囲まれてできる三角形の外接円の半径を求めよ。

例題研究》 点 $(1,\ 2)$ に関して，円 $x^2+y^2-2x-6y-6=0$ と対称な円の方程式を求めよ。

着眼 求める円の中心を $(a,\ b)$ とすれば，点 $(a,\ b)$ は点 $(1,\ 2)$ に関して与えられた円の中心と対称な点であることに気がつけばよい。

解き方 $x^2+y^2-2x-6y-6=0$ は $(x-1)^2+(y-3)^2=4^2$ と変形できるので，中心が $(1,\ 3)$，半径が 4 の円である。
求める円の中心を $(a,\ b)$ とすれば，点 $(a,\ b)$ は点 $(1,\ 2)$ に関して点 $(1,\ 3)$ と対称な点である。
→ この点が重要！

したがって $\dfrac{a+1}{2}=1$，$\dfrac{b+3}{2}=2$ ゆえに $a=1$，$b=1$

よって，求める円の方程式は $\boldsymbol{(x-1)^2+(y-1)^2=16}$ ……答

147 次の直線と円との位置関係(2 点で交わる，接する，共有点をもたない)を調べ，共有点がある場合にはその座標を求めよ。

□ (1) $x+y=1$，$x^2+y^2=1$

□ (2) $y-x=2$，$x^2+y^2=2$

□ (3) $x+2y+6=0$，$x^2+y^2=2$

148 直線 $y=-x+a$ と円 $x^2+y^2=1$ との位置関係が，次の各場合のとき，a のとりうる値の範囲を求めよ。また，(2)では接点の座標を求めよ。 テスト必出

□ (1) 異なる 2 点で交わる　□ (2) 接する

□ (3) 共有点をもたない

□ **149** 直線 $y=mx-3$ と円 $x^2+y^2+2y=0$ が異なる 2 点で交わるように，実数 m の値の範囲を定めよ。また，接するように m の値を定めよ。

150 次の円周上の与えられた点における接線の方程式を求めよ。

□ (1) $x^2+y^2=25$　$(-3,\ -4)$

□ (2) $x^2+y^2=9$　$(\sqrt{5},\ -2)$

□ (3) $x^2+y^2=16$　$(-\sqrt{15},\ 1)$

□ (4) $x^2+y^2=1$　$(0,\ -1)$

151 次の円の接線の方程式を求めよ。

□ (1) 円 $x^2+y^2=9$ の接線で，傾きが 2 であるもの

□ (2) 円 $x^2+y^2=25$ の接線で，傾きが -1 であるもの

ガイド　(1) 求める接線の方程式を $y=2x+n$ とおく。

例題研究》 2 円 $(x-1)^2+(y-2)^2=6$，$(x-2)^2+(y+1)^2=8$ の交点を通る直線(共通弦)の方程式と，この 2 円の交点および原点を通る円の方程式を求めよ。

着眼 2 円の交点は，連立方程式を解けば求められるが，もっとよい方法はないだろうか。「2 円の交点を通る円・直線」の公式を使えば簡単にできる。

解き方 2 円の交点を通る円または直線の方程式は

$(x-1)^2+(y-2)^2-6+k\{(x-2)^2+(y+1)^2-8\}=0$　……①

（k → この値によって円になったり直線になったりする）

で与えられる。

直線の方程式は 1 次式であるから，①で $k=-1$ とすると 2 円の交点を通る直線になる。

ゆえに　$\boldsymbol{x-3y+1=0}$　……**答**

次に，2 円の交点を通る円(①で $k\neq-1$)が原点を通るから，

$x=0$，$y=0$ を①に代入すれば　$(-1)^2+(-2)^2-6+k\{(-2)^2+1^2-8\}=0$

ゆえに　$k=-\dfrac{1}{3}$　……②

②を①に代入して整理すれば　$\boldsymbol{x^2+y^2-x-7y=0}$　……**答**

152 2円 $x^2+y^2-5x-y-6=0$, $x^2+y^2+x+y-2=0$ について，次の問いに答えよ。

□ (1) 2円の共通弦を表す直線の方程式を求めよ。

□ (2) 2円の交点と点 $(1,\ 1)$ を通る円の方程式を求めよ。

□ **153** 円 $x^2+y^2-4kx-2ky+20k-25=0$ は定数 k の値にかかわらず，2つの定点を通ることを証明せよ。

ガイド k について整理して，円と直線の交点を通る円と考える。

□ **154** 円 $x^2+y^2=4$ と直線 $x+y=1$ との2つの交点および点 $(1,\ 1)$ を通る円の方程式を求めよ。

応用問題

解答 ➡ 別冊 p. 27

□ **155** 2点 $(-1,\ 2)$, $(1,\ 4)$ を通り，x 軸から長さ6の線分を切りとる円の方程式を求めよ。

ガイド 求める円の方程式を $x^2+y^2+ax+by+c=0$ とおくと，x 軸から長さ6の線分を切りとるので，$y=0$ とおいた方程式の2つの解の差が6になる。

□ **156** 方程式 $(x-x_1)(x-x_2)+(y-y_1)(y-y_2)=0$ は，2点 $(x_1,\ y_1)$, $(x_2,\ y_2)$ を直径の両端とする円の方程式であることを証明せよ。

ガイド 2点A，Bを直径の両端とする円の中心は線分ABの中点，半径は線分ABの長さの半分である。

□ **157** 直線 $y=x+a$ が円 $x^2+y^2=1$ によって切りとられる弦の長さが1になるように，定数 a の値を定めよ。 〈差がつく〉

ガイド 円と直線の交点の x 座標を α, β とすると，弦の長さは

$$\sqrt{(\alpha-\beta)^2+\{(\alpha+a)-(\beta+a)\}^2}=\sqrt{2(\alpha-\beta)^2}$$

例題研究》 点 $(2,\ -3)$ から円 $x^2+y^2=4$ に引いた 2 つの接線の方程式を求めよ。また，その接点の座標を求めよ。

着眼 点 $(2,\ -3)$ を通る直線の方程式を $y+3=m(x-2)$ とおいて，重解をもつ条件より求めてもよいが，$x=2$ を落としやすいので注意すること。ここでは，**円周上の点 $(x_0,\ y_0)$ における接線が与えられた点 $(2,\ -3)$ を通る**ようにする方法で求める。

解き方 円 $x^2+y^2=4$ の周上の点 $(x_0,\ y_0)$ における接線の方程式は

$x_0x+y_0y=4$ ……①

→ 接線の公式

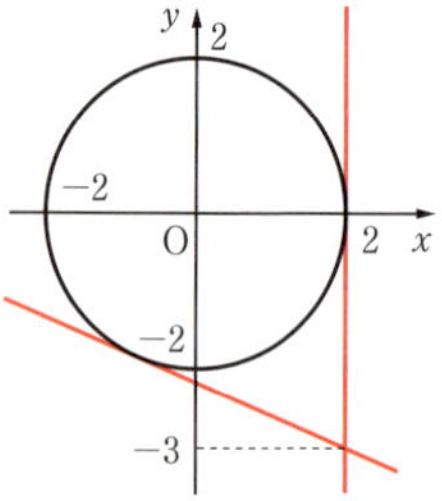

この接線が点 $(2,\ -3)$ を通るためには

$2x_0-3y_0=4$ ……②

また，点 $(x_0,\ y_0)$ は円の周上にあるから

${x_0}^2+{y_0}^2=4$ ……③

②から　$y_0=\dfrac{1}{3}(2x_0-4)$

これを③に代入して　${x_0}^2+\dfrac{1}{9}(2x_0-4)^2=4$

$13{x_0}^2-16x_0-20=0$　　　$(x_0-2)(13x_0+10)=0$

ゆえに　$x_0=2,\ -\dfrac{10}{13}$

$x_0=2$ のとき　$y_0=0$　　　$x_0=-\dfrac{10}{13}$ のとき　$y_0=-\dfrac{24}{13}$

これらを①に代入すると，接線の方程式および接点の座標は次のようになる。

$\boldsymbol{x=2}$，**接点** $\boldsymbol{(2,\ 0)}$；$\boldsymbol{5x+12y+26=0}$，**接点** $\boldsymbol{\left(-\dfrac{10}{13},\ -\dfrac{24}{13}\right)}$ ……答

158 次の接線の方程式を求めよ。

□ (1) 点 $(-1,\ 3)$ から円 $x^2+y^2=1$ に引いた 2 つの接線

□ (2) 点 $(3,\ 4)$ から円 $x^2+y^2=5$ に引いた 2 つの接線

□ (3) 原点から円 $x^2+y^2+6x+2y+8=0$ に引いた 2 つの接線

ガイド　(3) 求める接線の方程式を $y=mx$ とおく。

□ **159** 円外の点 $(x_0,\ y_0)$ から円 $(x-a)^2+(y-b)^2=r^2$ に引いた接線の長さは $\sqrt{(x_0-a)^2+(y_0-b)^2-r^2}$ であることを証明せよ。〈差がつく〉

16 軌　跡

★ テストに出る重要ポイント

- **軌跡…与えられた条件を満たす点全体の集合**を，その条件を満たす点の**軌跡**という。
- **基本的な軌跡**
  ① 2点A，Bから等距離にある点：**ABの垂直二等分線**
  ② 定直線 l から一定の距離にある点：**l から一定の距離にある2つの平行線**
  ③ 交わる2直線 l，m から等距離にある点：**l，m のなす角の二等分線**
  ④ 定点からの距離が一定である点：**円**
- **軌跡を求める方法（座標）**
  ① 適当に座標軸を定める。
  ② **動点Pの座標を $(x,\ y)$ とする**。
  ③ 条件を座標の間の関係式で表す。
  ④ 変形して x，y のみの関係式を導く。
  ⑤ 関係式から軌跡を判断する。
  ⑥ 軌跡上のすべての点が条件を満たすことを確認する。
- **媒介変数を用いたとき**…媒介変数を消去して，x，y の関係式を導く。

できたらチェック。

基本問題

解答 → 別冊 p. 29

□ **160** 2点 $(-2,\ -1)$，$(3,\ 5)$ から等距離にある点の軌跡の方程式を求めよ。

□ **161** 2点 $(0,\ 4)$，$(3,\ -2)$ からの距離の平方の差が17である点の軌跡の方程式を求めよ。 テスト必出

□ **162** 2点 $(1,\ 0)$，$(-1,\ 0)$ からの距離の平方の和が10である点の軌跡の方程式を求めよ。

□ **163** 2点 A(0, 0), B(15, 0) からの距離の比が 1：2 である点 P の軌跡の方程式を求めよ。

□ **164** 2点 A(−2, 0), B(3, 0) がある。PA：PB＝2：3 を満たす点 P の軌跡の方程式を求めよ。

□ **165** 点 (1, 3) からの距離が 2 である点 P の軌跡の方程式を求めよ。

166 t がすべての実数値をとって変わるとき，次の式で表される点 (x, y) の軌跡の方程式を求めよ。

□ (1) $x=t-1,\ y=2t+3$　　□ (2) $x=4,\ y=5t+3$

□ (3) $x=t+1,\ y=t^2+2$　　□ (4) $x=t-1,\ y=2t^2-3t$

例題研究》 中心 (2, 0), 半径 2 の円周上の点 P と原点を結ぶ線分の中点 Q の軌跡を求めよ。

着眼 まず，与えられた円の方程式を考え，この円周上の任意の点を P(u, v) とする。OP の中点を Q(x, y) として，x, y, u, v の関係式を求める。これより **u, v を消去して，x, y の関係式を求めればよい。**

解き方 中心 (2, 0), 半径 2 の円の方程式は

$(x-2)^2+y^2=4$

この円周上の点を P(u, v) とすれば

$(u-2)^2+v^2=4$ ……①

OP の中点を Q(x, y) とすれば

$x=\dfrac{u}{2},\ y=\dfrac{v}{2}$

ゆえに　$u=2x,\ v=2y$ ……②

②を①に代入して　$(2x-2)^2+(2y)^2=4$

ゆえに　$(x-1)^2+y^2=1$

→ これは円の方程式だ！

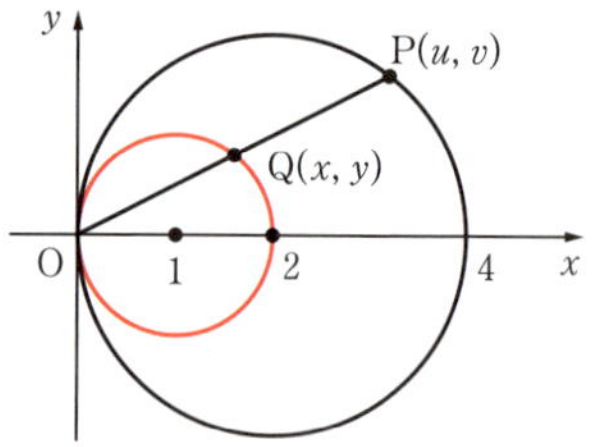

よって，求める軌跡は中心 (1, 0), 半径 1 の円である。(ただし，原点を除く)

答 **中心 (1, 0), 半径 1 の円 (ただし，原点を除く)**

□ **167** 放物線 $y=mx^2+2x+3$ において，m の値を変えていくとき，頂点はどのように動いていくか。その軌跡の方程式を求めよ。 **テスト必出**

応用問題

解答 ➡ 別冊 p. 30

□ **168** 直線 $3x-4y+8=0$ と x 軸の両方に接する円の中心の軌跡の方程式を求めよ。

□ **169** 2 直線 $2x-3y-1=0$，$3x+2y-5=0$ のなす角を 2 等分する直線の方程式を求めよ。

例題研究》 放物線 $y=x^2+x+3$ 上の点 P から点 A(1, 2) に向かって半直線をひき，その上に点 Q を AQ=2PA となるようにとる。点 P がこの放物線上を動くときの点 Q の軌跡の方程式を求めよ。

着眼 P$(u,\ v)$，Q$(x,\ y)$ とし，点 A が線分 PQ を 1：2 に内分する点であることから，x，y を u，v で表す。これと $v=u^2+u+3$ から，x，y の関係式を導く。

解き方 P$(u,\ v)$，Q$(x,\ y)$ とすると，点 A は線分 PQ を 1：2 に内分する点であるから

→ 内分，外分の公式は必ず覚えておく

$$\frac{2u+x}{1+2}=1,\quad \frac{2v+y}{1+2}=2$$

ゆえに　$u=\dfrac{3-x}{2}$，$v=\dfrac{6-y}{2}$　……①

点 P は放物線上にあるから　$v=u^2+u+3$　……②

①を②に代入すると　$\dfrac{6-y}{2}=\left(\dfrac{3-x}{2}\right)^2+\dfrac{3-x}{2}+3$

これを整理すると　$\boldsymbol{y=-\dfrac{1}{2}x^2+4x-\dfrac{15}{2}}$　……答

→ Q の軌跡も放物線になる

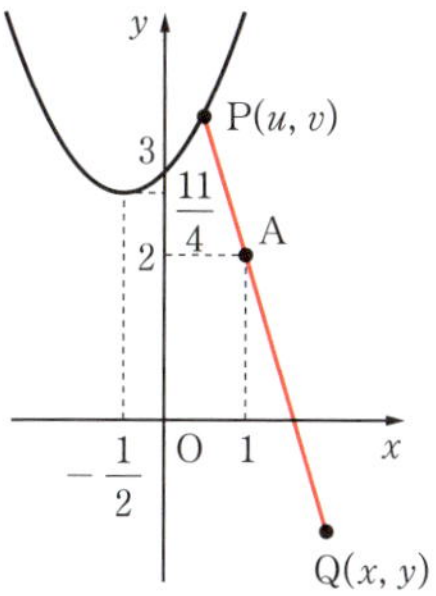

□ **170** 定円 $x^2+y^2=r^2$ と，この円の外にある定点 A$(a,\ b)$ がある。このとき，定円上の点 P と A を結ぶ線分 AP の中点の軌跡の方程式を求めよ。

□ **171** 曲線 $y=x^2-4x+3$ 上の相異なる動点 P，Q を結ぶ直線が原点 (0, 0) を通る。このとき，線分 PQ の中点の軌跡の方程式を求めよ。

□ **172** 点 P$(u,\ v)$ が直線 $y=2x$ 上を動く。このとき，$(u+v,\ uv)$ を座標とする点は，どんな曲線をえがくか。その曲線の方程式を求めよ。〈差がつく〉

17 領　域

テストに出る重要ポイント

- **不等式の表す領域**
  ① $y>f(x)$ の表す領域は，曲線 $y=f(x)$ の**上方**
  ② $y<f(x)$ の表す領域は，曲線 $y=f(x)$ の**下方**
  ③ $x^2+y^2>r^2$ の表す領域は，円 $x^2+y^2=r^2$ の**外側**
  ④ $x^2+y^2<r^2$ の表す領域は，円 $x^2+y^2=r^2$ の**内側**
- **絶対値を含んだ不等式の表す領域**…絶対値の中身の符号で場合分けし，それぞれの領域の和集合を考える。
- **領域利用の最大，最小問題**
  ① 不等式の表す領域を図示する。
  ② **最大値，最小値を求める式を k** とおき，その式のグラフが①の領域と**共有点をもつときの k の最大値，最小値**を求める。

基本問題

解答 → 別冊 p. 31

できたらチェック。

173 次の不等式の表す領域を図示せよ。

□ (1) $x>1$　□ (2) $y<-2$　□ (3) $x\leqq 2$
□ (4) $-1\leqq y$　□ (5) $y>x-1$　□ (6) $3y\leqq 2x$
□ (7) $2x-3y+6>0$　□ (8) $y\leqq x^2$　□ (9) $y>1-x^2$
□ (10) $x^2+2x+y>0$　□ (11) $x^2+y^2<2$　□ (12) $4\leqq x^2+y^2$
□ (13) $x^2+2x+y^2\geqq 0$　□ (14) $y>|x|$

174 次の不等式の表す領域を図示せよ。 テスト必出

□ (1) $\begin{cases} x-2y+9<0 \\ 2x+3y+6>0 \end{cases}$　□ (2) $\begin{cases} y-x-1>0 \\ y-x^2+1<0 \end{cases}$

□ (3) $\begin{cases} x^2+y^2\leqq 9 \\ x-y-2>0 \end{cases}$　□ (4) $\begin{cases} y-x^2-2x\geqq 0 \\ y-4+x^2<0 \end{cases}$

□ (5) $\begin{cases} y-x^2>0 \\ x^2+y^2-1<0 \end{cases}$　□ (6) $\begin{cases} x^2+y^2-4x\geqq 0 \\ y-x^2\geqq 0 \end{cases}$

例題研究》 次の不等式の表す領域を図示せよ。

$$(x+y-1)(2x-y-2) \leqq 0$$

着眼 $\boldsymbol{AB \leqq 0}$ は，$\boldsymbol{A \geqq 0}$，$\boldsymbol{B \leqq 0}$，または $\boldsymbol{A \leqq 0}$，$\boldsymbol{B \geqq 0}$ と同値であるから，$A \geqq 0$，$B \leqq 0$ と $A \leqq 0$，$B \geqq 0$ の表す領域を図示し，その和集合を考えるとよい。

解き方 $(x+y-1)(2x-y-2) \leqq 0$ を満たす点 $(x,\ y)$ の集合は

$x+y-1 \geqq 0,\ 2x-y-2 \leqq 0$

を同時に満たす点 $(x,\ y)$ の集合 P，および

$x+y-1 \leqq 0,\ 2x-y-2 \geqq 0$

を同時に満たす点 $(x,\ y)$ の集合 Q との和集合 $P \cup Q$ である。

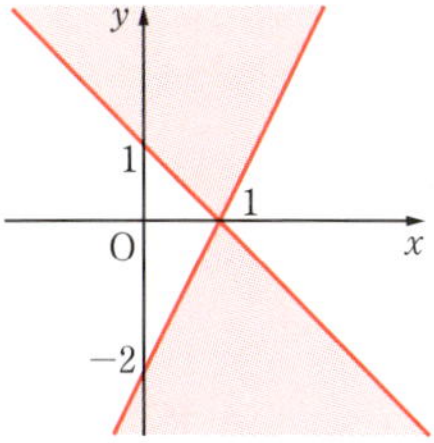

答 **右の図の色の部分。境界線を含む。**

(別解) $f(x,\ y)=(x+y-1)(2x-y-2)$ とする。

2 つの直線 $x+y-1=0$，$2x-y-2=0$ によって分けられる 4 つの部分のうち，原点を含む部分については

$f(0,\ 0)=(0+0-1)(0-0-2)=2>0$ であるから，$f(x,\ y) \leqq 0$ の表す領域ではない。

→ 原点のある側は正領域

したがって，原点を含む部分と隣りあった 2 つの部分が求める領域になる。

すなわち，**上の図の色の部分（境界線を含む）** ……答

175 次の不等式の表す領域を図示せよ。

□ (1) $(2x+y-4)(x-y-2)<0$

□ (2) $x(y+1)<0$

□ (3) $x^2-y^2 \geqq 0$

□ (4) $xy<0$

□ (5) $(x^2+y^2-1)(x^2+y)<0$

□ (6) $(x-y)(x^2+y^2-1)>0$

176 次の不等式の表す領域を図示せよ。

□ (1) $|x|+|y| \leqq 1$

□ (2) $|x-1|+|y-2| \leqq 1$

□ **177** $1 \leqq x \leqq 3$，$0 \leqq y \leqq 3$ であるとき，$2x+y$ の最大値，最小値を求めよ。

テスト必出

応用問題

解答 → 別冊 p. 32

178 次の不等式の表す領域を図示せよ。

□ (1) $\big||x|-|y|\big|<2$

□ (2) $|x+y|+|2x-y|<2$

例題研究》 3つの不等式 $4x-y \leqq 6$, $x+2y \leqq 6$, $2x+y \geqq 0$ がある。

(1) これらをすべて満たす点 $(x,\ y)$ の存在する範囲を示せ。

(2) 点 $(x,\ y)$ が(1)の範囲を動くとき，$y-x$ の最大値，最小値を求めよ。

着眼 (2)では，$y-x=k$ とおくと，これは傾き1，y 切片 k の平行直線群を表す。そこで，$y-x$ の値の範囲を調べるには，(1)で示した領域を通る直線 $y=x+k$ のうち，**y 切片がとりうる値の最大値と最小値**を調べればよい。

解き方 (1) 3つの不等式を満たす領域は，3つの直線

$4x-y=6$, $x+2y=6$, $2x+y=0$

の2つずつの交点 A(2, 2), B(−2, 4), C(1, −2) を頂点とする △ABC の内部および周上である。

答 **右の図の色の部分。境界線を含む。**

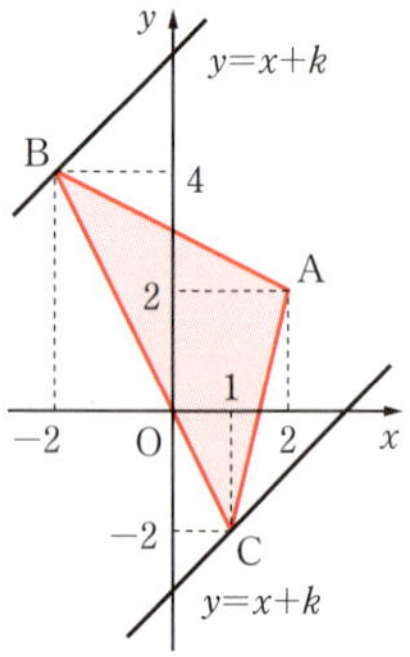

(2) $y-x=k$ とおいて，直線 $y=x+k$ を考えると，これは傾きが1，y 切片が k の直線である。したがって，△ABC の内部または周上の点を通り，k が最大になるのは，この直線が点 B(−2, 4) を通るときである。

→ 直線がもっとも上方にきたとき

このとき，k の値は　$k=4-(-2)=6$

また，k が最小になるのは，この直線が点 C(1, −2) を通るときである。

→ 直線がもっとも下方にきたとき

このとき，k の値は

$$k=-2-1=-3$$

よって，**最大値 6 $(x=-2,\ y=4)$，最小値 −3 $(x=1,\ y=-2)$** ……答

□ **179** x, y が $x^2+y^2 \leqq 1$, $y \geqq 0$ を満たすとき，$2x+y$ の最大値，最小値を求めよ。また，そのときの x, y の値を求めよ。《差がつく》

180 2種類の食品 A, B がある。その1g あたりの熱量とたんぱく質は右の表の通りである。A を xg, B を yg として，次の問いに答えよ。

	熱量 (kcal)	たんぱく質 (g)
A	3	0.2
B	2	0.3

□ (1) 60kcal 以上の熱量と 6g 以上のたんぱく質をとるには，x と y の間にどんな関係がなければならないか。

□ (2) (1)の関係を満たす点 $(x,\ y)$ の存在する範囲を示せ。

□ (3) (1)の関係を満たす x, y について，x と y の和を最小にするような x, y の値を求めよ。

18 三角関数

テストに出る重要ポイント

- **弧度法**…円において，その半径と等しい長さの弧に対する中心角を**1ラジアン**または**1弧度**という。

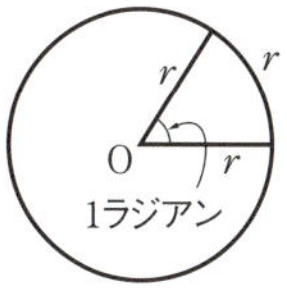

- **度数法と弧度法の関係**…180°＝π ラジアン
- **一般角**…動径OPが始線となす角の1つをθラジアン（α°）とすれば，この動径OPの表す**一般角**は $\boldsymbol{\theta+2n\pi}$（$\alpha°+360°\times n$）（$n$は整数）
- **扇形の弧の長さと面積**…半径 r，中心角 θ の扇形の弧の長さを l，面積を S とすると

$$l=r\theta,\ S=\frac{1}{2}r^2\theta=\frac{1}{2}lr$$

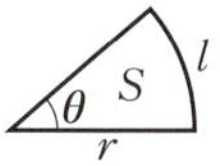

- **一般角の三角関数の定義**…原点Oを中心に半径 r の円をかき，これと角 θ の動径との交点をPとする。Pの座標を $(x,\ y)$ とすれば

$$\sin\theta=\frac{y}{r},\ \cos\theta=\frac{x}{r},\ \tan\theta=\frac{y}{x}$$

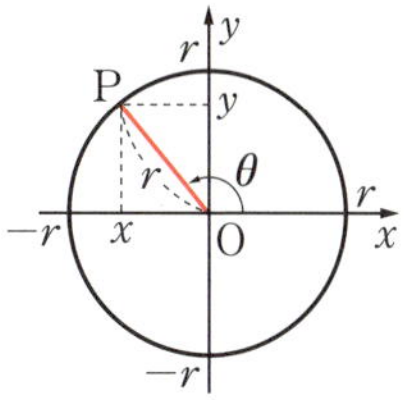

基本問題

解答 → 別冊 p. 33

181 動径OPがOを中心として次のように回転したとき，OPは始線からどちらの向きに何度回転したことになるか。また，それを図示せよ。

できたらチェック。

□ (1) 正の向きに10°，次に負の向きに220°

□ (2) 正の向きに110°，次に正の向きに50°

□ (3) 負の向きに50°，次に正の向きに80°

□ (4) 負の向きに150°，次に負の向きに40°

182 次の角の動径を図示せよ。また，第何象限の角かをいえ。

□ (1) 400°　□ (2) 580°　□ (3) 840°

□ (4) −480°　□ (5) −800°　□ (6) −2000°

183 次の角の動径の表す最小の正の角を求めよ。

□ (1) $370°$　□ (2) $730°$　□ (3) $1500°$

□ (4) $-350°$　□ (5) $-700°$　□ (6) $-980°$

184 下図で OX を始線として，動径 OP の表す一般角をいえ。

□ (1)

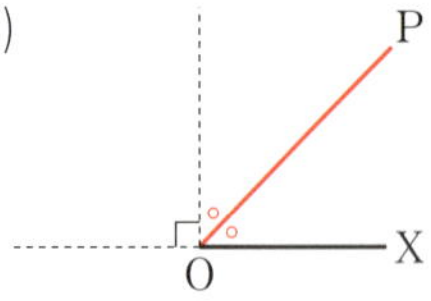

□ (2)

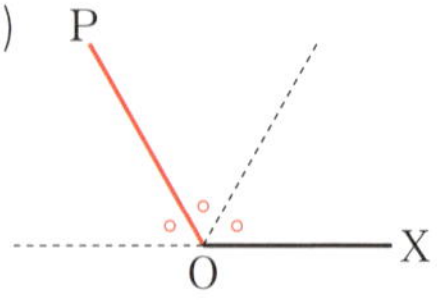

□ (3)

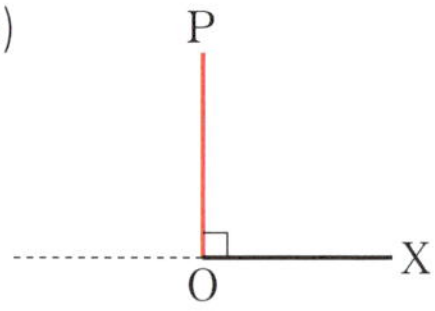

185 次の角 θ を表す動径の存在する範囲を図示せよ。ただし，n は整数である。

□ (1) $-20°<\theta<40°$

□ (2) $-30°+180°\times n<\theta<40°+180°\times n$

□ (3) $20°+360°\times n<\theta<120°+360°\times n$

186 次の弧度を度数に直せ。

□ (1) $\dfrac{\pi}{12}$　□ (2) $\dfrac{\pi}{2}$　□ (3) $-\dfrac{5}{6}\pi$　□ (4) $-\dfrac{7}{4}\pi$

□ **187** 半径 2cm，弧の長さ 6cm の扇形の中心角の大きさとその面積を求めよ。

テスト必出

188 θ が次の各値をとるとき，$\sin\theta$，$\cos\theta$，$\tan\theta$ の値をそれぞれ求めよ。

□ (1) $\dfrac{2}{3}\pi$　□ (2) $\dfrac{3}{4}\pi$　□ (3) $-\dfrac{5}{3}\pi$　□ (4) $-\dfrac{11}{6}\pi$

189 次の条件を満たす角 θ は第何象限の角か。

□ (1) $\sin\theta<0$，$\cos\theta>0$　□ (2) $\cos\theta>0$，$\tan\theta>0$

□ (3) $\sin\theta<0$，$\cos\theta<0$　□ (4) $\tan\theta<0$，$\sin\theta<0$

□ (5) $\tan\theta<0$，$\cos\theta<0$　□ (6) $\sin\theta>0$，$\tan\theta<0$

ガイド　(1) $\sin\theta<0$ を満たす角 θ は第 3，4 象限，$\cos\theta>0$ を満たす角 θ は第 1，4 象限だ。

応用問題

解答 ⟹ 別冊 p. 34

例題研究 θ が第 2 象限の角であるとき，$\dfrac{\theta}{3}$ の表す動径の存在範囲を図示せよ。

着眼 θ が第 2 象限の角であるから，これを一般角で表すとどうなるか。$90°<\theta<180°$ としてはダメ。あとは $\dfrac{\theta}{3}$ の角を一般角で表すことを考えればよい。

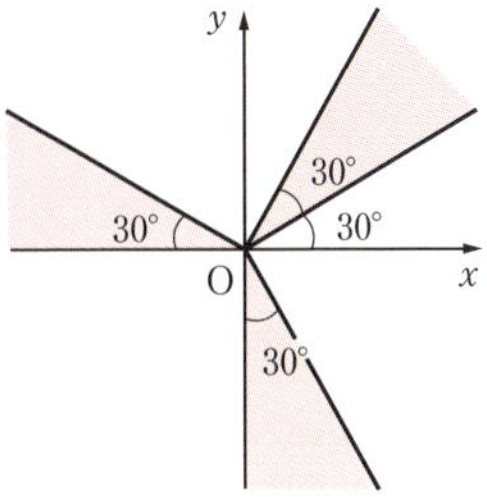

解き方 θ が第 2 象限の角であるから，n を整数として一般角で表すと

$90°+360°\times n<\theta<180°+360°\times n$

上式を 3 で割れば

$30°+120°\times n<\dfrac{\theta}{3}<60°+120°\times n$ ……①

$n=3k$ (k は整数) のとき，①より

$30°+360°\times k<\dfrac{\theta}{3}<60°+360°\times k$ ……②

$n=3k+1$ のとき，①より　$150°+360°\times k<\dfrac{\theta}{3}<180°+360°\times k$ ……③

$n=3k+2$ のとき，①より　$270°+360°\times k<\dfrac{\theta}{3}<300°+360°\times k$ ……④

②，③，④より $\dfrac{\theta}{3}$ の動径は**右上図の色部分に存在する。ただし，境界線は含まない。**

→ n の場合分けがポイント！

……答

□ **190** θ が第 2 象限の角であるとき，$\dfrac{\theta}{2}$ の表す動径の存在範囲を図示せよ。

191 動径 OP と始線 OX とのなす角 XOP が次の角であるとき，動径 OP を図示せよ。ただし，n は整数である。

□ (1)　$60°+360°\times n$　　□ (2)　$-30°+360°\times n$

□ (3)　$60°+180°\times n$　　□ (4)　$(-1)^n\times 30°+180°\times n$

□ **192** 180° より小さい正の角 θ がある。角 θ を 7 倍して得られる角の動径は，角 θ の動径と一致するという。角 θ を求めよ。〈差がつく〉

19 三角関数の性質

テストに出る重要ポイント

- **三角関数の値の範囲**

  $-1 \leqq \sin\theta \leqq 1$，$-1 \leqq \cos\theta \leqq 1$，$\tan\theta$ はすべての実数値をとる。

- **三角関数の相互関係**

  ① $\tan\theta = \dfrac{\sin\theta}{\cos\theta}$

  ② $\sin^2\theta + \cos^2\theta = 1$

  ③ $1 + \tan^2\theta = \dfrac{1}{\cos^2\theta}$

- **補角・余角などの三角関数**

  ① $\sin(\theta + 2n\pi) = \sin\theta$，$\cos(\theta + 2n\pi) = \cos\theta$，
  $\tan(\theta + 2n\pi) = \tan\theta$（$n$ は整数）

  ② $\sin(-\theta) = -\sin\theta$，$\cos(-\theta) = \cos\theta$，$\tan(-\theta) = -\tan\theta$

  ③ $\sin(\pi + \theta) = -\sin\theta$，$\cos(\pi + \theta) = -\cos\theta$，$\tan(\pi + \theta) = \tan\theta$

  ④ $\sin(\pi - \theta) = \sin\theta$，$\cos(\pi - \theta) = -\cos\theta$，$\tan(\pi - \theta) = -\tan\theta$

  ⑤ $\sin\left(\dfrac{\pi}{2} + \theta\right) = \cos\theta$，$\cos\left(\dfrac{\pi}{2} + \theta\right) = -\sin\theta$，$\tan\left(\dfrac{\pi}{2} + \theta\right) = -\dfrac{1}{\tan\theta}$

  ⑥ $\sin\left(\dfrac{\pi}{2} - \theta\right) = \cos\theta$，$\cos\left(\dfrac{\pi}{2} - \theta\right) = \sin\theta$，$\tan\left(\dfrac{\pi}{2} - \theta\right) = \dfrac{1}{\tan\theta}$

基本問題

解答 → 別冊 p. 35

できたらチェック。

193 次の等式が成り立つことを証明せよ。

□ (1) $(\sin\theta + \cos\theta)^2 = 1 + 2\sin\theta\cos\theta$

□ (2) $\sin^4\theta - \cos^4\theta = \sin^2\theta - \cos^2\theta$

□ (3) $\tan^2\theta - \sin^2\theta = \tan^2\theta\sin^2\theta$

□ (4) $\dfrac{\sin\theta}{1 - \cos\theta} = \dfrac{1 + \cos\theta}{\sin\theta}$

□ (5) $\dfrac{1 + \sin\theta}{\cos\theta} + \dfrac{\cos\theta}{1 + \sin\theta} = \dfrac{2}{\cos\theta}$

例題研究 次の等式が成り立つことを証明せよ。

$$\frac{\cos^2\theta-\sin^2\theta}{1+2\sin\theta\cos\theta}=\frac{1-\tan\theta}{1+\tan\theta}$$

着眼 左辺の分子は因数分解できるので，分母を因数分解することを考える。**1** を **$\sin^2\theta+\cos^2\theta$ でおき換え**れば，分母は $(\sin\theta+\cos\theta)^2$ となるので，約分して右辺の式を導けばよい。

解き方 左辺の分母の 1 を $\sin^2\theta+\cos^2\theta$ と変形すれば

→ このテクニックを覚える！

$$左辺=\frac{\cos^2\theta-\sin^2\theta}{\sin^2\theta+\cos^2\theta+2\sin\theta\cos\theta}=\frac{(\cos\theta-\sin\theta)(\cos\theta+\sin\theta)}{(\sin\theta+\cos\theta)^2}$$

$$=\frac{\cos\theta-\sin\theta}{\cos\theta+\sin\theta}=\frac{1-\dfrac{\sin\theta}{\cos\theta}}{1+\dfrac{\sin\theta}{\cos\theta}}=\frac{1-\tan\theta}{1+\tan\theta}=右辺$$

〔証明終〕

194 次の式の値を求めよ。 テスト必出

□ (1) $\sin\theta+\cos(\pi+\theta)-\cos(\pi-\theta)+\sin(\pi+\theta)$

□ (2) $\cos\theta+\sin\left(\frac{\pi}{2}+\theta\right)+\cos(\pi+\theta)+\sin\left(\frac{3}{2}\pi+\theta\right)$

□ (3) $\sin(\pi+\theta)\cos\left(\frac{\pi}{2}+\theta\right)-\sin\left(\frac{\pi}{2}-\theta\right)\cos(\pi-\theta)$

□ (4) $\cos(\pi-\theta)\tan(\pi-\theta)-\tan(\pi+\theta)\sin\left(\frac{\pi}{2}+\theta\right)$

□ (5) $\cos^2(-\theta)+\cos^2\left(\frac{\pi}{2}+\theta\right)+\cos^2(\pi-\theta)+\cos^2\left(\frac{3}{2}\pi+\theta\right)$

195 次の三角関数の値を，第1象限の角の三角関数に直して，三角関数表を用いて求めよ。

□ (1) $\sin 223^\circ$ □ (2) $\cos 1234^\circ$ □ (3) $\tan 382^\circ$

□ (4) $\sin(-435^\circ)$ □ (5) $\cos(-643^\circ)$ □ (6) $\tan(-502^\circ)$

196 三角形 ABC において，次の等式が成り立つことを証明せよ。

□ (1) $\sin(B+C)=\sin A$ □ (2) $\cos(B+C)=-\cos A$

□ (3) $\tan(B+C)=-\tan A$ □ (4) $\sin A=-\sin(2A+B+C)$

例題研究》 $\sin\theta=-\dfrac{4}{5}$ のとき，$\cos\theta$，$\tan\theta$ の値を求めよ。

着眼 まず，θ が第何象限の角なのかを考えよう。$\cos\theta$ は，$\sin^2\theta+\cos^2\theta=1$ を用いれば求められるが，ここでは，図を用いて解く別解もあげておく。

解き方 $\sin\theta<0$ だから，θ は第 3 象限か第 4 象限の角である。

$\sin^2\theta+\cos^2\theta=1$ より　$\cos\theta=\pm\sqrt{1-\sin^2\theta}=\pm\sqrt{1-\dfrac{16}{25}}=\pm\dfrac{3}{5}$

θ が第 3 象限の角のとき　$\cos\theta<0$　ゆえに　$\cos\theta=-\dfrac{3}{5}$

$\tan\theta=\dfrac{\sin\theta}{\cos\theta}$ より　$\tan\theta=\dfrac{4}{3}$

次に，θ が第 4 象限の角のとき　$\cos\theta>0$

ゆえに　$\cos\theta=\dfrac{3}{5}$，$\tan\theta=-\dfrac{4}{3}$

答
θ が第 3 象限の角のとき　$\cos\theta=-\dfrac{3}{5}$，$\tan\theta=\dfrac{4}{3}$
θ が第 4 象限の角のとき　$\cos\theta=\dfrac{3}{5}$，$\tan\theta=-\dfrac{4}{3}$

(別解) $\sin\theta<0$ だから，θ は第 3 象限か第 4 象限の角である。
半径 5 の円周上に y 座標が -4 の点をとると，その点の x 座標は ±3 である。
→ 右のような図をかく

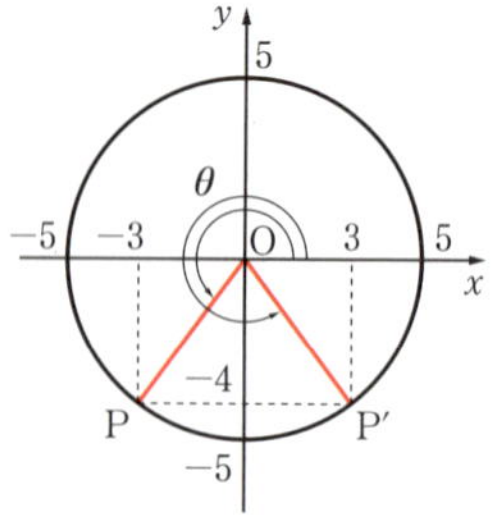

したがって，

答
θ が第 3 象限の角のとき
$\cos\theta=-\dfrac{3}{5}$，$\tan\theta=\dfrac{4}{3}$
θ が第 4 象限の角のとき
$\cos\theta=\dfrac{3}{5}$，$\tan\theta=-\dfrac{4}{3}$

197 次の問いに答えよ。《テスト必出

□ (1)　θ が第 2 象限の角で，$\sin\theta=\dfrac{3}{5}$ のとき，$\cos\theta$，$\tan\theta$ の値を求めよ。

□ (2)　$\sin\theta=\dfrac{4}{5}$ のとき，$\cos\theta$，$\tan\theta$ の値を求めよ。

ガイド (1) $\sin^2\theta+\cos^2\theta=1$ を用いる。第 2 象限であるから，$\cos\theta<0$ である。
(2) $\sin\theta>0$ より，θ が第 1，2 象限の場合分けが必要である。

応用問題

解答 ➡ 別冊 p. 35

例題研究》 $\sin\theta-\cos\theta=-\dfrac{1}{2}$ のとき，次の式の値を求めよ。

(1) $\sin^3\theta-\cos^3\theta$ (2) $\dfrac{1}{\sin\theta}+\dfrac{1}{\cos\theta}$

着眼 まず，$\sin\theta-\cos\theta=-\dfrac{1}{2}$ の両辺を平方して $\sin\theta\cos\theta$ の値を求める。

(1)は因数分解して $\boldsymbol{\sin^2\theta+\cos^2\theta=1}$ と $\sin\theta\cos\theta$ の値を代入。(2)は通分すると分子は $\sin\theta+\cos\theta$ となり，これは $(\sin\theta+\cos\theta)^2$ の値から求められる。

解き方 $\sin\theta-\cos\theta=-\dfrac{1}{2}$ の両辺を平方すると（定石である）

$\sin^2\theta-2\sin\theta\cos\theta+\cos^2\theta=\dfrac{1}{4}$ $1-2\sin\theta\cos\theta=\dfrac{1}{4}$

ゆえに $\sin\theta\cos\theta=\dfrac{3}{8}$

(1) $\sin^3\theta-\cos^3\theta=(\sin\theta-\cos\theta)(\sin^2\theta+\sin\theta\cos\theta+\cos^2\theta)$

$=(\sin\theta-\cos\theta)(1+\sin\theta\cos\theta)=\left(-\dfrac{1}{2}\right)\times\left(1+\dfrac{3}{8}\right)=-\boldsymbol{\dfrac{11}{16}}$ ……答

(2) $(\sin\theta+\cos\theta)^2$

$=\sin^2\theta+2\sin\theta\cos\theta+\cos^2\theta=1+2\sin\theta\cos\theta$

$=1+2\times\dfrac{3}{8}=\dfrac{7}{4}$

ゆえに $\sin\theta+\cos\theta=\pm\dfrac{\sqrt{7}}{2}$

$\dfrac{1}{\sin\theta}+\dfrac{1}{\cos\theta}=\dfrac{\sin\theta+\cos\theta}{\sin\theta\cos\theta}=\left(\pm\dfrac{\sqrt{7}}{2}\right)\times\dfrac{8}{3}=\pm\boldsymbol{\dfrac{4\sqrt{7}}{3}}$ ……答

198 $\sin\theta+\cos\theta=\dfrac{17}{13}$ のとき，次の問いに答えよ。

□ (1) $\sin\theta\cos\theta$ の値を求めよ。 □ (2) $\sin\theta$，$\cos\theta$ の値を求めよ。

□ **199** $\cos\theta=\sin^2\theta$ のとき，$\dfrac{1}{1-\sin\theta}+\dfrac{1}{1+\sin\theta}$ の値を求めよ。《差がつく

ガイド $\sin^2\theta+\cos^2\theta=1$ と $\cos\theta=\sin^2\theta$ の 2 式より $\cos\theta$ を求め，与式を $\cos^2\theta$ で表す。

20 三角関数のグラフ

★ テストに出る重要ポイント

● 三角関数のグラフ

① $y=\sin x$ のグラフ（正弦曲線）
周期 **2π**（360°）の周期関数
$-1 \leqq \sin x \leqq 1$
原点について対称（奇関数）

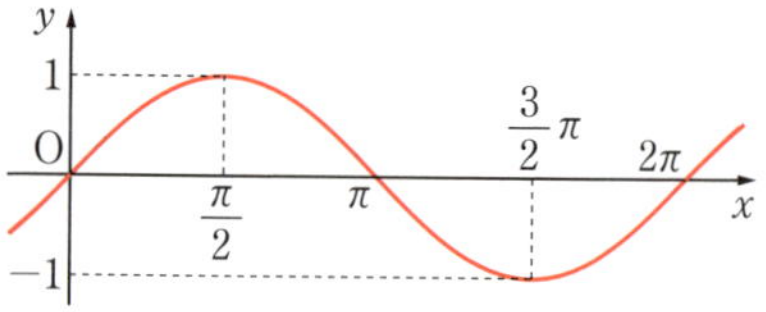

② $y=\cos x$ のグラフ（余弦曲線）
周期 **2π**（360°）の周期関数
$-1 \leqq \cos x \leqq 1$
y 軸について対称（偶関数）

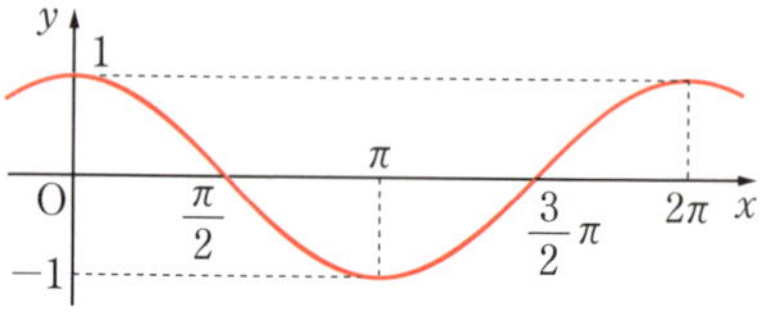

③ $y=\tan x$ のグラフ（正接曲線）
周期 **π**（180°）の周期関数
$\tan x$ はすべての実数値をとる。
原点について対称（奇関数）

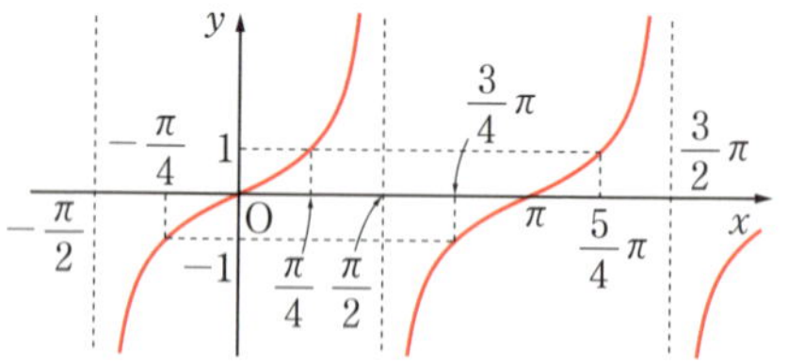

● **周期**…p が 0 でない定数であって，$f(x+p)=f(x)$ がすべての x について成り立つとき，関数 $f(x)$ は**周期関数**といい，p を $f(x)$ の**周期**という。
$\sin ax$, $\cos ax$ の周期は $\dfrac{2\pi}{|a|}$，$\tan ax$ の周期は $\dfrac{\pi}{|a|}$

基本問題 ・・・・・・・・・・・・・・・・・・・・・・・・・・・・・・・解答 ➡ 別冊 p.36

200 次の関数のグラフをかけ。また，周期を求めよ。

☐ (1) $y=\sin 2x$ ☐ (2) $y=\cos 3x$ ☐ (3) $y=\sin \dfrac{x}{2}$

☐ (4) $y=\cos \dfrac{x}{3}$ ☐ (5) $y=\tan \dfrac{x}{2}$ ☐ (6) $y=2\sin x$

応用問題

解答 → 別冊 p. 36

例題研究 次の関数のグラフをかけ。また，周期を求めよ。

$$y=2\sin\left(\frac{x}{2}-\frac{\pi}{3}\right)$$

着眼 $y=\sin x$ のグラフを x 軸方向，y 軸方向にどれだけ拡大，縮小し，また平行移動したものかを考える。このグラフは $y=2\sin\frac{x}{2}$ のグラフを x 軸の正の方向に $\frac{\pi}{3}$ だけ平行移動したものではないことに注意せよ。

解き方 $y=2\sin\frac{1}{2}\left(x-\frac{2}{3}\pi\right)$ であるから，$y=2\sin\frac{x}{2}$ のグラフを x 軸の正の方向に $\frac{2}{3}\pi$ だけ平行移動したものである。また，$y=2\sin\frac{x}{2}$ のグラフは，$y=\sin x$ のグラフを x 軸方向，y 軸方向にそれぞれ 2 倍したものである。

→ ここをよくまちがえるので注意せよ

答 右の図
周期 4π

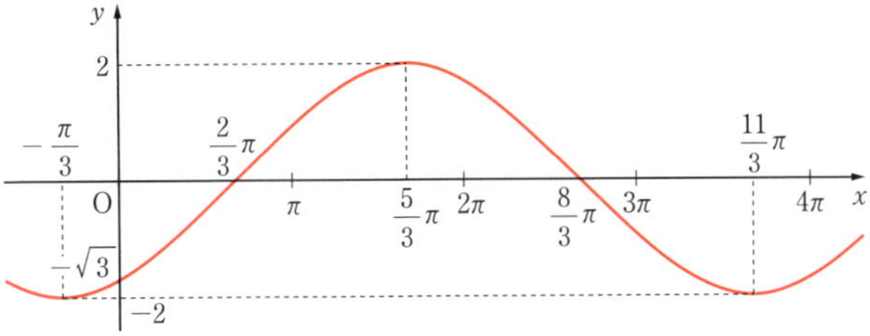

注：なお，$\sin\left(\frac{x}{2}-\frac{\pi}{3}\right)$ が最大値 1，最小値 −1，および 0 などの値をとる場合を調べて，次のような表を作れば，グラフは容易にかける。

x	$-\frac{4}{3}\pi$	…	$-\frac{\pi}{3}$	…	$\frac{2}{3}\pi$	…	$\frac{5}{3}\pi$	…	$\frac{8}{3}\pi$	…	$\frac{11}{3}\pi$	…	$\frac{14}{3}\pi$
$\frac{x}{2}-\frac{\pi}{3}$	$-\pi$	…	$-\frac{\pi}{2}$	…	0	…	$\frac{\pi}{2}$	…	π	…	$\frac{3}{2}\pi$	…	2π
y	0	↘	−2	↗	0	↗	2	↘	0	↘	−2	↗	0

201 次の関数のグラフをかけ。また，周期を求めよ。〈差がつく〉

□ (1) $y=\frac{1}{2}\cos\left(3x-\frac{2}{3}\pi\right)$

□ (2) $y=\frac{1}{3}\tan\left(\frac{x}{2}-\frac{\pi}{4}\right)$

□ (3) $y=2\sin\left(2x-\frac{\pi}{3}\right)-1$

□ (4) $y=3\cos\left(\frac{x}{2}+\frac{\pi}{3}\right)+1$

21 三角関数の応用

テストに出る重要ポイント

- **三角方程式の一般解**…三角関数は周期関数であるから，三角方程式の**解は無数に存在する**。これらの無数の解をひとまとめにして示したものを**一般解**という。

  ① $\sin x=a$ $(|a|\leqq 1)$ の解の1つを α とすれば
  $\boldsymbol{x=\alpha+2n\pi,\ x=-\alpha+(2n+1)\pi}$ (n は整数)

  ② $\cos x=a$ $(|a|\leqq 1)$ の解の1つを α とすれば
  $\boldsymbol{x=\pm\alpha+2n\pi}$ (n は整数)

  ③ $\tan x=a$ (a は任意の実数) の解の1つを α とすれば
  $\boldsymbol{x=\alpha+n\pi}$ (n は整数)

- **三角不等式の解**

  ① $\sin x\geqq a$：$-1\leqq a\leqq 1$ のとき，$\sin x=a$ の解のうち $-\dfrac{\pi}{2}\leqq x\leqq\dfrac{\pi}{2}$ を満たすものを α とすると，
  $\boldsymbol{\alpha+2n\pi\leqq x\leqq-\alpha+(2n+1)\pi}$ (n は整数)

  ② $\cos x\geqq a$：$-1\leqq a\leqq 1$ のとき，$\cos x=a$ の解のうち $0\leqq x\leqq\pi$ を満たすものを α とすると，　$\boldsymbol{-\alpha+2n\pi\leqq x\leqq\alpha+2n\pi}$ (n は整数)

  ③ $\tan x\geqq a$：$\tan x=a$ の解のうち $-\dfrac{\pi}{2}<x<\dfrac{\pi}{2}$ を満たすものを α とすると，　$\boldsymbol{\alpha+n\pi\leqq x<\dfrac{\pi}{2}+n\pi}$ (n は整数)

基本問題

解答 → 別冊 p. 37

できたらチェック。

202 $0\leqq x<2\pi$ のとき，次の方程式を解け。

□ (1) $2\sin x=-1$　□ (2) $2\cos x=-\sqrt{3}$　□ (3) $\tan x=-1$

□ (4) $2\sin x=-\sqrt{3}$　□ (5) $2\cos x=-1$　□ (6) $-\sqrt{3}\tan x=1$

203 $0\leqq x<2\pi$ のとき，次の不等式を解け。

□ (1) $2\sin x<\sqrt{2}$　□ (2) $2\cos x\geqq-1$　□ (3) $\tan x\leqq-1$

□ (4) $\tan x>\sqrt{3}$　□ (5) $2\cos x<-\sqrt{2}$　□ (6) $2\sin x\geqq-\sqrt{3}$

応用問題

解答 → 別冊 p. 37

例題研究》 $0 \leqq x < 2\pi$ のとき，次の方程式を解け。また，その一般解を求めよ。 $\sin\left(2x-\dfrac{\pi}{4}\right)=-\dfrac{\sqrt{2}}{2}$

着眼 $X=2x-\dfrac{\pi}{4}$ とおくと，基本の形 $\sin X=-\dfrac{\sqrt{2}}{2}$ となる。X の変域に注意してこれを解く。

解き方 $2x-\dfrac{\pi}{4}=X$ とおくと　$\sin X=-\dfrac{\sqrt{2}}{2}$

これを $-\dfrac{\pi}{4} \leqq X < \dfrac{15}{4}\pi$ の変域で解く。

右の図より

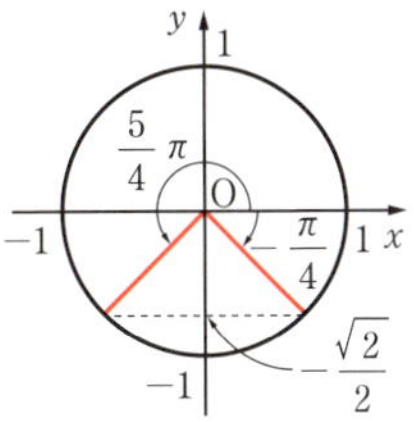

$X=-\dfrac{\pi}{4},\ \dfrac{5}{4}\pi,\ \dfrac{7}{4}\pi,\ \dfrac{13}{4}\pi$

→ これは答えでない。x を求める

ゆえに　$\boldsymbol{x=0,\ \dfrac{3}{4}\pi,\ \pi,\ \dfrac{7}{4}\pi}$ ……答

一般解は $X=2n\pi-\dfrac{\pi}{4},\ (2n+1)\pi+\dfrac{\pi}{4}$ (n は整数)

ゆえに　$\boldsymbol{x=n\pi,\ n\pi+\dfrac{3}{4}\pi}$ **(n は整数)** ……答

204 次の方程式を $0 \leqq x < 2\pi$ の範囲で解け。また，その一般解を求めよ。

差がつく

□ (1) $(\sin x-1)(2\sin x+1)=0$

□ (2) $2\cos^2 x-3\sin x=0$

□ (3) $2\cos\left(x-\dfrac{\pi}{6}\right)=1$

□ (4) $\sin\left(2x+\dfrac{\pi}{4}\right)=0$

ガイド (2) $\sin x=X$ とおくと　$-1 \leqq X \leqq 1$

(3) $x-\dfrac{\pi}{6}=X$ とおき $-\dfrac{\pi}{6} \leqq X < \dfrac{11}{6}\pi$ の範囲で X を求めて，x を求めればよい。

(4) $2x+\dfrac{\pi}{4}=X$ とおくと　$\dfrac{\pi}{4} \leqq X < \dfrac{17}{4}\pi$

例題研究》 $0 \leqq x < 2\pi$ のとき，次の不等式を解け。また，その一般解を求めよ。　$\cos\left(2x-\frac{\pi}{6}\right)<\frac{\sqrt{3}}{2}$

着眼 $X=2x-\frac{\pi}{6}$ とおくと，基本の形 $\cos X<\frac{\sqrt{3}}{2}$ となる。単位円またはグラフを利用して X の範囲を求めればよい。

解き方 $2x-\frac{\pi}{6}=X$ とおくと　$\cos X<\frac{\sqrt{3}}{2}$

これを $-\frac{\pi}{6} \leqq X<\frac{23}{6}\pi$ の変域で解くと

右の図より

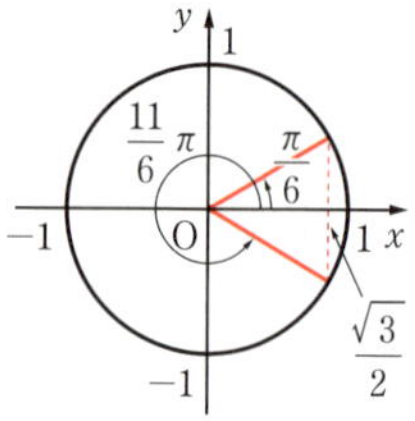

$\frac{\pi}{6}<X<\frac{11}{6}\pi$，$\frac{13}{6}\pi<X<\frac{23}{6}\pi$

ゆえに　$\boldsymbol{\frac{\pi}{6}<x<\pi}$，$\boldsymbol{\frac{7}{6}\pi<x<2\pi}$　……答

一般解は $\frac{\pi}{6}+2n\pi<X<\frac{11}{6}\pi+2n\pi$（$n$ は整数）

ゆえに　$\boldsymbol{\frac{\pi}{6}+n\pi<x<(n+1)\pi}$ **（n は整数）**　……答

205 次の不等式を $0 \leqq x<2\pi$ の範囲で解け。また，その一般解を求めよ。

差がつく

□ (1) $(2\sin x-\sqrt{3})(2\sin x-1)<0$

□ (2) $8\cos^4 x+2\sin^2 x-3<0$

□ (3) $\sin\left(x-\frac{\pi}{6}\right)<-\frac{1}{2}$

□ **206** 次の不等式を解け。ただし，$0 \leqq x<2\pi$ とする。

$\sin x>|\cos x|$

ガイド $\cos x>0$ のとき，$\cos x<0$ のとき，$\cos x=0$ のときで場合分け。$\cos x \neq 0$ のときは両辺を $\cos x$ で割って $\tan x$ で考える。

□ **207** 次の不等式を解け。ただし，$0 \leqq x<\pi$ とする。

$\sin 3x(2\cos x+1)<0$

ガイド $\sin 3x>0$，$2\cos x+1<0$ と $\sin 3x<0$，$2\cos x+1>0$ の場合に分ける。

例題研究》 関数 $y=2\cos x-1$ $(0\leqq x<2\pi)$ の最大値，最小値を求めよ。また，そのときの x の値を求めよ。

着眼 一般に，三角関数を含む式の最大，最小を考えるときには，**ただ1種類の三角関数だけを含む式**に直して，その三角関数を X とおけばよい。このとき，X の変域に注意する。この問題では，はじめから $\cos x$ だけしか含まないので直接求めてもよい。

解き方 $0\leqq x<2\pi$ であるから　$-1\leqq\cos x\leqq 1$

これより $-2\leqq 2\cos x\leqq 2$

ゆえに　$-3\leqq 2\cos x-1\leqq 1$

答 $\begin{cases} x=0 \text{ のとき最大値 } 1 \\ x=\pi \text{ のとき最小値 } -3 \end{cases}$

(別解) グラフを利用して求めてもよい。

$y=2\cos x-1$ $(0\leqq x<2\pi)$ のグラフは右図のようになる。

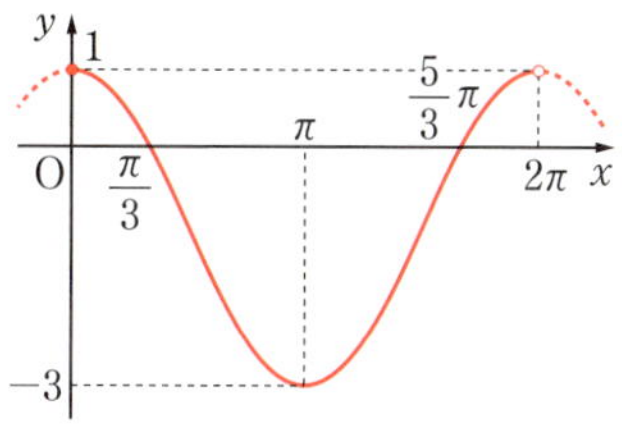

答 $\begin{cases} x=0 \text{ のとき最大値 } 1 \\ x=\pi \text{ のとき最小値 } -3 \end{cases}$

208 次の関数の最大値，最小値を求めよ。また，そのときの x の値を求めよ。

□ (1) $y=2\sin x-3$ $(0\leqq x<2\pi)$

□ (2) $y=\cos\left(x-\dfrac{\pi}{4}\right)$ $\left(0\leqq x\leqq\dfrac{5}{4}\pi\right)$

□ (3) $y=\tan\left(x-\dfrac{\pi}{6}\right)$ $\left(-\dfrac{\pi}{6}\leqq x\leqq\dfrac{\pi}{3}\right)$

□ (4) $y=2\sin\left(x+\dfrac{\pi}{2}\right)$ $(0\leqq x\leqq\pi)$

209 次の関数の最大値，最小値を求めよ。また，そのときの x の値を求めよ。

差がつく

□ (1) $y=\sin^2 x+3\cos x+1$ $(0\leqq x<2\pi)$

□ (2) $y=\sin x+\cos^2 x+1$ $(0\leqq x<2\pi)$

ガイド (1) $\cos x$ だけで表して $\cos x=X$ とおき $-1\leqq X\leqq 1$ で考える。

22 加法定理

テストに出る重要ポイント

- **加法定理**

$\sin(\alpha\pm\beta)=\sin\alpha\cos\beta\pm\cos\alpha\sin\beta$　（複号同順）

$\cos(\alpha\pm\beta)=\cos\alpha\cos\beta\mp\sin\alpha\sin\beta$　（複号同順）

$\tan(\alpha\pm\beta)=\dfrac{\tan\alpha\pm\tan\beta}{1\mp\tan\alpha\tan\beta}$　（複号同順）

- **2直線のなす角**…2直線 $y=mx+n$, $y=m'x+n'$ のなす角のうち，鋭角の方を θ とすると　$\tan\theta=\left|\dfrac{m'-m}{1+m'm}\right|$

（ただし，$m\neq m'$, $1+m'm\neq 0$ とする。）

基本問題

解答 → 別冊 p. 39

できたらチェック。

210 次の値を求めよ。

□ (1) $\cos\dfrac{\pi}{12}$　□ (2) $\tan\dfrac{5}{12}\pi$　□ (3) $\sin\dfrac{7}{12}\pi$

□ (4) $\cos\dfrac{11}{12}\pi$　□ (5) $\tan\dfrac{13}{12}\pi$　□ (6) $\sin\dfrac{5}{12}\pi$

211 次の式を簡単にせよ。 テスト必出

□ (1) $\cos\left(\dfrac{\pi}{3}-\theta\right)-\cos\left(\dfrac{\pi}{3}+\theta\right)$

□ (2) $\tan\left(\dfrac{\pi}{4}+\theta\right)\tan\left(\dfrac{\pi}{4}-\theta\right)$

□ (3) $\sin\theta+\sin\left(\theta+\dfrac{2}{3}\pi\right)+\sin\left(\theta+\dfrac{4}{3}\pi\right)$

212 次の式の値を求めよ。

□ (1) $\cos 32^\circ\cos 58^\circ-\sin 32^\circ\sin 58^\circ$

□ (2) $\sin 34^\circ\cos 26^\circ+\cos 34^\circ\sin 26^\circ$

213 次の等式が成り立つことを証明せよ。

□ (1) $\sin(\alpha+\beta)\sin(\alpha-\beta)=\cos^2\beta-\cos^2\alpha$

□ (2) $\cos(\alpha+\beta)\cos(\alpha-\beta)=\cos^2\beta-\sin^2\alpha$

□ (3) $(\sin\alpha+\sin\beta)^2+(\cos\alpha-\cos\beta)^2=2-2\cos(\alpha+\beta)$

□ (4) $\tan\alpha+\tan\beta=\dfrac{\sin(\alpha+\beta)}{\cos\alpha\cos\beta}$

例題研究》 $\sin\alpha=\dfrac{1}{2}$，$\cos\beta=-\dfrac{1}{3}$ のとき，$\sin(\alpha+\beta)$，$\cos(\alpha+\beta)$ の値を求めよ。ただし，α，β は鈍角とする。

着眼 公式 $\sin^2\theta+\cos^2\theta=1$ を用いて，$\cos\alpha$，$\sin\beta$ が求められないだろうか。このとき，**符号に注意**すること！　あとは，加法定理を用いて求めることができる。

解き方 α，β は鈍角であるから

→ 大切だ！

$$\cos\alpha=-\sqrt{1-\sin^2\alpha}=-\sqrt{1-\left(\frac{1}{2}\right)^2}=-\frac{\sqrt{3}}{2}$$

$$\sin\beta=\sqrt{1-\cos^2\beta}=\sqrt{1-\left(-\frac{1}{3}\right)^2}=\frac{2\sqrt{2}}{3}$$

加法定理によって，

$$\sin(\alpha+\beta)=\sin\alpha\cos\beta+\cos\alpha\sin\beta$$

$$=\frac{1}{2}\cdot\left(-\frac{1}{3}\right)+\left(-\frac{\sqrt{3}}{2}\right)\cdot\frac{2\sqrt{2}}{3}=-\mathbf{\frac{1+2\sqrt{6}}{6}}$$ ……答

$$\cos(\alpha+\beta)=\cos\alpha\cos\beta-\sin\alpha\sin\beta$$

$$=\left(-\frac{\sqrt{3}}{2}\right)\left(-\frac{1}{3}\right)-\frac{1}{2}\cdot\frac{2\sqrt{2}}{3}=\mathbf{\frac{\sqrt{3}-2\sqrt{2}}{6}}$$ ……答

□ **214** $\sin\alpha=\dfrac{1}{2}$，$\sin\beta=\dfrac{1}{3}$ のとき，$\sin(\alpha+\beta)$，$\cos(\alpha+\beta)$ の値を求めよ。ただし，α は鋭角，β は鈍角とする。〈テスト必出

□ **215** $\tan\alpha=2$，$\tan\beta=3$ のとき，$\tan(\alpha+\beta)$，$\cos(\alpha-\beta)$ の値を求めよ。ただし，α，β は鋭角とする。

ガイド α，β は鋭角だから動径の位置は第1象限にある。$\sin\alpha$，$\cos\alpha$，$\sin\beta$，$\cos\beta$ を求めよ。

216 次の2直線のなす角を求めよ。

□ (1) $x-2y+2=0$, $3x-y-2=0$　□ (2) $x+2y-3=0$, $x-3y-1=0$

□ (3) $2x-\sqrt{3}y+1=0$, $5x+\sqrt{3}y+6=0$

応用問題

解答 → 別冊 p. 41

例題研究》 $A+B+C=180^\circ$ のとき，次の等式が成り立つことを証明せよ。

$$\tan\frac{B}{2}\tan\frac{C}{2}+\tan\frac{C}{2}\tan\frac{A}{2}+\tan\frac{A}{2}\tan\frac{B}{2}=1$$

着眼 左辺より右辺を導く。文字が3つあるので，$A+B+C=180^\circ$ より $C=180^\circ-A-B$ として，文字を減らしてみよう。

解き方 左辺 $=\tan\frac{C}{2}\left(\tan\frac{A}{2}+\tan\frac{B}{2}\right)+\tan\frac{A}{2}\tan\frac{B}{2}$

→ 文字を減らしていくことを考える

$$=\tan\left\{90^\circ-\left(\frac{A}{2}+\frac{B}{2}\right)\right\}\left(\tan\frac{A}{2}+\tan\frac{B}{2}\right)+\tan\frac{A}{2}\tan\frac{B}{2}$$

$$=\frac{1}{\tan\left(\frac{A}{2}+\frac{B}{2}\right)}\left(\tan\frac{A}{2}+\tan\frac{B}{2}\right)+\tan\frac{A}{2}\tan\frac{B}{2}$$

$$=\frac{1-\tan\frac{A}{2}\tan\frac{B}{2}}{\tan\frac{A}{2}+\tan\frac{B}{2}}\left(\tan\frac{A}{2}+\tan\frac{B}{2}\right)+\tan\frac{A}{2}\tan\frac{B}{2}$$

$$=1-\tan\frac{A}{2}\tan\frac{B}{2}+\tan\frac{A}{2}\tan\frac{B}{2}=1$$　〔証明終〕

□ **217** $A+B+C=180^\circ$ のとき，次の等式が成り立つことを証明せよ。

$\tan A+\tan B+\tan C=\tan A\tan B\tan C$

□ **218** 方程式 $x^2-ax+b=0$ の2つの解を $\tan\alpha$, $\tan\beta$ とする。
このとき，$\tan(\alpha+\beta)$ を a, b で表せ。

□ **219** $\alpha+\beta=45^\circ$ のとき，$(1+\tan\alpha)(1+\tan\beta)$ の値を求めよ。《差がつく

□ **220** 2直線 $x+2y+1=0$, $ax-y=0$ のなす角が 60° となるように，定数 a の値を定めよ。

23 加法定理の応用

テストに出る重要ポイント

- **2 倍角，半角の公式**

① $\sin 2\alpha = 2\sin\alpha\cos\alpha$

$\cos 2\alpha = \cos^2\alpha - \sin^2\alpha = 2\cos^2\alpha - 1 = 1 - 2\sin^2\alpha$

$\tan 2\alpha = \dfrac{2\tan\alpha}{1-\tan^2\alpha}$

② $\sin^2\dfrac{\alpha}{2} = \dfrac{1-\cos\alpha}{2}$　$\left(\sin^2\alpha = \dfrac{1-\cos 2\alpha}{2}\right.$ とも書く$\left.\right)$

$\cos^2\dfrac{\alpha}{2} = \dfrac{1+\cos\alpha}{2}$　$\left(\cos^2\alpha = \dfrac{1+\cos 2\alpha}{2}\right.$ とも書く$\left.\right)$

$\tan^2\dfrac{\alpha}{2} = \dfrac{1-\cos\alpha}{1+\cos\alpha}$　$\left(\tan^2\alpha = \dfrac{1-\cos 2\alpha}{1+\cos 2\alpha}\right.$ とも書く$\left.\right)$

- **三角関数の合成**

$a\sin x + b\cos x = \sqrt{a^2+b^2}\sin(x+\alpha)$

（ただし，$\sin\alpha = \dfrac{b}{\sqrt{a^2+b^2}}$，$\cos\alpha = \dfrac{a}{\sqrt{a^2+b^2}}$）

基本問題

解答 → 別冊 p. 41

できたらチェック。

221 次の値を求めよ。

□ (1) $\sin\dfrac{\pi}{8}$　□ (2) $\cos\dfrac{\pi}{8}$　□ (3) $\tan\dfrac{\pi}{8}$

□ **222** $\sin\alpha = \dfrac{1}{3}\left(0<\alpha<\dfrac{\pi}{2}\right)$ のとき，$\sin 2\alpha$，$\cos 2\alpha$，$\tan 2\alpha$ の値を求めよ。

□ **223** $\cos\alpha = \dfrac{1}{4}\left(\dfrac{3}{2}\pi<\alpha<2\pi\right)$ のとき，$\sin\dfrac{\alpha}{2}$，$\cos\dfrac{\alpha}{2}$，$\tan\dfrac{\alpha}{2}$ の値を求めよ。

テスト必出

□ **224** $\sin\alpha + \cos\alpha = \dfrac{1}{2}$ のとき，$\sin 2\alpha$ の値を求めよ。

例題研究》 $\tan\dfrac{\theta}{2}=t$ のとき，$\sin\theta$，$\cos\theta$，$\tan\theta$ を t で表せ。

着眼 2倍角の変形公式が使えないか。この結果は公式として覚えておく方がよい。応用の広い公式である。
→ 大切だよ！

解き方 2倍角の公式より

$$\sin\theta=\sin\left(2\cdot\frac{\theta}{2}\right)=2\sin\frac{\theta}{2}\cos\frac{\theta}{2}=2\cdot\frac{\sin\frac{\theta}{2}}{\cos\frac{\theta}{2}}\cdot\cos^2\frac{\theta}{2}$$

$$=2\tan\frac{\theta}{2}\cdot\frac{1}{1+\tan^2\frac{\theta}{2}}=\frac{2t}{1+t^2}$$

同様にして　$\cos\theta=\cos^2\dfrac{\theta}{2}-\sin^2\dfrac{\theta}{2}=\cos^2\dfrac{\theta}{2}\left(1-\dfrac{\sin^2\frac{\theta}{2}}{\cos^2\frac{\theta}{2}}\right)$

$$=\frac{1}{1+\tan^2\frac{\theta}{2}}\left(1-\tan^2\frac{\theta}{2}\right)=\frac{1-t^2}{1+t^2}$$

$$\tan\theta=\frac{\sin\theta}{\cos\theta}=\frac{\frac{2t}{1+t^2}}{\frac{1-t^2}{1+t^2}}=\frac{2t}{1-t^2}$$

答 $\boldsymbol{\sin\theta=\dfrac{2t}{1+t^2}}$，$\boldsymbol{\cos\theta=\dfrac{1-t^2}{1+t^2}}$，$\boldsymbol{\tan\theta=\dfrac{2t}{1-t^2}}$

□ **225** $\tan\theta=1+\sqrt{2}$ のとき，$\sin2\theta$，$\cos2\theta$ の値を求めよ。

226 $\tan\dfrac{\theta}{2}=t$ のとき，次の式を t で表せ。**テスト必出**

□ (1) $\sin\theta+\cos\theta$　　□ (2) $\dfrac{\sin\theta-\cos\theta}{\sin\theta+\cos\theta}$

ガイド　例題研究の結果を利用する。

227 次の等式が成り立つことを証明せよ。

□ (1) $\dfrac{1-\cos2\theta}{\sin2\theta}=\tan\theta$　　□ (2) $\dfrac{2\tan\theta}{\sin2\theta}=1+\tan^2\theta$

□ (3) $(\sin\theta-\cos\theta)^2=1-\sin2\theta$　　□ (4) $\cos^4\theta-\sin^4\theta=\cos2\theta$

228 次の式を $r\sin(x+\alpha)$ の形に変形せよ。

□ (1) $\sqrt{3}\sin x+\cos x$ □ (2) $\sqrt{3}\sin x-\cos x$

□ (3) $\sin x+\cos x$ □ (4) $\sin x-\cos x$

□ (5) $2\sin x+3\cos x$ □ (6) $\sin x-2\cos x$

□ (7) $\sin\left(x+\frac{\pi}{2}\right)+\sin x$ □ (8) $\sin\left(\frac{\pi}{6}-x\right)-\cos x$

229 次の式の最大値および最小値を求めよ。

□ (1) $\sin x-\sin\left(x-\frac{\pi}{3}\right)$ □ (2) $\cos x+\cos\left(x+\frac{\pi}{3}\right)$

ガイド 加法定理により $\sin\left(x-\frac{\pi}{3}\right)$, $\cos\left(x+\frac{\pi}{3}\right)$ を $\cos x$, $\sin x$ で表す。

応用問題

解答 → 別冊 p. 43

230 2倍角の公式と加法定理を使って，次の3倍角の公式を証明せよ。

□ (1) $\sin 3\alpha=3\sin\alpha-4\sin^3\alpha$

□ (2) $\cos 3\alpha=4\cos^3\alpha-3\cos\alpha$

□ (3) $\tan 3\alpha=\dfrac{3\tan\alpha-\tan^3\alpha}{1-3\tan^2\alpha}$

ガイド 3倍角の公式は2倍角の公式と加法定理から導くことを覚えておくこと。

□ **231** $\dfrac{1+\sin\theta-\cos\theta}{1+\sin\theta+\cos\theta}=\tan\dfrac{\theta}{2}$ を証明せよ。

□ **232** 長さ8の線分ABを直径とする円周上に任意の点Pをとる。このとき，AP+BPの最大値を求めよ。また，そのときのAP，BPの長さを求めよ。

差がつく

ガイド 題意より図をかけば，∠APBは直径に対する円周角で，直角である。

24 累乗根

テストに出る重要ポイント

- **累乗**…同じ数 a を n 個かけたものを $\boldsymbol{a^n}$ で表し，これを **$\boldsymbol{a}$ の $\boldsymbol{n}$ 乗**といい，a^2，a^3 などをまとめて a の**累乗**という。また，a^n において，a を累乗の**底**，n を累乗の**指数**という。$0<a<b$ ならば $0<a^n<b^n$（n は自然数）
- **$\boldsymbol{y=x^n}$ のグラフ**
  n が偶数のとき，y 軸に関して対称（偶関数）
  n が奇数のとき，原点に関して対称（奇関数）
- **累乗根**…n を2以上の自然数とするとき，n 乗して a になる数を **$\boldsymbol{a}$ の $\boldsymbol{n}$ 乗根**といい，2乗根，3乗根などをまとめて a の**累乗根**という。
  ・**$\boldsymbol{n}$ が偶数**のとき，$a>0$ ならば，a の実数の **$\boldsymbol{n}$ 乗根は正負1つずつ**あって，その絶対値は等しい。正の方を $\sqrt[n]{a}$，負の方を $-\sqrt[n]{a}$ で表す。
  $\boldsymbol{a<0}$ ならば，$\boldsymbol{a}$ の実数の $\boldsymbol{n}$ 乗根はない。また，**0 の $\boldsymbol{n}$ 乗根は 0** である。
  ・**$\boldsymbol{n}$ が奇数**のとき，実数 a の実数の **$\boldsymbol{n}$ 乗根はただ1つ**あって，a と同符号である。それを $\sqrt[n]{a}$ で表す。
- **累乗根の性質**…$a>0$，$b>0$，m，n が正の整数のとき

① $\sqrt[n]{a}\sqrt[n]{b}=\sqrt[n]{ab}$　　② $\dfrac{\sqrt[n]{a}}{\sqrt[n]{b}}=\sqrt[n]{\dfrac{a}{b}}$

③ $(\sqrt[m]{a})^n=\sqrt[m]{a^n}$　　④ $\sqrt[m]{\sqrt[n]{a}}=\sqrt[n]{\sqrt[m]{a}}=\sqrt[mn]{a}$

基本問題

解答 ➡ 別冊 p. 44

233 次の関数のグラフをかき，奇関数と偶関数を選び出せ。また，選び出した奇関数と偶関数がそれぞれ $f(-x)=-f(x)$，$f(-x)=f(x)$ を満たすことを確かめよ。

できたらチェック。

□ (1) $y=x$　　□ (2) $y=x-1$　　□ (3) $y=x^2$

□ (4) $y=x^2+1$　　□ (5) $y=x^3$　　□ (6) $y=x^3-1$

□ (7) $y=2x^3$　　□ (8) $y=x^4-1$　　□ (9) $y=|x|$

□ **234** 次の関数の中から奇関数，偶関数を選び出せ。

(1) $y=x^3-x$　　(2) $y=x^4+2x^2$　　(3) $y=-x^2+x$

例題研究》 次の累乗根のうち，実数のものを求めよ。

(1) 8 の 3 乗根　　(2) −16 の 4 乗根　　(3) 3 の 4 乗根

着眼 実数の累乗根を求めるときは，方程式の解のうち実数のものだけを答えにする。

(1) 3 乗して 8 になる数は 1 つで，その符号は 8 に合わせてプラスである。

(2) 4 乗して負になるものがあるかどうかを考える。

(3) この解は整数にならないので，根号を使って表す。

解き方 (1) $\sqrt[3]{8}=\mathbf{2}$ ……答

(2) 実数の範囲には，4 乗して負になる数はない。　**なし** ……答

(3) 4 乗して 3 になる実数は $\pm\sqrt[4]{\mathbf{3}}$ ……答

235 次の累乗根のうち，実数のものを求めよ。

□ (1) 16 の 2 乗根　　□ (2) −64 の 3 乗根

□ (3) 81 の 4 乗根　　□ (4) −81 の 4 乗根

例題研究》 次の値を求めよ。

(1) $\sqrt[3]{-27}$　　(2) $\sqrt[4]{0.0001}$

着眼 (1) 3 乗根は，根号の中が負の数であっても，ちゃんと実数になる。

(2) $\sqrt[4]{0.0001}$ は 0.0001 の 4 乗根のうち，正の方である。解は 1 つ。

解き方 (1) $(-3)^3=-27$ だから　$\sqrt[3]{-27}=\sqrt[3]{(-3)^3}=\mathbf{-3}$ ……答

(2) $0.1^4=0.0001$ だから　$\sqrt[4]{0.0001}=\sqrt[4]{0.1^4}=\mathbf{0.1}$ ……答

236 次の値を求めよ。

□ (1) $\sqrt[3]{8}$　　□ (2) $\sqrt{9}$　　□ (3) $\sqrt[4]{16}$

□ (4) $\sqrt[3]{-8}$　　□ (5) $\sqrt{0.01}$　　□ (6) $\sqrt[4]{81}$

237 次の式を簡単にせよ。《テスト必出

□ (1) $\sqrt[3]{3}\sqrt[3]{9}$　　□ (2) $\sqrt[4]{4}\sqrt[4]{4}$　　□ (3) $\sqrt[3]{0.1}\sqrt[3]{0.01}$

□ (4) $\sqrt[4]{3}\sqrt[4]{27}$　　□ (5) $\sqrt[3]{40}\div\sqrt[3]{5}$　　□ (6) $\sqrt[4]{16^3}$

25 指数の拡張

テストに出る重要ポイント

- **指数の拡張**…$a>0$, m が正の整数, n が整数のとき

$$a^0=1,\quad a^{\frac{n}{m}}=\sqrt[m]{a^n},\quad a^{-m}=\frac{1}{a^m}$$

- **指数法則**…$a>0$, $b>0$, m, n が実数のとき

① $a^m\times a^n=a^{m+n}$　② $a^m\div a^n=a^{m-n}$　③ $(a^m)^n=a^{mn}$

④ $(ab)^n=a^nb^n$　⑤ $\left(\frac{a}{b}\right)^n=\frac{a^n}{b^n}$

基本問題

解答 → 別冊 p. 45

できたらチェック。

238 次の式を根号を用いて表せ。

□ (1) $2^{0.2}$　□ (2) $2^{\frac{2}{3}}$　□ (3) $2^{-\frac{3}{2}}$

239 次の式を 2^x の形に表せ。

□ (1) $\sqrt{2}$　□ (2) $\sqrt[4]{2^3}$　□ (3) $\frac{1}{\sqrt[3]{2^2}}$

240 次の値を求めよ。 〈テスト必出

□ (1) $27^{\frac{2}{3}}$　□ (2) $4^{-0.5}$　□ (3) $25^{\frac{1}{2}}$

□ (4) $16^{0.75}$　□ (5) $9^{-\frac{1}{2}}$　□ (6) $(8^{-3})^{\frac{1}{3}}$

例題研究》 次の式を a^x の形に表せ。ただし，$a>0$ とする。

(1) $\sqrt[3]{a}\sqrt[5]{a}$　(2) $\sqrt[4]{a^2}\sqrt[5]{a^2}$

着眼 $a>0$, m が正の整数, n が整数ならば, $a^{\frac{n}{m}}=\sqrt[m]{a^n}$ である。(1), (2)とも根号を指数の形で表す。

解き方 (1) 与式 $=a^{\frac{1}{3}}\times a^{\frac{1}{5}}=a^{\frac{1}{3}+\frac{1}{5}}=\boldsymbol{a^{\frac{8}{15}}}$ ……答

(2) 与式 $=(a^2)^{\frac{1}{4}}\times(a^2)^{\frac{1}{5}}=a^{\frac{1}{2}}\times a^{\frac{2}{5}}=a^{\frac{1}{2}+\frac{2}{5}}=\boldsymbol{a^{\frac{9}{10}}}$ ……答

241 次の式を a^x の形に表せ。ただし，$a>0$ とする。

□ (1) $\sqrt[4]{\sqrt[3]{\sqrt{a}}}$　　□ (2) $a\sqrt[3]{a}\div\sqrt[5]{\sqrt[4]{a^3}}$

□ (3) $a^{\frac{3}{2}}\times a^{\frac{1}{3}}\times a^{-\frac{1}{2}}$　　□ (4) $a^{\frac{5}{6}}\times a^{-\frac{1}{2}}\div a^{\frac{1}{3}}$

ガイド　根号は指数の形に表す。あとは指数法則を正しく用いる。

例題研究 次の式を簡単にせよ。ただし，$a>0$ とする。

$$\sqrt[5]{a\sqrt[3]{a^2}\sqrt[4]{a^3}}\div\sqrt[3]{a\sqrt{a}}$$

着眼　まず，根号を**指数の形に表す**。そのうえで，指数法則を正しく用いる。題意より，結果は根号を用いて表すことを忘れるな。

解き方　与式$=\{a(a^2)^{\frac{1}{3}}(a^3)^{\frac{1}{4}}\}^{\frac{1}{5}}\div\{a(a)^{\frac{1}{2}}\}^{\frac{1}{3}}$

$=(a\times a^{\frac{2}{3}}\times a^{\frac{3}{4}})^{\frac{1}{5}}\div(a\times a^{\frac{1}{2}})^{\frac{1}{3}}$

→ $a^{1\times\frac{2}{3}\times\frac{3}{4}}$ とする人が多い！

$=(a^{1+\frac{2}{3}+\frac{3}{4}})^{\frac{1}{5}}\div(a^{1+\frac{1}{2}})^{\frac{1}{3}}=(a^{\frac{29}{12}})^{\frac{1}{5}}\div(a^{\frac{3}{2}})^{\frac{1}{3}}$

$=a^{\frac{29}{60}}\div a^{\frac{1}{2}}=a^{\frac{29}{60}-\frac{1}{2}}=a^{-\frac{1}{60}}=\dfrac{1}{a^{\frac{1}{60}}}=\dfrac{\mathbf{1}}{\sqrt[60]{\boldsymbol{a}}}$ ……答

242 次の式を簡単にせよ。ただし，$a>0$，$b>0$ とする。

□ (1) $(a^{\frac{1}{3}}+b^{\frac{1}{3}})(a^{\frac{2}{3}}-a^{\frac{1}{3}}b^{\frac{1}{3}}+b^{\frac{2}{3}})$　　□ (2) $(a^{\frac{1}{3}}-b^{\frac{1}{3}})(a^{\frac{2}{3}}+a^{\frac{1}{3}}b^{\frac{1}{3}}+b^{\frac{2}{3}})$

□ (3) $(a^{\frac{1}{4}}-1)(a^{\frac{1}{4}}+1)(a^{\frac{1}{2}}+1)$

□ (4) $(a^{\frac{3}{2}}+b^{-\frac{3}{2}})(a^{\frac{3}{2}}-b^{-\frac{3}{2}})\div(a^2+ab^{-1}+b^{-2})$

□ (5) $(a+a^{\frac{1}{2}}b^{\frac{1}{2}}+b)\div(a^{\frac{1}{2}}-a^{\frac{1}{4}}b^{\frac{1}{4}}+b^{\frac{1}{2}})$

ガイド　因数分解の公式を思い出してみよう。

□ **243** 次の式を簡単にせよ。 テスト必出

$$(2^{\frac{1}{a-b}})^{\frac{1}{a-c}}(2^{\frac{1}{b-c}})^{\frac{1}{b-a}}(2^{\frac{1}{c-a}})^{\frac{1}{c-b}}$$

ガイド　まず，指数に着目して整理すればよい。

応用問題

解答 ⟹ 別冊 p. 45

例題研究》 $a^{2x}=4$ のとき，$\dfrac{a^{3x}+a^{-3x}}{a^x+a^{-x}}$ の値を求めよ。

着眼　$a^{3x}+a^{-3x}=(a^x+a^{-x})\{(a^x)^2-a^x\cdot a^{-x}+(a^{-x})^2\}$ と変形して代入すればよい。

解き方　$与式=\dfrac{(a^x+a^{-x})\{(a^x)^2-a^x\cdot a^{-x}+(a^{-x})^2\}}{a^x+a^{-x}}$

$=a^{2x}-1+a^{-2x}$

$=a^{2x}-1+\dfrac{1}{a^{2x}}=4-1+\dfrac{1}{4}=\mathbf{\dfrac{13}{4}}$ ……答

244 $a^{\frac{1}{2}}+a^{-\frac{1}{2}}=3$ のとき，次の式の値を求めよ。

□ (1) $a+a^{-1}$　　□ (2) $\dfrac{a^{\frac{3}{2}}+a^{-\frac{3}{2}}+2}{a^2+a^{-2}+3}$

ガイド　(1) 条件式を平方してみよう。(2) 分子を $a^{\frac{1}{2}}+a^{-\frac{1}{2}}$，$a+a^{-1}$ で表せないか。

□ **245** $a^{2x}=5$ のとき，$\dfrac{a^{3x}-a^{-3x}}{a^x-a^{-x}}$ の値を求めよ。

ガイド　与式の分子を因数分解してみよう。

□ **246** $3^x=2$ のとき，$\dfrac{3^{3x-2}-3^{-3x+1}}{3^{x-1}-3^{-x}}$ の値を求めよ。

ガイド　3^{3x-2} は $3^{3x}\div3^2$ と変形できる。他も同様にすればよい。

□ **247** $a^{\frac{1}{3}}+a^{-\frac{1}{3}}=6$ のとき，$a+a^{-1}$ の値を求めよ。

ガイド　条件式の両辺を３乗してみよう。

□ **248** $a^{2x}=1+\sqrt{2}$ のとき，$\dfrac{a^{3x}+a^{-3x}}{a^x+a^{-x}}$ の値を求めよ。〈差がつく〉

26 指数関数

テストに出る重要ポイント

- **指数関数 $y=a^x$ の性質**…a が 1 でない正の実数のとき，x の任意の実数値に対応して a^x の値が定まる。このような関数を **a を底とする指数関数**という。
  ① 定義域は実数全体で，**値域は $y>0$**
  ② $a>1$ のとき，**単調増加**，$0<a<1$ のとき，**単調減少**
  ③ グラフは**点 (0, 1) を通り**，**x 軸を漸近線**とする曲線

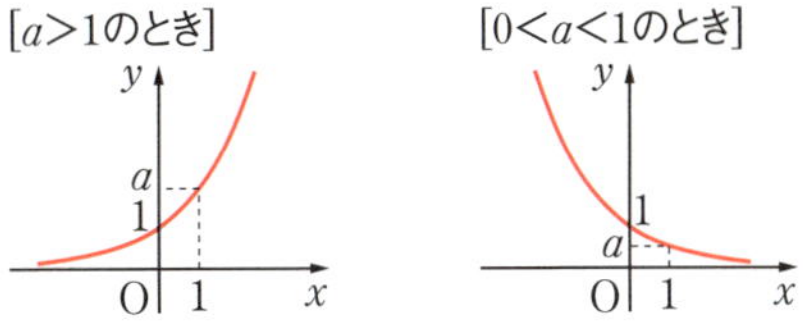

基本問題　解答 → 別冊 p. 46

できたらチェック。

249 次の関数のグラフをかけ。

□ (1) $y=2\cdot 2^x$　□ (2) $y=2^{-x}$　□ (3) $y=\left(\frac{1}{3}\right)^{-x}$

□ **250** $y=3^x$ のグラフを x 軸の正の方向に 1，y 軸の負の方向に 2 だけ平行移動したグラフの式を書け。

251 $y=2^x$ のグラフと次の関数のグラフとの位置関係を調べよ。

□ (1) $y=2^{x+1}$　□ (2) $y=-2^x$　□ (3) $y=2^{-x}$

□ (4) $y=-\left(\frac{1}{2}\right)^x$　□ (5) $y=\frac{1}{2}\cdot 2^x$　□ (6) $y=-2^{-x+1}$

応用問題　解答 → 別冊 p. 46

252 次の関数のグラフをかけ。 差がつく

□ (1) $y=2^{|x|}$　□ (2) $y=\frac{2^x+2^{-x}}{2}$

27 指数関数の応用

テストに出る重要ポイント

- **指数方程式の解法**
  ① $a^m=a^n$ の形に変形して $m=n$ を導く。
  ② $a^m=b^n$ ならば**両辺の対数**をとる。（*p.* 82 以降を参照）
  ③ $a^x=X$ とおき，X の方程式を作る。
- **指数不等式の解法**…$a^m>a^n$ において
  ① **$a>1$ のとき $m>n$**　② **$0<a<1$ のとき $m<n$**
- **指数関数の最大，最小**
  ① 整式の形に変形する。　② 変域に注意する。

基本問題

解答 → 別冊 *p.* 47

例題研究》 次の数を大きい順に並べよ。

(1) $2^{0.5}$，2^{-2}，2^0，$2^{\frac{1}{3}}$，$2^{-\frac{1}{2}}$　(2) $\sqrt[3]{0.2}$，$\sqrt[4]{0.2^2}$，1，$\sqrt{0.2^3}$，$\dfrac{1}{\sqrt{0.2}}$

着眼 指数関数 $f(x)=a^x$ は，$a>1$ のとき，$x_1<x_2$ ならば $f(x_1)<f(x_2)$，$0<a<1$ のとき，$x_1<x_2$ ならば $f(x_1)>f(x_2)$ である。したがって，底に注意して指数の大小を比較すればよい。

解き方 (1) 底が 2 で 1 より大きいから，$y=2^x$ は単調増加である。

したがって，指数の大きい方が大きいので，$0.5>\dfrac{1}{3}>0>-\dfrac{1}{2}>-2$ より

$$\boldsymbol{2^{0.5}>2^{\frac{1}{3}}>2^0>2^{-\frac{1}{2}}>2^{-2}}$$ ……答

(2) 底が 0.2 で 1 より小さいから，$y=0.2^x$ は単調減少である。

$$\sqrt[3]{0.2}=0.2^{\frac{1}{3}},\ \sqrt[4]{0.2^2}=0.2^{\frac{1}{2}},\ 1=0.2^0,\ \sqrt{0.2^3}=0.2^{\frac{3}{2}},\ \frac{1}{\sqrt{0.2}}=\frac{1}{0.2^{\frac{1}{2}}}=0.2^{-\frac{1}{2}}$$

指数の小さい方が大きいので，指数を小さい順に並べると

$$-\frac{1}{2}<0<\frac{1}{3}<\frac{1}{2}<\frac{3}{2}$$

ゆえに $\boldsymbol{\dfrac{1}{\sqrt{0.2}}>1>\sqrt[3]{0.2}>\sqrt[4]{0.2^2}>\sqrt{0.2^3}}$ ……答

できたらチェック。

253 次の各組の数を大きい順に並べよ。

□ (1) $\sqrt[3]{4^2}$, $\sqrt{4^3}$, $\sqrt[5]{4}$, $\sqrt[4]{4^4}$, $\sqrt[3]{4^{-1}}$
□ (2) 0.2^{-3}, 0.2^3, $0.2^{\frac{1}{3}}$, 0.2^0, $0.2^{-\frac{3}{2}}$
□ (3) $\sqrt{12}$, $\sqrt{3}$, $\sqrt{14}$, $\sqrt{5}$, $\sqrt{2}$
□ (4) $\sqrt{2}$, $\sqrt[3]{4}$, $\sqrt[4]{6}$

254 次の方程式を解け。

□ (1) $2^x=2$
□ (2) $3^x=9$
□ (3) $2^x=32$
□ (4) $4^x=32$
□ (5) $8^x=4$
□ (6) $5^{-x}=125$
□ (7) $\left(\frac{1}{8}\right)^x=64$
□ (8) $27^x=\frac{1}{81}$
□ (9) $4^{x+1}=\sqrt[4]{2}$

255 次の不等式を解け。 テスト必出

□ (1) $2^x>16$
□ (2) $9^x<27$
□ (3) $0.5^x<0.25$

256 次の関数について，(　)内の変域における最大値と最小値を求めよ。また，そのときの x の値を求めよ。

□ (1) $y=2^x$ $(-1\leqq x\leqq 1)$
□ (2) $y=5^x$ $(0\leqq x\leqq 2)$
□ (3) $y=\left(\frac{1}{2}\right)^x$ $(-1\leqq x\leqq 1)$
□ (4) $y=\left(\frac{1}{3}\right)^{-x}$ $(-1\leqq x\leqq 2)$

応用問題

解答 → 別冊 p. 47

□ **257** a を正の数とするとき，次の数を大きい順に並べよ。

$\sqrt{a^2}$, $\sqrt[3]{a^4}$, $\sqrt[4]{a^3}$

ガイド 底 a によって大小が異なることに注意せよ。

258 次の方程式を解け。 差がつく

□ (1) $8^x=2^{x+1}$
□ (2) $\left(\frac{1}{2}\right)^{3x-2}=2^{4x+1}$
□ (3) $4^x+2^x=6$
□ (4) $3^{2x+1}+2\cdot3^x-1=0$
□ (5) $9^{x+1}+8\cdot3^x-1=0$
□ (6) $5^x+5^{-x}=2$
□ (7) $\begin{cases}3^x-3^y=24\\3^x\cdot3^y=81\end{cases}$
□ (8) $\begin{cases}3^x=27^{y+1}\\4^y=2^{x+1}\end{cases}$

ガイド (3) $2^x=X$ とおけ。

例題研究 次の不等式を解け。

$$2^{2x}-5\cdot2^{x-1}+1<0$$

着眼 累乗の大小関係 **$a>1$ のとき $m>n \Leftrightarrow a^m>a^n$** を利用。
$2^x=X$ とおいて，X についての不等式を解く。$X>0$ に注意。

解き方 与式を変形して $(2^x)^2-\frac{5}{2}\cdot2^x+1<0$

両辺を2倍してから，$2^x=X\ (X>0)$ とおけば

$2X^2-5X+2<0$ $(2X-1)(X-2)<0$

ゆえに $\frac{1}{2}<X<2$

これは，$X>0$ を満たしている。

→ よく忘れるから注意すること

したがって，$\frac{1}{2}<2^x<2$ つまり $2^{-1}<2^x<2^1$

底が2で1より大きいから **$-1<x<1$** ……答

→ この表現を忘れるな！

259 次の不等式を解け。 差がつく

□ (1) $\left(\frac{1}{2}\right)^{2x}<64$ □ (2) $\left(\frac{1}{8}\right)^{x-4}>4^{x+3}$ □ (3) $\left(\frac{1}{2}\right)^{2x-6}<\frac{1}{16}$

□ (4) $4^x-5\cdot2^x+4<0$ □ (5) $3^{2x}-10\cdot3^x+9<0$

例題研究 x についての不等式 $a^{x^2-2x}>a^{x-2}\ (a>0,\ a\neq1)$ を解け。

着眼 指数不等式を解くときには，底に注意する。つまり，**$0<a<1$ のときには，$a^m>a^n$ より $m<n$** となることに注意する。底が文字のときには場合分けをする。

解き方 底 a を $0<a<1$，$a>1$ の2つの場合に分けて考える。

$0<a<1$ のとき $x^2-2x<x-2$ $x^2-3x+2<0$
$(x-1)(x-2)<0$ ゆえに $1<x<2$

$a>1$ のとき $x^2-2x>x-2$ $x^2-3x+2>0$
$(x-1)(x-2)>0$ ゆえに $x<1,\ 2<x$

答 **$0<a<1$ のとき $1<x<2$，$a>1$ のとき $x<1,\ 2<x$**

□ **260** x についての不等式 $a^{2x-1}-a^x+a^{x-1}-1>0\ (a>0,\ a\neq1)$ を解け。

例題研究 関数 $y=4^x-2^{x+2}$ の最大値と最小値を求めよ。また，そのときの x の値を求めよ。ただし，$x \leqq 3$ とする。

着眼 このままでは最大値，最小値は求めにくい。**変数をおきかえて 2 次関数にならないか**と考えてみる。底が異なっているので，底を 2 にそろえて，$2^x=X$ とおくと，

$4^x=(2^2)^x=(2^x)^2=X^2$，$2^{x+2}=2^x\cdot 2^2=4X$

となるので，$y=X^2-4X$ の最大値，最小値を求める問題になる。
このとき注意しなければならないのは X の変域である。$X=2^x$ のグラフは右図のようになるから，X の変域は $0<X\leqq 8$ となる。

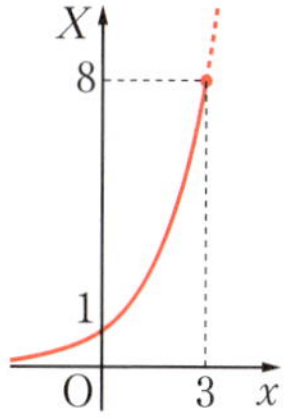

解き方 $y=4^x-2^{x+2}$

$=(2^2)^x-2^x\cdot 2^2$

$=(2^x)^2-4\cdot 2^x$

$2^x=X$ とおくと

$y=X^2-4X$

$=(X-2)^2-4$

ここで，$x\leqq 3$ より $0<X\leqq 8$ となるから，この範囲でグラフ
→ これが重要！
をかくと右図のようになる。

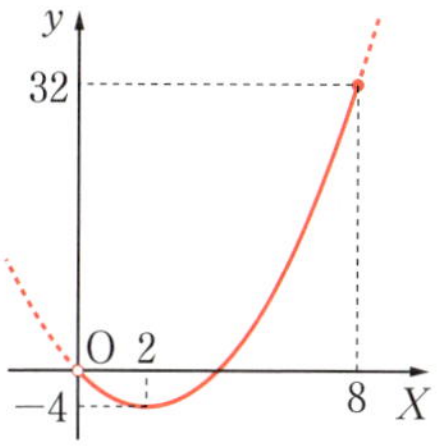

これより $X=8$ で最大値 32（このとき $2^x=8$ より $x=3$）
$X=2$ で最小値 -4（このとき $2^x=2$ より $x=1$）
ゆえに，**$x=3$ で最大値 32，$x=1$ で最小値 -4** ……答

□ **261** 関数 $y=2+2^{x+1}-4^x$ の最大値を求めよ。また，そのときの x の値を求めよ。

□ **262** 関数 $y=2\cdot 3^{2x}-4\cdot 3^{x+1}+5$ の最小値を求めよ。また，そのときの x の値を求めよ。

□ **263** $x+y-4=0$ のとき，2^x+2^y の最大値，最小値を求めよ。

264 $y=(4^x+4^{-x})-2(2^x+2^{-x})$ について，次の問いに答えよ。 差がつく

□ (1) $2^x+2^{-x}=X$ とおき，与式を X で表せ。また，X のとりうる値の範囲を求めよ。

□ (2) y の最大値，最小値を求めよ。

28 対数とその性質

テストに出る重要ポイント

- **対数の定義**…$y=a^x$ $(a>0,\ a\neq1)$ において，x と y を入れかえると $x=a^y$ となる。x のどんな正の値に対しても y の値が1つ定まる。この y を **a を底とする x の対数**といい，$y=\log_a x$ と表す。
このとき，x を対数 y の**真数**という。**真数はつねに正**である。
$$y=\log_a x \iff x=a^y\ (a>0,\ a\neq1)$$
- **対数の性質**…$a>0$，$a\neq1$，$M>0$，$N>0$ のとき
① $\log_a 1=0$，$\log_a a=1$
② $\log_a MN=\log_a M+\log_a N$
③ $\log_a \dfrac{M}{N}=\log_a M-\log_a N$
④ $\log_a M^k=k\log_a M$
⑤ $\log_a M=\dfrac{\log_b M}{\log_b a}$ $(b>0,\ b\neq1)$（底の変換公式）
- **常用対数**…底が10の対数を**常用対数**という。
- **常用対数の応用**
① 正の数 N の整数部分が n 桁とすると
$10^{n-1}\leqq N<10^n \iff n-1\leqq\log_{10}N<n$
② 小数第 n 位に初めて0でない数が現れる小数 N は
$10^{-n}\leqq N<10^{-n+1} \iff -n\leqq\log_{10}N<-n+1$

基本問題

解答 → 別冊 p. 49

できたらチェック。

265 次の式をそれと同値な $\log_a N=x$ または $a^x=N$ の形で表せ。

□ (1) $2^3=8$　□ (2) $3^0=1$　□ (3) $10^{-3}=0.001$

□ (4) $2^{-6}=\dfrac{1}{64}$　□ (5) $4^{-\frac{1}{2}}=\dfrac{1}{2}$　□ (6) $125=5^3$

□ (7) $\log_2 16=4$　□ (8) $\log_{10}100=2$　□ (9) $\log_{0.5}2=-1$

□ (10) $0=\log_{10}1$　□ (11) $\dfrac{3}{2}=\log_4 8$　□ (12) $\log_5\dfrac{1}{\sqrt{5}}=-\dfrac{1}{2}$

266 次の値を求めよ。

□ (1) $\log_2 0.25$　□ (2) $\log_4 64$　□ (3) $\log_{\sqrt{3}} 3$

□ (4) $\log_5 0.2$　□ (5) $\log_{10} 10000$　□ (6) $\log_{27} 3$

□ (7) $\log_4 1$　□ (8) $\log_8 128$　□ (9) $\log_2 \sqrt{2}$

例題研究》 次の式を簡単にせよ。

(1) $5\log_3\sqrt{2}+\dfrac{1}{2}\log_3\dfrac{1}{12}-\dfrac{3}{2}\log_3 6$　(2) $\log_2 27\cdot\log_3 2\cdot\log_4 8$

着眼 (1)は底がそろっているから，真数を素因数の指数の形にし，対数の性質の公式を用いてやればよい。
(2)はまず底をそろえなければならない。底の変換公式を使って底を 10 にそろえよう。

解き方 (1) $5\log_3\sqrt{2}=5\log_3 2^{\frac{1}{2}}=\log_3(2^{\frac{1}{2}})^5=\log_3 2^{\frac{5}{2}}$

$\dfrac{1}{2}\log_3\dfrac{1}{12}=\dfrac{1}{2}\log_3 12^{-1}=\log_3(12^{-1})^{\frac{1}{2}}=\log_3 12^{-\frac{1}{2}}=\log_3(2^2\cdot 3)^{-\frac{1}{2}}$

$-\dfrac{3}{2}\log_3 6=\log_3 6^{-\frac{3}{2}}=\log_3(2\cdot 3)^{-\frac{3}{2}}$

したがって　与式$=\log_3\{2^{\frac{5}{2}}\cdot(2^2\cdot 3)^{-\frac{1}{2}}\cdot(2\cdot 3)^{-\frac{3}{2}}\}$

$=\log_3(2^{\frac{5}{2}-1-\frac{3}{2}}\cdot 3^{-\frac{1}{2}-\frac{3}{2}})$

$=\log_3(2^0\cdot 3^{-2})=\log_3 3^{-2}$

→ これは 1 だ。0 とするな！

$=-2\log_3 3=\mathbf{-2}$ ……答

(2) 与式$=\dfrac{\log_{10}27}{\log_{10}2}\cdot\dfrac{\log_{10}2}{\log_{10}3}\cdot\dfrac{\log_{10}8}{\log_{10}4}$

$=\dfrac{\log_{10}3^3}{\log_{10}2}\cdot\dfrac{\log_{10}2}{\log_{10}3}\cdot\dfrac{\log_{10}2^3}{\log_{10}2^2}$

$=\dfrac{3\log_{10}3\cdot\log_{10}2\cdot 3\log_{10}2}{\log_{10}2\cdot\log_{10}3\cdot 2\log_{10}2}=\mathbf{\dfrac{9}{2}}$ ……答

267 次の式を簡単にせよ。 テスト必出

□ (1) $\left(\log_2 9+\log_4\dfrac{1}{9}\right)(\log_3 2+\log_9 0.5)$

□ (2) $4\log_{10}\sqrt{5}-\dfrac{1}{2}\log_{10}8-\dfrac{7}{2}\log_{10}0.5$

□ (3) $\dfrac{1}{2}\log_{10}\dfrac{5}{6}+\log_{10}\sqrt{7.5}-\log_{10}\dfrac{1}{4}$

268 次の式を簡単にせよ。

□ (1) $\log_2 3\cdot\log_3 4\cdot\log_4 2$　□ (2) $\log_3 2^2\cdot\log_2 3^3$

□ (3) $(\log_4 3+\log_8 3)(\log_3 2+\log_9 2)$

269 $\log_{10}2=a$，$\log_{10}3=b$ として，次の対数を a，b で表せ。

□ (1) $\log_{10}4$　□ (2) $\log_{10}6$　□ (3) $\log_{10}9$

□ (4) $\log_{10}12$　□ (5) $\log_{10}5$　□ (6) $\log_{10}\sqrt{6}$

□ **270** $\log_2 3=m$，$\log_3 5=n$ とするとき，$\log_{30}8$ を m，n の式で表せ。

応用問題

解答 ➡ 別冊 *p. 50*

□ **271** $21^x=2.1^y=0.01$ であるとき，$\dfrac{1}{x}-\dfrac{1}{y}$ の値を求めよ。

272 $2\log_{10}(a-b)=\log_{10}a+\log_{10}b$ のとき，〈差がつく〉

□ (1) $a:b$ を求めよ。　□ (2) $\dfrac{a^2}{a^2+b^2}$ の値を求めよ。

例題研究》 2^{40} は何桁の整数か。ただし，$\log_{10}2=0.3010$ とする。

着眼　桁数に関する問題では，常用対数の応用の公式を使う。
「x が n 桁の数」$\Longleftrightarrow$ $n-1\leqq\log_{10}x<n$

解き方　$x=2^{40}$ とおくと
$\log_{10}x=\log_{10}2^{40}=40\log_{10}2=40\times0.3010=12.04$ となるので
　$12<\log_{10}x<13$　　したがって　$10^{12}<x<10^{13}$
ゆえに，x は13桁の数である。　答　**13桁の整数**

273 次の問いに答えよ。ただし，$\log_{10}3=0.4771$ とする。

□ (1) 3^{30} は何桁の整数か。

□ (2) 3^{-30} を小数で表すと，小数第何位に初めて0でない数が現れるか。

ガイド　(2)「x が小数第 n 位に初めて0でない数が現れる数」
　$\Longleftrightarrow$ $-n\leqq\log_{10}x<-n+1$

29 対数関数

テストに出る重要ポイント

対数関数 $y=\log_a x$ の性質

① 定義域は $x>0$，値域は**実数全体**

② $a>1$ のとき，**単調増加**，$0<a<1$ のとき，**単調減少**

③ グラフは**点 $(1,\ 0)$ を通り**，**y 軸を漸近線**とする曲線

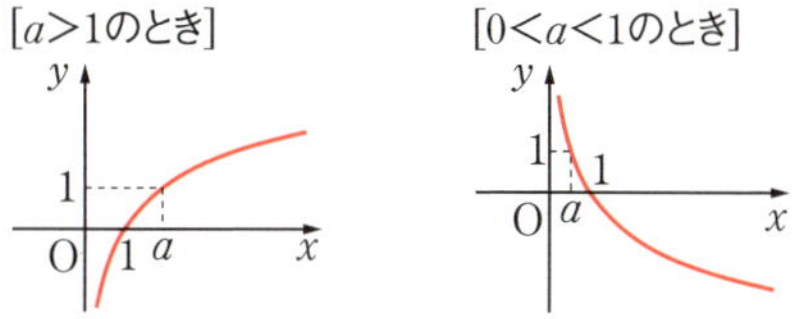

基本問題

解答 → 別冊 p. 51

できたらチェック。

274 次の関数のグラフをかけ。

□ (1) $y=\log_2 x$　□ (2) $y=\log_2(x-1)$　□ (3) $y=\log_2 2x$

□ (4) $y=\log_2(-x)$　□ (5) $y=\log_2\dfrac{1}{x}$　□ (6) $y=\log_2\dfrac{2}{x}$

□ (7) $y=\log_{\frac{1}{2}} x$　□ (8) $y=\log_{\frac{1}{2}}(x-1)$　□ (9) $y=\log_{\frac{1}{2}} 2x$

275 次の関数のグラフは，$y=\log_3 x$ のグラフとどんな位置関係にあるか。

□ (1) $y=3^x$　□ (2) $y=3^{-x}$　□ (3) $y=\log_3(-x)$

□ (4) $y=\log_{\frac{1}{3}} x$　□ (5) $y=\log_3 3x$　□ (6) $y=\log_3\dfrac{1}{x}$

応用問題

解答 → 別冊 p. 51

276 次の関数のグラフをかけ。 差がつく

□ (1) $y=\log_2|x|$　□ (2) $y=|\log_{\frac{1}{2}} x|$

ガイド (2) $0<x<1$，$x\geqq 1$ の場合分けをせよ。

30 対数関数の応用

テストに出る重要ポイント

- **対数方程式の解法**
  - ① $\log_a f(x)=\log_a g(x)$ の形に変形して，$f(x)=g(x)$ を解く。
    $(f(x)>0,\ g(x)>0)$
  - ② $\log_a x$ について1次でないときは，$\log_a x=X$ とおいて X の方程式を作る。
- **対数不等式の解法**…$\log_a f(x)>\log_a g(x)$ において
  - ① $\boldsymbol{a>1}$ **のとき**　$\boldsymbol{f(x)>g(x)>0}$
  - ② $\boldsymbol{0<a<1}$ **のとき**　$\boldsymbol{0<f(x)<g(x)}$
- **対数関数の最大，最小**
  - ① $\log_a f(x)$ では $f(x)$ の最大，最小を求める。このとき，a と1との大小関係に注意。
  - ② $f(\log_a x)$ では $\log_a x=X$ とおく。このとき X の変域に注意。

基本問題

解答 → 別冊 p. 51

できたらチェック。

277 次の各組の数を大きい順に並べよ。 テスト必出

□ (1) $\log_3 2$，$\log_3 0.2$，$\log_3 20$　　□ (2) $\log_{0.3} 2$，$\log_{0.3} 0.2$，$\log_{0.3} 20$

□ (3) $\log_2 0.6$，$\log_3 5$，$\log_5 4$

278 次の方程式を解け。

□ (1) $\log_2 x=8$　　□ (2) $\log_3 x=-3$

□ (3) $\log_x 27=3$　　□ (4) $\log_x 16=4$

□ (5) $\log_{10} x^2=2$　　□ (6) $\log_2(x+3)=1$

□ (7) $\log_2(x-2)=\log_2(3x-12)$　　□ (8) $\log_2 x+\log_2 3=2$

□ (9) $\log_3(x+3)+\log_3(x-5)=2$　　□ (10) $\log_2(x-3)+\log_2(x-5)=3$

279 次の不等式を解け。 テスト必出

□ (1) $\log_2(x-2)<2$

□ (2) $\log_{0.5}2x>2$

□ (3) $\log_{10}(x+1)>\log_{10}(-2x+1)$

□ (4) $\log_{0.1}(x+1)<\log_{0.1}(2x-1)$

□ (5) $\log_2 x^2<3$

□ (6) $2\log_2 x>\log_2(2x+3)$

□ (7) $\log_{10}(2x+6)>\log_{10}(x^2-x+2)$

応用問題

解答 → 別冊 p. 53

例題研究》 $1<a<x$ のとき，$(\log_a x)^2$ と $\log_a x$ の大小を比べよ。

着眼 大小を比べるには，まず差をとるのが定石である。次に，条件式 $1<a<x$ を使うが，これは a を底とする対数をとると $0<1<\log_a x$ となる。

解き方 $(\log_a x)^2-\log_a x=\log_a x(\log_a x-1)$

また，$1<a<x$ であるから a を底とする対数をとると

$\log_a 1<\log_a a<\log_a x$ ゆえに $0<1<\log_a x$

これより $(\log_a x)^2-\log_a x>0$

よって $(\log_a x)^2>\log_a x$ ……答

280 次の各組の数を大きい順に並べよ。

□ (1) $\log_{0.3}0.2$，$\log_3 2$，$\log_{30}20$

□ (2) $1<a<x$ のとき，$(\log_a x)^2$，$\log_a x^2$

例題研究》 関数 $y=(\log_2 x)^2-\log_2 x^2+2$ の最大値，最小値を求めよ。

着眼 $\log_2 x=X$ とおくと，与式は $y=X^2-2X+2$ となる。このとき大切なことは X の**変域がどうなるか**ということである。X の変域内において最大値，最小値を求める。

解き方 まず，真数条件より $x>0$，$x^2>0$ だから $x>0$ ……①

①の条件のもとで与式を変形すれば $y=(\log_2 x)^2-2\log_2 x+2$ ……②

$\log_2 x=X$ とおけば，②より $y=X^2-2X+2=(X-1)^2+1$

X はすべての実数値をとるので，$X=1$ のとき最小値 1，最大値はなし

→ これが大切！

また，$X=1$ のとき，$\log_2 x=1$ より $x=2$

答 **$x=2$ のとき最小値 1，最大値なし**

281 次の関数の最大値，最小値を求めよ。また，そのときの x の値を求めよ。

□ (1) $y=\log_{10}x+\log_{10}(6-x)$　　□ (2) $y=\log_{\frac{1}{2}}(2-x)+\log_{\frac{1}{2}}x$

例題研究》 $\log_{\sqrt{3}}(3-x)+\log_3(x+1)=2$ を解け。

着眼 まず，**真数が正**である条件を求めておこう。次に，底が異なっている場合には底をそろえる。log をはずして得た方程式の解が，真数条件を満たしているかどうか調べておく。

解き方 真数が正より　$3-x>0$，$x+1>0$　　ゆえに　$-1<x<3$　……①

$\log_{\sqrt{3}}(3-x)=\dfrac{\log_3(3-x)}{\log_3\sqrt{3}}=2\log_3(3-x)=\log_3(3-x)^2$ だから，与式は

$\log_3(3-x)^2(x+1)=2$　　ゆえに　$(3-x)^2(x+1)=3^2$

これを整理して　$x(x^2-5x+3)=0$

これを解いて　$x=0,\ \dfrac{5\pm\sqrt{13}}{2}$

ところが①より，$x=\dfrac{5+\sqrt{13}}{2}$ は不適。　**答** $\boldsymbol{x=0,\ \dfrac{5-\sqrt{13}}{2}}$

282 次の方程式を解け。

□ (1) $\log_2(x-1)=\log_4(x^2-3x+2)+1$

□ (2) $\log_2x+\log_x16=4$

□ (3) $(\log_3x)^2=\log_9x^2$

ガイド (2) 真数，底の条件より $x>0$，$x\neq1$ で考える。そして $\log_x16$ に底の変換公式を用いて解き，最後に真数，底の条件を満たしているか吟味する。

283 次の連立方程式を解け。

□ (1) $\begin{cases} x-7y=4 \\ \log_2(x+y)+\log_2(x-y)=3 \end{cases}$

□ (2) $\begin{cases} \log_3x+\log_2y=4 \\ \log_2x\cdot\log_3y=3 \end{cases}$　（ただし，$x<y$）

284 次の不等式を解け。《差がつく》

□ (1) $(\log_4x)^2<\log_4x^2+8$　　□ (2) $\log_2x+2\log_x2<3$

□ (3) $2\log_4x+\log_2(10-x)>4$

31 関数の極限

✪ テストに出る重要ポイント

- **極限値**…関数 $f(x)$ において，変数 x が限りなく a に近づくとき，$f(x)$ が一定の値 α に限りなく近づくならば，この α を，x が a に限りなく近づくときの関数 $f(x)$ の**極限値**といい，$\boldsymbol{x \to a}$ **のとき** $\boldsymbol{f(x) \to \alpha}$ または $\displaystyle\lim_{x\to a} f(x)=\alpha$ と書く。
- **極限に関する基本定理**…$\displaystyle\lim_{x\to a} f(x)=\alpha$，$\displaystyle\lim_{x\to a} g(x)=\beta$ のとき
  ① $\displaystyle\lim_{x\to a} kf(x)=k\alpha$（ただし，$k$ は定数）
  ② $\displaystyle\lim_{x\to a}\{f(x)+g(x)\}=\alpha+\beta$
  ③ $\displaystyle\lim_{x\to a}\{f(x)-g(x)\}=\alpha-\beta$
  ④ $\displaystyle\lim_{x\to a} f(x)g(x)=\alpha\beta$
  ⑤ $\displaystyle\lim_{x\to a}\frac{f(x)}{g(x)}=\frac{\alpha}{\beta}$（ただし，$\beta \neq 0$）
- **平均変化率**…関数 $y=f(x)$ の $x=a$ から $x=b(=a+h)$ までの**平均変化率**は $\dfrac{y\text{の増加量}}{x\text{の増加量}}=\dfrac{f(b)-f(a)}{b-a}=\dfrac{f(a+h)-f(a)}{h}$
- **微分係数(変化率)**…関数 $y=f(x)$ の $x=a$ における**微分係数**は
  $$f'(a)=\lim_{h\to 0}\frac{f(a+h)-f(a)}{h}=\lim_{x\to a}\frac{f(x)-f(a)}{x-a}$$

基本問題

解答 → 別冊 p. 54

できたらチェック。

285 次の極限値を求めよ。

□ (1) $\displaystyle\lim_{x\to 1}(2x-1)$　□ (2) $\displaystyle\lim_{x\to 0}(3x+1)$　□ (3) $\displaystyle\lim_{x\to 1}(x^2+2x)$

□ (4) $\displaystyle\lim_{x\to -1}(x^2+1)$　□ (5) $\displaystyle\lim_{x\to 0}(x-1)(1-x)^2$　□ (6) $\displaystyle\lim_{x\to 2}(x+3)(2x-1)^2$

□ (7) $\displaystyle\lim_{x\to 3}\frac{12-x}{x^2+1}$　□ (8) $\displaystyle\lim_{x\to 0}\frac{2x^2-3x+1}{x-2}$

□ (9) $\displaystyle\lim_{x\to 2}\frac{x^2+2}{x+1}$　□ (10) $\displaystyle\lim_{x\to -2}\frac{3x^2-x-4}{(2x+5)^2}$

286 x の値が(　)内のように変わるとき，次の関数の平均変化率を求めよ。

□ (1) $f(x)=2x-3$ (1 から 3 まで)

□ (2) $f(x)=3x^2-4x+5$ (-1 から 2 まで)

287 次の関数について，x の値が a から b まで変わるときの平均変化率を求めよ。

□ (1) $f(x)=x^3-3x^2+5$　　□ (2) $f(x)=-x^2+2x-4$

□ **288** 数直線上の動点 P の t 秒後の原点からの位置 x m が $x=t^2-3t$ で表されるとき，$t=1$ から $t=5$ までの間の平均の速さを求めよ。

□ **289** 関数 $f(x)=ax^3+bx+c$ の $x=1$ から $x=2$ までの平均変化率が 3 であり，$x=2$ から $x=3$ までの平均変化率が -9 であるとき，係数 a，b の値を求めよ。

テスト必出

例題研究》 2 次関数 $f(x)=ax^2+bx+c\ (a\neq 0)$ について，次の問いに答えよ。

(1) x の値が 1 から 2 まで変化するときの平均変化率を求めよ。

(2) $x=m$ における微分係数(変化率)を求めよ。

(3) (1)の平均変化率と(2)の微分係数が等しいとき，m の値を求めよ。

着眼 平均変化率とは図形的には 2 点を通る直線の傾きを表し，微分係数(変化率)とは図形的にはある点における接線の傾きを表す。この 2 つの区別をしっかりしておかなければならない。

解き方 (1) $f(x)=ax^2+bx+c\ (a\neq 0)$ より

$$\frac{f(2)-f(1)}{2-1}=\frac{(4a+2b+c)-(a+b+c)}{2-1}=3a+b \quad \cdots\cdots ①$$ 答 $\boldsymbol{3a+b}$

(2) $$f'(m)=\lim_{x\to m}\frac{f(x)-f(m)}{x-m}=\lim_{x\to m}\frac{a(x^2-m^2)+b(x-m)}{x-m}$$

$$=\lim_{x\to m}\{a(x+m)+b\}=2am+b \quad \cdots\cdots ②$$ 答 $\boldsymbol{2am+b}$

(3) ①，②より $3a+b=2am+b$　ゆえに $m=\frac{3}{2}$　答 $\boldsymbol{m=\frac{3}{2}}$

290 次の関数について，(　)内に示された値における微分係数(変化率)を求めよ。

□ (1) $f(x)=2x+1$ $(x=2)$

□ (2) $f(x)=x^2+1$ $(x=1)$

□ (3) $f(x)=ax+b$ $(x=m)$

□ (4) $f(x)=x^3$ $(x=2)$

□ (5) $f(x)=ax^3+bx^2+cx+d$ $(x=0)$

291 次の関数において，$f'(-1)$，$f'(1)$ を求めよ。

□ (1) $f(x)=1$

□ (2) $f(x)=3x$

□ (3) $f(x)=-2x+1$

□ (4) $f(x)=x^2+2x$

□ (5) $f(x)=(x+2)(x+3)$

□ (6) $f(x)=x^3-1$

□ **292** 関数 $f(x)=(x+1)^3$ の $x=1$ における微分係数を定義にしたがって求めよ。

〈テスト必出

応用問題

解答 → 別冊 p. 55

例題研究》 微分係数の定義を利用して，次の極限値を $f'(a)$ を用いて表せ。

$$\lim_{h\to 0}\frac{f(a-h)-f(a+2h)}{h}$$

着眼 微分係数の定義 $f'(a)=\lim_{h\to 0}\frac{f(a+h)-f(a)}{h}$ が使えるように式を変形する。

解き方 与式 $=\lim_{h\to 0}\frac{f(a-h)-f(a)-f(a+2h)+f(a)}{h}$ ← $f(a)$ をひいて加えるのがコツ

$$=\lim_{h\to 0}\left\{\frac{f(a-h)-f(a)}{h}-\frac{f(a+2h)-f(a)}{h}\right\}$$

$$=\lim_{h\to 0}\left\{(-1)\times\frac{f(a-h)-f(a)}{-h}-2\times\frac{f(a+2h)-f(a)}{2h}\right\}$$

→ このように変形するのがポイント！

$=-f'(a)-2f'(a)=\boldsymbol{-3f'(a)}$ ……答

293 微分係数の定義を利用して，次の極限値を $f(a)$，$f'(a)$ を用いて表せ。

□ (1) $\lim_{h\to 0}\frac{f(a+2h)-f(a-2h)}{h}$

□ (2) $\lim_{h\to 0}\frac{f(a-2h)-f(a-h)}{h}$

□ (3) $\lim_{h\to 0}\frac{\{f(a+2h)\}^2-\{f(a-2h)\}^2}{8h}$

32 導関数

テストに出る重要ポイント

- **導関数の定義**

$$f'(x)=\lim_{h\to 0}\frac{f(x+h)-f(x)}{h}$$ （$f(x)$ の導関数を y', $\frac{dy}{dx}$, $\frac{d}{dx}f(x)$ 等と表す）

- **導関数の計算公式**

① $y=x^n$ のとき　$y'=nx^{n-1}$ （n は自然数）

② $y=c$ のとき　$y'=0$ （c は定数）

③ $y=kf(x)$ のとき　$y'=kf'(x)$ （k は定数）

④ $y=f(x)\pm g(x)$ のとき　$y'=f'(x)\pm g'(x)$ （複号同順）

⑤ $y=f(x)g(x)$ のとき　$y'=f'(x)g(x)+f(x)g'(x)$

⑥ $y=\{f(x)\}^n$ のとき　$y'=n\{f(x)\}^{n-1}f'(x)$ （n は自然数）

- **導関数と整式の割り算**…整式 $f(x)$ が $(x-a)^2$ で割り切れるための必要十分条件は　$f(a)=0$ かつ $f'(a)=0$

基本問題

解答 → 別冊 p. 55

例題研究》 導関数の定義にしたがって，$y=x^n$ （n は自然数）を微分せよ。

着眼 「導関数の定義にしたがって」とあるから，必ず $f'(x)=\lim_{h\to 0}\frac{f(x+h)-f(x)}{h}$ で求めなければならない。

解き方 $f(x)=x^n$ とすると

$$f(x+h)-f(x)=(x+h)^n-x^n=\{(x+h)-x\}\{(x+h)^{n-1}+(x+h)^{n-2}x+\cdots+x^{n-1}\}$$
$$=h\{(x+h)^{n-1}+(x+h)^{n-2}x+\cdots+x^{n-1}\}$$

ゆえに　$f'(x)=\lim_{h\to 0}\frac{f(x+h)-f(x)}{h}=\lim_{h\to 0}\{\underbrace{(x+h)^{n-1}+(x+h)^{n-2}x+\cdots+x^{n-1}}_{x^{n-1}\text{ が } n \text{ 個}}\}=nx^{n-1}$

……**答**

できたらチェック。

294 導関数の定義にしたがって，次の関数を微分せよ。 〈テスト必出

□ (1) $y=2x+1$　□ (2) $y=3x^2$　□ (3) $y=-3x^2-4$

□ (4) $y=x^2-2x$　□ (5) $y=x^3+2x$　□ (6) $y=2x^3-3x^2$

295 次の関数を微分せよ。 テスト必出

□ (1) $y=\sqrt{2}x^3$
□ (2) $y=-2x^2$
□ (3) $y=2-3x^3$
□ (4) $y=3-4x+5x^2$
□ (5) $y=4x-1-3x^2+x^3$
□ (6) $y=3x^3-4x^2-x+9$
□ (7) $y=2x^4-2x^2-5$

296 次の関数の(　)内の値における微分係数を求めよ。

□ (1) $y=-x^2+2x-1$ 　$(x=1)$
□ (2) $y=x^3-x+4$ 　$(x=-1)$
□ (3) $y=x^2-2x+3$ 　$(x=2)$
□ (4) $y=-2x^3+4$ 　$(x=-2)$

ガイド　まず導関数を求めて，それを利用する。

297 次の関数を〔　〕内の文字について微分せよ。

□ (1) $S=\pi r^2$ 　〔r〕
□ (2) $S=ar^2\theta$ 　〔θ〕
□ (3) $V=a\pi r^2h$ 　〔r〕
□ (4) $x=a(v^2+5vt+7t^2)$ 　〔t〕

ガイド　〔　〕内の文字以外は定数と考えて微分すればよい。

□ **298** 関数 $f(x)=ax^2+bx+c$ において，$f'(0)=-2$，$f'(1)=4$，$f(-1)=2$ のとき，定数 a，b，c の値を求めよ。

□ **299** x の 2 次関数 $g(x)=ax^2+bx+c$ が，条件 $g(0)=1$，$g'(1)=g(1)$，$g'(-1)=g(-1)$ を満たすように，係数 a，b，c の値を定めよ。 テスト必出

応用問題

解答 → 別冊 p. 56

例題研究》 $F(x)=f(x)g(x)$ のとき，$F'(x)=f'(x)g(x)+f(x)g'(x)$ であることを証明せよ。

着眼 導関数の定義にしたがって証明すればよい。なお，このような問題は基本的な問題であるが，定義をしっかり理解していないとできない。

解き方 $F(x+h)-F(x)=f(x+h)g(x+h)-f(x)g(x)$

$$=f(x+h)g(x+h)\underline{-f(x)g(x+h)+f(x)g(x+h)}-f(x)g(x)$$

→ ここがポイント！

$$=\{f(x+h)-f(x)\}g(x+h)+f(x)\{g(x+h)-g(x)\}$$

導関数の定義より

$$F'(x)=\lim_{h\to 0}\frac{F(x+h)-F(x)}{h}$$

$$=\lim_{h\to 0}\frac{\{f(x+h)-f(x)\}g(x+h)+f(x)\{g(x+h)-g(x)\}}{h}$$

$$=\lim_{h\to 0}\left\{\frac{f(x+h)-f(x)}{h}g(x+h)+f(x)\frac{g(x+h)-g(x)}{h}\right\}$$

$$=f'(x)g(x)+f(x)g'(x)$$ 〔証明終〕

300 次の関数を微分せよ。

□ (1) $y=(x+1)(2x-1)$

□ (2) $y=x^2(x-3)$

□ (3) $y=(x-1)(2x^2+1)$

□ (4) $y=x(2x^2-3x)$

□ (5) $y=(3x^2-4x+1)(x-3)$

□ (6) $y=(-2x^2+x)(1-x)$

□ (7) $y=x(x+1)(x-2)$

□ (8) $y=(x-1)(x+2)(x-3)$

ガイド (7)(8) $f(x)g(x)h(x)=\{f(x)g(x)\}h(x)$ とみて，公式を利用する。

301 次の関数の(　)内の値における微分係数を求めよ。

□ (1) $y=(2x^2-x)(x+1)$　　$(x=2)$

□ (2) $y=(x^2-1)(x+4)$　　$(x=-1)$

□ (3) $y=(2x^2+x)(2x-1)$　　$(x=-1)$

例題研究》 2次以上の整式 $f(x)$ を $(x-a)^2$ で割ったときの余りを，a，$f(a)$，$f'(a)$ を用いて表せ。

着眼 $f(x)$ を $(x-a)^2$ で割ったときの余りは，**1次以下の式**になるはずである。そこで，$f(x)$ を $(x-a)^2$ で割ったときの商を $g(x)$，余りを $px+q$ とすると，$f(x)$ はどのように書けるか。

解き方 $f(x)$ を $(x-a)^2$ で割ったときの商を $g(x)$，余りを $px+q$ とすれば

$f(x)=(x-a)^2g(x)+px+q$ ……①

①の両辺を x について微分すれば

→ これがポイント！

$f'(x)=2(x-a)g(x)+(x-a)^2g'(x)+p$ ……②

①，②に $x=a$ を代入して

$$\begin{cases} f(a)=ap+q & \cdots\cdots③ \\ f'(a)=p & \cdots\cdots④ \end{cases}$$

→ 文字が多いが，求めるのは p，q である

④を③に代入して　$q=f(a)-af'(a)$

ゆえに，求める余りは　$px+q=\boldsymbol{f'(a)x+f(a)-af'(a)}$ ……答

注：上の結果より，$f(a)=0$ かつ $f'(a)=0$ ならば，$p=q=0$ で余りが0となる。

すなわち，与式は $(x-a)^2$ で割り切れることになる。(証明は問題303の解答)

整式 $f(x)$ は $(x-a)^2$ で割り切れる $\Longleftrightarrow$ $f(a)=0$ かつ $f'(a)=0$

□ **302** x^3+2x^2-x を $(x-1)^2$ で割ったときの余りを求めよ。

□ **303** x の整式 $f(x)$ が $(x-a)^2$ で割り切れるための必要十分条件は，$f(a)=0$ かつ $f'(a)=0$ であることを証明せよ。

ガイド　必要条件と十分条件を示すことを考えよう。

□ **304** $f(x)=ax^3+bx^2-x-3$ が $(x-1)^2$ で割り切れるように，定数 a，b の値を定めよ。 **差がつく**

例題研究》 n が自然数のとき，$y=\{f(x)\}^n$ ならば，$y'=n\{f(x)\}^{n-1}f'(x)$ となることを，数学的帰納法によって証明せよ。

着眼 数学的帰納法は『数学B』の数列のところに出てくる。
n は自然数であるから，
Ⅰ．$n=1$ のとき成り立つことを示し，
Ⅱ．$n=k$ のとき成り立つことを仮定して，$n=k+1$ のときも成り立つことを示す。

解き方 Ⅰ．$n=1$ のとき，$y=f(x)$ だから

左辺$=f'(x)$

右辺$=1\cdot\{f(x)\}^0f'(x)=f'(x)$

よって，$n=1$ のとき成り立つ。

Ⅱ．$n=k$ のとき成り立つと仮定すると

$$[\{f(x)\}^k]'=k\{f(x)\}^{k-1}f'(x)$$

このとき

$$\begin{aligned}[\{f(x)\}^{k+1}]'&=[\{f(x)\}^k\cdot f(x)]'\\&=[\{f(x)\}^k]'f(x)+\{f(x)\}^kf'(x)\\&=k\{f(x)\}^{k-1}f'(x)f(x)+\{f(x)\}^kf'(x)\\&=k\{f(x)\}^kf'(x)+\{f(x)\}^kf'(x)\\&=(k+1)\{f(x)\}^kf'(x)\end{aligned}$$

よって，$n=k+1$ のときも成り立つ。

Ⅰ，Ⅱより，すべての自然数 n について成り立つ。 〔証明終〕

305 次の関数を微分せよ。

□ (1) $y=(3x-4)^3$

□ (2) $y=(x^2-4x-3)^3$

□ (3) $y=(-2x^3+4x)^2$

□ (4) $y=(x^3+2x^2-x+1)^3$

ガイド (1) 上の例題研究で $f(x)=ax+b\ (a\neq0)$ とすると，次の公式が得られる。

$\{(ax+b)^n\}'=an(ax+b)^{n-1}$

33 接　線

テストに出る重要ポイント

- **接線の方程式**…曲線 $y=f(x)$ 上の点 $(a,\ f(a))$ において
  ① **接線の傾き**　$\tan\theta=f'(a)$ (θ は接線が x 軸の正の向きとなす角)
  ② 接線の方程式　$y-f(a)=f'(a)(x-a)$

基本問題

解答 → 別冊 p. 57

できたらチェック。

306 次の曲線上の与えられた点における接線の方程式を求めよ。

□ (1) $y=x^2-1$　$(1,\ 0)$
□ (2) $y=2x^3+3$　$(-1,\ 1)$
□ (3) $y=x^2+2x-3$　$(2,\ 5)$
□ (4) $y=3x^3-2x-1$　$(0,\ -1)$

307 次の曲線上の，x 座標が(　)内に与えられた点における接線の方程式を求めよ。 テスト必出

□ (1) $y=x^2+4$　$(x=2)$
□ (2) $y=5-3x^2$　$(x=1)$
□ (3) $y=x^2-x^3$　$(x=2)$
□ (4) $y=2x^3+3x+2$　$(x=0)$

308 曲線 $y=x^3-3x^2+1$ 上の点について，次のものを求めよ。

□ (1) 接線の傾きが -3 に等しい点の座標と接線の方程式
□ (2) 接線が x 軸に平行となる点の座標と接線の方程式
□ (3) 接線の傾きが負となる点の x 座標の範囲

309 次の曲線上の，x 座標が(　)内に与えられた点における接線と x 軸の正の向きとのなす角 θ $(0°\leqq\theta<180°)$ を求めよ。

□ (1) $y=-x^2+3$　$\left(x=-\frac{1}{2}\right)$
□ (2) $y=-x^3-\frac{1}{2}x^2+x$　$\left(x=\frac{1}{\sqrt{3}}\right)$

310 次の接線の方程式を求めよ。 テスト必出

□ (1) 曲線 $y=(x+1)^2$ に接し，傾きが 4 の接線
□ (2) 曲線 $y=x^3+x^2+x-2$ に接し，傾きが 2 の接線
□ (3) 曲線 $y=x^3-2x^2-x+1$ に接し，直線 $2x+y-2=0$ に平行な接線

例題研究》 曲線 $y=x^2+3x$ の接線のうち，点 $(0,\ -4)$ を通るものの方程式を求めよ。

着眼 接点 $(a,\ a^2+3a)$ における接線の方程式を求め，それが点 $(0,\ -4)$ を通るように a の値を定めればよい。a の値は**1つとは限らないことに注意**する。

解き方 $y'=2x+3$

求める接線の接点を $(a,\ a^2+3a)$ とすると，接線の方程式は

→ 接線とくれば接点を考える

$y-(a^2+3a)=(2a+3)(x-a)$

ゆえに　$y=(2a+3)x-a^2$　……①

①は点 $(0,\ -4)$ を通るから　$-4=-a^2$　　ゆえに　$a=\pm 2$

$a=2$ のとき　①より　$y=7x-4$　$a=-2$ のとき　①より　$y=-x-4$

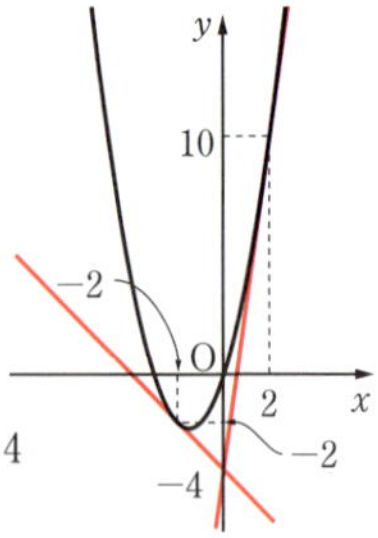

答　$\boldsymbol{y=7x-4,\ y=-x-4}$

311 次の接線の方程式を求めよ。**テスト必出**

□ (1)　曲線 $y=-x^3+3x+2$ に接し，点 $(-2,\ 4)$ を通る接線

□ (2)　原点を通り，曲線 $y=-3x^2+2x$ に接する接線

□ (3)　点 $(1,\ 5)$ から曲線 $y=x^3$ に引いた接線

応用問題

解答 → 別冊 p. 58

例題研究》 曲線 $y=x^3$ 上の点 $(2,\ 8)$ における接線が，再びこの曲線と交わる点の座標を求めよ。

着眼 まず，点 $(2,\ 8)$ における接線の方程式を求める。次に，この接線と $y=x^3$ との交点を求める。このとき，y を消去した方程式は **$x=2$ を重解としてもつことに注意**する。

解き方 点 $(2,\ 8)$ における接線の方程式は，$y'=3x^2$ より　$y-8=12(x-2)$

ゆえに　$y=12x-16$　……①

①と $y=x^3$ との交点の x 座標は $x^3=12x-16$ の解だから

$x^3-12x+16=0$　$(x-2)^2(x+4)=0$　　ゆえに　$x=2,\ -4$

$x=-4$ のとき，①より　$y=-64$

よって，求める点の座標は　$\boldsymbol{(-4,\ -64)}$　……**答**

□ **312** 2つの曲線 $y=x^3+ax+3$，$y=x^2+2$ は1点で接線を共有するという。a の値と共通な接線の方程式を求めよ。**差がつく**

□ **313** 曲線 $y=ax^3+bx^2+cx+d$ が，点 A(0, 1) において直線 $y=x+1$ に接し，点 B(3, 4) において直線 $y=-2x+10$ に接するという。a, b, c, d の値を求めよ。

□ **314** 曲線 $y=x^3-6x^2-x$ の接線の傾きが最小となる曲線上の点の座標を求めよ。

差がつく

例題研究 曲線 $y=x^3$ 上の任意の点 P における接線が，この曲線と再び交わる点を Q とする。点 P がこの曲線上を動くとき，線分 PQ を 2：3 に内分する点 R はどんな曲線をえがくか。その方程式を求めよ。

着眼 点 P の座標を (a, b) とおけば，Q，R の座標は a, b で表せる。また，点 P は $y=x^3$ 上にあるので，b は a で表せる。そこで，$R(X, Y)$ とすれば，X, Y は a で表せる。これより a を消去すれば，X, Y の関係式が求められる。$a=0$（点 P が原点）のとき，点 Q は存在しないことに注意する。

解き方 P，Q，R の座標をそれぞれ (a, b)，(c, d)，(X, Y) とする。点 P における接線の方程式は $y-b=3a^2(x-a)$ で，$b=a^3$ であるから　$y=3a^2x-2a^3$　……①

①と $y=x^3$ より，y を消去すると　$x^3-3a^2x+2a^3=0$

これは $x=a$ を重解としてもつので，$(x-a)^2$ を因数にもつ。

→ このテクニックが大切！

ゆえに　$(x-a)^2(x+2a)=0$

題意より　$c=-2a$　……②　　$d=-8a^3$　……③

点 R は PQ を 2：3 に内分するので　$X=\dfrac{3a+2c}{5}$，$Y=\dfrac{3b+2d}{5}$

$b=a^3$ および②，③より　$X=-\dfrac{a}{5}$，$Y=-\dfrac{13}{5}a^3$

a は 0 以外のすべての実数値をとるので，上の 2 つの式より a を消去すれば　$Y=325X^3$　　よって　$\boldsymbol{y=325x^3\ (x\neq 0)}$　……答

注 原点を除くとしてもよい。

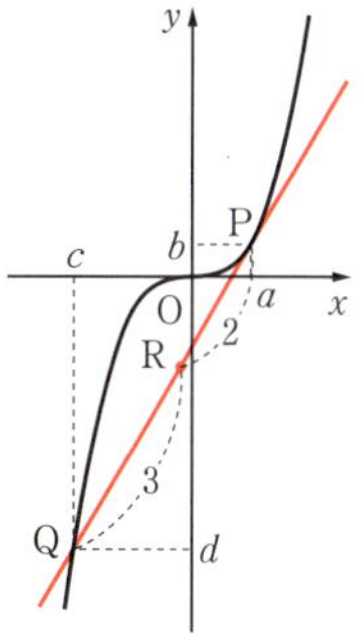

□ **315** 曲線 $y=x^3$ 上の点 A における接線が，この曲線と再び交わる点を B とするとき，線分 AB の中点の軌跡の方程式を求めよ。

316 曲線上の点 P を通り，その点における接線に直交する直線を法線という。次の曲線の与えられた点における法線の方程式を求めよ。

□ (1) $y=2x-x^2$　　(1, 1)　　□ (2) $y=x^3-2x^2-3$　　(2, −3)

ガイド　法線は接線に直交する直線であるから，まず接線の傾きを求めよう。

34 関数の増減・極値とグラフ

テストに出る重要ポイント

- **関数の増減**…関数 $y=f(x)$ は
  ① $\boldsymbol{f'(x)>0}$ となる x の値の範囲で**増加**。
  ② $\boldsymbol{f'(x)<0}$ となる x の値の範囲で**減少**。
- **関数の極大・極小**…x の値が増加するとき，$f'(a)=0$ となる $x=a$ の前後で
  ① $f'(x)$ の符号が**正から負**となれば，$f(x)$ は $x=a$ で**極大**となり，**極大値は $f(a)$** である。
  ② $f'(x)$ の符号が**負から正**となれば，$f(x)$ は $x=a$ で**極小**となり，**極小値は $f(a)$** である。
- **関数の最大・最小**…与えられた範囲内での極大値・極小値と，範囲の両端の値を求め，その大小を比較して最大値・最小値を求めればよい。

基本問題

解答 → 別冊 p. 59

できたらチェック。

317 次の関数の増減を調べよ。

□ (1) $y=x^2-3x-2$　　□ (2) $y=x^3+3x$

□ (3) $y=x^3-3x+7$　　□ (4) $y=x^3+2x^2-8x$

□ (5) $y=x^3-6x^2+1$　　□ (6) $y=3x^2-4x^3+24x$

□ **318** 関数 $f(x)=x^3-3x^2-ax$ がすべての x についてつねに増加するための a の値の範囲を求めよ。

319 次の関数の極値を求めよ。 テスト必出

□ (1) $y=x^2-4x+5$　　□ (2) $y=-x^2+2x-3$

□ (3) $y=x^3-3x^2+3$　　□ (4) $y=-x^3+3x^2+9x$

□ (5) $y=x^3-24x-1$　　□ (6) $y=-x^3+2x^2-2$

□ (7) $y=x^3-3x^2+3x+3$　　□ (8) $y=x^3-6x^2+9x$

□ (9) $y=2x^3-9x^2+12x-3$　　□ (10) $y=-4x^3+24x^2$

例題研究》 次の関数の増減，極値を調べて，そのグラフをかけ。

$y=-3x^2(x-1)$

着眼 関数 $y=f(x)$ のグラフをかくには，まず $f'(x)$ を計算し，$f'(x)=0$ の解を求める。そして，求めた解の前後での $f'(x)$ の符号を調べて増減表を作る。極値があれば，それを求める。また，x 軸，y 軸との交点なども求めておく。以上の結果よりグラフをかけばよい。

解き方 $f(x)=-3x^2(x-1)$ とおくと

$f'(x)=-9x^2+6x$

$f'(x)=0$ となる x を求めると，

$-3x(3x-2)=0$ より　$x=0,\ \dfrac{2}{3}$

$f(x)$ の増減表は次のようになる。

x	$\cdots$	0	$\cdots$	$\dfrac{2}{3}$	$\cdots$
$f'(x)$	$-$	0	$+$	0	$-$
$f(x)$	↘	極小	↗	極大	↘

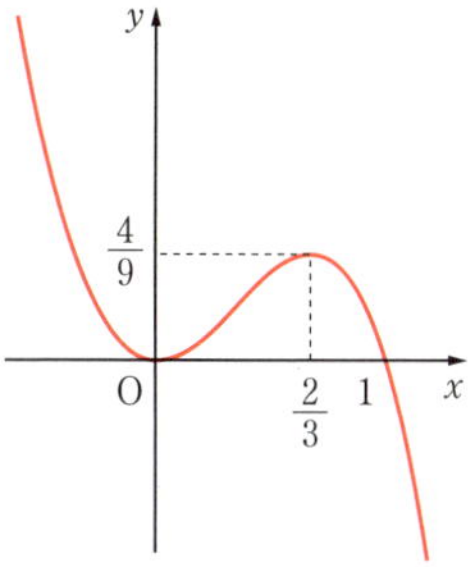

極大値は $f\left(\dfrac{2}{3}\right)=\dfrac{4}{9}$，極小値は $f(0)=0$，

x 軸との交点は，$y=0$ より　$x=0,\ 1$

以上より，グラフをかけば**右の図**のようになる。

320 次の関数の増減，極値を調べて，そのグラフをかけ。

□ (1)　$y=x^3-4x^2+4x$　　□ (2)　$y=-x^3+3x^2-3$

□ (3)　$y=x^3+3x^2+3x+1$　　□ (4)　$y=x^4-2x^2-2$

321 次の関数について，(　)内に示された範囲における最大値，最小値を求めよ。また，そのときの x の値を求めよ。

□ (1)　$y=2x^2-6x-3\ (-1\leqq x\leqq 2)$　　□ (2)　$y=x^3-9x\ (-3\leqq x\leqq 3)$

322 関数 $y=4x^3-3x^2-6x+2$ において，次の各変域における最大値，最小値を求めよ。**《テスト必出**

□ (1)　$-1\leqq x\leqq 2$　　□ (2)　$-1<x<2$

ガイド (2) $x\neq 2$ だから，y の値はどうなるのかを考える。

応用問題

解答 ⟹ 別冊 p.60

例題研究》 関数 $f(x)=x^3+ax^2+bx+c$ は，$x=-1$ のとき極大値 4 をとり，$x=3$ のとき極小値をとる。

(1) a，b，c の値を求めよ。　　(2) 極小値を求めよ。

着眼 $f(x)$ が x の整式のとき，$f(x)$ が $x=\alpha$ で極値をもつ $\Longrightarrow f'(\alpha)=0$

$f'(\alpha)=0$ は，$f(x)$ が $x=\alpha$ で極値をもつための必要条件である。

解き方 (1) $f'(x)=3x^2+2ax+b$

$f(x)$ は $x=-1$ で極大値 4 をとるから

$f'(-1)=3-2a+b=0$ ……①　　$f(-1)=-1+a-b+c=4$ ……②

$f(x)$ は $x=3$ で極小値をとるから

$f'(3)=27+6a+b=0$ ……③

①，②，③を解くと　$a=-3$，$b=-9$，$c=-1$

このとき　$f'(x)=3x^2-6x-9=3(x+1)(x-3)$

増減表は右のようになり，$x=-1$ で極大，$x=3$ で極小となり題意を満たす。

→ 十分条件を忘れやすいので注意！

x	…	-1	…	3	…
$f'(x)$	$+$	0	$-$	0	$+$
$f(x)$	↗	極大	↘	極小	↗

ゆえに　$\boldsymbol{a=-3}$，$\boldsymbol{b=-9}$，$\boldsymbol{c=-1}$ ……答

(2) (1)から　$f(x)=x^3-3x^2-9x-1$

よって，極小値は　$f(3)=27-27-27-1=\boldsymbol{-28}$ ……答

□ **323** 3 次関数 $y=x^3+ax+b$ について，$x=1$ および $x=-1$ で極値をもち，極大値が 6 となるように，定数 a，b の値を定めよ。また，そのときの極小値を求めよ。

□ **324** 3 次関数 $y=x^3+ax^2+3x+1$ が極大値と極小値をもつとき，a の値の範囲を求めよ。

□ **325** 関数 $y=x^3+ax^2+bx+c$ は $x=-1$ のとき極値をとり，そのグラフは直線 $y=x+1$ に点 $(0,\ 1)$ で接するという。このとき，a，b，c の値を求めよ。また，この関数のグラフをかけ。 《差がつく

ガイド　$x=-1$ で $y'=0$，$x=0$ で $y'=1$，$x=0$ で $y=1$ であることより求まる。

□ **326** 関数 $y=\dfrac{x}{a}-\dfrac{x^2}{a^2}$ $(a>0)$ について，区間 $0\leqq x\leqq 1$ における y の最大値を求めよ。〈差がつく〉

ガイド　$0<a<2$，$a\geqq 2$ のときに場合分けをし，$0\leqq x\leqq 1$ での増減表を作ればよい。

例題研究》 放物線 $y=4-x^2$ と x 軸との交点を A，B とする。線分 AB とこの放物線とでかこまれた部分に，右図のように AB∥CD である台形 ABDC を内接させるとき，台形 ABDC の面積の最大値を求めよ。

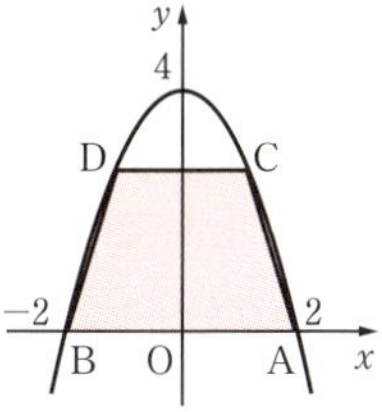

着眼　面積を点 C の x 座標 x で表し，x の変域に注意して増減表を作ればよい。

解き方　点 C の x 座標を x とすれば　$0<x<2$ ← 最大最小とくれば変域を考える

点 C の y 座標は $4-x^2$ で，これは台形 ABDC の高さを表す。
また，台形は y 軸に関して対称であるから　$CD=2x$，$AB=4$

よって，台形 ABDC の面積を S とすれば　$S=\dfrac{1}{2}(2x+4)(4-x^2)=-x^3-2x^2+4x+8$

$S'=-3x^2-4x+4=-(3x-2)(x+2)$

$0<x<2$ における S の増減表は次のようになる。

x	0	…	$\frac{2}{3}$	…	2
S'		+	0	−	
S		↗	極大	↘	

よって，$x=\dfrac{2}{3}$ のとき最大となり，最大値は　$S=\dfrac{1}{2}\left(\dfrac{4}{3}+4\right)\left(4-\dfrac{4}{9}\right)=\mathbf{\dfrac{256}{27}}$　……答

□ **327** 半径 r の球に内接する直円柱のうち，体積が最も大きいものの高さと底面の直径の比を求めよ。

□ **328** 1 辺が a の正方形の厚紙の四隅(すみ)から同じ大きさの正方形を切り取り，四方を折り曲げて作った箱の容積を最大にするには，切り取る正方形の 1 辺をどれだけにすればよいか。

ガイド　切り取る正方形の 1 辺の長さを x とおくと，$0<x<\dfrac{a}{2}$ であることをおさえる。

35 方程式・不等式への応用

テストに出る重要ポイント

- **$f(x)=0$ の実数解の個数**…関数 $y=f(x)$ の増減，極値から，$y=f(x)$ のグラフと **x 軸との共有点の個数**を調べる。
- **不等式の証明**
  - ① 不等式 $f(x)\geqq 0$ を証明するには，与えられた区間で **$f(x)$ の最小値が正または 0** であることを示せばよい。
  - ② $f(x)>g(x)$ を証明するには，**関数 $y=f(x)-g(x)$ の増減**を調べ，$y>0$ を示せばよい。

基本問題

解答 → 別冊 p. 61

できたらチェック。

329 次の方程式の実数解の個数を求めよ。

□ (1) $x^3-2x^2+3x-1=0$　□ (2) $x^3+4=3x^2$

□ (3) $x^3-12x+5=0$　□ (4) $-4x^3+6x^2-5=0$

330 次の方程式の実数解の個数を調べよ。ただし，a は定数とする。 テスト必出

□ (1) $x^3-3x^2+a+5=0$　□ (2) $x^3-3x^2-9x-a=0$

□ (3) $x^3-x+a=0$　□ (4) $-4x^3-2x^2+8x-2a=0$

□ **331** 3次方程式 $2x^3-9x^2+12x+a=0$ が異なる3つの実数解をもつとき，定数 a の値の範囲を求めよ。

ガイド　$f(x)=-2x^3+9x^2-12x$ のグラフが，直線 $y=a$ と3つの共有点をもてばよい。

□ **332** 3次方程式 $(x-1)(x-2)(x+3)=a$ が異なる3つの実数解をもつとき，定数 a の値の範囲を求めよ。 テスト必出

333 次の不等式を証明せよ。 テスト必出

□ (1) $x\geqq 0$ のとき，$x^3-3x^2+4\geqq 0$

□ (2) $x\geqq 1$ のとき，$x^3+2\geqq 3x$

応用問題

解答 → 別冊 p. 62

例題研究》 3次方程式 $9x^3-9ax^2+9ax-a^2=0$ が異なる3つの実数解をもつための定数 a の条件を求めよ。

着眼 3次方程式 $f(x)=0$ が異なる3つの実数解をもつための条件は，極大値と極小値が異符号，すなわち **(極大値)×(極小値)<0** である。

解き方 $f(x)=9x^3-9ax^2+9ax-a^2$ とおくと

$f'(x)=27x^2-18ax+9a$

求める条件は，$f(x)$ が極大値および極小値をもち，それが異符号であることである。

したがって，$f'(x)=0$ は異なる2つの実数解をもたなければならない。

→ これは必要条件

$$\frac{D}{4}=81a^2-27\cdot 9a=81a(a-3)>0$$

ゆえに　$a<0,\ 3<a$　……①

このとき，$f'(x)=0$ の解を $\alpha,\ \beta\ (\alpha<\beta)$ とすると　$f'(x)=27(x-\alpha)(x-\beta)$

これより，増減表は次のようになる。

x	…	α	…	β	…
$f'(x)$	+	0	−	0	+
$f(x)$	↗	極大	↘	極小	↗

よって，求める条件は，①と $f(\alpha)f(\beta)<0$ である。

$f(x)$ を $f'(x)$ で割れば

$$f(x)=f'(x)\left(\frac{x}{3}-\frac{a}{9}\right)+2a(3-a)x$$

→ このテクニックは重要。1つずつ覚えていこう！

$f'(\alpha)=0,\ f'(\beta)=0$ に注意して

$$f(\alpha)f(\beta)=\{2a(3-a)\}^2\alpha\beta=\{2a(3-a)\}^2\cdot\frac{a}{3}\qquad\left(\alpha\beta=\frac{a}{3}\text{ より}\right)$$

→ 解と係数の関係。$\alpha,\ \beta$ は $f'(x)=0$ の解

$f(\alpha)f(\beta)<0$ より　$a<0$

これは①を満たす。　**答** $a<0$

□ **334** x についての方程式 $2x^3-9x^2+12x-(a^2-3a)=0$ が異なる3つの実数解をもつような実数 a の値の範囲を求めよ。

□ **335** 関数 $f(x)=2x^3-ax^2-bx-6$ は $x=1$ で極大となり，$x=2$ で極小となる。このとき，方程式 $f(x)=0$ の実数解は何個あるか。**《差がつく》**

336 次の問いに答えよ。

□ (1) 関数 $y=x^2|x-1|$ のグラフをかけ。

□ (2) 方程式 $x^2|x-1|=a$ が異なる4つの実数解をもつような定数 a の値の範囲を求めよ。

□ **337** 方程式 $8x^3-6x+\sqrt{2}=0$ について，この方程式は -1 と 1 の間に異なる3つの実数解をもつことを示せ。

338 関数 $f(x)=x^3-3ax^2+4a$ （a は正の定数）において，

□ (1) この関数の極値を求めよ。

□ (2) 方程式 $f(x)=0$ が異なる3つの実数解をもつような a の値の範囲を求めよ。

□ **339** 方程式 $x^3-(a^2+b^2+c^2)x+2abc=0$ は，3つの実数解（重解を含む）をもつことを示せ。ただし，a，b，c は実数とする。 差がつく

例題研究 p は1より大きい整数で，$\dfrac{1}{p}+\dfrac{1}{q}=1$ であるとき，任意の正の数 x に対して，$\dfrac{1}{p}x^p+\dfrac{1}{q}\geqq x$ が成り立つことを証明せよ。

着眼 $f(x)=\dfrac{1}{p}x^p+\dfrac{1}{q}-x$ とおいて，$x>0$ における **$f(x)$ の最小値が 0 以上**であることを示せばよい。

解き方 $f(x)=\dfrac{1}{p}x^p+\dfrac{1}{q}-x$ （$p>1$）とおくと　$f'(x)=x^{p-1}-1$

よって，$x>0$ における $f(x)$ の増減表は次のようになる。

x	0	…	1	…
$f'(x)$		$-$	0	$+$
$f(x)$		↘	極小	↗

これより，$f(x)$ の最小値は　$f(1)=\dfrac{1}{p}+\dfrac{1}{q}-1=0$

$x>0$ における $f(x)$ の最小値が0であるから　$f(x)\geqq 0$

ゆえに　$\dfrac{1}{p}x^p+\dfrac{1}{q}-x\geqq 0$　よって　$\dfrac{1}{p}x^p+\dfrac{1}{q}\geqq x$　（等号成立は $x=1$ のとき）　〔証明終〕

→ 忘れないように

□ **340** $x \geqq 0$ のとき，$x^n-1 \geqq n(x-1)$ が成り立つことを証明せよ。ただし，n は 2 以上の整数とする。

例題研究》 $f(x)=x^3-5x^2+3x+a$ とする。x の正の値に対し，つねに $f(x)>0$ となるとき，定数 a の値の範囲を求めよ。

着眼 $x \geqq 0$ における増減表を作る。$x>0$ でつねに $f(x)>0$ であるためには，$f(0) \geqq 0$ かつ $x>0$ における **$f(x)$ の最小値が正**となることが必要十分条件である。

解き方 $f(x)=x^3-5x^2+3x+a$

$f'(x)=3x^2-10x+3=(3x-1)(x-3)$

$x \geqq 0$ における $f(x)$ の増減表は次のようになる。

x	0	…	$\frac{1}{3}$	…	3	…
$f'(x)$		+	0	−	0	+
$f(x)$	a	↗	極大	↘	極小	↗

これより，$x>0$ のとき $f(x)>0$ であるためには，$f(0) \geqq 0$ かつ $f(3)>0$ であることが必要十分条件である。

ゆえに　$f(0)=a \geqq 0$，$f(3)=-9+a>0$　　よって　$\boldsymbol{a>9}$ ……答

□ **341** $x \geqq -\frac{3}{2}$ を満たすすべての x について，不等式 $x^3-ax+1 \geqq 0$ が成り立つ。このとき，定数 a の値の範囲を求めよ。

□ **342** $-1<x<2$ を満たすすべての x について，不等式 $4x^3-3x^2-6x-a+3>0$ が成り立つ。このとき，定数 a の値の範囲を求めよ。

ガイド $f(x)=4x^3-3x^2-6x+3$ とおいて，$f(x)$ の最小値より a の値が小さくなればよい。

□ **343** $x>0$ を満たすすべての x について，不等式 $x^3-12x+a>0$ が成り立つ。このとき，定数 a の値の範囲を求めよ。〈差がつく

36 不定積分と定積分

テストに出る重要ポイント

- **不定積分の公式**…k は定数，n は正の整数または0とする。(C は積分定数)

① $\int k\,dx = kx + C$

② $\int x^n\,dx = \dfrac{1}{n+1}x^{n+1} + C$

③ $\int kf(x)\,dx = k\int f(x)\,dx$

④ $\int \{f(x) \pm g(x)\}\,dx = \int f(x)\,dx \pm \int g(x)\,dx$ (複号同順)

⑤ $\int (ax+b)^n\,dx = \dfrac{1}{a(n+1)}(ax+b)^{n+1} + C$ $(a \neq 0)$

- **定積分の公式**

① $\int_a^b kf(x)\,dx = k\int_a^b f(x)\,dx$ (k は定数)

② $\int_a^b \{f(x) \pm g(x)\}\,dx = \int_a^b f(x)\,dx \pm \int_a^b g(x)\,dx$ (複号同順)

③ $\int_a^a f(x)\,dx = 0$

④ $\int_a^b f(x)\,dx = -\int_b^a f(x)\,dx$

⑤ $\int_a^b f(x)\,dx = \int_a^c f(x)\,dx + \int_c^b f(x)\,dx$

⑥ $f(x)$ が奇関数のとき　$\int_{-a}^a f(x)\,dx = 0$

$f(x)$ が偶関数のとき　$\int_{-a}^a f(x)\,dx = 2\int_0^a f(x)\,dx$

- **微分と積分の関係**

① $\dfrac{d}{dx}\int_a^b f(x)\,dx = 0$

② $\dfrac{d}{dx}\int_a^x f(t)\,dt = f(x)$

基本問題

解答 → 別冊 p. 65

できたらチェック。

344 次の関数の不定積分を求めよ。

□ (1) $4x^2$　□ (2) x^2-1　□ (3) $3x^2+2x+1$

□ (4) x^2+x　□ (5) $2x^2-5x$　□ (6) x^3-x-1

345 次の不定積分を求めよ。 テスト必出

□ (1) $\int x^2dx$　□ (2) $\int 3dx$　□ (3) $\int 2xdx$

□ (4) $\int (x^2-2x+3)dx$　□ (5) $\int (x+1)^2dx$

□ (6) $\int (-x^3+6x^2-1)dx$　□ (7) $\int (t^4-5t+2)dt$

□ (8) $\int (2x-1)(3x+1)dx$　□ (9) $\int (x-1)(x^2+x+1)dx$

□ (10) $\int (4y^2-y-1)dy$　□ (11) $\int (y+1)(y^2-y+1)dy$

例題研究》 次の等式が成り立つことを証明せよ。ただし，$a \fallingdotseq 0$，n は正の整数とする。 $\int (ax+b)^n dx=\frac{1}{a(n+1)}(ax+b)^{n+1}+C$ （C は積分定数）

着眼 不定積分の定義より，右辺の式を微分して $(ax+b)^n$ となることを示せばよい。この公式を覚えておくと便利である。

解き方 $\left\{\frac{1}{a(n+1)}(ax+b)^{n+1}+C\right\}'=\frac{1}{a(n+1)}(n+1)(ax+b)^n\cdot a=(ax+b)^n$

ゆえに $\int (ax+b)^n dx=\frac{1}{a(n+1)}(ax+b)^{n+1}+C$ 〔証明終〕

346 次の不定積分を求めよ。

□ (1) $\int (2x-1)^2dx$　□ (2) $\int (-2x+1)^3dx$

□ (3) $\int (x-2)^4dx$　□ (4) $\int (4-3x)^3dx$

347 次の条件を満たす関数 $f(x)$ を求めよ。 テスト必出

□ (1) $f'(x)=2x-3$，$f(0)=1$　□ (2) $f'(x)=x^2-1$，$f(1)=2$

□ (3) $f'(x)=5x^2+3x$，$f(1)=1$　□ (4) $f'(x)=(2x-1)(x+1)$，$f(0)=2$

□ **348** 点 $(1,\ -1)$ を通る曲線で，その曲線上の点 $(x,\ y)$ における接線の傾きが $-x+1$ である曲線の方程式を求めよ。

349 次の定積分を求めよ。 テスト必出

□ (1) $\int_{2}^{4}(2x-3)(x-1)dx$　□ (2) $\int_{-1}^{2}(t-1)(t^2+1)dt$

□ (3) $\int_{-2}^{1}(x+1)^2dx$　□ (4) $\int_{1}^{4}(x-2)(2x+1)dx$

350 次の定積分を求めよ。

□ (1) $\int_{-2}^{1}(4x-x^2)dx+\int_{-2}^{1}(4x^2-x)dx$　□ (2) $\int_{-1}^{1}(x^3-x+x^2-3)dx$

□ (3) $\int_{-a}^{a}(2x^2-3+3x+x^3)dx$　□ (4) $\int_{-2}^{2}(x-1)^2dx-\int_{-2}^{2}(x+1)^2dx$

例題研究》 次の定積分を求めよ。

(1) $\int_{-2}^{1}(x-1)^2(x+1)dx$　(2) $\int_{0}^{3}|x^2-x-2|dx$

着眼 (1)は，公式 $\int(ax+b)^n dx=\dfrac{1}{a(n+1)}(ax+b)^{n+1}+C$ が使えないか。
それには，$\boldsymbol{(x-1)^2(x+1)=(x-1)^2\{(x-1)+2\}=(x-1)^3+2(x-1)^2}$ と変形すればよい。
(2)は，絶対値をはずすことを考える。$x\geqq0$ のとき $|x|=x$，$x<0$ のとき $|x|=-x$ である。

解き方 (1) 与式$=\int_{-2}^{1}(x-1)^2\{(x-1)+2\}dx=\int_{-2}^{1}(x-1)^3dx+2\int_{-2}^{1}(x-1)^2dx$

$=\left[\dfrac{(x-1)^4}{4}\right]_{-2}^{1}+2\left[\dfrac{(x-1)^3}{3}\right]_{-2}^{1}=-\dfrac{81}{4}+18=\boldsymbol{-\dfrac{9}{4}}$ ……答

(2) $0\leqq x\leqq2$ のとき　$|x^2-x-2|=-(x^2-x-2)$
$2\leqq x\leqq3$ のとき　$|x^2-x-2|=x^2-x-2$
与式$=\int_{0}^{2}(-x^2+x+2)dx+\int_{2}^{3}(x^2-x-2)dx$
$=\left[-\dfrac{x^3}{3}+\dfrac{x^2}{2}+2x\right]_{0}^{2}+\left[\dfrac{x^3}{3}-\dfrac{x^2}{2}-2x\right]_{2}^{3}=\boldsymbol{\dfrac{31}{6}}$ ……答

351 次の定積分を，上の例題研究の方法で求めよ。

□ (1) $\int_{-1}^{2}(x+1)(x-2)dx$　□ (2) $\int_{2}^{4}(x-1)^2(x+2)dx$

□ (3) $\int_{-2}^{1}(2x-1)^2(2x+3)dx$　□ (4) $\int_{0}^{2}(1-3x)(3x+1)dx$

352 次の定積分を求めよ。 テスト必出

□ (1) $\int_{0}^{2}|x-1|dx$　□ (2) $\int_{1}^{3}|x^2+2x|dx$

□ **353** 次の等式が成り立つことを証明せよ。

$$\int_a^b (x-a)(x-b)dx = -\frac{1}{6}(b-a)^3$$

354 次の定積分を求めよ。

□ (1) $\int_2^5 (x-2)(x-5)dx$　　□ (2) $\int_{-\frac{1}{2}}^{1} (2x+1)(x-1)dx$

□ (3) $\int_1^4 (2x+5)^2 dx$　　□ (4) $\int_{1-\sqrt{3}}^{1+\sqrt{3}} (x^2-2x-2)dx$

応用問題

解答 ➡ 別冊 p. 67

355 次の関数を x の式で表せ。また，$\frac{dy}{dx}$ を求めよ。

□ (1) $y=\int_0^1 (x^3-2t)dt$　□ (2) $y=\int_{-2}^1 (3t^2+2xt)dt$　□ (3) $y=\int_1^x (4t-3t^2)dt$

例題研究 $f(x)=ax+\frac{x^2}{2}\int_0^1 f(t)dt$ を満たす関数 $f(x)$ を求めよ。

着眼 $\int_0^1 f(t)dt$ は定数だから，これを C とおくと，$f(x)=ax+\frac{C}{2}x^2$ となる。
これを $\int_0^1 f(t)dt=C$ に代入して，C を a で表せばよい。

解き方 $\int_0^1 f(t)dt$ は定数であるから，$\int_0^1 f(t)dt=C$ とすれば　$f(x)=ax+\frac{C}{2}x^2$

→ これがポイント

ゆえに　$\int_0^1 f(t)dt=\int_0^1\left(at+\frac{C}{2}t^2\right)dt=\left[\frac{a}{2}t^2+\frac{C}{6}t^3\right]_0^1=\frac{a}{2}+\frac{C}{6}=C$

これより　$C=\frac{3}{5}a$　　よって　$\boldsymbol{f(x)=ax+\frac{3}{10}ax^2}$ ……答

□ **356** 次の等式を満たす関数 $f(x)$ と定数 a の値を求めよ。

$$\int_a^x f(t)dt=3x^2-5x+2$$

□ **357** すべての x について，$f(x)=x^2-x\int_0^1 f(t)dt+\int_0^1 f(t)dt$ を満たす関数 $f(x)$ を求めよ。

□ **358** 次の関係式が成り立つような x の整式 $f(x)$ を求めよ。 差がつく

$$f(x)=x^2-x+\int_0^1 tf'(t)dt$$

37 定積分と面積

テストに出る重要ポイント

- **曲線と x 軸との間の面積**…$a \leqq x \leqq b$ で $f(x) \geqq 0$ のとき，曲線 $y=f(x)$ と x 軸および2直線 $x=a$，$x=b$ とでかこまれた部分の面積 S は

  $$S=\int_a^b f(x)dx$$

  $a \leqq x \leqq b$ で $f(x) \leqq 0$ のときは　$S=-\int_a^b f(x)dx$

- **曲線と y 軸との間の面積**…$a \leqq y \leqq b$ で $g(y) \geqq 0$ のとき，曲線 $x=g(y)$ と y 軸および2直線 $y=a$，$y=b$ とでかこまれた部分の面積 S は

  $$S=\int_a^b g(y)dy$$

- **2曲線の間の面積**…$a \leqq x \leqq b$ で $f(x) \geqq g(x)$ のとき，2曲線 $y=f(x)$，$y=g(x)$ と2直線 $x=a$，$x=b$ とでかこまれた部分の面積 S は

  $$S=\int_a^b \{f(x)-g(x)\}dx$$

基本問題

解答 → 別冊 p. 67

できたらチェック。

359 次の曲線と直線とでかこまれた部分の面積を求めよ。〈テスト必出

□ (1)　$y=x^2$，x 軸，$x=-3$，$x=2$

□ (2)　$y=x^2$，x 軸，$x=1$，$x=4$

□ (3)　$y=x(4-x)$，x 軸，$x=1$，$x=3$

360 次の曲線と x 軸とでかこまれた部分の面積を求めよ。

□ (1)　$y=x^2+x-2$　　□ (2)　$y=(x-1)(x-3)$

□ (3)　$y=x+x^2$　　□ (4)　$y=(x+1)(2-x)$

□ (5)　$y=x^3-x$　　□ (6)　$y=x(x-2)(x-4)$

ガイド　(2) グラフは $(1,\ 0)$，$(3,\ 0)$ を通る下に凸の放物線である。

例題研究 曲線 $x=9-y^2$ と y 軸とでかこまれた部分の面積を求めよ。

着眼 まず，曲線のグラフをかいてみる。y 軸とでかこまれた部分の形がわかれば，求める面積は公式によって求められる。

解き方 $x=9-y^2$ のグラフは右図のようになり，これと y 軸との交点は $(0,\ -3)$，$(0,\ 3)$ である。

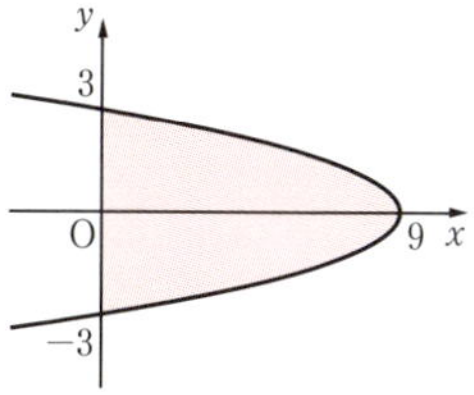

また，$-3\leqq y\leqq 3$ において　$x=9-y^2\geqq 0$

よって，求める面積を S とすると

$$S=\int_{-3}^{3}(9-y^2)dy$$

$$=2\int_{0}^{3}(9-y^2)dy$$

→ x 軸について対称より

$$=2\left[9y-\frac{y^3}{3}\right]_0^3=\mathbf{36}$$ ……答

361 次の曲線と y 軸とでかこまれた部分の面積を求めよ。

□ (1)　$x=y^2+y-2$

□ (2)　$x=3-y^2$

□ (3)　$x=y^2-3y+2$

□ (4)　$x=3+2y-y^2$

□ **362** 曲線 $y^2=2x$ と y 軸および直線 $y=2$ とでかこまれた部分の面積を求めよ。

□ **363** 曲線 $y^2=x$ と y 軸および 2 直線 $y=1$，$y=3$ とでかこまれた部分の面積を求めよ。

例題研究 放物線 $y=ax^2+bx+c\ (a>0)$ と直線 $y=mx+n$ の 2 つの交点 A，B の x 座標がそれぞれ α，$\beta\ (\alpha<\beta)$ であるとする。このとき，放物線と直線とでかこまれた部分の面積 S は，$S=\dfrac{a}{6}(\beta-\alpha)^3$ であることを証明せよ。

着眼 まともに計算していくのはたいへん。

問題 353 公式 $\int_a^b(x-a)(x-b)dx=-\dfrac{1}{6}(b-a)^3$ を利用することができないか。

この種の問題では，計算が楽になるような工夫をするとよい。

解き方　α, β は, $ax^2+bx+c=mx+n$, すなわち $ax^2+(b-m)x+c-n=0$ の2つの解であるから

$ax^2+(b-m)x+c-n=a(x-\alpha)(x-\beta)$

$a>0$ であるから, 題意より, $\alpha \leqq x \leqq \beta$ において

$mx+n \geqq ax^2+bx+c$

よって, 面積 S は

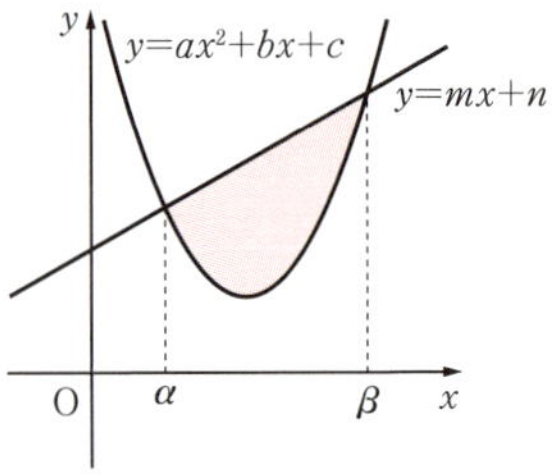

$$S=\int_\alpha^\beta \{(mx+n)-(ax^2+bx+c)\}dx$$

$$=\int_\alpha^\beta \{-a(x-\alpha)(x-\beta)\}dx=-a\int_\alpha^\beta (x-\alpha)\{(x-\alpha)-(\beta-\alpha)\}dx$$

→ このように変形するのがコツ

$$=-a\int_\alpha^\beta \{(x-\alpha)^2-(\beta-\alpha)(x-\alpha)\}dx=-a\left[\frac{1}{3}(x-\alpha)^3-\frac{\beta-\alpha}{2}(x-\alpha)^2\right]_\alpha^\beta$$

$$=-a\left\{\frac{1}{3}(\beta-\alpha)^3-\frac{1}{2}(\beta-\alpha)^3\right\}=\frac{a}{6}(\beta-\alpha)^3$$

〔証明終〕

364　公式 $\int_a^b (x-a)(x-b)dx=-\frac{1}{6}(b-a)^3$ を用いて, 次の曲線と直線とでかこまれた部分の面積を求めよ。

□ (1)　$y=-x^2+4x$, $y=2x-3$　　□ (2)　$y=x^2-2x+2$, $y=3x+2$

365　次の曲線, 直線でかこまれた部分の面積を求めよ。 テスト必出

□ (1)　$y=x^2$, $y=x+2$

□ (2)　$y=x^2-3x+2$, $y=x+5$

□ (3)　$y=x^3-2x^2+x$, $y=x$

□ (4)　$y=-x^2+2x$, $y=2x^2+2x-3$

□ (5)　$y=x^2-6x+3$, $y=-x^2+4x-5$

□ **366**　$\alpha<\beta$ とし, 放物線 $y=-x^2$ 上に2点 $\mathrm{P}(\alpha,\ -\alpha^2)$, $\mathrm{Q}(\beta,\ -\beta^2)$ をとるとき, この放物線と線分 PQ とでかこまれた部分の面積を求めよ。

□ **367**　$x^2+y^2 \leqq 1$ かつ $y \leqq \frac{1}{4}(x^2-1)$ を満たす領域の面積を求めよ。

応用問題

解答 ➡ 別冊 p. 69

例題研究 次の2つの関数のグラフでかこまれた部分の面積を求めよ。

$y=x^2-x+1,\ y=|2x-1|$

着眼 まず，2つの関数のグラフをかく。**直線 $x=\frac{1}{2}$ に関して，グラフが対称**であることに注意する。

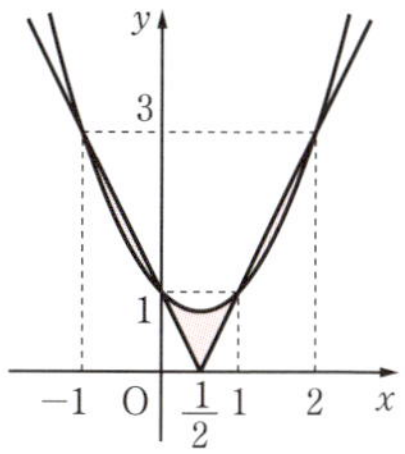

解き方 $y=x^2-x+1,\ y=|2x-1|$ のグラフは，右の図のようになり，交点の座標は

$(-1,\ 3),\ (0,\ 1),\ (1,\ 1),\ (2,\ 3)$

また，このグラフは，直線 $x=\frac{1}{2}$ に関して対称である。

→ 面積を求めるときに利用する

したがって，求める面積は

$$S=2\left[\int_{\frac{1}{2}}^{1}\{(x^2-x+1)-(2x-1)\}dx+\int_{1}^{2}\{(2x-1)-(x^2-x+1)\}dx\right]$$

$$=2\left(\left[\frac{1}{3}x^3-\frac{3}{2}x^2+2x\right]_{\frac{1}{2}}^{1}+\left[-\frac{1}{3}x^3+\frac{3}{2}x^2-2x\right]_{1}^{2}\right)=\mathbf{\frac{2}{3}}$$ ……答

□ **368** $|x^2-2x|\leqq y\leqq 1$ を満たす点 $(x,\ y)$ の存在する範囲の面積を求めよ。

ガイド $x\leqq 0,\ 2\leqq x$ と $0<x<2$ で場合分けする。グラフの対称性にも注意する。

369 次の問いに答えよ。 差がつく

□ (1) $y=x|1-x|$ のグラフをかけ。

□ (2) (1)のグラフと x 軸とでかこまれた部分の面積 S を求めよ。

□ (3) $\int_{1}^{k}x|1-x|dx=S$ となる k の値を求めよ。ただし，$k>1$ とする。

ガイド $x<1$ と $x\geqq 1$ で場合分けする。

例題研究》 放物線 $y=ax^2\ (a>0)$ が，放物線 $y=-x^2+x$ と x 軸とでかこまれた部分の面積を2等分するように，定数 a の値を定めよ。

着眼 まず，2つの放物線 $y=ax^2$ と $y=-x^2+x$ とでかこまれた部分の面積を a で表す。次に，放物線 $y=-x^2+x$ と x 軸とでかこまれた部分の面積を求めて，面積の関係から a の方程式を導く。

解き方 $y=ax^2$ ……①　　$y=-x^2+x$ ……②

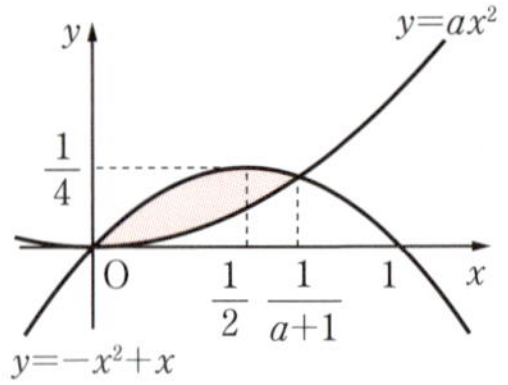

②の放物線と x 軸との交点の x 座標は

$-x^2+x=0$　　ゆえに　$x=0,\ 1$

①と②の交点の x 座標は，$ax^2=-x^2+x$ より

$x\{(a+1)x-1\}=0$　　ゆえに　$x=0,\ \dfrac{1}{a+1}$

また，$a>0$ であるから，$0<\dfrac{1}{a+1}<1$ である。

したがって，①と②とでかこまれた部分の面積を S_1 とすれば

$$S_1=\int_0^{\frac{1}{a+1}}\{(-x^2+x)-ax^2\}dx=\left[-\frac{x^3}{3}+\frac{x^2}{2}-\frac{ax^3}{3}\right]_0^{\frac{1}{a+1}}=\frac{1}{6(a+1)^2}$$

また，②と x 軸とでかこまれた部分の面積を S_2 とすれば

$$S_2=\int_0^1(-x^2+x)dx=\left[-\frac{x^3}{3}+\frac{x^2}{2}\right]_0^1=\frac{1}{6}$$

題意より，$S_1=\dfrac{1}{2}S_2$ であるから　$\dfrac{1}{6(a+1)^2}=\dfrac{1}{12}$　　ゆえに　$(a+1)^2=2$

$a+1>0$ より　$a+1=\sqrt{2}$　　よって　$\boldsymbol{a=\sqrt{2}-1}$ ……答

□ **370** 曲線 $y=-x^2+2$ と x 軸とでかこまれた図形の面積が，この曲線と曲線 $y=ax^2\ (a>0)$ とでかこまれた図形の面積の2倍になるとき，a の値を求めよ。

□ **371** 放物線 $y=-x^2+3x$ と x 軸とでかこまれた図形の面積を直線 $y=ax$ が2等分するように，定数 a の値を定めよ。〈差がつく〉

□ **372** 放物線 $y=x^2+ax+b$ と曲線 $y=x^3$ が，点 $(1,\ 1)$ で同じ直線に接している。このとき，定数 a，b の値を求めよ。また，この2つの曲線でかこまれた部分の面積 S を求めよ。

ガイド 2つの曲線 $y=f(x)$ と $y=g(x)$ が，点 $(1,\ 1)$ で同じ直線に接する条件は，$f(1)=g(1)=1$，$f'(1)=g'(1)$ である。

38 ベクトルとその演算

テストに出る重要ポイント

- **ベクトルとその表示**…大きさと向きをもった量を**ベクトル**という。
ベクトルが点Aから点Bへの向きのついた線分(**有向線分**)で表されているとき，Aを**始点**，Bを**終点**といい，$\overrightarrow{AB}$ で表す。**大きさ**を $|\overrightarrow{AB}|$ で表し，大きさ1のベクトルを**単位ベクトル**という。
- **ベクトルの相等**…大きさが等しく，向きが同じ2つのベクトル $\vec{a}$，$\vec{b}$ は**等しい**といい，$\vec{a}=\vec{b}$ と表す。
- **逆ベクトル・零ベクトル**…ベクトル $\vec{a}$ と大きさが等しく，向きが反対のベクトルを $\vec{a}$ の**逆ベクトル**といい，$-\vec{a}$ で表す。すなわち，$\overrightarrow{BA}=-\overrightarrow{AB}$ である。始点と終点が一致したベクトル $\overrightarrow{AA}$ は，大きさが0で向きは定まらないが，1つのベクトルと考えて**零ベクトル**といい，$\vec{0}$ で表す。
- **ベクトルの演算**

① **和**：$\overrightarrow{OA}+\overrightarrow{AC}=\overrightarrow{OC}$，　$\overrightarrow{OA}+\overrightarrow{OB}=\overrightarrow{OC}$

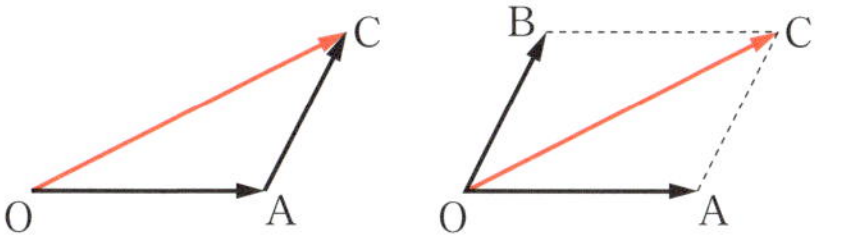

② **差**：$\overrightarrow{OA}-\overrightarrow{OB}=\overrightarrow{BA}$

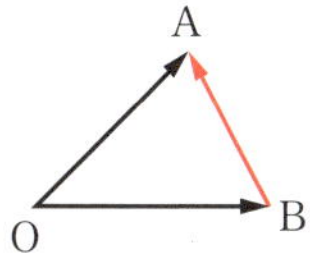

③ **実数倍**：$k\vec{a}$ (k は実数，$\vec{a}\neq\vec{0}$) について

$k\vec{a}$ の大きさ $|k\vec{a}|=|k||\vec{a}|$

$k\vec{a}$ の向き $\begin{cases} k>0 \text{ のとき } \vec{a} \text{ と同じ向き} \\ k<0 \text{ のとき } \vec{a} \text{ と反対向き} \end{cases}$

- **ベクトルの演算**…ベクトルの演算は文字式の演算と同じように扱える。

交換法則：$\vec{a}+\vec{b}=\vec{b}+\vec{a}$

結合法則：$(\vec{a}+\vec{b})+\vec{c}=\vec{a}+(\vec{b}+\vec{c})$

***m*，*n* が実数のとき**

$(mn)\vec{a}=m(n\vec{a})$

$(m+n)\vec{a}=m\vec{a}+n\vec{a}$，$m(\vec{a}+\vec{b})=m\vec{a}+m\vec{b}$

基本問題

解答 ➡ 別冊 p. 70

できたらチェック。

373 右の図において，番号を答えよ。

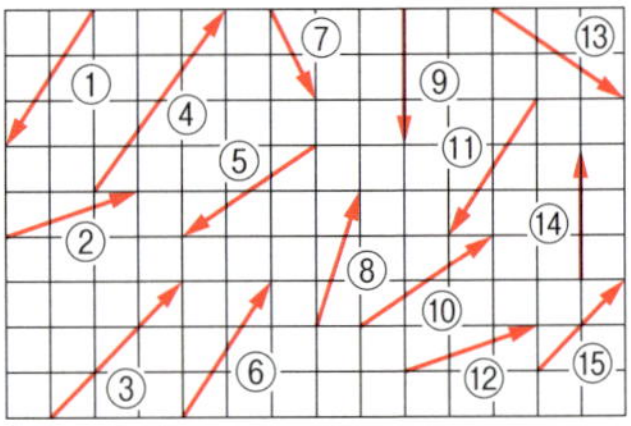

□ (1)　等しいベクトル

□ (2)　大きさの等しいベクトル

□ (3)　向きの等しいベクトル

を表す有向線分の組はそれぞれどれか。

374 右の図の平行四辺形 OABC において，対角線 OB，AC の交点を D，$\overrightarrow{OA}=\vec{a}$，$\overrightarrow{OD}=\vec{b}$，$\overrightarrow{OC}=\vec{c}$ とする。次のベクトルを答えよ。

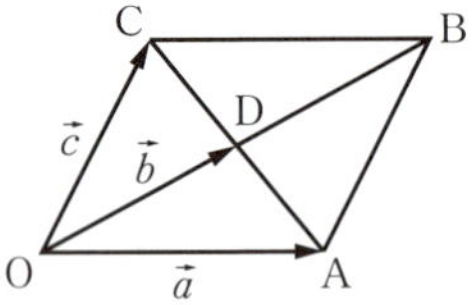

□ (1)　$\vec{a}$，$\vec{c}$ にそれぞれ等しいベクトル

□ (2)　$\vec{b}$ に等しいベクトル　　□ (3)　$\vec{a}$ の逆ベクトルに等しいベクトル

375 右の正六角形 ABCDEF において，

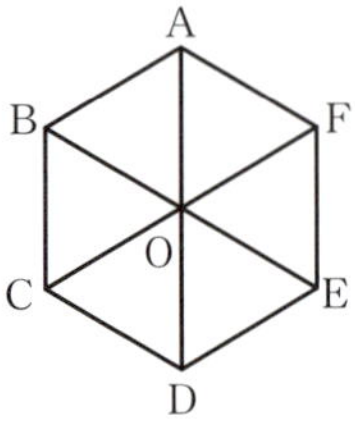

□ (1)　$\overrightarrow{BO}$ に等しいベクトルをすべて答えよ。

□ (2)　$\overrightarrow{AO}$ に等しいベクトルをすべて答えよ。

□ (3)　$\overrightarrow{AB}$ の逆ベクトルをすべて答えよ。

376 ベクトル $\vec{a}$，$\vec{b}$，$\vec{c}$ が右図のように与えられている。次のベクトルを図示せよ。

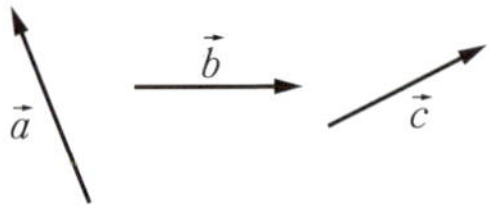

□ (1)　$\vec{a}+\vec{b}+\vec{c}$　　□ (2)　$\vec{a}+\vec{b}-\vec{c}$

□ (3)　$\vec{a}+\vec{b}+2\vec{c}$　　□ (4)　$\vec{a}-\vec{b}-2\vec{c}$

377 右の図は長方形である。$\overrightarrow{AB}=\vec{a}$，$\overrightarrow{BC}=\vec{b}$ のとき，次のベクトルを $\vec{a}$，$\vec{b}$ で表せ。 テスト必出

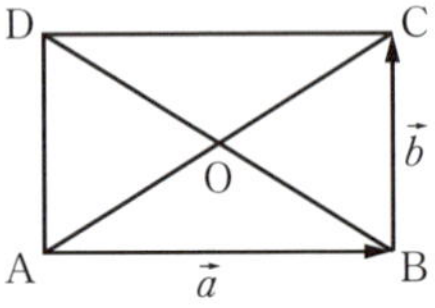

□ (1)　$\overrightarrow{CD}$　　□ (2)　$\overrightarrow{DA}$　　□ (3)　$\overrightarrow{AC}$

□ (4)　$\overrightarrow{DB}$　　□ (5)　$\overrightarrow{AB}+\overrightarrow{BC}+\overrightarrow{CD}$　　□ (6)　$\overrightarrow{AO}$

□ **378** △ABC の辺 AB，AC の中点をそれぞれ D，E とし，$\overrightarrow{AB}=\vec{a}$，$\overrightarrow{AC}=\vec{b}$ とするとき，$\overrightarrow{AD}$，$\overrightarrow{AE}$，$\overrightarrow{DE}$，$\overrightarrow{BC}$ をそれぞれ $\vec{a}$，$\vec{b}$ で表せ。

379 △ABC の 3 辺 BC，CA，AB の中点をそれぞれ D，E，F とし，$\overrightarrow{BA}=\vec{a}$，$\overrightarrow{BC}=\vec{b}$ とするとき，次のベクトルを $\vec{a}$，$\vec{b}$ で表せ。

□ (1) $\overrightarrow{AE}$　□ (2) $\overrightarrow{BE}$　□ (3) $\overrightarrow{DE}$

380 次の計算をせよ。

□ (1) $2(\vec{a}+2\vec{b}-3\vec{c})+3(3\vec{a}-2\vec{b}-\vec{c})$　□ (2) $\frac{1}{2}(\vec{a}-\vec{b}-\vec{c})-\frac{1}{3}(\vec{c}-\vec{b}-\vec{a})$

381 $\vec{x}=\vec{a}+2\vec{b}-3\vec{c}$，$\vec{y}=-\vec{a}+\vec{b}-2\vec{c}$ のとき，次のベクトルを $\vec{a}$，$\vec{b}$，$\vec{c}$ で表せ。

□ (1) $\vec{x}-\vec{y}$　□ (2) $2\vec{x}-3\vec{y}$

382 次の等式を満たす $\vec{x}$ を $\vec{a}$，$\vec{b}$ で表せ。

□ (1) $3(\vec{a}-\vec{x})=\vec{x}-\vec{b}$　□ (2) $3(\vec{x}+\vec{a})-2(\vec{x}-\vec{b})=\vec{0}$

応用問題

解答 ➡ 別冊 p. 71

例題研究》 四角形 ABCD の対角線 AC，BD の中点をそれぞれ P，Q とする。$\overrightarrow{BC}=\vec{a}$，$\overrightarrow{DA}=\vec{b}$ とするとき，ベクトル $\overrightarrow{PQ}$ を $\vec{a}$，$\vec{b}$ を用いて表せ。

着眼 まず，与えられた条件を図示して，Q が対角線 BD の中点であることと，P が対角線 AC の中点であることに注目する。

解き方 Q は対角線 BD の中点であるから

$$\overrightarrow{PQ}=\frac{1}{2}(\overrightarrow{PB}+\overrightarrow{PD})=\frac{1}{2}(\overrightarrow{PC}+\overrightarrow{CB}+\overrightarrow{PA}+\overrightarrow{AD})$$

また，P は対角線 AC の中点であるから

$\overrightarrow{PC}=-\overrightarrow{PA}$　　ゆえに　$\overrightarrow{PC}+\overrightarrow{PA}=\vec{0}$

よって　$\overrightarrow{PQ}=\frac{1}{2}(-\overrightarrow{BC}-\overrightarrow{DA})=-\frac{\boldsymbol{\vec{a}+\vec{b}}}{\boldsymbol{2}}$　……答

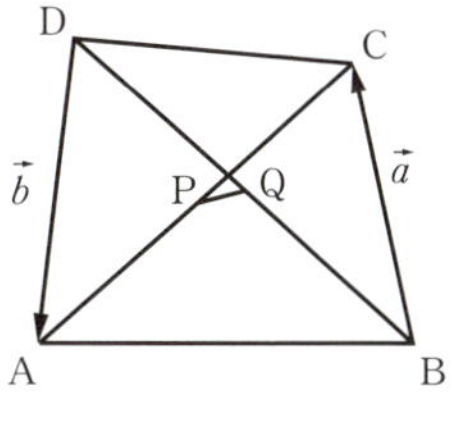

□ **383** 点 P と四角形 ABCD が同じ平面上にあって，$\vec{a}=\overrightarrow{AB}$，$\vec{b}=\overrightarrow{BC}$，$\vec{c}=\overrightarrow{CD}$ とする。$\overrightarrow{PA}+\overrightarrow{PB}+\overrightarrow{PC}+\overrightarrow{PD}=\overrightarrow{AD}$ であるとき，$\overrightarrow{AP}$ を $\vec{a}$，$\vec{b}$，$\vec{c}$ で表せ。

384 $\vec{a}$，$\vec{b}$ はいずれも零ベクトルでなく，$|\vec{a}|=|\vec{b}|=|\vec{a}+\vec{b}|$ であるとき，

□ (1) $\vec{a}$，$\vec{b}$ のなす角は何度か。　□ (2) $|\vec{a}-\vec{b}|$ は $|\vec{a}|$ の何倍か。《差がつく

39 ベクトルの成分表示

テストに出る重要ポイント

- **ベクトルの成分**…x 軸，y 軸の正の向きと同じ向きの単位ベクトルを**基本ベクトル**といい，それぞれ $\vec{e_1}$，$\vec{e_2}$ とする。任意のベクトル $\vec{a}$ に対して，$\vec{a}=\overrightarrow{OP}$（O は原点）とおくとき，P の座標が $(a_1,\ a_2)$ ならば
  ① $\vec{a}=(a_1,\ a_2)$（成分表示）
  ② $\vec{a}=a_1\vec{e_1}+a_2\vec{e_2}$（基本ベクトル表示）
  一般に，平面上で $\vec{a}$，$\vec{b}$ がともに $\vec{0}$ でなく，かつ平行でない1組のベクトルとするとき，任意のベクトル $\vec{c}$ は $\vec{c}=x\vec{a}+y\vec{b}$（$x$，$y$ は実数）の形でただ1通りに表すことができる。とくに，$\vec{c}=\vec{0} \iff x=y=0$ である。
- **成分による演算**…$\vec{a}=(a_1,\ a_2)$，$\vec{b}=(b_1,\ b_2)$ のとき
  ① ベクトルの大きさ：$|\vec{a}|=\sqrt{a_1{}^2+a_2{}^2}$
  ② ベクトルの相等：$\vec{a}=\vec{b} \iff a_1=b_1$ かつ $a_2=b_2$
  ③ ベクトルの和：$\vec{a}+\vec{b}=(a_1+b_1,\ a_2+b_2)$
  ④ ベクトルの差：$\vec{a}-\vec{b}=(a_1-b_1,\ a_2-b_2)$
  ⑤ ベクトルの実数倍：$m\vec{a}=(ma_1,\ ma_2)$（m は実数）

基本問題

解答 → 別冊 p. 72

385 次のベクトルを，原点を始点とする有向線分で図示せよ。

できたらチェック。

ただし，$\vec{e_1}$，$\vec{e_2}$ はそれぞれ x 軸方向，y 軸方向の基本ベクトルとする。

□ (1) $\vec{a}=2\vec{e_1}+3\vec{e_2}$　□ (2) $\vec{b}=3\vec{e_1}-2\vec{e_2}$　□ (3) $\vec{c}=-2\vec{e_1}$

□ (4) $\vec{d}=2\vec{e_2}$　□ (5) $\vec{e}=(2,\ -1)$　□ (6) $\vec{f}=(0,\ -3)$

386 $\vec{a}=(-2,\ 2)$，$\vec{b}=(2,\ -3)$，$\vec{c}=(3,\ -4)$ のとき，次のベクトルを成分で表せ。また，その大きさを求めよ。

□ (1) $\vec{a}+\vec{b}$　□ (2) $-2\vec{b}+\vec{c}$　□ (3) $\vec{a}-\vec{b}-\vec{c}$

□ **387** $\vec{a}=(l,\ 2)$，$\vec{b}=(3,\ m)$，$\vec{c}=(12,\ 18)$ とするとき，$3\vec{a}-2\vec{b}=\vec{c}$ となるように，定数 l，m の値を定めよ。 テスト必出

例題研究 $\vec{a}=(2,\ 3)$，$\vec{b}=(-3,\ 2)$ のとき，$\vec{c}=(1,\ 8)$ を $m\vec{a}+n\vec{b}$ (m，n は実数)の形で表せ。

着眼 $m\vec{a}+n\vec{b}$ を成分で表して，$\vec{c}$ の成分と比較すればよい。
$(a_1,\ a_2)=(b_1,\ b_2) \Longleftrightarrow a_1=b_1,\ a_2=b_2$ であることを忘れないように！

解き方 $m\vec{a}+n\vec{b}=m(2,\ 3)+n(-3,\ 2)=(2m-3n,\ 3m+2n)$
これより　$(1,\ 8)=(2m-3n,\ 3m+2n)$
ゆえに $\begin{cases} 2m-3n=1 & \cdots\cdots① \\ 3m+2n=8 & \cdots\cdots② \end{cases}$ ← x 成分，y 成分がそれぞれ等しい
①，②を解いて　$m=2$，$n=1$　　ゆえに　$\vec{c}=2\vec{a}+\vec{b}$ ……答

388 3つのベクトル $\vec{a}$，$\vec{b}$，$\vec{c}$ が次のように与えられたとき，$\vec{c}$ を $m\vec{a}+n\vec{b}$ (m，n は実数)の形で表せ。 テスト必出

□ (1) $\vec{a}=(3,\ 4)$，$\vec{b}=(2,\ 4)$，$\vec{c}=(3,\ -8)$

□ (2) $\vec{a}=(2,\ 5)$，$\vec{b}=(3,\ 2)$，$\vec{c}=(14,\ 6)$

389 $\vec{a}+\vec{b}=(-3,\ 4)$，$\vec{a}-\vec{b}=(2,\ -3)$ のとき，次のものを求めよ。 テスト必出

□ (1) $\vec{a}$，$\vec{b}$ の成分　　□ (2) $|\vec{a}|$，$|\vec{b}|$

390 3点 O(0, 0)，A(4, 0)，B(3, 6) について，次のベクトルを成分で表せ。また，その大きさを求めよ。

□ (1) $\overrightarrow{OA}$　　□ (2) $\overrightarrow{AB}$　　□ (3) $\overrightarrow{BO}$

例題研究 等脚台形 ABCD (AD∥BC，AB=CD) で，$\overrightarrow{AB}=(3,\ 1)$，$\overrightarrow{AD}=(-2,\ 2)$ のとき，$\overrightarrow{BC}$，$\overrightarrow{CD}$ を成分で表せ。

着眼 BC∥AD であるから，$\overrightarrow{BC}=k\overrightarrow{AD}$ と表せる。また，$\overrightarrow{CD}=\overrightarrow{CB}+\overrightarrow{BA}+\overrightarrow{AD}$ であるから，$\overrightarrow{CD}$ を k で表し，$|\overrightarrow{AB}|^2=|\overrightarrow{CD}|^2$ より k の値を求める。$k=1$ のときに注意。

解き方 BC∥AD であるから　$\overrightarrow{BC}=k\overrightarrow{AD}$ (k は実数)　ゆえに　$\overrightarrow{BC}=(-2k,\ 2k)$
また　$\overrightarrow{CD}=\overrightarrow{CB}+\overrightarrow{BA}+\overrightarrow{AD}=(2k,\ -2k)+(-3,\ -1)+(-2,\ 2)$
$=(2k-5,\ -2k+1)$　→ $\overrightarrow{BC}$ の逆ベクトル
$|\overrightarrow{CD}|^2=|\overrightarrow{AB}|^2$ であるから　$(2k-5)^2+(-2k+1)^2=3^2+1^2$
$k^2-3k+2=0$　　ゆえに　$k=1,\ 2$
$k=1$ のとき，AB∥CD となるので不適。　ゆえに　$k=2$
このとき　$\overrightarrow{BC}=(-4,\ 4)$，$\overrightarrow{CD}=(-1,\ -3)$ ……答

□ **391** ベクトル $\vec{a}=(2,\ 4)$, $\vec{b}=(x,\ 1)$ について, $\vec{a}+2\vec{b}$ と $2\vec{a}-\vec{b}$ が平行のとき, 実数 x の値を求めよ。

□ **392** $\vec{0}$ でないベクトル $\vec{a}$ と同じ向きの単位ベクトル $\vec{e}$ は, $\vec{e}=\dfrac{1}{|\vec{a}|}\vec{a}$ と表されることを示せ。また, $\vec{a}=(-5,\ 12)$ と平行な単位ベクトルを成分で表せ。

テスト必出

□ **393** 座標平面上に3点B(3, 4), C(9, 7), D(4, 11)がある。四角形ABCDが平行四辺形になるような点Aの座標を求めよ。

□ **394** $\overrightarrow{OA}=(1,\ -3)$, $\overrightarrow{OB}=(-5,\ 2)$, $\overrightarrow{OC}=(a,\ b)$ とする。3点A, B, Cが一直線上にあるとき, 実数 a, b の間にはどのような関係があるか。

応用問題

解答 → 別冊 p. 73

例題研究》 $\vec{a}=(-1,\ 2)$, $\vec{b}=(1,\ 3)$ と実数 t に対して, $\vec{p}=\vec{a}-t\vec{b}$ とおくとき, 次の問いに答えよ。

(1) $|\vec{p}|=5$ となる t の値を求めよ。

(2) $|\vec{p}|$ の最小値およびこのときの t の値を求めよ。

着眼 (1) $\vec{p}$ を成分で表すとよい。 (2) $|\vec{p}|\geqq 0$ だから, $|\vec{p}|^2$ が最小のとき $|\vec{p}|$ も最小になる。$|\vec{p}|^2$ は t の2次式になるので標準形に変形。

解き方 $\vec{p}=\vec{a}-t\vec{b}=(-1,\ 2)-t(1,\ 3)=(-1-t,\ 2-3t)$

ゆえに $|\vec{p}|^2=(-1-t)^2+(2-3t)^2=10t^2-10t+5$

(1) $|\vec{p}|=5$ より, $|\vec{p}|^2=25$ であるから $t^2-t-2=0$

$(t+1)(t-2)=0$ よって $\boldsymbol{t=-1,\ 2}$ ……答

(2) $|\vec{p}|^2=10t^2-10t+5=10\left(t-\dfrac{1}{2}\right)^2+\dfrac{5}{2}$

よって, $|\vec{p}|$ は $\boldsymbol{t=\dfrac{1}{2}}$ **のとき最小値** $\boldsymbol{\dfrac{\sqrt{10}}{2}}$ をとる。 ……答

395 $\vec{a}=(2,\ 3)$, $\vec{b}=(1,\ 1)$, $\vec{c}=\vec{a}+t\vec{b}$ のとき, 次の問いに答えよ。

□ (1) $t=3$ のとき, $|\vec{c}|$ を求めよ。 □ (2) $|\vec{c}|$ の最小値を求めよ。

40 ベクトルの内積

テストに出る重要ポイント

- **ベクトルの内積**…零ベクトルでない $\vec{a}$, $\vec{b}$ のなす角を θ とするとき
  $\vec{a}\cdot\vec{b}=|\vec{a}||\vec{b}|\cos\theta$（ただし，$0^\circ \leqq \theta \leqq 180^\circ$）
- **内積の演算法則**
  ① $\vec{a}\cdot\vec{a}=|\vec{a}|^2$, $|\vec{a}|=\sqrt{\vec{a}\cdot\vec{a}}$
  ② $\vec{a}\cdot\vec{b}=\vec{b}\cdot\vec{a}$（交換法則）
  ③ $\vec{a}\cdot(\vec{b}+\vec{c})=\vec{a}\cdot\vec{b}+\vec{a}\cdot\vec{c}$, $\vec{a}\cdot(\vec{b}-\vec{c})=\vec{a}\cdot\vec{b}-\vec{a}\cdot\vec{c}$（分配法則）
  ④ $(k\vec{a})\cdot\vec{b}=\vec{a}\cdot(k\vec{b})=k(\vec{a}\cdot\vec{b})$（$k$ は実数）
- **内積の成分表示**…$\vec{a}=(a_1,\ a_2)$, $\vec{b}=(b_1,\ b_2)$ のとき $\vec{a}\cdot\vec{b}=a_1b_1+a_2b_2$
- **内積の応用**…$\vec{a}$, $\vec{b}$ が零ベクトルでないとき
  ① $\vec{a}$, $\vec{b}$ のなす角 θ：$\cos\theta=\dfrac{\vec{a}\cdot\vec{b}}{|\vec{a}||\vec{b}|}$
  ② 垂直条件：$\vec{a}\perp\vec{b} \iff \vec{a}\cdot\vec{b}=0$
  ③ 平行条件：$\vec{a}\,/\!/\,\vec{b} \iff \vec{a}\cdot\vec{b}=\pm|\vec{a}||\vec{b}|$

基本問題

解答 → 別冊 p. 73

できたらチェック。

396 次のベクトル $\vec{a}$, $\vec{b}$ に対して，内積 $\vec{a}\cdot\vec{b}$ の値を求めよ。

□ (1) $|\vec{a}|=2$, $|\vec{b}|=3$ で，$\vec{a}$, $\vec{b}$ のなす角が 60° のとき

□ (2) $\vec{a}$, $\vec{b}$ の大きさがそれぞれ 4，6 で，これらのなす角が 90° のとき

□ (3) $\vec{a}=(3,\ 4)$, $|\vec{b}|=3$ で，$\vec{a}$, $\vec{b}$ のなす角が 30° のとき

□ **397** $\vec{a}\cdot\vec{a}=0$ ならば，$\vec{a}=\vec{0}$ であることを証明せよ。

398 1 辺の長さが 3 の正三角形 ABC について，AB の中点を M とするとき，次の内積を求めよ。 テスト必出

□ (1) $\overrightarrow{AB}\cdot\overrightarrow{AC}$　□ (2) $\overrightarrow{AB}\cdot\overrightarrow{BC}$　□ (3) $\overrightarrow{AB}\cdot\overrightarrow{CM}$

□ (4) $\overrightarrow{AB}\cdot\overrightarrow{AM}$　□ (5) $\overrightarrow{AM}\cdot\overrightarrow{AC}$

例題研究》　$\angle A=60^\circ$，$\angle B=30^\circ$，$AB=5$ である $\triangle ABC$ で，$\overrightarrow{AB}=\vec{a}$，$\overrightarrow{AC}=\vec{b}$，$\overrightarrow{BC}=\vec{c}$ とするとき，$\vec{a}\cdot\vec{b}$，$\vec{b}\cdot\vec{c}$，$\vec{a}\cdot\vec{c}$ を求めよ。

着眼　2つのベクトルのなす角をまちがえないようにすること。$\vec{a}$ と $\vec{c}$ のなす角は 150° であるが，これを 30° とする人が多い。

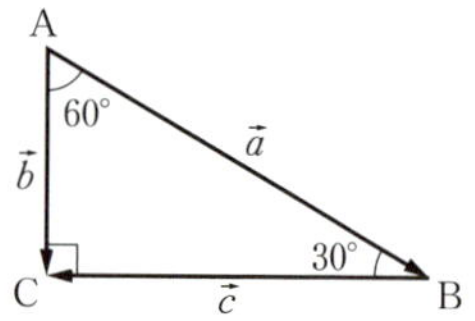

解き方　$|\vec{a}|=AB=5$，$|\vec{b}|=AC=AB\cos 60^\circ=\dfrac{5}{2}$

$|\vec{c}|=BC=AB\sin 60^\circ=\dfrac{5\sqrt{3}}{2}$

内積の定義より

$$\left.\begin{aligned}
\vec{a}\cdot\vec{b}&=|\vec{a}||\vec{b}|\cos 60^\circ=5\times\frac{5}{2}\times\frac{1}{2}=\mathbf{\frac{25}{4}}\\
\vec{b}\cdot\vec{c}&=|\vec{b}||\vec{c}|\cos 90^\circ=\frac{5}{2}\times\frac{5\sqrt{3}}{2}\times 0=\mathbf{0}\\
\vec{a}\cdot\vec{c}&=|\vec{a}||\vec{c}|\cos 150^\circ=5\times\frac{5\sqrt{3}}{2}\times\left(-\frac{\sqrt{3}}{2}\right)=\mathbf{-\frac{75}{4}}
\end{aligned}\right\}\cdots\cdots\text{答}$$

399　1辺の長さが1の正六角形ABCDEFがある。次の内積を求めよ。

□ (1) $\overrightarrow{AB}\cdot\overrightarrow{EF}$　□ (2) $\overrightarrow{AB}\cdot\overrightarrow{FA}$　□ (3) $\overrightarrow{AB}\cdot\overrightarrow{DF}$

□ **400**　$|\vec{a}\cdot\vec{b}|\leqq|\vec{a}||\vec{b}|$ を証明せよ。

401　次の等式を証明せよ。ただし，k，l は実数とする。

□ (1) $(\vec{a}+\vec{b})\cdot(\vec{a}+\vec{b})=|\vec{a}|^2+2\vec{a}\cdot\vec{b}+|\vec{b}|^2$

□ (2) $(\vec{a}+\vec{b})\cdot(\vec{a}-\vec{b})=|\vec{a}|^2-|\vec{b}|^2$

□ (3) $(k\vec{a}+l\vec{b})\cdot(k\vec{a}+l\vec{b})=k^2|\vec{a}|^2+2kl(\vec{a}\cdot\vec{b})+l^2|\vec{b}|^2$

□ (4) $|\vec{a}+\vec{b}|^2+|\vec{a}-\vec{b}|^2=2(|\vec{a}|^2+|\vec{b}|^2)$

例題研究》　上底 $AD=2$，下底 $BC=3$，$AB=1$，$\angle B=60^\circ$ の台形ABCDがある。

(1) $\overrightarrow{BC}$ の向きの単位ベクトルを $\vec{u}$，$\overrightarrow{BA}$ の向きの単位ベクトルを $\vec{v}$ とするとき，$\overrightarrow{BD}$ の向きの単位ベクトル $\vec{w}$ を $\vec{u}$，$\vec{v}$ で表せ。

(2) 内積 $\overrightarrow{BD}\cdot\overrightarrow{CD}$ を求めよ。

着眼　(1) $\vec{w}=\dfrac{\overrightarrow{BD}}{|\overrightarrow{BD}|}$ である。$|\overrightarrow{BD}|^2$ より $|\overrightarrow{BD}|$ を求める。

解き方 (1) $\angle B=60°$, $|\vec{u}|=|\vec{v}|=1$ だから $\vec{u}\cdot\vec{v}=|\vec{u}||\vec{v}|\cos 60°=\frac{1}{2}$

$|\overrightarrow{BD}|^2=|\overrightarrow{BA}+\overrightarrow{AD}|^2=|2\vec{u}+\vec{v}|^2$

$=4|\vec{u}|^2+4\vec{u}\cdot\vec{v}+|\vec{v}|^2=4+2+1=7$

ゆえに $\vec{w}=\frac{\overrightarrow{BD}}{|\overrightarrow{BD}|}=\frac{\mathbf{2\vec{u}+\vec{v}}}{\sqrt{\mathbf{7}}}$ ……答

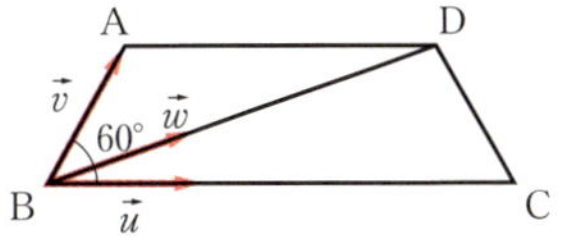

(2) $\overrightarrow{CD}=\overrightarrow{BD}-\overrightarrow{BC}=\vec{v}+2\vec{u}-3\vec{u}=\vec{v}-\vec{u}$

ゆえに $\overrightarrow{BD}\cdot\overrightarrow{CD}=(\vec{v}+2\vec{u})\cdot(\vec{v}-\vec{u})=|\vec{v}|^2+\vec{u}\cdot\vec{v}-2|\vec{u}|^2=-\mathbf{\frac{1}{2}}$ ……答

□ **402** $|\vec{a}|=2$, $|\vec{b}|=3$, $|\vec{a}+\vec{b}|=4$ のとき，$\vec{a}\cdot\vec{b}$ および $|\vec{a}-\vec{b}|$ の値を求めよ。 テスト必出

□ **403** $|\vec{a}|=3$, $|\vec{b}|=1$, $\vec{a}\cdot\vec{b}=2$ のとき，$|\vec{a}+\vec{b}|$ を求めよ。 テスト必出

□ **404** $|\vec{a}|=2$, $|\vec{b}|=3$, $|\vec{a}-\vec{b}|=\sqrt{13}$ のとき，$\vec{a}$, $\vec{b}$ のなす角を求めよ。

405 次の 2 つのベクトル $\vec{a}$, $\vec{b}$ の内積を求めよ。

□ (1) $\vec{a}=(1,\ 2)$, $\vec{b}=(-2,\ 3)$

□ (2) 点 P, A, B の座標がそれぞれ $(1,\ 2)$, $(-3,\ 4)$, $(2,\ -4)$ で，$\vec{a}=\overrightarrow{PA}$, $\vec{b}=\overrightarrow{PB}$ とするとき

406 次の 2 つのベクトル $\vec{a}$, $\vec{b}$ のなす角を求めよ。 テスト必出

□ (1) $\vec{a}=(4,\ 2)$, $\vec{b}=(2,\ -4)$

□ (2) $\vec{a}=(1,\ \sqrt{3})$, $\vec{b}=(\sqrt{2},\ -\sqrt{6})$

□ (3) $\vec{a}=(1+\sqrt{3},\ 1-\sqrt{3})$, $\vec{b}=(1,\ 1)$

□ **407** 2 つのベクトル $\vec{a}=(a,\ 1)$, $\vec{b}=(3,\ a+2)$ が平行，垂直になるように，それぞれ定数 a の値を定めよ。 テスト必出

□ **408** $\vec{a}=(3,\ -1)$ に垂直で，大きさが $\sqrt{5}$ のベクトル $\vec{b}$ を求めよ。 テスト必出

409 次の場合に，ベクトル $\vec{a}$, $\vec{b}$ のなす角 $\theta\ (0°\leqq\theta\leqq 180°)$ を求めよ。ただし，(2), (3)では，$\vec{a}\neq\vec{0}$, $\vec{b}\neq\vec{0}$ である。

□ (1) $|\vec{a}|=2$, $|\vec{b}|=5$, $\vec{a}\cdot\vec{b}=10$

□ (2) $\vec{a}\cdot\vec{b}=-|\vec{a}||\vec{b}|$

□ (3) $|\vec{a}|^2=(2\vec{a})\cdot\left(\frac{1}{\sqrt{3}}\vec{b}\right)=|\vec{b}|^2$

□ (4) $|\vec{a}|=2$, $|\vec{b}|=1$, $|\vec{b}-\vec{a}|=\sqrt{3}$

41 位置ベクトル

テストに出る重要ポイント

- **位置ベクトル**…定点Oを定め，それを始点とし，Pを終点とするベクトル $\overrightarrow{OP}$ を，点Oに関する点Pの**位置ベクトル**といい，**P($\vec{p}$)** と表す。
  一般に，2点 A($\vec{a}$)，B($\vec{b}$) に対して　$\overrightarrow{AB}=\overrightarrow{OB}-\overrightarrow{OA}=\vec{b}-\vec{a}$
- **分点の位置ベクトル**…2点 A($\vec{a}$)，B($\vec{b}$) に対して，
  線分ABを $m:n$ の比に分ける点Pの位置ベクトル $\vec{p}$ は　$\vec{p}=\dfrac{n\vec{a}+m\vec{b}}{m+n}$
  とくに，Pが線分ABの中点のとき　$\vec{p}=\dfrac{\vec{a}+\vec{b}}{2}$
- **ベクトルの平行**
  ① $\vec{a}\neq\vec{0}$，$\vec{b}\neq\vec{0}$ のとき　$\vec{a}\parallel\vec{b}\iff\vec{a}=k\vec{b}$（$k$ は実数）
  ② **3点A，B，Cが一直線上にある** $\iff \overrightarrow{AB}=t\overrightarrow{AC}$
  （A，B，Cは異なる点，t は実数）

できたらチェック。

基本問題

解答 → 別冊 p. 75

□ **410** 点A，Bの位置ベクトルがそれぞれ $\vec{a}$，$\vec{b}$ のとき，$\overrightarrow{AB}$ を $\vec{a}$，$\vec{b}$ を用いて表せ。また，線分ABの中点Mの位置ベクトル $\vec{m}$ を求めよ。

□ **411** 点A，Bの位置ベクトルがそれぞれ $\vec{a}$，$\vec{b}$ のとき，線分ABを $m:n$ の比に分ける点の位置ベクトル $\vec{p}$ は，

$$\vec{p}=\frac{n\vec{a}+m\vec{b}}{m+n}$$

であることを証明せよ。

412 点A，Bの位置ベクトルをそれぞれ $\vec{a}$，$\vec{b}$ とするとき，線分ABを次のような比に内分する点，外分する点の位置ベクトルをそれぞれ求めよ。

テスト必出

□ (1)　2：1　　　□ (2)　3：5

413 平面上に△ABC と 1 点 O がある。線分 OA，OB，OC の中点をそれぞれ E，F，G，△ABC の辺 BC，CA，AB の中点をそれぞれ L，M，N とし，$\overrightarrow{OA}=\vec{a}$，$\overrightarrow{OB}=\vec{b}$，$\overrightarrow{OC}=\vec{c}$ とする。

□ (1) $\overrightarrow{EL}$，$\overrightarrow{FM}$，$\overrightarrow{GN}$ をそれぞれ $\vec{a}$，$\vec{b}$，$\vec{c}$ を用いて表せ。

□ (2) 線分 EL，FM，GN は 1 点で交わることを証明せよ。

□ **414** △ABC において，辺 BC を 3：2 に内分する点を D，線分 AD を 5：6 に内分する点を P とする。$\overrightarrow{PA}=a\overrightarrow{PB}+b\overrightarrow{PC}$ が成り立つとき，a，b を求めよ。

例題研究 △ABC の辺 AB，AC の中点をそれぞれ D，E とするとき，$\overrightarrow{DE} /\!/ \overrightarrow{BC}$ であることを示せ。

着眼 $\overrightarrow{DE} /\!/ \overrightarrow{BC}$ であることを示すには，ベクトルの平行条件より，$\overrightarrow{DE}=k\overrightarrow{BC}$（$k$ は実数）となることを示せばよい。

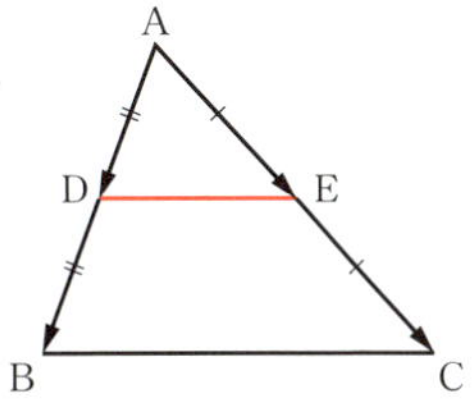

解き方 $\overrightarrow{BC}=\overrightarrow{AC}-\overrightarrow{AB}$，$\overrightarrow{AD}=\frac{1}{2}\overrightarrow{AB}$，$\overrightarrow{AE}=\frac{1}{2}\overrightarrow{AC}$

$\overrightarrow{DE}=\overrightarrow{AE}-\overrightarrow{AD}=\frac{1}{2}(\overrightarrow{AC}-\overrightarrow{AB})=\frac{1}{2}\overrightarrow{BC}$

ゆえに　$\overrightarrow{DE} /\!/ \overrightarrow{BC}$　　〔証明終〕

□ **415** 平行四辺形の頂点を順に A，B，C，D とし，P を任意の点とする。このとき，$\overrightarrow{PA}+\overrightarrow{PC}=\overrightarrow{PB}+\overrightarrow{PD}$ であることを証明せよ。

□ **416** 点 O を始点とする 3 つのベクトル $\vec{a}$，$2\vec{b}$，$3\vec{a}-4\vec{b}$ の終点は，一直線上にあることを示せ。

□ **417** 四角形 ABCD において，辺 AD，BC 上に，それぞれ点 P，Q を，$\frac{AP}{AD}=\frac{BQ}{BC}$ となるようにとる。このとき，線分 AB，PQ，CD の中点 M，R，N は一直線上にあることを，ベクトルを用いて証明せよ。

□ **418** 平行四辺形 ABCD の辺 AB 上に点 P，対角線 BD 上に点 Q を，それぞれ 3PB＝AB，4BQ＝BD となるようにとる。このとき，3 点 P，Q，C は一直線上にあることを証明せよ。 テスト必出

419 平行四辺形 ABCD の対角線 AC の延長上に，点 E を CE＝2AC となるようにとる。また，辺 AB および線分 DE の中点をそれぞれ P，Q とする。このとき，次の問いに答えよ。 テスト必出

□ (1) $\overrightarrow{AQ}$ を $\overrightarrow{AB}$，$\overrightarrow{AD}$ で表せ。

□ (2) 3 点 P，C，Q は一直線上にあることを証明せよ。

□ **420** △ABC の辺 BC の中点を M とし，線分 AM の中点を N とする。辺 AC 上に点 P を CP＝2AP となるようにとるとき，3 点 B，N，P は一直線上にあることを証明せよ。

応用問題

解答 ➡ 別冊 p. 77

例題研究》 一直線上にない 3 点 O，A，B がある。

(1) 線分 AB を 1：2 に内分する点を M とするとき，$\overrightarrow{OM}$ を $\overrightarrow{OA}$，$\overrightarrow{OB}$ で表せ。

(2) 線分 OA を 2：3 に内分する点を N とし，直線 BN と直線 OM の交点を P とするとき，BP：PN，OP：PM を求めよ。また，$\overrightarrow{OP}$ を $\overrightarrow{OA}$，$\overrightarrow{OB}$ で表せ。

着眼 (2)は，BP：PN＝s：$(1-s)$，OP：PM＝t：$(1-t)$ とおいて，$\overrightarrow{OP}$ を $\overrightarrow{OA}$，$\overrightarrow{OB}$ を用いて 2 通りに表して係数を比較し，s，t の値を求めればよい。

解き方 (1) $\overrightarrow{OM}=\dfrac{2\overrightarrow{OA}+\overrightarrow{OB}}{3}$　　答 $\overrightarrow{OM}=\dfrac{2}{3}\overrightarrow{OA}+\dfrac{1}{3}\overrightarrow{OB}$

(2) BP：PN＝s：$(1-s)$，OP：PM＝t：$(1-t)$ とおき，$\overrightarrow{OP}$ を 2 通りに表すと

$\overrightarrow{OP}=s\overrightarrow{ON}+(1-s)\overrightarrow{OB}=\dfrac{2}{5}s\overrightarrow{OA}+(1-s)\overrightarrow{OB}$

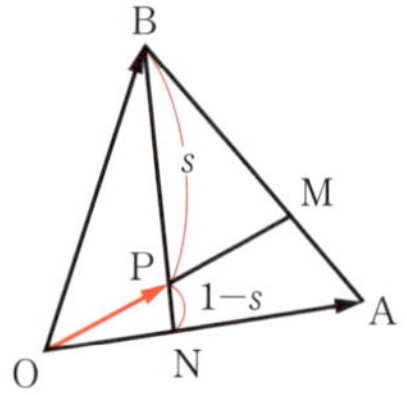

また，(1)より　$\overrightarrow{OP}=t\overrightarrow{OM}=\dfrac{2}{3}t\overrightarrow{OA}+\dfrac{t}{3}\overrightarrow{OB}$

$\overrightarrow{OA}\neq\vec{0}$，$\overrightarrow{OB}\neq\vec{0}$，$\overrightarrow{OA}$ と $\overrightarrow{OB}$ は平行ではないので

$\dfrac{2}{5}s=\dfrac{2}{3}t$，$1-s=\dfrac{t}{3}$

この 2 式より s，t を求めると　$s=\dfrac{5}{6}$，$t=\dfrac{1}{2}$

答 **BP：PN＝5：1，OP：PM＝1：1，** $\overrightarrow{OP}=\dfrac{1}{3}\overrightarrow{OA}+\dfrac{1}{6}\overrightarrow{OB}$

例題研究》 Oを原点とする座標平面上に，2点A(2, 3)，B(3, 1)がある。線分OBを3：1に内分する点をD，線分OAを3：2に内分する点をEとする。また，直線ADと直線BEの交点をS，直線OSと直線ABの交点をCとする。このとき，次のものを求めよ。

(1) 点Sの座標　　(2) 点Cが線分ABを分ける比AC：CB

着眼 (1) 点Pの座標が$(x, y) \Longleftrightarrow \overrightarrow{OP}$の成分が$(x, y)$ であることに注意して，$\overrightarrow{OS}$を$\overrightarrow{OA}$，$\overrightarrow{OB}$で表す。あとは成分の計算をすればよい。

(2) $\overrightarrow{OC}=m\overrightarrow{OS}$とおき，$\overrightarrow{OC}$を$\overrightarrow{OA}$，$\overrightarrow{OB}$で表す。点Cは直線AB上にあるから，$\overrightarrow{\mathbf{OA}}$，$\overrightarrow{\mathbf{OB}}$**の係数の和は1**である。

解き方 (1) $\vec{a}=\overrightarrow{OA}=(2, 3)$，$\vec{b}=\overrightarrow{OB}=(3, 1)$とおく。

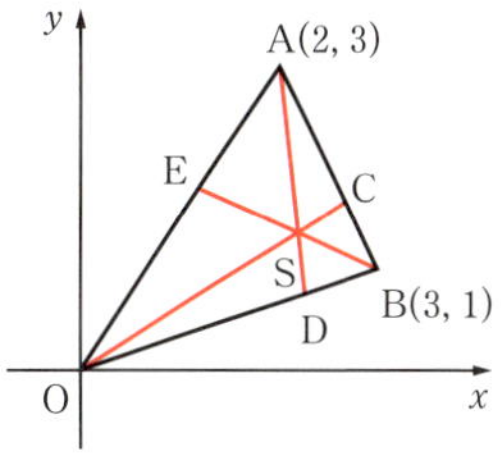

$\overrightarrow{OD}=\frac{3}{4}\overrightarrow{OB}=\frac{3}{4}\vec{b}$，$\overrightarrow{OE}=\frac{3}{5}\overrightarrow{OA}=\frac{3}{5}\vec{a}$

SはAD，BEの交点であるから

$\overrightarrow{OS}=(1-k)\overrightarrow{OA}+k\overrightarrow{OD}=(1-k)\vec{a}+\frac{3}{4}k\vec{b}$

$\overrightarrow{OS}=(1-l)\overrightarrow{OB}+l\overrightarrow{OE}=\frac{3}{5}l\vec{a}+(1-l)\vec{b}$

→ $\overrightarrow{OS}$を2通りに表すことがポイント

$\vec{a}\neq\vec{0}$，$\vec{b}\neq\vec{0}$，$\vec{a}$と$\vec{b}$は平行でないから，上の2つの式の係数を比較して

$1-k=\frac{3}{5}l$，$\frac{3}{4}k=1-l$　　ゆえに　$k=\frac{8}{11}$，$l=\frac{5}{11}$

よって，$\overrightarrow{OS}=\frac{3}{11}\vec{a}+\frac{6}{11}\vec{b}=\frac{3}{11}(2, 3)+\frac{6}{11}(3, 1)=\left(\frac{24}{11}, \frac{15}{11}\right)$より　$\mathbf{S}\left(\frac{\mathbf{24}}{\mathbf{11}}, \frac{\mathbf{15}}{\mathbf{11}}\right)$ …答

(2) $\overrightarrow{OC}=m\overrightarrow{OS}$とおくと　$\overrightarrow{OC}=\frac{3}{11}m\vec{a}+\frac{6}{11}m\vec{b}$

点Cは直線AB上にあるから　$\frac{3}{11}m+\frac{6}{11}m=1$　ゆえに　$m=\frac{11}{9}$

これより　$\overrightarrow{OC}=\frac{1}{3}\vec{a}+\frac{2}{3}\vec{b}$　　よって　AC：CB=**2：1** …答

□ **421** 2点A(2, 8)，B(6, 2)と原点Oを頂点とする△OABがある。この三角形において，辺OAの中点をM，辺OBを2：1に内分する点をNとし，線分AN，BMの交点をP，OPの延長が辺ABと交わる点をQとする。このとき，点P，Qの座標と，AQ：QBを求めよ。

□ **422** △ABCを含む平面上に点Pがあって，$\overrightarrow{PA}+\overrightarrow{PB}+\overrightarrow{PC}=\overrightarrow{AC}$が成り立っている。このとき，Pは△ABCとどんな位置関係にあるか。また，△ACPと△BCPの面積の比を求めよ。《差がつく

42 内積と図形

テストに出る重要ポイント

内積と図形への応用

① 線分の長さ：$\mathbf{AB}^2=|\overrightarrow{\mathbf{AB}}|^2=\overrightarrow{\mathbf{AB}}\cdot\overrightarrow{\mathbf{AB}}$

② 平行条件：$\mathbf{AB}\parallel\mathbf{CD} \Longleftrightarrow \overrightarrow{\mathbf{AB}}=k\overrightarrow{\mathbf{CD}}$

③ 垂直条件：$\mathbf{AB}\perp\mathbf{CD} \Longleftrightarrow \overrightarrow{\mathbf{AB}}\cdot\overrightarrow{\mathbf{CD}}=0$

④ 2 線分 AB，CD のなす角 θ：$\cos\theta=\dfrac{\overrightarrow{\mathbf{AB}}\cdot\overrightarrow{\mathbf{CD}}}{|\overrightarrow{\mathbf{AB}}||\overrightarrow{\mathbf{CD}}|}$

⑤ △ABC の面積：$\triangle\mathbf{ABC}=\dfrac{1}{2}|\overrightarrow{\mathbf{AB}}||\overrightarrow{\mathbf{AC}}|\sin A$

$$=\frac{1}{2}\sqrt{|\overrightarrow{\mathbf{AB}}|^2|\overrightarrow{\mathbf{AC}}|^2-(\overrightarrow{\mathbf{AB}}\cdot\overrightarrow{\mathbf{AC}})^2}$$

基本問題

解答 → 別冊 p. 78

例題研究》 △OAB において，面積を S，$\overrightarrow{\mathrm{OA}}=\vec{a}$，$\overrightarrow{\mathrm{OB}}=\vec{b}$ とする。

(1)　$S=\dfrac{1}{2}\sqrt{|\vec{a}|^2|\vec{b}|^2-(\vec{a}\cdot\vec{b})^2}$ となることを証明せよ。

(2)　さらに，$\vec{a}=(a_1,\ a_2)$，$\vec{b}=(b_1,\ b_2)$ とするとき，

$S=\dfrac{1}{2}|a_1b_2-a_2b_1|$ となることを証明せよ。

着眼 $\angle\mathrm{AOB}=\theta$ とすると，$S=\dfrac{1}{2}\mathrm{OA}\cdot\mathrm{OB}\sin\theta$ より　$S=\dfrac{1}{2}|\vec{a}||\vec{b}|\sin\theta$

ここで，$\vec{a}\cdot\vec{b}=|\vec{a}||\vec{b}|\cos\theta$ を用いるために，$\sin^2\theta+\cos^2\theta=1$ を利用する。

解き方 (1)　$\angle\mathrm{AOB}=\theta\ (0°<\theta<180°)$ とすると

$$S=\frac{1}{2}|\vec{a}||\vec{b}|\sin\theta=\frac{1}{2}\sqrt{|\vec{a}|^2|\vec{b}|^2\sin^2\theta}=\frac{1}{2}\sqrt{|\vec{a}|^2|\vec{b}|^2(1-\cos^2\theta)}$$

$$=\frac{1}{2}\sqrt{|\vec{a}|^2|\vec{b}|^2-(|\vec{a}||\vec{b}|\cos\theta)^2}=\frac{1}{2}\sqrt{|\vec{a}|^2|\vec{b}|^2-(\vec{a}\cdot\vec{b})^2}$$　〔証明終〕

(2)　$\vec{a}=(a_1,\ a_2)$，$\vec{b}=(b_1,\ b_2)$ のとき

$|\vec{a}|^2=a_1{}^2+a_2{}^2$，$|\vec{b}|^2=b_1{}^2+b_2{}^2$，$\vec{a}\cdot\vec{b}=a_1b_1+a_2b_2$

ゆえに $|\vec{a}|^2|\vec{b}|^2-(\vec{a}\cdot\vec{b})^2=(a_1{}^2+a_2{}^2)(b_1{}^2+b_2{}^2)-(a_1b_1+a_2b_2)^2$

$=a_1{}^2b_2{}^2-2a_1a_2b_1b_2+a_2{}^2b_1{}^2$

$=(a_1b_2-a_2b_1)^2$

よって $S=\dfrac{1}{2}|a_1b_2-a_2b_1|$ 〔証明終〕

できたらチェック。

□ **423** 原点が O である座標平面上において，2 点 A(3, 1), B(1, 3) が与えられたとき，△OAB の面積を求めよ。

□ **424** △ABC の辺 BC の中点を M とする。$\overrightarrow{AB}=\vec{a}$, $\overrightarrow{AC}=\vec{b}$ として，$AB^2+AC^2=2(AM^2+BM^2)$ であることを証明せよ。

□ **425** $\vec{a}$, $\vec{b}$ は垂直で，かつ大きさが等しい 2 つのベクトルとする。このとき，$2\vec{a}+3\vec{b}$ と $3\vec{a}-2\vec{b}$ は垂直で，かつ大きさが等しいことを証明せよ。

□ **426** △ABC において，BC$=a$, CA$=b$, AB$=c$ とする。この三角形の重心を G とするとき，内積 $\overrightarrow{AB}\cdot\overrightarrow{AG}$ を a, b, c で表せ。

□ **427** 平面上の異なる 4 点 O, A, B, C について，OA⊥BC, OB⊥CA ならば，OC⊥AB となることを証明せよ。

応用問題

解答 ➡ 別冊 p. 79

例題研究》 平面上の四角形 ABCD が，$\overrightarrow{AB}\cdot\overrightarrow{BC}=\overrightarrow{AB}\cdot\overrightarrow{DA}$, $\overrightarrow{BC}\cdot\overrightarrow{CD}=\overrightarrow{CD}\cdot\overrightarrow{DA}$ を満たしている。

(1) 辺 AB, CD の中点をそれぞれ M, N とするとき，$\overrightarrow{AB}\cdot\overrightarrow{MN}$ を求めよ。

(2) 四角形 ABCD はどんな形の四角形か。

着眼 図形の処理は位置ベクトルを用いることがポイントである。次に，与えられた条件から式を変形してみよう。

解き方 $\overrightarrow{OA}=\vec{a}$,　$\overrightarrow{OB}=\vec{b}$,　$\overrightarrow{OC}=\vec{c}$,　$\overrightarrow{OD}=\vec{d}$,　$\overrightarrow{OM}=\vec{m}$,
$\overrightarrow{ON}=\vec{n}$ とする。

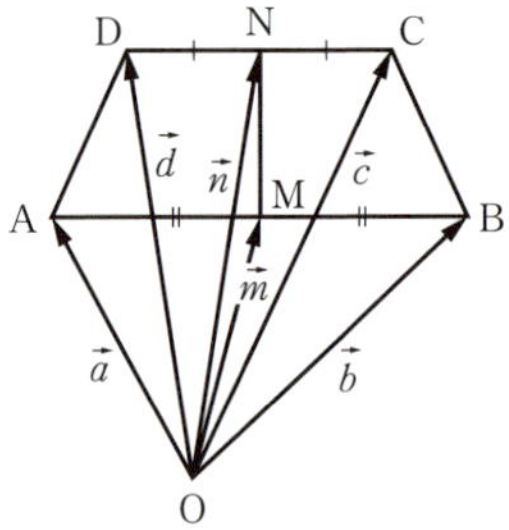

(1)　$\overrightarrow{AB}\cdot\overrightarrow{BC}=\overrightarrow{AB}\cdot\overrightarrow{DA}$ から

$\overrightarrow{AB}\cdot(\overrightarrow{BC}-\overrightarrow{DA})=0$

ここで　$\overrightarrow{BC}-\overrightarrow{DA}=(\vec{c}-\vec{b})-(\vec{a}-\vec{d})$

$=\vec{c}+\vec{d}-(\vec{a}+\vec{b})=2\vec{n}-2\vec{m}$

$=2\overrightarrow{MN}$

ゆえに　$\overrightarrow{AB}\cdot2\overrightarrow{MN}=0$

すなわち　$\overrightarrow{AB}\cdot\overrightarrow{MN}=\mathbf{0}$　……答

(2)　$\overrightarrow{BC}\cdot\overrightarrow{CD}=\overrightarrow{CD}\cdot\overrightarrow{DA}$ から，(1)と同様にして

$\overrightarrow{CD}\cdot\overrightarrow{MN}=0$

よって　AB⊥MN，CD⊥MN　　　ゆえに　AB∥CD

また，M，N が AB，CD の中点であることから，四角形 ABCD は MN に関して対称で

AD=BC

したがって，**AD=BC の等脚台形**になる。　……答

□ **428**　△ABC において，$\overrightarrow{AB}\cdot\overrightarrow{BC}=\overrightarrow{BC}\cdot\overrightarrow{CA}=\overrightarrow{CA}\cdot\overrightarrow{AB}$ が成り立っているとき，△ABC はどんな形の三角形か。 差がつく

ガイド　与式より $|\overrightarrow{AB}|^2$，$|\overrightarrow{AC}|^2$ を求め，$|\overrightarrow{BC}|^2=|\overrightarrow{AC}-\overrightarrow{AB}|^2$ を用いて $|\overrightarrow{BC}|^2$ を求める。そして，$|\overrightarrow{AB}|$，$|\overrightarrow{AC}|$，$|\overrightarrow{BC}|$ の関係を調べてみよう。

□ **429**　△ABC の頂点 A，B，C の位置ベクトル $\vec{a}$，$\vec{b}$，$\vec{c}$ が，$\vec{a}+\vec{b}+\vec{c}=\vec{0}$，$|\vec{a}|=|\vec{b}|=|\vec{c}|$ を満たすとき，△ABC はどんな形の三角形か。

□ **430**　ベクトル $\overrightarrow{OA}=\vec{a}$，$\overrightarrow{OB}=\vec{b}$，$\overrightarrow{OC}=\vec{c}$ が，等式 $|\vec{b}|^2-|\vec{c}|^2=2\vec{a}\cdot(\vec{b}-\vec{c})$ を満たすとき，△ABC はどんな形の三角形か。 差がつく

ガイド　△ABC の辺 AB，BC，CA の関係を調べてみる。条件式を変形して，$|\vec{b}|^2-2\vec{a}\cdot\vec{b}=|\vec{c}|^2-2\vec{a}\cdot\vec{c}$ の両辺に $|\vec{a}|^2$ を加えてみるとどうだろうか。

43 ベクトル方程式

テストに出る重要ポイント

- **直線のベクトル方程式**…O を原点，P を直線上の任意の点とし，$\overrightarrow{OA}=\vec{a}$，$\overrightarrow{OB}=\vec{b}$，$\overrightarrow{OP}=\vec{p}$ とすると
  ① 定点 A を通り，$\vec{b}$ に平行な直線
  $\vec{p}=\vec{a}+t\vec{b}$（t は実数の変数：**媒介変数**という）
  ② 2 点 A，B を通る直線
  $\vec{p}=\vec{a}+t(\vec{b}-\vec{a})$ または $\vec{p}=(1-t)\vec{a}+t\vec{b}$（$t$ は実数の変数）
  ③ 定点 A を通り，$\vec{b}$ に垂直な直線
  $(\vec{p}-\vec{a})\cdot\vec{b}=0$
- **円のベクトル方程式**…O を原点，P を円上の任意の点とし，$\overrightarrow{OA}=\vec{a}$，$\overrightarrow{OB}=\vec{b}$，$\overrightarrow{OP}=\vec{p}$ とすると
  ① 点 A を中心とする半径 r の円
  $|\vec{p}-\vec{a}|=r$ または $(\vec{p}-\vec{a})\cdot(\vec{p}-\vec{a})=r^2$
  ② 2 点 A，B を直径の両端とする円
  $(\vec{p}-\vec{a})\cdot(\vec{p}-\vec{b})=0$

基本問題

解答 → 別冊 p. 80

できたらチェック。

431 次の問いに答えよ。

□ (1) 2 点 A($\vec{a}$)，B($\vec{b}$) を通る直線に平行で，点 C($\vec{c}$) を通る直線のベクトル方程式を求めよ。

□ (2) 点 (1，2) を通り，ベクトル $\vec{b}=(3,\ 4)$ に平行な直線の方程式を求めよ。

□ **432** $\overrightarrow{OA}=(1,\ 2)$，$\overrightarrow{OB}=(-1,\ 4)$ とするとき，2 点 A，B を通る直線の方程式を求めよ。〈テスト必出

□ **433** O を原点とし，$\overrightarrow{OA}=\vec{a}$，$\overrightarrow{OB}=\vec{b}$ とするとき，直線 $\vec{p}=t(\vec{a}+\vec{b})$ は何を表すか。また，$|\vec{a}|=|\vec{b}|$ のときは何を表すか。

例題研究》 平面上に3点O，A，Bがある。線分ABの垂直二等分線上の任意の点をPとして，3点A，B，PのOを始点とする位置ベクトルをそれぞれ$\vec{a}$，$\vec{b}$，$\vec{p}$とするとき，垂直二等分線のベクトル方程式は

$\vec{p}\cdot(\vec{a}-\vec{b})=\dfrac{1}{2}(|\vec{a}|^2-|\vec{b}|^2)$となることを証明せよ。

着眼 線分ABの中点をDとして，$\overrightarrow{OD}$，$\overrightarrow{DP}$を$\vec{a}$，$\vec{b}$，$\vec{p}$で表す。DPはABの垂直二等分線であるから，DP⊥BAより，$\overrightarrow{DP}\cdot\overrightarrow{BA}=0$を用いればよい。

解き方 線分ABの中点をDとすれば

$\overrightarrow{OD}=\dfrac{\vec{a}+\vec{b}}{2}$　　ゆえに　$\overrightarrow{DP}=\vec{p}-\dfrac{\vec{a}+\vec{b}}{2}$

また　$\overrightarrow{BA}=\vec{a}-\vec{b}$

DP⊥BAより　$\overrightarrow{DP}\cdot\overrightarrow{BA}=0$

ゆえに　$\left(\vec{p}-\dfrac{\vec{a}+\vec{b}}{2}\right)\cdot(\vec{a}-\vec{b})=0$

よって　$\vec{p}\cdot(\vec{a}-\vec{b})=\dfrac{1}{2}(\vec{a}+\vec{b})\cdot(\vec{a}-\vec{b})=\dfrac{1}{2}(|\vec{a}|^2-|\vec{b}|^2)$　　〔証明終〕

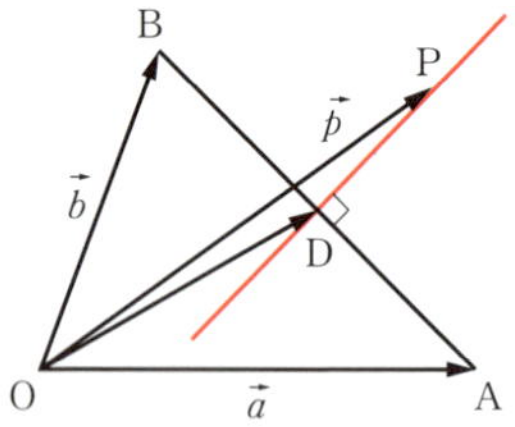

□ **434** $\vec{a}=(1,\ 2)$，$\vec{b}=(-1,\ 3)$，$\vec{c}=(3,\ 6)$，$\vec{d}=(2,\ -1)$とする。このとき，2直線$\vec{p}=\vec{a}+t\vec{b}$，$\vec{p}=\vec{c}+s\vec{d}$ (t，sは実数)の交点Pの座標を求めよ。

□ **435** 平面上に2点A$(-a,\ 0)$，B$(a,\ 0)$ $(a>0)$がある。$\overrightarrow{AP}\cdot\overrightarrow{BP}=0$であるような点Pは，この平面上でどんな図形を表すか。

□ **436** 平面上で，$\vec{a}$を$\vec{0}$でない定まったベクトルとする。このとき，ベクトル方程式$\vec{p}\cdot\vec{p}+2\vec{a}\cdot\vec{p}-3\vec{a}\cdot\vec{a}=0$はどんな図形を表すか。

437 平面上で，$\vec{a}$，$\vec{b}$を，$\vec{a}\neq\vec{0}$，$\vec{a}\neq\vec{b}$であるような定まったベクトルとする。このとき，次のベクトル方程式はどんな図形を表すか。**テスト必出**

□ (1)　$|\vec{p}-\vec{a}|=|\vec{b}-\vec{a}|$　　□ (2)　$\vec{p}\cdot\vec{a}=\vec{a}\cdot\vec{b}$　　□ (3)　$\vec{p}\cdot\vec{p}=2\vec{p}\cdot\vec{a}$

□ **438** 円$x^2+y^2=r^2$上の点A$(x_1,\ y_1)$における接線の方程式は$x_1x+y_1y=r^2$である。これをベクトルを用いて証明せよ。

ガイド P$(x,\ y)$が点A$(x_1,\ y_1)$における接線上にある条件は$\overrightarrow{AP}\perp\overrightarrow{OA}$である。

応用問題

解答 → 別冊 p. 81

439 定点A，Bと動点Pの位置ベクトルを $\vec{a}$，$\vec{b}$，$\vec{p}$ とする。〈差がつく〉

□ (1) 点Oを通り直線ABに垂直な直線 l と，点Aを通り直線OBに垂直な直線 m のベクトル方程式を求めよ。

□ (2) l と m の交点をHとするとき，直線BHは直線OAに垂直であることを示せ。

例題研究》 Oを定点とし，中心がC，半径が r の円周上の点をP，線分OPを3：1に内分する点をQとする。点Pがこの円周上を動くとき，Qはどんな図形をえがくか。

着眼 まず，与えられた条件を図示する。$\overrightarrow{OC}=\vec{c}$，$\overrightarrow{OP}=\vec{p}$，$\overrightarrow{OQ}=\vec{x}$ とすると，点Pは，中心がC，半径が r の円周上の点であるから，$|\vec{p}-\vec{c}|=r$ である。次に，$\vec{p}$，$\vec{x}$ の関係を考える。

解き方 定点Oを始点にとり，$\overrightarrow{OC}=\vec{c}$，$\overrightarrow{OP}=\vec{p}$，$\overrightarrow{OQ}=\vec{x}$ とすると，点Pは，中心がC，半径が r の円周上の点であるから

$|\vec{p}-\vec{c}|=r$ ……①

また，OQ：QP＝3：1より

$\mathrm{OP}=\dfrac{4}{3}\mathrm{OQ}$　　ゆえに　$\vec{p}=\dfrac{4}{3}\vec{x}$ ……②

②を①に代入して

$\left|\dfrac{4}{3}\vec{x}-\vec{c}\right|=r$　　ゆえに　$\left|\vec{x}-\dfrac{3}{4}\vec{c}\right|=\dfrac{3}{4}r$

よって，**点Qは，線分OCを3：1に内分する点を中心とする半径 $\dfrac{3}{4}r$ の円をえがく。**……答

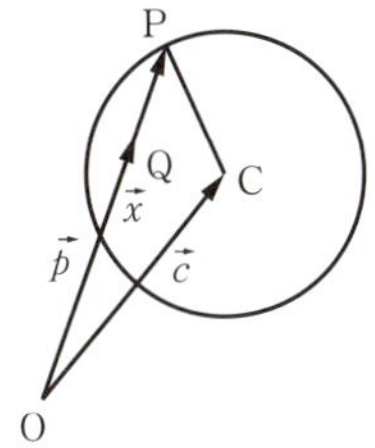

□ **440** 定点Cの位置ベクトルを $\vec{c}$ とする。このとき，Cを中心とする半径 r の円上の1点 X_0 の位置ベクトルを $\overrightarrow{x_0}$ とすれば，X_0 における円の接線のベクトル方程式は $(\vec{x}-\vec{c})\cdot(\overrightarrow{x_0}-\vec{c})=r^2$ であることを示せ。

ガイド 接線上の任意の点Xの位置ベクトルを $\vec{x}$ とすれば，$\overrightarrow{X_0X}$，$\overrightarrow{CX_0}$ はどう表せるか。また，$\overrightarrow{X_0X}$，$\overrightarrow{CX_0}$ の関係はどうなっているか。$\overrightarrow{X_0X}\perp\overrightarrow{CX_0}$ だね。

44 空間の座標

テストに出る重要ポイント

- **空間のベクトル**…空間における有向線分 $\overrightarrow{AB}$ の向きと大きさだけを考え，位置を無視したとき，これを**空間のベクトル**という。演算の法則なども平面上のときと同じで，そのまま成立する。
- **空間の位置ベクトル**…空間においても，原点Oを定めると，点Pの位置は位置ベクトル $\overrightarrow{OP}=\vec{p}$ で決まる。
  ① $\overrightarrow{AB}=\overrightarrow{OB}-\overrightarrow{OA}$
  ② $\overrightarrow{OA}=\vec{a}$，$\overrightarrow{OB}=\vec{b}$ のとき，線分ABを $m:n$ に分ける点Pの位置ベクトル $\vec{p}$ は　$\vec{p}=\dfrac{n\vec{a}+m\vec{b}}{m+n}$　とくに，中点は　$\dfrac{\vec{a}+\vec{b}}{2}$
- **空間座標**…原点Oで互いに直交する3つの数直線を座標軸とし，点Aの位置を $(\boldsymbol{x},\ \boldsymbol{y},\ \boldsymbol{z})$ のように表す。これを点Aの**座標**という。
  x 軸と y 軸，y 軸と z 軸，z 軸と x 軸で定まる平面を，それぞれ **xy 平面**，**yz 平面**，**zx 平面**という。点 $(0,\ 0,\ c)$ を通り，xy 平面に平行な平面を，**平面 $z=c$** と表す。

基本問題

解答 → 別冊 p. 81

例題研究》　空間の任意の4点をA，B，C，Dとするとき，次の等式が成り立つことを証明せよ。

(1)　$\overrightarrow{AB}+\overrightarrow{BC}+\overrightarrow{CD}=\overrightarrow{AD}$　　(2)　$\overrightarrow{AB}-\overrightarrow{CB}=\overrightarrow{AD}-\overrightarrow{CD}$

着眼　下のことに注意して，(1)は左辺を変形して右辺を導き，(2)は左辺，右辺を変形する。
$\overrightarrow{A\square}+\overrightarrow{\square B}=\overrightarrow{AB}$，$\overrightarrow{AB}=-\overrightarrow{BA}$

解き方　(1)　$\overrightarrow{AB}+\overrightarrow{BC}+\overrightarrow{CD}=(\overrightarrow{AB}+\overrightarrow{BC})+\overrightarrow{CD}=\overrightarrow{AC}+\overrightarrow{CD}=\overrightarrow{AD}$　〔証明終〕

(2)　$\overrightarrow{AB}-\overrightarrow{CB}=\overrightarrow{AB}+\overrightarrow{BC}=\overrightarrow{AC}$　……①
$\overrightarrow{AD}-\overrightarrow{CD}=\overrightarrow{AD}+\overrightarrow{DC}=\overrightarrow{AC}$　……②
①，②より　$\overrightarrow{AB}-\overrightarrow{CB}=\overrightarrow{AD}-\overrightarrow{CD}$　〔証明終〕

できたらチェック。

441 平行六面体 ABCD–EFGH において，$\overrightarrow{AB}=\vec{b}$，$\overrightarrow{AD}=\vec{d}$，$\overrightarrow{AE}=\vec{e}$ とするとき，

□ (1) $\overrightarrow{AC}$，$\overrightarrow{AF}$，$\overrightarrow{AH}$ を $\vec{b}$，$\vec{d}$，$\vec{e}$ で表せ。

□ (2) $\overrightarrow{AC}=\vec{p}$，$\overrightarrow{AF}=\vec{q}$，$\overrightarrow{AH}=\vec{r}$ とするとき，$\vec{b}$，$\vec{d}$，$\vec{e}$ を $\vec{p}$，$\vec{q}$，$\vec{r}$ で表せ。

□ (3) $\overrightarrow{AG}$ を $\vec{p}$，$\vec{q}$，$\vec{r}$ で表せ。

□ **442** 四面体 ABCD の辺 AB，BC，CD，DA の中点をそれぞれ K，L，M，N とする。このとき，四角形 KLMN は平行四辺形であることを示せ。

ガイド　四角形 KLMN が平行四辺形となるには，1 組の対辺が等しく，かつ平行であればよい。すなわち $\overrightarrow{KL}=\overrightarrow{NM}$ がいえないか。

□ **443** 四面体 OABC において，辺 AB，BC，CA の中点をそれぞれ L，M，N とする。$\overrightarrow{OA}=\vec{a}$，$\overrightarrow{OB}=\vec{b}$，$\overrightarrow{OC}=\vec{c}$ として，△ABC の重心 G と △LMN の重心 G′ は一致することを証明せよ。

□ **444** 四面体 OABC において，△ABC の重心を G とする。また，△OAB，△OBC，△OCA の重心をそれぞれ G_1，G_2，G_3 とし，$\triangle G_1G_2G_3$ の重心を G_4 とするとき，3 点 O，G_4，G は一直線上にあることを証明せよ。

ガイド　3 点 O，G_4，G が一直線上にあることをいうには，$\overrightarrow{OG_4}=k\overrightarrow{OG}$ (k は実数) となる実数 k があることをいえばよい。

□ **445** 点 (1，2，3) から各座標軸へ引いた垂線と各座標軸との交点の座標を求めよ。また，点 (−1，−2，−3) から各座標平面へ引いた垂線と各座標平面との交点の座標を求めよ。

446 次の各点の座標を求めよ。 テスト必出

□ (1) 原点に関して点 (1，2，3) と対称な点

□ (2) x 軸に関して点 (1，2，3) と対称な点

□ (3) z 軸に関して点 (1，2，3) と対称な点

□ (4) xy 平面に関して点 (1，2，3) と対称な点

□ (5) 平面 $x=1$ に関して点 (2，3，4) と対称な点

□ (6) 平面 $y=2$ に関して点 (−2，3，−4) と対称な点

□ (7) 点 (1，2，3) に関して点 (−1，3，6) と対称な点

応用問題

解答 ➡ 別冊 p. 82

例題研究 四面体 ABCD において，△BCD，△ACD，△ABD，△ABC の重心をそれぞれ G_1，G_2，G_3，G_4 とする。このとき，AG_1，BG_2，CG_3，DG_4 は1点で交わり，その点において AG_1，BG_2，CG_3，DG_4 はそれぞれ 3：1 に内分されることを証明せよ。

着眼 まず，各頂点，重心の位置ベクトルを決めて，重心の位置ベクトルを頂点の位置ベクトルで表す。AG_1 を 3：1 に内分する点 P を位置ベクトルで表し，他も同様に表せば一致することがわかる。

解き方 頂点 A，B，C，D の位置ベクトルを $\vec{a}$，$\vec{b}$，$\vec{c}$，$\vec{d}$，重心 G_1，G_2，G_3，G_4 の位置ベクトルを $\vec{g_1}$，$\vec{g_2}$，$\vec{g_3}$，$\vec{g_4}$ とすると

$$\vec{g_1}=\frac{1}{3}(\vec{b}+\vec{c}+\vec{d}),\ \vec{g_2}=\frac{1}{3}(\vec{a}+\vec{c}+\vec{d}),$$

$$\vec{g_3}=\frac{1}{3}(\vec{a}+\vec{b}+\vec{d}),\ \vec{g_4}=\frac{1}{3}(\vec{a}+\vec{b}+\vec{c})$$

AG_1 を 3：1 に内分する点を P とし，その位置ベクトルを $\vec{p}$ とすると

$$\vec{p}=\frac{\vec{a}+3\vec{g_1}}{4}=\frac{1}{4}(\vec{a}+\vec{b}+\vec{c}+\vec{d})$$

同様に，BG_2 を 3：1 に内分する点を Q とし，その位置ベクトルを $\vec{q}$ とすると

$$\vec{q}=\frac{\vec{b}+3\vec{g_2}}{4}=\frac{1}{4}(\vec{a}+\vec{b}+\vec{c}+\vec{d}) \qquad \text{ゆえに}\quad \vec{p}=\vec{q}$$

すなわち，P と Q は一致する。同様にして，CG_3，DG_4 を 3：1 に内分する点も P と一致するから，AG_1，BG_2，CG_3，DG_4 は点 P で交わり，それぞれを 3：1 に内分する。

〔証明終〕

□ **447** 一直線上にない3点 A，B，C の点 O に関する位置ベクトルをそれぞれ $\vec{a}$，$\vec{b}$，$\vec{c}$ とする。このとき，A，B，C で決定される平面上の任意の点 P の位置ベクトルは，次の形で表されることを示せ。

$$\overrightarrow{OP}=k\vec{a}+l\vec{b}+m\vec{c},\quad k+l+m=1$$

448 四面体 OABC において，点 P を辺 AB の中点，点 Q を線分 PC の中点，点 R を線分 OQ の中点とする。直線 AR が3点 O，B，C を通る平面と交わる点を S とし，直線 OS と直線 BC の交点を T とする。$\overrightarrow{OA}=\vec{a}$，$\overrightarrow{OB}=\vec{b}$，$\overrightarrow{OC}=\vec{c}$ とするとき，次の問いに答えよ。**差がつく**

□ (1) $\overrightarrow{OS}$ を $\vec{a}$，$\vec{b}$，$\vec{c}$ で表せ。

□ (2) BT：CT を求めよ。

45 空間のベクトルと成分

テストに出る重要ポイント

- **ベクトルの成分表示**…$\vec{a}=(a_1,\ a_2,\ a_3)$，$\vec{b}=(b_1,\ b_2,\ b_3)$ のとき
  ① $\vec{a}=\vec{b} \iff a_1=b_1,\ a_2=b_2,\ a_3=b_3$
  ② $|\vec{a}|=\sqrt{a_1^2+a_2^2+a_3^2}$
  ③ $\vec{a}+\vec{b}=(a_1+b_1,\ a_2+b_2,\ a_3+b_3)$，$\vec{a}-\vec{b}=(a_1-b_1,\ a_2-b_2,\ a_3-b_3)$
  ④ $m\vec{a}=(ma_1,\ ma_2,\ ma_3)$ （m は実数）
- **点の座標とベクトル**…$\mathrm{A}(a_1,\ a_2,\ a_3)$，$\mathrm{B}(b_1,\ b_2,\ b_3)$ のとき
  ① $\overrightarrow{\mathrm{AB}}=(b_1-a_1,\ b_2-a_2,\ b_3-a_3)$
  ② $|\overrightarrow{\mathrm{AB}}|=\sqrt{(b_1-a_1)^2+(b_2-a_2)^2+(b_3-a_3)^2}$
  ③ 線分 AB を $m:n$ に分ける点の座標は
  $\left(\dfrac{na_1+mb_1}{m+n},\ \dfrac{na_2+mb_2}{m+n},\ \dfrac{na_3+mb_3}{m+n}\right)$
- **空間のベクトルの内積**…空間のベクトルの内積についても，平面上のベクトルの内積と同様に考える。
  ① $\vec{a}\cdot\vec{b}=|\vec{a}||\vec{b}|\cos\theta$ （$0°\leqq\theta\leqq180°$）
  ② $\vec{a}=(a_1,\ a_2,\ a_3)$，$\vec{b}=(b_1,\ b_2,\ b_3)$ のとき　$\vec{a}\cdot\vec{b}=a_1b_1+a_2b_2+a_3b_3$

基本問題

解答 → 別冊 p. 83

できたらチェック。

449 $\vec{a}=(1,\ 2,\ 3)$，$\vec{b}=(-2,\ 1,\ 2)$ のとき，次のベクトルを成分で表せ。

□ (1) $3\vec{a}$　□ (2) $-2\vec{a}$　□ (3) $2\vec{b}$　□ (4) $-3\vec{b}$

□ (5) $\vec{a}+\vec{b}$　□ (6) $\vec{a}-\vec{b}$　□ (7) $2\vec{a}+3\vec{b}$　□ (8) $4\vec{b}-3\vec{a}$

450 $\vec{a}=(3,\ 2,\ 1)$，$\vec{b}=(-1,\ -2,\ 3)$ のとき，次の等式を満たすベクトル $\vec{x}$ の成分と大きさを求めよ。〈テスト必出

□ (1) $\vec{a}-3\vec{b}-\vec{x}=\vec{0}$　□ (2) $2(\vec{a}-\vec{x})=\vec{x}+2\vec{b}$

□ **451** $\vec{a}=(2,\ 4,\ 2)$, $\vec{b}=(1,\ 6,\ 3)$, $\vec{c}=(6,\ 8,\ 4)$ とする。このとき，$\vec{c}=m\vec{a}+n\vec{b}$ となる実数 m, n の値を求めよ。

例題研究》 $\vec{a}=(2,\ 2,\ 2)$, $\vec{b}=(6,\ -3,\ 0)$, $\vec{c}=(2,\ 6,\ -4)$ のとき，$\vec{d}=(-2,\ 14,\ 0)$ を $p\vec{a}+q\vec{b}+r\vec{c}$ (p, q, r は実数)の形で表せ。

着眼 $\vec{d}=p\vec{a}+q\vec{b}+r\vec{c}$ とおいて，x, y, z 成分を比較すればよい。
$(\boldsymbol{a_1},\ \boldsymbol{a_2},\ \boldsymbol{a_3})=(\boldsymbol{b_1},\ \boldsymbol{b_2},\ \boldsymbol{b_3}) \iff \boldsymbol{a_1}=\boldsymbol{b_1},\ \boldsymbol{a_2}=\boldsymbol{b_2},\ \boldsymbol{a_3}=\boldsymbol{b_3}$

解き方 $p\vec{a}+q\vec{b}+r\vec{c}=(2p+6q+2r,\ 2p-3q+6r,\ 2p-4r)$ であるから，$\vec{d}=p\vec{a}+q\vec{b}+r\vec{c}$ とすると

$2p+6q+2r=-2$ ……①
$2p-3q+6r=14$ ……②
$2p-4r=0$ ……③

①，②，③より　$p=2$, $q=-\dfrac{4}{3}$, $r=1$　　よって　$\boldsymbol{\vec{d}=2\vec{a}-\dfrac{4}{3}\vec{b}+\vec{c}}$ ……答

□ **452** $\vec{a}=(-3,\ 1,\ 2)$, $\vec{b}=(2,\ 0,\ 3)$, $\vec{c}=(-1,\ 4,\ -1)$ のとき，$\vec{d}=(9,\ 5,\ -5)$ を $p\vec{a}+q\vec{b}+r\vec{c}$ (p, q, r は実数)の形で表せ。

453 A(2, 1, 3), B(1, −1, 1), C(−1, 0, 4) のとき，次のベクトルを成分で表せ。

□ (1) $\overrightarrow{AB}$　□ (2) $\overrightarrow{BC}$　□ (3) $\overrightarrow{CB}+\overrightarrow{BA}$　□ (4) $\overrightarrow{AB}+\overrightarrow{CB}$

454 座標空間に3点 A(−2, 4, 2), B(4, 6, 0), C(16, 10, −4) がある。

□ (1) $\overrightarrow{AB}$, $\overrightarrow{AC}$ の成分と大きさをそれぞれ求めよ。
□ (2) 3点 A, B, C は一直線上にあることを示せ。

□ **455** 3点 A(1, y, 3), B(x, 3, 1), C(3, 4, −1) が一直線上にあるとき，x, y の値を求めよ。

456 次の各点の座標を求めよ。 テスト必出

□ (1) x 軸上にあって，2点 A(4, 4, 5), B(7, 0, 2) から等距離にある点
□ (2) xy 平面上にあって，3点 A(0, 4, 3), B(1, 2, 2), C(−2, 4, −3) から等距離にある点

457 1辺の長さが2である立方体 ABCD−EFGH において，次の内積を求めよ。

□ (1) $\overrightarrow{AB}\cdot\overrightarrow{AH}$　□ (2) $\overrightarrow{AD}\cdot\overrightarrow{GF}$　□ (3) $\overrightarrow{AH}\cdot\overrightarrow{CF}$

□ (4) $\overrightarrow{AF}\cdot\overrightarrow{BG}$　□ (5) $\overrightarrow{AF}\cdot\overrightarrow{FC}$

458 次の2つのベクトル $\vec{a}$，$\vec{b}$ の内積を求めよ。

□ (1) $\vec{a}=(1,\ 2,\ 3)$，$\vec{b}=(-2,\ 4,\ 0)$

□ (2) $\vec{a}=(-1,\ \sqrt{3}-1,\ \sqrt{2})$，$\vec{b}=(3,\ 1+\sqrt{3},\ -\sqrt{2})$

応用問題

解答 ➡ 別冊 p. 84

例題研究》 空間に3点 A(3, −1, 2)，B(1, 2, 3)，C(4, 2, 0) がある。△ABC は二等辺三角形であることを示せ。

着眼 二等辺三角形であることの証明だから，AB，AC，BC の長さのうちどれか2つが等しいことを示せばよい。

解き方 $|\overrightarrow{AB}|^2=(1-3)^2+(2+1)^2+(3-2)^2=14$

$|\overrightarrow{AC}|^2=(4-3)^2+(2+1)^2+(0-2)^2=14$

$|\overrightarrow{BC}|^2=(4-1)^2+(2-2)^2+(0-3)^2=18$

よって，△ABC は AB＝AC の二等辺三角形である。〔証明終〕

459 原点を O とする座標空間において，正四面体 OABC の頂点 C の対面 OAB が xy 平面上にあるとき，次の問いに答えよ。ただし，B の y 座標は正とする。

□ (1) 頂点 A の座標が (2, 0, 0) のとき，頂点 B，C の座標を求めよ。

□ (2) (1)のとき，頂点 C から対面 OAB に引いた垂線と面 OAB との交点を H とすると，H は△OAB の重心になることを示せ。

□ **460** △ABC の辺 BC，CA，AB の中点をそれぞれ L，M，N とする。L(6, −3, −1)，M(1, 0, 4)，N(2, −1, 3) のとき，頂点 A，B，C の座標を求めよ。

□ **461** 2つのベクトル $(a,\ b,\ 3)$ と $(-1,\ 2,\ 1)$ の内積が1で，$|a+b|$ が最小であるとき，整数 a，b の値を求めよ。《差がつく

46 空間のベクトルの応用

テストに出る重要ポイント

- **内積の応用**

　① $\vec{a}$, $\vec{b}$ のなす角 θ：$\cos\theta=\dfrac{\vec{a}\cdot\vec{b}}{|\vec{a}||\vec{b}|}$

　② 垂直条件：$\vec{a}\perp\vec{b} \iff \vec{a}\cdot\vec{b}=0$

- **平面の方程式**…点 $(x_0,\ y_0,\ z_0)$ を通り，ベクトル $(a,\ b,\ c)$ に垂直な平面の方程式は　$a(x-x_0)+b(y-y_0)+c(z-z_0)=0$
- **点と平面の距離**…点 $(x_1,\ y_1,\ z_1)$ から平面 $ax+by+cz+d=0$ に下ろした垂線の長さ l は　$l=\dfrac{|ax_1+by_1+cz_1+d|}{\sqrt{a^2+b^2+c^2}}$
- **球面の方程式**…中心が $(a,\ b,\ c)$，半径が r の球面の方程式は
$(x-a)^2+(y-b)^2+(z-c)^2=r^2$

基本問題

解答 → 別冊 p. 84

できたらチェック。

462 次の2つのベクトル $\vec{a}$, $\vec{b}$ の内積とそのなす角を求めよ。

□ (1) $\vec{a}=(3,\ 2,\ -4)$, $\vec{b}=(2,\ 3,\ 3)$

□ (2) $\vec{a}=(1,\ -1,\ 1)$, $\vec{b}=(1,\ \sqrt{6},\ -1)$

□ **463** 2つのベクトル $\vec{a}$, $\vec{b}$ のなす角を $45°$ とし，$|\vec{a}|=1$, $|\vec{b}|=1$ とする。このとき，$\sqrt{2}\vec{a}-\vec{b}$ と $\sqrt{2}\vec{b}-\vec{a}$ のなす角を求めよ。

464 次の2つのベクトル $\vec{a}$, $\vec{b}$ が互いに垂直になるような a, b の値を求めよ。

□ (1) $\vec{a}=(3,\ 2,\ 1)$, $\vec{b}=(a,\ 5,\ 2)$

□ (2) $\vec{a}=(3,\ 8,\ b)$, $\vec{b}=(5,\ -2,\ -1)$

□ **465** 2つのベクトル $\vec{a}=(3,\ 2,\ 1)$, $\vec{b}=(1,\ -2,\ 1)$ に垂直で，大きさが3のベクトルを求めよ。〈テスト必出

466 次の平面の方程式を求めよ。

□ (1) 点 (1, −2, 3) を通り，ベクトル (1, 2, −1) に垂直な平面

□ (2) 点 (2, 3, −2) を通り，xy 平面に平行な平面

□ (3) 平面 $3x-4y+5z-1=0$ に平行で，点 (1, 2, 0) を通る平面

□ **467** 3 点 (0, 3, 3), (0, 1, 5), (−4, 3, 1) を通る平面の方程式を求めよ。

468 次の点と平面の距離を求めよ。

□ (1) 点 (1, 2, −3), 平面 $2x-3y+6z-3=0$

□ (2) 点 (4, 3, 1), 平面 $x+2y+2z=3$

469 次の球面の方程式を求めよ。

□ (1) 中心が (1, 2, 3) で半径が 1 の球面

□ (2) 中心が (1, 2, 1) で原点を通る球面

□ (3) 2 点 (2, 4, 3), (−2, 2, 5) を直径の両端とする球面

例題研究》 4 点 O(0, 0, 0), A(1, 1, 0), B(1, 0, 1), C(0, 1, 1) を通る球面の方程式を求めよ。

着眼 求める球面の方程式を $x^2+y^2+z^2+ax+by+cz+d=0$ として，4 点の座標を代入し，a, b, c, d を求めればよい。

解き方 4 点を通る球面の方程式を

$x^2+y^2+z^2+ax+by+cz+d=0$ ……①

→ x, y, z の 1 次の項を忘れないように

とおくと，4 点 O, A, B, C がこの球面上にあることから

$d=0$, $2+a+b+d=0$, $2+a+c+d=0$, $2+b+c+d=0$

この 4 つの式を連立させて解くと $a=b=c=-1$, $d=0$

これを①に代入して $x^2+y^2+z^2-x-y-z=0$

→ これを答えとしてもよい

よって $\left(x-\frac{1}{2}\right)^2+\left(y-\frac{1}{2}\right)^2+\left(z-\frac{1}{2}\right)^2=\frac{3}{4}$ ……答

□ **470** 4 点 (−1, −2, 4), (−4, 2, 5), (5, 2, −4), (4, 7, 8) を通る球面の中心の座標と半径を求めよ。

471 次の方程式はどんな図形を表すか。 テスト必出

□ (1) $x^2+y^2+z^2-2x+4y-4=0$　　□ (2) $x^2+y^2+z^2+4x-12y+6z=0$

応用問題

解答 → 別冊 p. 86

例題研究 空間の 4 点 A，B，C，D が $AB^2+CD^2=AC^2+BD^2$ を満たすならば，$AD\perp BC$ であることを証明せよ。

着眼 $AB^2=|\overrightarrow{AB}|^2=\overrightarrow{AB}\cdot\overrightarrow{AB}$ である。与えられた等式を内積を用いた等式にして変形し，$\overrightarrow{AD}\cdot\overrightarrow{BC}=0$ がいえれば $AD\perp BC$ である。

解き方 4 点 A，B，C，D の位置ベクトルを $\vec{a}$，$\vec{b}$，$\vec{c}$，$\vec{d}$ とする。

$AB^2+CD^2=AC^2+BD^2$ であるから　$|\overrightarrow{AB}|^2+|\overrightarrow{CD}|^2=|\overrightarrow{AC}|^2+|\overrightarrow{BD}|^2$

ここで，$\overrightarrow{AB}=\vec{b}-\vec{a}$，$\overrightarrow{CD}=\vec{d}-\vec{c}$，$\overrightarrow{AC}=\vec{c}-\vec{a}$，$\overrightarrow{BD}=\vec{d}-\vec{b}$ であるから

$$|\vec{b}-\vec{a}|^2+|\vec{d}-\vec{c}|^2=|\vec{c}-\vec{a}|^2+|\vec{d}-\vec{b}|^2$$

ゆえに　$|\vec{b}|^2-2\vec{a}\cdot\vec{b}+|\vec{a}|^2+|\vec{d}|^2-2\vec{c}\cdot\vec{d}+|\vec{c}|^2$

$=|\vec{c}|^2-2\vec{a}\cdot\vec{c}+|\vec{a}|^2+|\vec{d}|^2-2\vec{b}\cdot\vec{d}+|\vec{b}|^2$

これを整理して　$\vec{a}\cdot\vec{b}-\vec{a}\cdot\vec{c}+\vec{c}\cdot\vec{d}-\vec{b}\cdot\vec{d}=0$　$\vec{a}\cdot(\vec{b}-\vec{c})-(\vec{b}-\vec{c})\cdot\vec{d}=0$

したがって　$(\vec{a}-\vec{d})\cdot(\vec{b}-\vec{c})=0$　　すなわち　$\overrightarrow{DA}\cdot\overrightarrow{CB}=0$

よって　$\overrightarrow{DA}\perp\overrightarrow{CB}$　　すなわち　$AD\perp BC$　　〔証明終〕

□ **472** 四面体 ABCD において，次のことを内積を用いて証明せよ。

$AB\perp CD$，$AC\perp BD$ ならば，$AD\perp BC$

□ **473** 次の式が成り立つ △ABC は，どんな形の三角形か。

$$\overrightarrow{AB}\cdot\overrightarrow{AB}=\overrightarrow{AB}\cdot\overrightarrow{AC}+\overrightarrow{BA}\cdot\overrightarrow{BC}+\overrightarrow{CA}\cdot\overrightarrow{CB}$$

□ **474** 2 平面 $3x+5y-4z=6$，$x-y+4z=2$ のなす角を 2 等分する平面の方程式を求めよ。 差がつく

□ **475** 球面 $x^2+y^2+z^2=R$ と平面 $x+y+z=a$ が接しているとき，R はいくらか。

□ **476** 原点 O を中心とし，平面 $x+2y-3z=28$ に接する球面の方程式を求めよ。また，その接点の座標を求めよ。

47 等差数列

テストに出る重要ポイント

- **数列**…ある規則にしたがって並んでいる数の列を**数列**という。各数を**項**，最初の数を**初項**，n 番目の数を**第 n 項**，または**一般項**という。数列を一般的に表すには，a_1，a_2，…，a_n，…と表し，$\{a_n\}$ と略記することもある。
- **等差数列**…初項 a，**公差 d** の等差数列 $\{a_n\}$ の初項から第 n 項までの和を S_n とすれば
  ① 定義：$a_{n+1}-a_n=d$（一定）
  ② 一般項：$a_n=a+(n-1)d$
  ③ 和：$S_n=\dfrac{n\{2a+(n-1)d\}}{2}=\dfrac{n(a+a_n)}{2}$
  ④ a，b，c の 3 数がこの順に等差数列をなすための必要十分条件は，$2b=a+c$ である。この b を**等差中項**という。
- **数列の和と一般項**…数列 $\{a_n\}$ の初項から第 n 項までの和を S_n とすれば
  $a_1=S_1$，$a_n=S_n-S_{n-1}$ $(n\geqq2)$

基本問題

解答 → 別冊 p. 86

できたらチェック。

477 次の数列の規則を考え，□にあてはまる数を求めよ。

□ (1) 1，4，□，10，13，□，19

□ (2) 12，9，□，3，0，□

□ (3) 4，□，16，-32，□，-128

□ (4) 1，-3，9，-27，□，□

478 次の数列の初項から第 5 項までを書け。

□ (1) $\{-2+3n\}$　□ (2) $\{2\times3^{n-1}\}$　□ (3) $\{2-(-1)^n\}$

□ (4) $\left\{\dfrac{3-2n}{n+1}\right\}$　□ (5) $\{\cos n\pi\}$　□ (6) $\left\{\sin\dfrac{n\pi}{2}\right\}$

479 次の数列の初項から第 5 項までを書け。〈テスト必出

□ (1) $a_1=1$，$a_{n+1}=a_n+2$ $(n\geqq1)$　□ (2) $a_1=2$，$a_{n+1}=a_n-5$ $(n\geqq1)$

480 次の数列は等差数列である。□にあてはまる数，および一般項 a_n を求めよ。

□ (1) 1，□，11，□，…　　□ (2) □，−2，□，−6，…

□ (3) □，30，37，□，…　　□ (4) 3，□，□，15，…

481 次の等差数列の一般項 a_n を求めよ。また，第10項を求めよ。テスト必出

□ (1) 初項が3，公差が2　　□ (2) 公差が5，第8項が20

□ (3) 初項が100，第7項が58　　□ (4) 第3項が8，第6項が18

482 次の等差数列の初項から第 n 項までの和を求めよ。

□ (1) 2，5，8，11，…　　□ (2) 8，6，4，2，…

□ (3) 8，2，−4，−10，…　　□ (4) −2，−5，−8，−11，…

483 次の等差数列の和を求めよ。テスト必出

□ (1) 初項が3，末項が21，項数が8

□ (2) 第59項が70，第66項が84，項数が100

□ (3) 項数が10で，$a_n=2n+3$ $(n=1,\ 2,\ \cdots,\ 10)$

例題研究 等差数列の第 m 項が p，第 n 項が q のとき，第 $(m+n)$ 項を求めよ。ただし，$m \neq n$ とする。

着眼 文字が多いので，既知なものと未知なものとの区別をしっかりさせておく。そのうえで，初項 a と公差 d を求めればよい。

解き方 初項を a，公差を d とすれば

$a+(m-1)d=p$ ……①　　$a+(n-1)d=q$ ……②

①−②より　$(m-n)d=p-q$　　$m \neq n$ だから　$d=\dfrac{p-q}{m-n}$

これを①に代入して　$a=p-\dfrac{(m-1)(p-q)}{m-n}=\dfrac{q(m-1)-p(n-1)}{m-n}$

よって，第 $(m+n)$ 項 a_{m+n} は

$$a_{m+n}=a+(m+n-1)d=\frac{q(m-1)-p(n-1)}{m-n}+(m+n-1)\times\frac{p-q}{m-n}$$

$$=\boldsymbol{\frac{mp-nq}{m-n}}\ \cdots\cdots 答$$

□ **484** 2数 a，b の間に n 個の数 a_1，a_2，…，a_n を入れて，a，a_1，a_2，…，a_n，b が等差数列になるようにしたい。このときの公差を a，b，n で表せ。

□ **485** 第5項が22で，初項から第5項までの和が70である等差数列の初項と公差を求めよ。

□ **486** 300と400の間に9の倍数は何個あるか。また，その和を求めよ。

□ **487** 等差数列100，96，92，…の第何項が初めて負の数となるか。

応用問題

解答 → 別冊 p. 88

488 1から100までの正の整数のうち，次のものの和を求めよ。〈差がつく〉

□ (1) 3でも5でも割り切れる数　□ (2) 3または5で割り切れる数

489 3桁の正の整数のうち，次のものの和を求めよ。

□ (1) 3でも7でも割り切れる数　□ (2) 3または7で割り切れる数

例題研究》 ある数列の初項から第 n 項までの和 S_n が $S_n=3n^2-2n$ で表されるとき，この数列はどんな数列か。

着眼 初項は $a_1=S_1$，$n\geqq 2$ のとき，$a_n=S_n-S_{n-1}$ である。このように，$n=1$ のときと $n\geqq 2$ のときに分けなければならない。

解き方 この数列の第 n 項を a_n とすると，第 n 項までの和が $S_n=3n^2-2n$ であるから，

$n\geqq 2$ のとき　$a_n=S_n-S_{n-1}$

$=(3n^2-2n)-\{3(n-1)^2-2(n-1)\}$

ゆえに　$a_n=6n-5=1+(n-1)\cdot 6$　……①

$n=1$ のとき　$a_1=S_1=3-2=1$

これは，①で $n=1$ の場合に等しい。したがって，①は $n\geqq 1$ で成り立つ。

よって，この数列は，**初項1，公差6の等差数列**である。 ……答

注：$n\geqq 2$ のとき，$S_{n-1}=a_1+a_2+\cdots+a_{n-1}$ であるから，この式で $n=1$ とすることはできない。また，問題によっては，①で $n=1$ としたものと a_1 が一致しないこともある。

490 初項から第 n 項までの和 S_n が次の式で与えられる数列の一般項 a_n を求めよ。

□ (1) $S_n=-2n^2+3n$　□ (2) $S_n=n^3$　□ (3) $S_n=2n^2+3n+1$

□ (4) $S_n=n^3-n-1$　□ (5) $S_n=an^2+bn$ $(a\neq 0)$

48 等比数列

テストに出る重要ポイント

- **等比数列**…初項 a，**公比 r** の等比数列 $\{a_n\}$ の初項から第 n 項までの和を S_n とすれば
  ① 定義：$a_{n+1}=ra_n$（r は定数）
  ② 一般項：$a_n=ar^{n-1}$
  ③ 和：$S_n=\dfrac{a(1-r^n)}{1-r}=\dfrac{a(r^n-1)}{r-1}$ $(r\neq 1)$，　$S_n=na$ $(r=1)$
  ④ 0でない3数 a，b，c がこの順に等比数列をなすための必要十分条件は，$b^2=ac$ である。この b を**等比中項**という。

基本問題

解答 → 別冊 p. 89

できたらチェック。

491 次の数列は等比数列である。□にあてはまる数，および一般項 a_n を求めよ。

□ (1) 2，8，□，□，512，…　　□ (2) 1，3，9，□，□，…

□ (3) $3\sqrt{3}$，□，$\sqrt{3}$，1，□，…　　□ (4) 64，□，16，−8，□，…

492 次の等比数列の一般項 a_n を求めよ。また，第5項を求めよ。 テスト必出

□ (1) 初項が1，公比が2　　□ (2) 初項が −3，公比が2

□ (3) 公比が3，第3項が12　　□ (4) 初項が16，第3項が4

□ (5) 第2項が5，第3項が1

493 次の等比数列の初項から第 n 項までの和を求めよ。

□ (1) 2，−4，8，−16，…　　□ (2) 4，$4\sqrt{3}$，12，$12\sqrt{3}$，…

□ (3) 18，6，2，…　　□ (4) −1，−3，−9，…

□ (5) $\dfrac{16}{27}$，$-\dfrac{4}{9}$，$\dfrac{1}{3}$，$-\dfrac{1}{4}$，…　　□ (6) $1\dfrac{1}{2}$，$4\dfrac{1}{2}$，$13\dfrac{1}{2}$，$40\dfrac{1}{2}$，…

ガイド　各数列の初項，公比を求めて，和の公式を使えばよい。

494 次の等比数列の和を求めよ。テスト必出

□ (1) 初項が 5，末項が 640，公比が 2

□ (2) 第 5 項が -48，第 8 項が 384，項数が 10

□ (3) 項数が 10 で，$a_n=3\cdot 2^{n-1}$ $(n=1,\ 2,\ \cdots,\ 10)$

□ (4) 第 3 項が 18，第 4 項が -54，項数が 10

例題研究 初項 a，公比 r の等比数列がある。初項から第 n 項までの和は 93 で，第 n 項までの項の中で最大のものは 48 である。また，初項から第 $2n$ 項までの和は 3069 である。この数列の初項 a と公比 r を求めよ。ただし，$a>0$，$r>0$ とする。

着眼 等比数列の和を考えるときには，$\boldsymbol{r \neq 1}$ **と** $\boldsymbol{r=1}$ **の場合**を考えなければならない。未知数は a，r，n の 3 つで，条件も 3 つあるので解けるはずである。

解き方 第 $2n$ 項までの和が，第 n 項までの和の 2 倍でないことから，$r \neq 1$ である。

条件より　$\dfrac{a(r^n-1)}{r-1}=93$ ……①　　$\dfrac{a(r^{2n}-1)}{r-1}=3069$ ……②

②÷① より　$r^n+1=33$　　ゆえに　$r^n=32$ ……③

（→ 辺々割り算をする）

③を①に代入して　$31a=93(r-1)$　　ゆえに　$a=3(r-1)$ ……④

ところで，$a>0$ と④より，$r>1$ であるから，最大の項は第 n 項である。

ゆえに　$ar^{n-1}=48$ ……⑤

③÷⑤より　$2a=3r$ ……⑥

④，⑥より　$a=3$，$r=2$　　答 $\boldsymbol{a=3}$，$\boldsymbol{r=2}$

□ **495** 等比数列をなす 3 つの正の実数の和が 14，積が 64 であるという。このとき，その 3 数のうちの最小の数と最大の数を求めよ。

496 次の 2 数の間に，与えられた個数の実数を入れて，それらが等比数列をなすようにしたい。間に入れる数を求めよ。テスト必出

□ (1) -9 と -4 の間に 2 個　　□ (2) 2 と 162 の間に 3 個

□ **497** a，b，c がこの順に等比数列をなすとき，$(a+b+c)(a-b+c)=a^2+b^2+c^2$ であることを証明せよ。

応用問題

解答 → 別冊 p. 91

□ **498** 0でない3数 a, b, c が，この順に，同時に等差数列と等比数列をなすことがあるか。

□ **499** 三角形の3辺の長さ a, b, c が等比数列をなすとする。このとき，公比 r のとりうる値の範囲を求めよ。

500 次の問いに答えよ。

□ (1) 2187 の正の約数の総和を求めよ。ただし，1 と 2187 も含めるものとする。

□ (2) $2^5\cdot5^3$ の正の約数の総和を求めよ。ただし，1 と $2^5\cdot5^3$ も含めるものとする。

□ **501** ある年のはじめに A 円を借り，その年の末から始めて毎年末に一定額ずつ支払って，n 年間で全部返済したい。いくらずつ支払えばよいか。ただし，年利率を r とし，1年ごとの複利計算とする。

例題研究》 等差数列 $\{a_n\}$ と等比数列 $\{b_n\}$ がある。$c_n=a_n+b_n$ ($n=1$, 2, 3, …) とすると，$c_1=2$, $c_2=5$, $c_3=17$ である。数列 $\{c_n\}$ の一般項 c_n を n の式で表せ。ただし，$\{b_n\}$ の初項，公比はともに整数で，公比は0でない。

着眼 未知数が4つ出てくるが，式は3つしかない。何かほかに条件はないか。等比数列の初項と公比が整数で，公比が0でないという条件をうまく使うこと。

解き方 等差数列 $\{a_n\}$ の初項を a，公差を d，等比数列 $\{b_n\}$ の初項を b，公比を r とすれば

$a_n=a+(n-1)d$,　$b_n=br^{n-1}$　　ゆえに　$c_n=a+(n-1)d+br^{n-1}$

題意より　$a+b=2$　……①，$a+d+br=5$　……②，$a+2d+br^2=17$　……③

①+③−②×2 より　$b(r^2-2r+1)=9$　　ゆえに　$b(r-1)^2=9$

b, r は整数で，$(r-1)^2$ は9の約数となる平方数であるから

$(r-1)^2=1$, $b=9$　……④　　または　$(r-1)^2=9$, $b=1$　……⑤

$r\neq0$ と①，②，④より　$r=2$, $a=-7$, $d=-6$

同様に，①，②，⑤より　$r=4$, $a=1$, $d=0$　または　$r=-2$, $a=1$, $d=6$

よって　$\boldsymbol{c_n=9\cdot2^{n-1}-6n-1}$　**または**　$\boldsymbol{c_n=4^{n-1}+1}$

または　$\boldsymbol{c_n=(-2)^{n-1}+6n-5}$　……答

□ **502** 数列 3, 6, …, 1500 は等差数列か等比数列のいずれであるかを調べ，この数列の和を求めよ。

49 いろいろな数列

テストに出る重要ポイント

- **$\sum$の性質**…数列の和 $a_1+a_2+\cdots+a_n$ を，記号 $\sum$ を使って $\sum_{k=1}^{n} a_k$ と書く。

  ① $\sum_{k=1}^{n}(a_k+b_k)=\sum_{k=1}^{n}a_k+\sum_{k=1}^{n}b_k$

  ② $\sum_{k=1}^{n}ca_k=c\sum_{k=1}^{n}a_k$ （c は k に無関係な定数）

  ③ $\sum_{k=1}^{n}c=nc$ （c は k に無関係な定数）

  ④ $\sum_{k=m}^{n}a_k=\sum_{k=1}^{n}a_k-\sum_{k=1}^{m-1}a_k$ $(n>m>1)$

- **数列の和の公式**

  ① $\sum_{k=1}^{n}k=1+2+3+\cdots+n=\dfrac{n(n+1)}{2}$

  ② $\sum_{k=1}^{n}k^2=1^2+2^2+\cdots+n^2=\dfrac{n(n+1)(2n+1)}{6}$

  ③ $\sum_{k=1}^{n}k^3=1^3+2^3+\cdots+n^3=\left\{\dfrac{n(n+1)}{2}\right\}^2$

- **階差数列**…数列 $\{a_n\}$ の階差数列を $\{b_n\}$ とすると

  ① $a_{n+1}-a_n=b_n$ （階差数列の定義）

  ② $a_n=a_1+\sum_{k=1}^{n-1}b_k$ $(n\geqq 2)$

- **その他の数列の和の求め方**

  ① $a_n=\dfrac{1}{n(n+a)}$ のとき $\dfrac{1}{a}\left(\dfrac{1}{n}-\dfrac{1}{n+a}\right)$ と変形する。

  ② $S_n=\sum_{k=1}^{n}a_kx^{k-1}$ のとき S_n-xS_n を作る。

基本問題

解答 → 別冊 p. 92

できたらチェック。

503 次の数列の和を $\sum$ を用いて表し，その和を求めよ。

□ (1) $2+4+6+\cdots+2n$　　□ (2) $1+2+3+\cdots+n$

□ (3) $1+5+9+\cdots+(4n-3)$　　□ (4) $1+4+7+\cdots+298$

□ (5) $1^2+2^2+3^2+\cdots+10^2$　　□ (6) $1^3+2^3+3^3+\cdots+10^3$

504 次の和を求めよ。

□ (1) $\sum_{k=1}^{10}(2k+1)$ □ (2) $\sum_{k=1}^{10}(1-3k)$ □ (3) $\sum_{k=1}^{10}(2k-1)^2$

□ (4) $\sum_{k=1}^{n}k(k+3)$ □ (5) $\sum_{k=1}^{n}k(k+1)(k-2)$ □ (6) $\sum_{k=1}^{10}(-2)^{k-1}$

□ (7) $\sum_{k=0}^{10}(k+2)$ □ (8) $\sum_{k=5}^{10}(3-4k)$ □ (9) $\sum_{k=1}^{n+1}(k+1)(k-1)$

ガイド (7) 与式$=\sum_{k=0}^{10}k+\sum_{k=0}^{10}2=\sum_{k=1}^{10}k+2\times11$, (8) 与式$=\sum_{k=1}^{10}(3-4k)-\sum_{k=1}^{4}(3-4k)$ と変形する。

505 次の数列の初項から第 n 項までの和を Σ を用いて表し，その和を求めよ。

□ (1) $1\cdot3+2\cdot4+3\cdot5+\cdots$ □ (2) $2^2+4^2+6^2+\cdots$

□ (3) $1^2\cdot2+2^2\cdot3+3^2\cdot4+\cdots$ □ (4) $(1^2+1)+(2^2+2)+(3^2+3)+\cdots$

例題研究 次の計算をせよ。

(1) $\sum_{m=1}^{n}\left(\sum_{k=1}^{m}k\right)$ (2) $\sum_{m=1}^{n}\left\{\sum_{k=1}^{m}(k^2-1)\right\}$

着眼 数列の和の公式を活用すればよい。まず( )内から計算していく。$\sum_{k=1}^{m}1=m$ であるが，これをよく1とまちがえるので注意しておくこと。

解き方 (1) $\sum_{m=1}^{n}\left(\sum_{k=1}^{m}k\right)=\sum_{m=1}^{n}\frac{m(m+1)}{2}=\frac{1}{2}\left(\sum_{m=1}^{n}m^2+\sum_{m=1}^{n}m\right)$

$$=\frac{1}{2}\left\{\frac{n(n+1)(2n+1)}{6}+\frac{n(n+1)}{2}\right\}=\boldsymbol{\frac{n(n+1)(n+2)}{6}}$$ ……答

(2) $\sum_{m=1}^{n}\left\{\sum_{k=1}^{m}(k^2-1)\right\}=\sum_{m=1}^{n}\left(\sum_{k=1}^{m}k^2-\sum_{k=1}^{m}1\right)=\sum_{m=1}^{n}\left\{\frac{m(m+1)(2m+1)}{6}-m\right\}$

$$=\sum_{m=1}^{n}\frac{2m^3+3m^2-5m}{6}=\frac{1}{6}\left(2\sum_{m=1}^{n}m^3+3\sum_{m=1}^{n}m^2-5\sum_{m=1}^{n}m\right)$$

$$=\frac{1}{6}\left[2\left\{\frac{n(n+1)}{2}\right\}^2+3\cdot\frac{n(n+1)(2n+1)}{6}-5\cdot\frac{n(n+1)}{2}\right]$$

$$=\boldsymbol{\frac{n(n+1)(n-1)(n+4)}{12}}$$ ……答

506 次の数列の初項から第 n 項までの和を求めよ。 テスト必出

□ (1) $1,\ 1+2,\ 1+2+2^2,\ \cdots$ □ (2) $1,\ 1+2,\ 1+2+3,\ \cdots$

□ (3) $1\cdot n,\ 2\cdot(n-1),\ 3\cdot(n-2),\ \cdots$

ガイド (1) 第 n 項 $a_n=1+2+2^2+\cdots+2^{n-1}$ は，初項1，公比2，項数 n の等比数列の和だ。

例題研究》 数列 2, 6, 7, 5, 0, −8, −19, …の一般項 a_n を求めよ。また，初項から第 n 項までの和 S_n を求めよ。

着眼 まず，階差数列を作ってみよう。$n=1$ のときと $n\geqq 2$ のときに分けて求める。一般項 a_n が求められれば，和の公式によって計算すればよい。

解き方 与えられた数列を $\{a_n\}$，その階差数列を $\{b_n\}$ とすると

$\{a_n\}$：2, 6, 7, 5, 0, −8, −19, …

$\{b_n\}$：4, 1, −2, −5, −8, −11, …

よって，$\{b_n\}$ は初項 4，公差 −3 の等差数列となるから，一般項は

$$b_n=4+(n-1)(-3)=7-3n$$

$n\geqq 2$ のとき　$a_n=a_1+\sum_{k=1}^{n-1}b_k=2+\sum_{k=1}^{n-1}(7-3k)=2+7\sum_{k=1}^{n-1}1-3\sum_{k=1}^{n-1}k$

$$=2+7(n-1)-3\cdot\frac{1}{2}n(n-1)=-\frac{3}{2}n^2+\frac{17}{2}n-5 \quad \cdots\cdots①$$

（$(n-1)$ → これを 1 としてはダメ）

①において，$n=1$ とすると 2 となり，これは a_1 に一致する。

ゆえに　$a_n=-\frac{3}{2}n^2+\frac{17}{2}n-5$

次に，初項から第 n 項までの和 S_n は

$$S_n=\sum_{k=1}^{n}a_k=\sum_{k=1}^{n}\left(-\frac{3}{2}k^2+\frac{17}{2}k-5\right)$$

$$=-\frac{3}{2}\cdot\frac{1}{6}n(n+1)(2n+1)+\frac{17}{2}\cdot\frac{1}{2}n(n+1)-5n$$

$$=-\frac{1}{4}n\{(n+1)(2n+1)-17(n+1)+20\}=-\frac{1}{2}n(n^2-7n+2)$$

答 $\boldsymbol{a_n=-\frac{3}{2}n^2+\frac{17}{2}n-5}$，$\boldsymbol{S_n=-\frac{1}{2}n(n^2-7n+2)}$

507 次の数列の一般項 a_n を求めよ。また，初項から第 n 項までの和 S_n を求めよ。

□ (1) 3, 6, 10, 15, 21, …　　□ (2) 1, 2, 6, 15, 31, 56, …

□ (3) 1, 3, 8, 16, 27, 41, …　　□ (4) 1, 7, 19, 37, 61, …

508 次の数列の初項から第 n 項までの和を求めよ。 **テスト必出**

□ (1) $\frac{1}{1\cdot 3}$, $\frac{1}{3\cdot 5}$, $\frac{1}{5\cdot 7}$, $\frac{1}{7\cdot 9}$, …

□ (2) $\frac{1}{1\cdot 3}$, $\frac{1}{2\cdot 4}$, $\frac{1}{3\cdot 5}$, $\frac{1}{4\cdot 6}$, …

応用問題

解答 ➡ 別冊 p. 94

□ **509** 数列 1, 2, 3, 4, …, n において，異なる 2 項ずつの積の和を求めよ。また，連続しない 2 整数の積の和を求めよ。

510 次の数列の一般項 a_n を求めよ。また，初項から第 n 項までの和 S_n を求めよ。

□ (1) 1, 4, 13, 40, 121, …　　□ (2) 2, 5, 10, 19, 34, …

例題研究》 (1) 次の k についての恒等式が成り立つように，定数 A, B の値を定めよ。
$$\frac{1}{k(k+1)(k+2)}=\frac{A}{k(k+1)}+\frac{B}{(k+1)(k+2)}$$

(2) $S_n=\sum_{k=1}^{n}\frac{1}{k(k+1)(k+2)}$ を求めよ。

着眼 このタイプでは**部分分数に分解する**ことを忘れるな！ (1)の A, B の値は係数比較法で求めればよい。(2)は，(1)の結果を用いて，具体的に k に 1, 2, 3, …を代入してみる。

解き方 (1) 与式において両辺の分母を払うと

$1=A(k+2)+Bk$　　$(A+B)k+2A-1=0$

これが k についての恒等式だから　$A+B=0$, $2A-1=0$

よって　$\boldsymbol{A=\frac{1}{2}}$, $\boldsymbol{B=-\frac{1}{2}}$　……答

(2) $S_n=\sum_{k=1}^{n}\frac{1}{k(k+1)(k+2)}=\frac{1}{2}\sum_{k=1}^{n}\left\{\frac{1}{k(k+1)}-\frac{1}{(k+1)(k+2)}\right\}$

→ (1)より部分分数に分解

$$=\frac{1}{2}\left[\left(\frac{1}{1\cdot2}-\frac{1}{2\cdot3}\right)+\left(\frac{1}{2\cdot3}-\frac{1}{3\cdot4}\right)+\cdots+\left\{\frac{1}{n(n+1)}-\frac{1}{(n+1)(n+2)}\right\}\right]$$

$$=\frac{1}{2}\left\{\frac{1}{1\cdot2}-\frac{1}{(n+1)(n+2)}\right\}=\boldsymbol{\frac{n(n+3)}{4(n+1)(n+2)}}$$　……答

511 次の数列の初項から第 n 項までの和を求めよ。《差がつく

□ (1) $\frac{1}{1\cdot3\cdot5}$, $\frac{1}{3\cdot5\cdot7}$, $\frac{1}{5\cdot7\cdot9}$, …

□ (2) $\frac{1}{2^2-1}$, $\frac{1}{4^2-1}$, $\frac{1}{6^2-1}$, $\frac{1}{8^2-1}$, …

例題研究 次の数列の初項から第 n 項までの和 S_n を求めよ。

$1,\ 2x,\ 3x^2,\ \cdots,\ nx^{n-1}$

着眼 これはよくある数列なので，和の求め方をしっかり覚えておこう。要領は等比数列の和を求めるときと同じである。$\boldsymbol{x \neq 1}$，$\boldsymbol{x=1}$ **の場合分け**は必ずすること。

解き方 $S_n=1+2x+3x^2+\cdots+nx^{n-1}$ ……①

①の両辺に x をかけて

$xS_n= \quad x+2x^2+\cdots+(n-1)x^{n-1}+nx^n$ ……②

①−② より $(1-x)S_n=\underline{1+x+x^2+\cdots+x^{n-1}}-nx^n$

→ この部分が等比数列の和になる

$x \neq 1$ のとき $(1-x)S_n=\dfrac{1-x^n}{1-x}-nx^n=\dfrac{1-(n+1)x^n+nx^{n+1}}{1-x}$

ゆえに $S_n=\dfrac{1-(n+1)x^n+nx^{n+1}}{(1-x)^2}$

$x=1$ のとき $S_n=1+2+3+\cdots+n=\dfrac{n(n+1)}{2}$

答 $\begin{cases} \boldsymbol{x \neq 1} \text{ のとき } \boldsymbol{S_n=\dfrac{1-(n+1)x^n+nx^{n+1}}{(1-x)^2}} \\ \boldsymbol{x=1} \text{ のとき } \boldsymbol{S_n=\dfrac{n(n+1)}{2}} \end{cases}$

512 次の和 S を求めよ。

□ (1) $S=1+3x+5x^2+7x^3+\cdots+(2n-1)x^{n-1}$

□ (2) $S=1-2x+3x^2-4x^3+\cdots+(-1)^{n-1}nx^{n-1}$

□ **513** 数列 $\dfrac{7}{3}$，1，$\dfrac{11}{27}$，$\dfrac{13}{81}$，…の一般項 a_n を求めよ。また，初項から第 n 項までの和 S_n を求めよ。

514 自然数の列を，次のように第 n 群が n 個の数を含むように分ける。

$1|2,\ 3|4,\ 5,\ 6|7,\ 8,\ 9,\ 10|11,\ 12,\ \cdots|\cdots$ **差がつく**

□ (1) 第 n 群の最初の数を求めよ。

□ (2) 第 n 群の総和を求めよ。

ガイド 区切りをとった自然数の列 1，2，3，…の k 番目の数は k である。

50 漸化式

テストに出る重要ポイント

- **隣接2項間の漸化式**…2項 a_n と a_{n+1} の関係を表す式を**漸化式**という。

・$\boldsymbol{a_1=a,\ a_{n+1}=pa_n+q}$ **の場合**

① $p=1$ のとき　$a_{n+1}-a_n=q$ で，初項 a，公差 q の等差数列となる。

② $q=0$ のとき　$a_{n+1}=pa_n$ で，初項 a，公比 p の等比数列となる。

③ $p\neq1$，$q\neq0$ のとき

(1) はじめの数項を順次求めて，一般項を類推し，**数学的帰納法**（$p.160$）で証明する。

(2) $\boldsymbol{a_{n+2}-a_{n+1}=p(a_{n+1}-a_n)}$ より，階差数列 $b_n=a_{n+1}-a_n$ が等比数列となるので，$\boldsymbol{a_n=a_1+\sum_{k=1}^{n-1}b_k}$ $(n\geqq2)$ として求められる。

(3) $\alpha=p\alpha+q$ を満たす α を両辺から引くと，$\boldsymbol{a_{n+1}-\alpha=p(a_n-\alpha)}$ となるので，**数列 $\{a_n-\alpha\}$ は等比数列**となる。

㊟③は(3)の方法が最も便利である。ここで使われた方程式 $\boldsymbol{\alpha=p\alpha+q}$ を，もとの漸化式の**特性方程式**という。与えられた漸化式が $a_{n+1}-\alpha=p(a_n-\alpha)$ の形になるには，$a_{n+1}=pa_n+\alpha(1-p)=pa_n+q$ となればよいから，$\alpha(1-p)=q$ すなわち $\alpha=p\alpha+q$ を満たす α を求めればよいことになる。

・$\boldsymbol{a_1=a,\ a_{n+1}=a_n+f(n)}$ **の場合**

$\boldsymbol{b_n=a_{n+1}-a_n}=f(n)$ とすれば，$\boldsymbol{a_n=a_1+\sum_{k=1}^{n-1}b_k}$ $(n\geqq2)$ となる。

・$\boldsymbol{a_{n+1}=\dfrac{ra_n}{pa_n+q}}$ **の場合**

逆数をとり，$\boldsymbol{b_n=\dfrac{1}{a_n}}$ とおけばよい。

基本問題

解答 ➡ 別冊 *p. 96*

できたらチェック。

515 次のように定義される数列 $\{a_n\}$ の第5項を求めよ。

□ (1) $a_1=1$，$a_{n+1}=a_n+6$　　□ (2) $a_1=2$，$a_{n+1}=a_n-3$

□ (3) $a_1=2$，$a_{n+1}=2a_n$　　□ (4) $a_1=1$，$a_{n+1}=-3a_n$

例題研究 次のように定義される数列の一般項 a_n を求めよ。

$$a_1=1,\quad a_{n+1}=2a_n+1$$

着眼 $p.156$ 隣接2項間の漸化式のどの方法でもできるようにしておかなければならない。ここではまず類推の方法で解いてみよう。$n=1,\ 2,\ 3,\ \cdots$ と具体的に代入してみる。

解き方 $a_1=1$

$a_2=2a_1+1=2\cdot1+1=2+1$

$a_3=2a_2+1=2(2+1)+1=2^2+2+1$

$a_4=2a_3+1=2(2^2+2+1)+1=2^3+2^2+2+1$

これから類推して $a_n=2^{n-1}+2^{n-2}+\cdots+2+1=\dfrac{2^n-1}{2-1}=2^n-1$

これを数学的帰納法で証明する。

Ⅰ．$n=1$ のとき $a_1=2-1=1$ となり成り立つ。

Ⅱ．$n=k$ のとき $a_k=2^k-1$ と仮定すれば，

$a_{k+1}=2a_k+1=2(2^k-1)+1=2^{k+1}-1$ となり，$n=k+1$ のときも成り立つ。

よって $\boldsymbol{a_n=2^n-1}$ ……答

(別解) 1. $a_{n+1}=2a_n+1$ ……① $a_{n+2}=2a_{n+1}+1$ ……②

→ $p.156$ 隣接2項間の漸化式③の(2)による解法

②−①より $a_{n+2}-a_{n+1}=2(a_{n+1}-a_n)$

数列 $\{a_{n+1}-a_n\}$ は，初項 $a_2-a_1=2$，公比2の等比数列だから $a_{n+1}-a_n=2^n$

よって，$n\geqq2$ のとき $a_n=a_1+\sum_{k=1}^{n-1}2^k=1+\dfrac{2(2^{n-1}-1)}{2-1}=2^n-1$

この式で $n=1$ とすると1となり，a_1 に一致する。

ゆえに $\boldsymbol{a_n=2^n-1}$ ……答

(別解) 2. $\alpha=2\alpha+1$ より $\alpha=-1$ ゆえに $a_{n+1}+1=2(a_n+1)$

→ $p.156$ 隣接2項間の漸化式③の(3)による解法

数列 $\{a_n+1\}$ は，初項 $a_1+1=2$，公比2の等比数列だから $a_n+1=2^n$

よって $\boldsymbol{a_n=2^n-1}$ ……答

516 次のように定義される数列の一般項 a_n を求めよ。

□ (1) $a_1=1,\ a_{n+1}=a_n+4$

□ (2) $a_1=1,\ a_{n+1}=2a_n$

□ (3) $a_1=1,\ a_{n+1}=a_n-3$

□ (4) $a_1=1,\ a_{n+1}=-2a_n$

517 次のように定義される数列の一般項 a_n を求めよ。 テスト必出

□ (1) $a_1=1,\ a_{n+1}=3a_n+1$

□ (2) $a_1=2,\ a_{n+1}=-3a_n+4$

□ (3) $a_1=2,\ a_{n+1}=\dfrac{1}{2}a_n+1$

□ (4) $a_1=3,\ a_{n+1}=\dfrac{1}{2}a_n+3$

□ **518** $a_1=1$，$a_{n+1}=a_n+3n-1\ (n\geqq 1)$ で定義される数列 $\{a_n\}$ の一般項を n の式で表せ。

応用問題

解答 ⟹ 別冊 p. 97

例題研究》 $a_1=1$，$a_n=2a_{n-1}+n-1\ (n\geqq 2)$ で定義される数列 $\{a_n\}$ の一般項を n の式で表せ。

着眼 $a_{n+1}=pa_n+q$ の形でも，$a_{n+1}=a_n+f(n)$ の形でもない。しかし，n を消去すれば，階差数列 $\{b_n\}$ が $b_{n+1}=pb_n+q$ の形になる。

解き方 $a_n=2a_{n-1}+n-1$ ……① で，n のかわりに $n+1$ とおくと

$a_{n+1}=2a_n+n$ ……②

②−①より

$$a_{n+1}-a_n=2(a_n-a_{n-1})+1$$

ここで，$b_n=a_{n+1}-a_n$ とおくと，数列 $\{b_n\}$ は数列 $\{a_n\}$ の階差数列となって，

$b_n=2b_{n-1}+1$ ……③

このとき，特性方程式 $\alpha=2\alpha+1$ より　$\alpha=-1$

ゆえに，③は $b_n+1=2(b_{n-1}+1)$ と表せる。

これは，数列 $\{b_n+1\}$ が，初項 b_1+1，公比 2 の等比数列であることを示す。

ここで　$b_1=a_2-a_1=\underline{(2a_1+2-1)}-a_1=a_1+1=2$

→ ①より

よって，$b_n+1=(b_1+1)\cdot 2^{n-1}=3\cdot 2^{n-1}$ より　$b_n=3\cdot 2^{n-1}-1$

したがって，$n\geqq 2$ のとき

$$a_n=a_1+\sum_{k=1}^{n-1}b_k=1+\sum_{k=1}^{n-1}(3\cdot 2^{k-1}-1)$$

→ 階差数列の公式

$$=1+3\sum_{k=1}^{n-1}2^{k-1}-\sum_{k=1}^{n-1}1$$

$$=1+3\cdot\frac{2^{n-1}-1}{2-1}-(n-1)$$

$$=3\cdot 2^{n-1}-n-1$$

この式に $n=1$ を代入すると 1 となり，a_1 に一致する。

→ 忘れないように

したがって，求める一般項は　$\boldsymbol{a_n=3\cdot 2^{n-1}-n-1}$ ……**答**

□ **519** $a_1=5$，$a_{n+1}=3a_n-2n\ (n\geqq 1)$ で定義される数列 $\{a_n\}$ の一般項を n の式で表せ。

例題研究 次のように定義される数列の一般項 a_n を求めよ。

$$a_1=\frac{1}{2},\quad a_{n+1}=a_n+\frac{1}{(2n)^2-1}\ (n\geqq 1)$$

着眼 階差数列 $\{a_{n+1}-a_n\}$ によって定められる数列はどんな数列か。これがわかれば，階差数列の公式より a_n が求められる。

解き方 $a_{n+1}-a_n=\dfrac{1}{(2n)^2-1}=\dfrac{1}{(2n-1)(2n+1)}=\dfrac{1}{2}\left(\dfrac{1}{2n-1}-\dfrac{1}{2n+1}\right)$

$n\geqq 2$ のとき

$$a_n=a_1+\sum_{k=1}^{n-1}(a_{k+1}-a_k)=\frac{1}{2}+\sum_{k=1}^{n-1}\frac{1}{2}\left(\frac{1}{2k-1}-\frac{1}{2k+1}\right)$$

$$=\frac{1}{2}+\frac{1}{2}\left(1-\frac{1}{2n-1}\right)=\frac{1}{2}+\frac{1}{2}\cdot\frac{2n-2}{2n-1}=\frac{4n-3}{2(2n-1)}\quad\cdots\cdots①$$

①で $n=1$ とすると $\dfrac{1}{2}$ となり，a_1 に一致する。

よって $\boldsymbol{a_n=\dfrac{4n-3}{2(2n-1)}}$ ……答

520 関係式 $a_1=1$，$a_{n+1}=\sum_{k=1}^{n}a_k+(n+1)$ $(n=1,\ 2,\ 3,\ \cdots)$ で定義される数列 $\{a_n\}$ について，次の問いに答えよ。

□ (1) a_{n+1} を a_n の式で表せ。

□ (2) a_n を n の式で表せ。また，$\sum_{k=1}^{n}a_k$ を n の式で表せ。

521 数列 $\{a_n\}$ において，$a_1=1$，$a_{n+1}=\dfrac{2a_n}{6a_n+1}$ $(n=1,\ 2,\ 3,\ \cdots)$ とするとき，次の問いに答えよ。**差がつく**

□ (1) $\dfrac{1}{a_n}=b_n$ とおいて，b_n と b_{n+1} の関係を求めよ。

□ (2) a_n を n の式で表せ。

522 数列 $\{a_n\}$ において，$a_1=\dfrac{1}{2}$，$a_{n+1}=\dfrac{2}{3-a_n}$ $(n=1,\ 2,\ 3,\ \cdots)$ とするとき，次の問いに答えよ。

□ (1) $\dfrac{1}{1-a_n}=b_n$ とおいて，b_n と b_{n+1} の関係を求めよ。

□ (2) a_n を n の式で表せ。

51　数学的帰納法

テストに出る重要ポイント

- **数学的帰納法**…自然数 n に関する命題 $P(n)$ が，すべての自然数 n に対して成り立つことを証明する次のような方法を**数学的帰納法**という。
  自然数 n に関する命題 $P(n)$ が，すべての自然数 n に対して成り立つことを証明するには，次の2つのことを示せばよい。
  (I) $P(n)$ は $n=1$ のとき成り立つ。
  (II) $P(n)$ が $n=k$ のとき成り立つと仮定すれば，$P(n)$ は $n=k+1$ のときも成り立つ。
  ㊟ $n=1$，2のとき成り立つことを示して，$n=k-1$，k のとき成り立つと仮定すれば，$n=k+1$ のときも成り立つことを示してもよい。

基本問題

解答 → 別冊 p. 98

例題研究》 次の等式が成り立つことを証明せよ。

$$1\cdot2+2\cdot3+3\cdot4+\cdots+n(n+1)=\frac{1}{3}n(n+1)(n+2)\quad\cdots\cdots①$$

着眼 $\sum_{k=1}^{n}k(k+1)$ を計算すれば直接に証明できるが，ここでは，自然数 n に関する命題だから，数学的帰納法を適用して証明しよう。

解き方 (I)　$n=1$ のとき　左辺 $=1\cdot2=2$　右辺 $=\frac{1}{3}\cdot1\cdot2\cdot3=2$

したがって，$n=1$ のとき①は成り立つ。

(II)　$n=k$ のとき，①が成り立つと仮定する。すなわち

$$1\cdot2+2\cdot3+3\cdot4+\cdots+k(k+1)=\frac{1}{3}k(k+1)(k+2)\quad\cdots\cdots②$$

が成り立つとする。このとき，②の両辺に $(k+1)(k+2)$ を加えると

$$1\cdot2+2\cdot3+3\cdot4+\cdots+k(k+1)+(k+1)(k+2)$$
$$=\frac{1}{3}k(k+1)(k+2)+(k+1)(k+2)=\frac{1}{3}(k+1)(k+2)(k+3)$$

これは，$n=k+1$ のときも①が成り立つことを示している。

(I)，(II)より，すべての自然数 n について①は成り立つ。　〔証明終〕

できたらチェック。

523 数学的帰納法によって，次の等式が成り立つことを証明せよ。ただし，n は自然数とする。 テスト必出

□ (1) $1+2+3+\cdots+n=\dfrac{1}{2}n(n+1)$

□ (2) $1^2+2^2+3^2+\cdots+n^2=\dfrac{1}{6}n(n+1)(2n+1)$

□ (3) $1^2+3^2+5^2+\cdots+(2n-1)^2=\dfrac{1}{3}n(2n-1)(2n+1)$

□ (4) $1+2+2^2+\cdots+2^{n-1}=2^n-1$

応用問題

解答 ⟹ 別冊 p. 98

例題研究 $n\geqq 2$ のすべての自然数 n について，次の不等式が成り立つことを数学的帰納法を用いて証明せよ。

$$1+\frac{1}{2^2}+\frac{1}{3^2}+\cdots+\frac{1}{n^2}<2-\frac{1}{n}$$

着眼 第1段階は $n=2$ のときについて考えればよい。第2段階については，何を仮定し，何を証明すればよいかを明らかにしておくことが大切である。

解き方 与えられた不等式をⒶとする。すなわち

$$1+\frac{1}{2^2}+\frac{1}{3^2}+\cdots+\frac{1}{n^2}<2-\frac{1}{n} \quad \cdots\cdots Ⓐ$$

(I) $n=2$ のとき，Ⓐにおいて

$$左辺=1+\frac{1}{2^2}=\frac{5}{4} \qquad 右辺=2-\frac{1}{2}=\frac{3}{2}$$

したがって，$n=2$ のときⒶは成り立つ。

(II) $n=k\ (k\geqq 2)$ のとき，Ⓐが成り立つと仮定すると

$$1+\frac{1}{2^2}+\frac{1}{3^2}+\cdots+\frac{1}{k^2}<2-\frac{1}{k} \quad \cdots\cdots ①$$

①の両辺に $\dfrac{1}{(k+1)^2}$ を加えると

$$1+\frac{1}{2^2}+\frac{1}{3^2}+\cdots+\frac{1}{k^2}+\frac{1}{(k+1)^2}<2-\frac{1}{k}+\frac{1}{(k+1)^2} \quad \cdots\cdots ②$$

ここで $2-\dfrac{1}{k+1}-\left\{2-\dfrac{1}{k}+\dfrac{1}{(k+1)^2}\right\}=\dfrac{1}{k}-\dfrac{1}{k+1}-\dfrac{1}{(k+1)^2}=\dfrac{1}{k(k+1)^2}>0$

→ $k\geqq 2$ より正

よって $2-\dfrac{1}{k}+\dfrac{1}{(k+1)^2}<2-\dfrac{1}{k+1} \quad \cdots\cdots ③$

②，③より，$n=k+1$ のときもⒶは成り立つ。

(I)，(II)より，$n\geqq 2$ のすべての自然数 n についてⒶは成り立つ。 〔証明終〕

524 数学的帰納法によって，次の等式が成り立つことを証明せよ。ただし，n は自然数とする。差がつく

□ (1) $1\cdot3\cdot5\cdot\cdots\cdot(2n-1)\cdot2^n=(n+1)(n+2)(n+3)\cdot\cdots\cdot(2n)$

□ (2) $1-\dfrac{1}{2}+\dfrac{1}{3}-\dfrac{1}{4}+\cdots+\dfrac{1}{2n-1}-\dfrac{1}{2n}=\dfrac{1}{n+1}+\dfrac{1}{n+2}+\dfrac{1}{n+3}+\cdots+\dfrac{1}{2n}$

525 数学的帰納法によって，次の不等式が成り立つことを証明せよ。

□ (1) $(1+x)^n>1+nx$（n は 2 以上の整数，$x>0$）

□ (2) $1+\dfrac{1}{2}+\dfrac{1}{3}+\cdots+\dfrac{1}{n}>\dfrac{2n}{n+1}$（$n$ は 2 以上の整数）

例題研究》 正の数 a_1，a_2，a_3，…，a_n に対して，次の不等式が成り立つ。

(i) $a_1\cdot\dfrac{1}{a_1}\geqq1$ (ii) $(a_1+a_2)\left(\dfrac{1}{a_1}+\dfrac{1}{a_2}\right)\geqq4$ (iii) $(a_1+a_2+a_3)\left(\dfrac{1}{a_1}+\dfrac{1}{a_2}+\dfrac{1}{a_3}\right)\geqq9$

(1) (i)，(ii)，(iii)から類推して，一般に n 個の正の数 a_1，a_2，a_3，…，a_n に対して成り立つと思われる不等式を書け。

(2) 上の(ii)を証明せよ。

(3) (1)で類推した不等式を数学的帰納法によって証明せよ。

着眼 (1)については，(i)，(ii)，(iii)の形から類推することは簡単であろう。
(2)，(3)については，**相加平均，相乗平均の関係**が使える。

解き方 (1) $\boldsymbol{(a_1+a_2+\cdots+a_n)\left(\dfrac{1}{a_1}+\dfrac{1}{a_2}+\cdots+\dfrac{1}{a_n}\right)\geqq n^2}$ ……答

(2) $(a_1+a_2)\left(\dfrac{1}{a_1}+\dfrac{1}{a_2}\right)=2+\dfrac{a_2}{a_1}+\dfrac{a_1}{a_2}\geqq2+2=4$（等号成立は $a_1=a_2$ のとき） 〔証明終〕

(3) $\left(\sum_{i=1}^{n}a_i\right)\left(\sum_{i=1}^{n}\dfrac{1}{a_i}\right)\geqq n^2$ ……①

(I) $n=1$ のとき①は成立する。 (II) $n=k$ のとき①が成立すると仮定する。すなわち

$(a_1+a_2+\cdots+a_k)\left(\dfrac{1}{a_1}+\dfrac{1}{a_2}+\cdots+\dfrac{1}{a_k}\right)\geqq k^2$ ……② ← 左辺$=\left(\sum_{i=1}^{k}a_i\right)\left(\sum_{i=1}^{k}\dfrac{1}{a_i}\right)$

$n=k+1$ のとき $(\underbrace{a_1+a_2+\cdots+a_k}_{ア}+\underbrace{a_{k+1}}_{イ})\left(\underbrace{\dfrac{1}{a_1}+\dfrac{1}{a_2}+\cdots+\dfrac{1}{a_k}}_{ウ}+\underbrace{\dfrac{1}{a_{k+1}}}_{エ}\right)$

$=\underbrace{\left(\sum_{i=1}^{k}a_i\right)\left(\sum_{i=1}^{k}\dfrac{1}{a_i}\right)}_{ア\times ウ}+\underbrace{1}_{イ\times エ}+\underbrace{a_{k+1}\sum_{i=1}^{k}\dfrac{1}{a_i}}_{イ\times ウ}+\underbrace{\dfrac{1}{a_{k+1}}\sum_{i=1}^{k}a_i}_{エ\times ア}$

ここで $a_{k+1}\sum_{i=1}^{k}\dfrac{1}{a_i}+\dfrac{1}{a_{k+1}}\sum_{i=1}^{k}a_i=\sum_{i=1}^{k}\left(\dfrac{a_{k+1}}{a_i}+\dfrac{a_i}{a_{k+1}}\right)\geqq\sum_{i=1}^{k}2\sqrt{\dfrac{a_{k+1}}{a_i}\cdot\dfrac{a_i}{a_{k+1}}}=2k$

より，これと②をあわせて $\left(\sum_{i=1}^{k+1}a_i\right)\left(\sum_{i=1}^{k+1}\dfrac{1}{a_i}\right)\geqq k^2+1+2k=(k+1)^2$

よって，$n=k+1$ のときも①は成立する。

(I)，(II)より，すべての自然数 n について①は成立する。 〔証明終〕

52 確率分布

テストに出る重要ポイント

- **確率変数，確率分布**…試行の結果に応じて値が決まる変数を**確率変数**という。確率変数 X のとる値と，その値をとる確率との対応を示したものを，X の**確率分布**という。
- **平均(期待値)**…確率変数 X のとる値が x_1，x_2，…，x_n で，それぞれの値をとる確率が p_1，p_2，…，p_n $(p_1+p_2+\cdots+p_n=1)$ のとき，$m=E(X)=x_1p_1+x_2p_2+\cdots+x_np_n$ を，確率変数 X の**平均**または**期待値**という。
- **分散，標準偏差**

  ① 分散 $V(X)=\sum_{k=1}^{n}(x_k-m)^2p_k=E((X-m)^2)=E(X^2)-\{E(X)\}^2$

  ② 標準偏差 $\sigma(X)=\sqrt{V(X)}$
- **確率変数の1次式**…X を確率変数，a，b を定数とすると，$Y=aX+b$ のとき

  ① $E(Y)=E(aX+b)=aE(X)+b$

  ② $V(Y)=V(aX+b)=a^2V(X)$

  ③ $\sigma(Y)=\sigma(aX+b)=|a|\sigma(X)$
- **確率変数の和・積**

  ① 2つの確率変数 X，Y について　$E(X+Y)=E(X)+E(Y)$

  ② 2つの確率変数 X，Y が**独立**ならば

  $E(XY)=E(X)E(Y)$，$V(X+Y)=V(X)+V(Y)$

基本問題

解答 → 別冊 p. 100

できたらチェック。

526 次の問いに答えよ。 テスト必出

□ (1) 2枚の硬貨を投げるとき，表の出る枚数 X の確率分布を求めよ。

□ (2) 3枚の硬貨を投げるとき，表の出る枚数 X の確率分布を求めよ。

□ (3) 4枚の硬貨を投げるとき，表の出る枚数 X の確率分布を求めよ。
また，$X\leqq2$ となる確率 $P(X\leqq2)$ を求めよ。

例題研究》 袋の中に赤球4個と白球6個がはいっている。この中から1個取り出して，色を見てから袋にもどすことにする。これを3回行うとして，3回のうち赤球の出る回数を X とするとき，X の確率分布を求めよ。また，袋の中から一度に3個取り出すとして，その中の赤球の個数 Y の確率分布を求めよ。

着眼 X, Y のとりうる値に対する確率を求める。確率分布とは，確率変数のとる値とそのときの確率を示したものである。

解き方 X のとりうる値は0，1，2，3で，そのときの確率を P_0, P_1, P_2, P_3 とすると

$$P_0=\left(\frac{6}{10}\right)^3,\ P_1={}_3C_1\left(\frac{4}{10}\right)\left(\frac{6}{10}\right)^2,\ P_2={}_3C_2\left(\frac{4}{10}\right)^2\left(\frac{6}{10}\right),\ P_3=\left(\frac{4}{10}\right)^3$$

これを計算した結果は，右の表のようになる。 **答**

X	0	1	2	3	計
P	$\frac{27}{125}$	$\frac{54}{125}$	$\frac{36}{125}$	$\frac{8}{125}$	1

次に，Y のとりうる値は0，1，2，3で，そのときの確率は

$$P_0=\frac{{}_4C_0\times{}_6C_3}{{}_{10}C_3},\ P_1=\frac{{}_4C_1\times{}_6C_2}{{}_{10}C_3},\ P_2=\frac{{}_4C_2\times{}_6C_1}{{}_{10}C_3},\ P_3=\frac{{}_4C_3\times{}_6C_0}{{}_{10}C_3}$$

これを計算した結果は，右の表のようになる。 **答**

Y	0	1	2	3	計
P	$\frac{1}{6}$	$\frac{1}{2}$	$\frac{3}{10}$	$\frac{1}{30}$	1

□ **527** 赤球4個と白球3個がはいっている袋から，2個の球を同時に取り出すとき，その中に含まれている赤球の個数 X の確率分布を求めよ。

□ **528** 2つのさいころを同時に投げて，出る目の数の和を X とするとき，X の確率分布を求めよ。また，確率 $P(3\leqq X\leqq 6)$ を求めよ。 テスト必出

□ **529** 3本の当たりくじのはいった10本のくじがある。この中から3本のくじを同時に引くとき，当たりくじの本数を X として，X の確率分布を求めよ。

テスト必出

□ **530** 3個の白球と4個の赤球がはいっている袋がある。この中から3個の球を同時に取り出すとき，白球の個数 X の平均と分散を求めよ。

□ **531** 袋の中に3枚のカードがはいっていて，1枚には2，2枚には5と書いてある。この中から1枚ずつ2枚のカードを取り出すとき，そのカードの数の和 X の平均と標準偏差を求めよ。ただし，取り出したカードはもとにもどすものとする。

例題研究》 1から n までの n 個の自然数1，2，3，…，n の各数字のカードが1枚ずつ合計 n 枚はいっている箱がある。いま，この箱から同時に2枚のカードを取り出して，そのうちの大きい方の数字を x とする。どのカードが取り出されることも同様に確からしいとして，次の問いに答えよ。

(1) 与えられた自然数 k に対して，$x=k$ となる確率を求めよ。

(2) $n=10$ のとき，x の平均を求めよ。

着眼 (1) $x=k$ となる場合は，1から $k-1$ までのカードから1枚取り出せばよいので，$k-1$ 通りある。

(2) $x=k$ となる確率を $P(k)$ とすると，x の平均は $\sum_{k=1}^{n} kP(k)$ である。

解き方 (1) すべての場合は ${}_nC_2$ 通りある。このうち，$x=k$ となる場合は $k-1$ 通りであるから，求める確率は $P(k)=\dfrac{k-1}{{}_nC_2}=\boldsymbol{\dfrac{2(k-1)}{n(n-1)}}$ ……答

(2) $n=10$ のとき $P(k)=\dfrac{2(k-1)}{10\cdot 9}=\dfrac{k-1}{45}$

x の平均 E は

$$E=\sum_{k=1}^{10}\left(k\cdot\frac{k-1}{45}\right)=1\times\frac{0}{45}+2\times\frac{1}{45}+3\times\frac{2}{45}+4\times\frac{3}{45}+5\times\frac{4}{45}+6\times\frac{5}{45}+7\times\frac{6}{45}+8\times\frac{7}{45}+9\times\frac{8}{45}+10\times\frac{9}{45}$$

$$=\frac{1}{45}(2+6+12+20+30+42+56+72+90)=\frac{330}{45}=\boldsymbol{\frac{22}{3}}$$ ……答

532 A，B，Cの3人がカードを1枚ずつもっている。3人が独立に5個の数字1，2，3，4，5のうちから1つ選んで，それぞれのカードに記入する。A，B，Cが記入する数を a，b，c とするとき，次の問いに答えよ。

□ (1) $a+b+c$ が奇数となる確率を求めよ。

□ (2) a，b，c がすべて異なる確率を求めよ。

□ (3) $a<b<c$ となる確率を求めよ。

□ (4) a，b，c をこの順に並べてできる3けたの数の平均を求めよ。

□ **533** 確率変数 X の平均が2で，分散が5であるとする。確率変数 Y が $Y=4X+6$ で与えられているとき，Y の平均と分散を求めよ。

□ **534** 赤球2個，白球3個がはいっている袋から，3個の球を同時に取り出すとき，取り出した白球1個につき100円もらえるものとする。100円払って3個の球を取り出すときの利益 X 円の平均を求めよ。 テスト必出

□ **535** 平均1，標準偏差4をもつ確率変数 X から，1次式 $Y=aX+b\ (a>0)$ によって，平均3，標準偏差8をもつ確率変数 Y を作りたい。定数 a，b の値を求めよ。

例題研究》 2つのさいころを投げたとき，出る目の数を X，Y とする。このとき，平均 $E(X+Y)$，$E(XY)$ と分散 $V(X+Y)$ を求めよ。

着眼 一般に，$E(X+Y)=E(X)+E(Y)$ で，X，Y が独立な確率変数のときは，$E(XY)=E(X)E(Y)$，$V(X+Y)=V(X)+V(Y)$ である。
また，X，Y の確率分布は同一であるから，$E(X)=E(Y)$，$V(X)=V(Y)$ である。

解き方 $E(X)=(1+2+3+4+5+6)\times\dfrac{1}{6}=\dfrac{7}{2}$

$$E(X^2)=(1^2+2^2+3^2+4^2+5^2+6^2)\times\frac{1}{6}=\frac{91}{6}$$

よって　$V(X)=E(X^2)-\{E(X)\}^2=\dfrac{91}{6}-\left(\dfrac{7}{2}\right)^2=\dfrac{35}{12}$

X，Y の確率分布は同一であるから　$E(X)=E(Y)$，$V(X)=V(Y)$

したがって　$E(X+Y)=E(X)+E(Y)=2E(X)=\mathbf{7}$　……答

また，X，Y は独立であるから

$$E(XY)=E(X)E(Y)=\{E(X)\}^2=\mathbf{\frac{49}{4}}$$ ……答

$$V(X+Y)=V(X)+V(Y)=2V(X)=\mathbf{\frac{35}{6}}$$ ……答

□ **536** 確率変数 X の平均は10，分散は5，確率変数 Y の平均は20，分散は6である。X，Y が独立なとき，$3X-2Y$ の平均と分散を求めよ。

□ **537** 100円硬貨1枚と50円硬貨3枚を投げ，それぞれ表の出た金額を X 円，Y 円とする。$X+Y$ の平均と分散を求めよ。 テスト必出

応用問題

解答 → 別冊 p. 102

538 1 から 5 までの整数を 1 つずつ書いた 5 枚のカードがある。その中から無作為に 3 枚のカードをぬき取るとき，次の問いに答えよ。

□ (1) ぬき取られた 3 枚の中に 2 のカードがはいっている確率を求めよ。

□ (2) ぬき取られた 3 枚のカードに書かれている数の最小値を x で表す。$x=2$ である確率を求めよ。

□ (3) x の平均を求めよ。

□ **539** 1，2，…，10 の値をとる変数 X があり，$X=r\ (r=1,\ 2,\ \cdots,\ 10)$ となる確率を $a+br$ とする。X の平均が 4 であるとき，a，b の値を求めよ。

540 大小 2 つのさいころを同時に投げる試行を T とする。1 回の試行 T で 2 つとも偶数の目が出る事象を A とする。

□ (1) 試行 T をくり返すとき，n 回目に初めて事象 A が起こる確率が 0.01 以下となる最小の n を求めよ。ただし，$\log_{10}2=0.301$，$\log_{10}3=0.477$ として計算せよ。

□ (2) 試行 T をくり返すとき，n 回目に事象 A が起これば $X_n=1$，事象 A が起こらなければ $X_n=0$ とし，$S=X_1+X_2+X_3+X_4$ とする。このとき，S の平均 $E(S)$ を求めよ。

541 箱 A には r 個の赤球と s 個の白球がはいっている。箱 B には 1 から 8 までの番号を 1 つずつ書いたカードが 8 枚入れてあり，箱 C には 4 から 11 までの番号を 1 つずつ書いたカードが 8 枚入れてある。まず，箱 A から球を 1 個取り出して，それが赤球であれば箱 B からカードを 1 枚取り出し，白球であれば箱 C からカードを 1 枚取り出すものとする。このようにして取り出されるカードの番号を X とするとき，次の問いに答えよ。 差がつく

□ (1) $3\leqq X\leqq 5$ となる確率を求めよ。

□ (2) 確率変数 X の平均 $E(X)$ を求めよ。

□ (3) $r=s$ のとき，確率変数 X の分散 $V(X)$ を求めよ。

542 1 と書いたカードが 1 枚，2 と書いたカードが 2 枚，…，n と書いたカードが n 枚ある。この中から 1 枚のカードを取り出すとき，書かれている数を X で表す。

□ (1) $X=k$ である確率 p_k を求めよ。　□ (2) X の平均 m を求めよ。

□ (3) X の標準偏差 σ を求めよ。

執筆・編集協力　(有)四月社
図版　デザインスタジオエキス

シグマベスト
シグマ基本問題集
数学Ⅱ＋B

編　者　文英堂編集部
発行者　益井英郎
印刷所　中村印刷株式会社
発行所　株式会社　文 英 堂

〒601-8121　京都市南区上鳥羽大物町28
〒162-0832　東京都新宿区岩戸町17
(代表)03-3269-4231

●落丁・乱丁はおとりかえします。

ΣBEST
シグマベスト

シグマ 基本問題集
数学Ⅱ+B

正解答集

- 検討 で問題の解き方が完璧にわかる
- テスト対策 で定期テスト対策も万全

文英堂

1　3次の乗法公式

基本問題　本冊 p. 4

1

答　(1) $\boldsymbol{x^3+9x^2+27x+27}$
(2) $\boldsymbol{x^3-12x^2+48x-64}$
(3) $\boldsymbol{x^3+125}$　(4) $\boldsymbol{x^3-216y^3}$

検討　(3)は $(a+b)(a^2-ab+b^2)=a^3+b^3$，(4)は $(a-b)(a^2+ab+b^2)=a^3-b^3$ を用いる。

2

答　(1) $\boldsymbol{(x+2)(x^2-2x+4)}$
(2) $\boldsymbol{(3x-4y)(9x^2+12xy+16y^2)}$
(3) $\boldsymbol{(x+5)^3}$　(4) $\boldsymbol{(2x-y)^3}$

検討　(1) 与式$=x^3+2^3=(x+2)(x^2-2x+4)$
(2) 与式$=(3x)^3-(4y)^3$
$=(3x-4y)(9x^2+12xy+16y^2)$
(3) 与式$=x^3+3\cdot x^2\cdot 5+3\cdot x\cdot 5^2+5^3$
$=(x+5)^3$
(4) 与式$=(2x)^3-3\cdot(2x)^2\cdot y+3\cdot 2x\cdot y^2-y^3$
$=(2x-y)^3$

応用問題　本冊 p. 4

3

答　(1) $\boldsymbol{(a+b+c)(a^2+b^2+c^2-ab-bc-ca)}$
(2) $\boldsymbol{(3x-2y+1)(9x^2+4y^2+6xy-3x+2y+1)}$

検討　(1) 与式$=(a+b)^3-3ab(a+b)+c^3-3abc$
$=(a+b)^3+c^3-3ab(a+b+c)$
$=(a+b+c)\{(a+b)^2-(a+b)c+c^2\}$
$-3ab(a+b+c)$
$=(a+b+c)(a^2+2ab+b^2-ac-bc+c^2-3ab)$
$=(a+b+c)(a^2+b^2+c^2-ab-bc-ca)$
(2) 与式$=(3x)^3+(-2y)^3+1^3-3\cdot 3x\cdot(-2y)\cdot 1$
$=(3x-2y+1)(9x^2+4y^2+1+6xy+2y-3x)$
$=(3x-2y+1)(9x^2+4y^2+6xy-3x+2y+1)$

4

答　(1) $\boldsymbol{\sqrt{6}}$　(2) $\boldsymbol{3\sqrt{6}}$　(3) **52**

検討　(1) $\alpha=\dfrac{2(\sqrt{6}-\sqrt{2})}{(\sqrt{6}+\sqrt{2})(\sqrt{6}-\sqrt{2})}=\dfrac{\sqrt{6}-\sqrt{2}}{2}$，

$\beta=\dfrac{2(\sqrt{6}+\sqrt{2})}{(\sqrt{6}-\sqrt{2})(\sqrt{6}+\sqrt{2})}=\dfrac{\sqrt{6}+\sqrt{2}}{2}$ より

$\alpha+\beta=\sqrt{6}$
(2) $\alpha^3+\beta^3=(\alpha+\beta)^3-3\alpha\beta(\alpha+\beta)$
$=(\sqrt{6})^3-3\cdot 1\cdot\sqrt{6}=3\sqrt{6}$
(3) $\alpha^6+\beta^6=(\alpha^3+\beta^3)^2-2(\alpha\beta)^3$
$=(3\sqrt{6})^2-2\cdot 1^3=52$

2　二項定理

基本問題　本冊 p. 5

5

答　(1) $\boldsymbol{x^8-8x^7y+28x^6y^2-56x^5y^3+70x^4y^4-56x^3y^5+28x^2y^6-8xy^7+y^8}$
(2) $\boldsymbol{a^4+8a^3b+24a^2b^2+32ab^3+16b^4}$
(3) $\boldsymbol{x^5-10x^4y+40x^3y^2-80x^2y^3+80xy^4-32y^5}$
(4) $\boldsymbol{64a^6+192a^5b+240a^4b^2+160a^3b^3+60a^2b^4+12ab^5+b^6}$
(5) $\boldsymbol{32x^5-240x^4y+720x^3y^2-1080x^2y^3+810xy^4-243y^5}$
(6) $\boldsymbol{243a^5+810a^4b+1080a^3b^2+720a^2b^3+240ab^4+32b^5}$

6

答　(1) $\boldsymbol{x^5-\dfrac{5}{2}x^4+\dfrac{5}{2}x^3-\dfrac{5}{4}x^2+\dfrac{5}{16}x-\dfrac{1}{32}}$

(2) $\boldsymbol{\dfrac{1}{81}a^4+\dfrac{8}{27}a^3b+\dfrac{8}{3}a^2b^2+\dfrac{32}{3}ab^3+16b^4}$

(3) $\boldsymbol{64x^6+192x^4+240x^2+160+\dfrac{60}{x^2}+\dfrac{12}{x^4}+\dfrac{1}{x^6}}$

(4) $\boldsymbol{x^{12}+6x^9+15x^6+20x^3+15+\dfrac{6}{x^3}+\dfrac{1}{x^6}}$

(5) $\boldsymbol{x^{10}-15x^7+90x^4-270x+\dfrac{405}{x^2}-\dfrac{243}{x^5}}$

(6) $\boldsymbol{x^{10}+10x^7+40x^4+80x+\dfrac{80}{x^2}+\dfrac{32}{x^5}}$

7

答　(1) **16128**　(2) **15000**　(3) **−1792**
(4) **672**

検討 (1) この展開式の一般項は

$_8C_r(2x)^{8-r}(-3)^r=2^{8-r}(-3)^r{}_8C_rx^{8-r}$

$8-r=6$ とおけば　$r=2$

したがって，x^6 の係数は

$2^6(-3)^2{}_8C_2=16128$

(2) 一般項は $_{10}C_rx^{10-r}5^r=5^r{}_{10}C_rx^{10-r}$

$10-r=7$ とおけば　$r=3$

よって　$5^3{}_{10}C_3=15000$

(3) 一般項は $_8C_rx^{8-r}\left(-\dfrac{2}{x}\right)^r=(-2)^r{}_8C_r\dfrac{x^{8-r}}{x^r}$

$r-(8-r)=2$ とおけば　$r=5$

よって　$(-2)^5{}_8C_5=-1792$

(4) 一般項は $_7C_r(x^2)^{7-r}\left(\dfrac{2}{x}\right)^r=2^r{}_7C_r\dfrac{x^{14-2r}}{x^r}$

$r-(14-2r)=1$ とおけば　$r=5$

よって　$2^5{}_7C_5=672$

8

答 **120**

検討 一般項は

$$\frac{6!}{p!q!r!}x^p(-y)^q(-2z)^r=\frac{(-1)^q(-2)^r6!}{p!q!r!}x^py^qz^r$$

$p=2$，$q=3$，$r=1$ として

$$\frac{(-1)^3(-2)6!}{2!3!1!}=120$$

9

答 **−720**

検討 一般項は

$$\frac{6!}{p!q!r!}x^p(2y)^q(-3z)^r=\frac{2^q(-3)^r6!}{p!q!r!}x^py^qz^r$$

$p=3$，$q=2$，$r=1$ として

$$\frac{2^2(-3)6!}{3!2!1!}=-720$$

応用問題

本冊 p. 6

10

答 **−80**

検討 $(1-2x)^5$ の x^3 の係数が求めるものである。

$(1-2x)^5$ の一般項は $_5C_r(-2x)^r=(-2)^r{}_5C_rx^r$

だから，$r=3$ として　$(-2)^3{}_5C_3=-80$

11

答 **330**

検討 $(1+x^2)^3$，…，$(1+x^2)^{10}$ のそれぞれの x^6 の係数の和を求めればよいので

$_3C_3+{}_4C_3+{}_5C_3+{}_6C_3+{}_7C_3+{}_8C_3+{}_9C_3+{}_{10}C_3$

$=330$

12

答 **0.92236816**

検討 $0.98^4=(1-0.02)^4={}_4C_0-{}_4C_1\times0.02$

$+{}_4C_2\times0.02^2-{}_4C_3\times0.02^3+{}_4C_4\times0.02^4$

$=1-0.08+0.0024-0.000032+0.00000016$

$=0.92236816$

13

答 **104**

検討 一般項は

$$\frac{4!}{p!q!r!}(x^2)^p(2x)^q\cdot3^r=\frac{2^q\cdot3^r\cdot4!}{p!q!r!}x^{2p+q}$$

ここで $p+q+r=4$，$2p+q=5$ を満たす負でない整数 p，q，r を求めると

$p=1$，$q=3$，$r=0$ または $p=2$，$q=1$，$r=1$

ゆえに，求める係数は

$$\frac{2^3\cdot3^0\cdot4!}{1!3!0!}+\frac{2\cdot3\cdot4!}{2!1!1!}$$

$=32+72=104$

14

答 **−170**

検討 一般項は

$$\frac{4!}{p!q!r!s!}1^p\cdot(2x)^q(-3x^2)^r(-4x^3)^s$$

$$=\frac{4!}{p!q!r!s!}(-1)^{r+s}2^q\cdot3^r\cdot4^sx^{q+2r+3s}$$

ここで，p，q，r，s は負でない整数で

$p+q+r+s=4$，$q+2r+3s=4$

これを満たす p，q，r，s は

$(p,\ q,\ r,\ s)=(2,\ 1,\ 0,\ 1)$，$(0,\ 4,\ 0,\ 0)$，$(1,\ 2,\ 1,\ 0)$，$(2,\ 0,\ 2,\ 0)$

ゆえに，x^4 の係数は

$$\frac{(-1)\cdot2\cdot3^0\cdot4\cdot4!}{2!1!0!1!}+\frac{(-1)^0\cdot2^4\cdot3^0\cdot4^0\cdot4!}{0!4!0!0!}$$

$$+\frac{(-1)\cdot 2^2\cdot 3\cdot 4^0\cdot 4!}{1!2!1!0!}+\frac{(-1)^2\cdot 2^0\cdot 3^2\cdot 4^0\cdot 4!}{2!0!2!0!}$$
$$=-96+16-144+54=-170$$

3 整式の除法

基本問題　本冊 p. 7

15

答 (1) $\boldsymbol{x^2}$　(2) $\boldsymbol{-2xy}$　(3) $\boldsymbol{xy^2}$
(4) $\boldsymbol{3x-4y^2}$　(5) $\boldsymbol{3x-4y}$

検討 指数法則(除法)を忠実に使えばよい。

16

答 (1) 商 $\boldsymbol{2x-\frac{3}{2}}$，余り $\boldsymbol{\frac{7}{2}}$
(2) 商 $\boldsymbol{2x^2+5x-1}$，余り $\boldsymbol{1}$
(3) 商 $\boldsymbol{-2x^2-x+4}$，余り $\boldsymbol{0}$
(4) 商 $\boldsymbol{-x^2+\frac{1}{3}x+\frac{22}{9}}$，余り $\boldsymbol{\frac{67}{9}}$
(5) 商 $\boldsymbol{x+5}$，余り $\boldsymbol{17x-6}$
(6) 商 $\boldsymbol{-2x+7}$，余り $\boldsymbol{-16x+2}$

検討 (1)
$$\begin{array}{r|l}
 & 2x-\frac{3}{2} \\ \hline
2x+3 & 4x^2+3x-1 \\
 & 4x^2+6x \\ \hline
 & -3x-1 \\
 & -3x-\frac{9}{2} \\ \hline
 & \frac{7}{2}
\end{array}$$

(3)
$$\begin{array}{r|l}
 & -2x^2-x+4 \\ \hline
x-1 & -2x^3+x^2+5x-4 \\
 & -2x^3+2x^2 \\ \hline
 & -x^2+5x \\
 & -x^2+x \\ \hline
 & 4x-4 \\
 & 4x-4 \\ \hline
 & 0
\end{array}$$

(4)
$$\begin{array}{r|l}
 & -x^2+\frac{1}{3}x+\frac{22}{9} \\ \hline
3x-1 & -3x^3+2x^2+7x+5 \\
 & -3x^3+x^2 \\ \hline
 & x^2+7x \\
 & x^2-\frac{1}{3}x \\ \hline
 & \frac{22}{3}x+5 \\
 & \frac{22}{3}x-\frac{22}{9} \\ \hline
 & \frac{67}{9}
\end{array}$$

(6)
$$\begin{array}{r|l}
 & -2x+7 \\ \hline
x^2+2x-1 & -2x^3+3x^2\quad -5 \\
 & -2x^3-4x^2+2x \\ \hline
 & 7x^2-2x-5 \\
 & 7x^2+14x-7 \\ \hline
 & -16x+2
\end{array}$$

17

答 $\boldsymbol{2x^6-x^5+3x^4-2x^3+3x^2-3x+1}$

検討 $A=(2x^2-x+3)(x^4-x+1)+x-2$
$=\{2x^2-(x-3)\}\{x^4-(x-1)\}+x-2$
$=2x^6-2x^2(x-1)-x^4(x-3)+(x-3)(x-1)$
$\quad+x-2$
$=2x^6-2x^3+2x^2-x^5+3x^4+x^2-4x+3+x-2$
$=2x^6-x^5+3x^4-2x^3+3x^2-3x+1$

> **テスト対策**
> 整式 A を整式 B で割ったときの商を Q，余りを R とすると
> $\boldsymbol{A=BQ+R}$

応用問題　本冊 p. 8

18

答 $\boldsymbol{P=x^3-\frac{1}{8}}$ または $\boldsymbol{P=x^2+\frac{x}{2}+\frac{1}{4}}$

検討 題意より商を Q とすると
$8x^3+3x-6=PQ+3x-5$
$PQ=8x^3+3x-6-(3x-5)=8x^3-1$
$\quad=(2x-1)(4x^2+2x+1)$　……①

P の次数は余り $3x-5$ の次数より高いから2次以上である。また，P の最高次の係数が1だから①より求められる。

19

答　$\boldsymbol{x^2-2x+3}$

検討　$x^3=A(x+2)+x-6$ より

$A=(x^3-x+6)\div(x+2)$

20

答　(1) 商 $\boldsymbol{x-3y+2}$，余り $\boldsymbol{-1}$

(2) 商 $\boldsymbol{2x^2+3xy+y^2}$，余り $\boldsymbol{7y^3}$

検討　それぞれ x について降べきの順に整理してから割り算をする。

(1)

$$\begin{array}{r l}
 & x+(-3y+2) \\
x+(2y-1)\,\big) & x^2-(y-1)x-6y^2+7y-3 \\
 & x^2+(2y-1)x \\ \hline
 & (-3y+2)x-6y^2+7y-3 \\
 & (-3y+2)x+(-3y+2)(2y-1) \\ \hline
 & -1
\end{array}$$

(2)

$$\begin{array}{r l}
 & 2x^2+3xy+y^2 \\
2x-3y\,\big) & 4x^3\qquad -7xy^2+4y^3 \\
 & 4x^3-6x^2y \\ \hline
 & 6x^2y-7xy^2 \\
 & 6x^2y-9xy^2 \\ \hline
 & 2xy^2+4y^3 \\
 & 2xy^2-3y^3 \\ \hline
 & 7y^3
\end{array}$$

21

答　$\boldsymbol{a=1,\ -2}$

検討　x^4+ax^2+1 を x^2+ax+1 で割った商は x^2+bx+1 の形で表される。

$x^4+ax^2+1=(x^2+ax+1)(x^2+bx+1)$

$=x^4+(a+b)x^3+(2+ab)x^2+(a+b)x+1$

係数を比較して

$a+b=0$　……①

$2+ab=a$　……②

$a+b=0$　……③

①より $b=-a$　これを②に代入し

$a^2+a-2=0$　$(a+2)(a-1)=0$

よって　$a=1,\ -2$

22

答　$\boldsymbol{2(x+1)^3-11(x+1)^2+9(x+1)+3}$

検討　$x+1=y$ とおき，$x=y-1$ を与えられた式に代入すれば

$2(y-1)^3-5(y-1)^2-7(y-1)+3$

$=2(y^3-3y^2+3y-1)-5(y^2-2y+1)-7y+7+3$

$=2y^3-11y^2+9y+3$

4　分数式の計算

基本問題　本冊 p. 9

23

答　(1) $\boldsymbol{\dfrac{9ab}{5x^2y}}$　(2) $\boldsymbol{\dfrac{3x-2}{2x+3}}$　(3) $\boldsymbol{\dfrac{x+1}{x-2}}$

検討　まず，分母，分子を因数分解してみる。

(2) 与式 $=\dfrac{(3x-2)(x-1)}{(2x+3)(x-1)}=\dfrac{3x-2}{2x+3}$

(3) 与式 $=\dfrac{x(x+2)(x+1)}{x(x+2)(x-2)}=\dfrac{x+1}{x-2}$

24

答　$\boldsymbol{A=\dfrac{(x-4)(x+2)}{(x-3)(x-1)(x+2)}}$

$\boldsymbol{B=\dfrac{(x+3)(x-3)}{(x+2)(x-1)(x-3)}}$

検討　$x^2-4x+3=(x-3)(x-1)$

$x^2+x-2=(x+2)(x-1)$

よって，分母の L.C.M.$(x-3)(x-1)(x+2)$ を共通の分母とすればよい。

25

答　(1) $\boldsymbol{-\dfrac{2x}{x-y}}$　(2) $\boldsymbol{\dfrac{1}{x+2}}$　(3) $\boldsymbol{\dfrac{2}{x+1}}$

検討　通分に先だって，分母を因数分解しておく。

(1) 与式 $=\dfrac{2x}{x-y}+\dfrac{-4x}{x-y}=\dfrac{2x-4x}{x-y}=-\dfrac{2x}{x-y}$

(2) 与式 $=\dfrac{2x}{(x-2)(x+2)}-\dfrac{1}{x-2}=\dfrac{2x-(x+2)}{(x-2)(x+2)}$

$$=\frac{x-2}{(x-2)(x+2)}=\frac{1}{x+2}$$

(3) 与式 $=\frac{1}{x+1}-\frac{1}{x-1}+\frac{2x}{(x+1)(x-1)}$

$$=\frac{(x-1)-(x+1)+2x}{(x+1)(x-1)}$$

$$=\frac{2x-2}{(x+1)(x-1)}=\frac{2}{x+1}$$

26

答 (1) $\boldsymbol{\frac{(x+2)(x-2)}{(x+1)(x-1)}}$

(2) $\boldsymbol{\frac{(x-3)(x^2+x+1)}{(x+1)(2x-1)}}$　(3) **1**　(4) $\boldsymbol{\frac{2x+1}{3x-2}}$

検討 (2) 与式 $=\frac{(x-3)(x+2)}{(x-1)(x+1)}$

$$\times\frac{(x-1)(x^2+x+1)}{(2x-1)(x+2)}=\frac{(x-3)(x^2+x+1)}{(x+1)(2x-1)}$$

(3) 与式 $=\frac{(x-3)(x-1)}{(x-3)(x-2)}\times\frac{(x-2)(x+1)}{(x-1)(x+1)}=1$

(4) 与式 $=\frac{x(2x+1)}{(3x-2)(x-3)}\times\frac{(x-5)(x-3)}{x(x-5)}$

$$=\frac{2x+1}{3x-2}$$

応用問題 ……………… 本冊 p. 10

27

答 (1) **−1**　(2) $\boldsymbol{\frac{x+1}{x-1}}$　(3) $\boldsymbol{\frac{x+y}{x-y}}$

検討 (1) 分母 $=(x-y)(y-z)(z-x)$

分子 $=x^2(y-z)+y^2(z-x)+z^2(x-y)$

$=(y-z)x^2-(y^2-z^2)x+yz(y-z)$

$=(y-z)\{x^2-(y+z)x+yz\}$

$=(y-z)(x-y)(x-z)$

$=-(x-y)(y-z)(z-x)$

与式 $=\frac{-(x-y)(y-z)(z-x)}{(x-y)(y-z)(z-x)}=-1$

(2) 分母 $=\frac{x^2-1}{x}=\frac{(x-1)(x+1)}{x}$

分子 $=\frac{x^2+2x+1}{x}=\frac{(x+1)^2}{x}$

与式 $=\frac{(x+1)^2}{x}\div\frac{(x-1)(x+1)}{x}$

$$=\frac{(x+1)^2}{x}\times\frac{x}{(x-1)(x+1)}=\frac{x+1}{x-1}$$

(3) 分母 $=\frac{x-(x+y)}{x(x+y)}=\frac{-y}{x(x+y)}$

分子 $=\frac{(x-y)-x}{x(x-y)}=\frac{-y}{x(x-y)}$

与式 $=\frac{-y}{x(x-y)}\div\frac{-y}{x(x+y)}$

$$=\frac{-y}{x(x-y)}\times\frac{x(x+y)}{-y}=\frac{x+y}{x-y}$$

5 恒等式

基本問題 ……………… 本冊 p. 11

28

答 (1), (3)

検討 左辺，右辺が等しいかどうかを調べればよい。

(1) 右辺 $=x^2-4x+2$ であり，左辺と同じであるから恒等式である。

(2) 左辺 $=2x^2-2x$ であり，右辺と同じでないから恒等式でない。(3), (4)も同様に調べる。

29

答 (1) $\boldsymbol{a=-2,\ b=1}$

(2) $\boldsymbol{a=\frac{2}{3},\ b=\frac{1}{3},\ c=0}$

(3) $\boldsymbol{a=2,\ b=-3,\ c=1}$

(4) $\boldsymbol{a=-1,\ b=1,\ c=1}$

(5) $\boldsymbol{a=-3,\ b=7,\ c=6}$

(6) $\boldsymbol{a=3,\ b=3,\ c=1}$

検討 (1) $x^2-3x-a=x^2-(2+b)x+2b$

両辺の係数を比較して $-3=-(2+b)$

ゆえに　$b=1$

また　$-a=2b$

ゆえに　$a=-2$

(2) $x^2-x+c=ax^2-a+bx^2-3bx+2b$ より

$x^2-x+c=(a+b)x^2-3bx-a+2b$

両辺の係数を比較して

$$\begin{cases}1=a+b & \cdots\cdots① \\ -1=-3b & \cdots\cdots② \\ c=-a+2b & \cdots\cdots③\end{cases}$$

①～③を解くと　$a=\frac{2}{3},\ b=\frac{1}{3},\ c=0$

(3) $ax^2+bx-1=x^2-x-2+cx^2-2cx+c$

$ax^2+bx-1=(1+c)x^2-(1+2c)x-2+c$

両辺の係数を比較して

$\begin{cases} a=1+c & \cdots\cdots① \\ b=-(1+2c) & \cdots\cdots② \\ -1=-2+c & \cdots\cdots③ \end{cases}$

①～③を解くと　$a=2,\ b=-3,\ c=1$

(4) $xy+ax-y+b=xy-x-cy+c$

両辺の係数を比較して $\begin{cases} a=-1 & \cdots\cdots① \\ -1=-c & \cdots\cdots② \\ b=c & \cdots\cdots③ \end{cases}$

①～③を解くと　$a=-1,\ b=1,\ c=1$

(5) x^3+x^2+3

$=x^3-2x^2-x-ax^2+2ax+a+bx+c$

x^3+x^2+3

$=x^3-(2+a)x^2-(1-2a-b)x+a+c$

両辺の係数を比較して

$\begin{cases} 1=-(2+a) & \cdots\cdots① \\ 0=1-2a-b & \cdots\cdots② \\ 3=a+c & \cdots\cdots③ \end{cases}$

①～③を解くと　$a=-3,\ b=7,\ c=6$

(6) $x^3=x^3-3x^2+3x-1+ax^2-2ax+a+bx-b+c$

$x^3=x^3-(3-a)x^2+(3-2a+b)x-1+a-b+c$

両辺の係数を比較して

$\begin{cases} 0=3-a & \cdots\cdots① \\ 0=3-2a+b & \cdots\cdots② \\ 0=-1+a-b+c & \cdots\cdots③ \end{cases}$

①～③を解くと　$a=3,\ b=3,\ c=1$

(別解) 与式に $x=0,\ x=1,\ x=-1$ を代入

して $\begin{cases} 0=-1+a-b+c & \cdots\cdots① \\ 1=c & \cdots\cdots② \\ -1=-8+4a-2b+c & \cdots\cdots③ \end{cases}$

①～③を解くと　$a=3,\ b=3,\ c=1$

このとき与式は恒等式となっている。

テスト対策

(i) $\boldsymbol{ax^2+bx+c=0}$ が x についての恒等式
$\iff \boldsymbol{a=b=c=0}$

(ii) $\boldsymbol{ax^2+bx+c=a'x^2+b'x+c'}$ が x についての恒等式 $\iff \boldsymbol{a=a',\ b=b',\ c=c'}$
(もっと次数の高い恒等式でも成り立つ)

30

答　(1) $\boldsymbol{a=-2,\ b=1}$

(2) $\boldsymbol{a=\frac{1}{3},\ b=-\frac{1}{3},\ c=-\frac{2}{3}}$

検討　通分してから分子の係数を比較する。

(1) $a=b(x-1)-(x+1)$ より

$a=(b-1)x-b-1$

両辺の係数を比較して $\begin{cases} 0=b-1 & \cdots\cdots① \\ a=-b-1 & \cdots\cdots② \end{cases}$

①，②を解くと　$a=-2,\ b=1$

(2) $1=a(x^2+x+1)+(bx+c)(x-1)$

$1=(a+b)x^2+(a-b+c)x+a-c$

両辺の係数を比較して $\begin{cases} 0=a+b & \cdots\cdots① \\ 0=a-b+c & \cdots\cdots② \\ 1=a-c & \cdots\cdots③ \end{cases}$

①～③を解くと　$a=\frac{1}{3},\ b=-\frac{1}{3},\ c=-\frac{2}{3}$

応用問題 本冊 p. 12

31

答　$\boldsymbol{a=2,\ b=2}$

検討　商を $Q(x)$ とおくと

ax^3+4x^2-bx+7

$=(x+2)(x-1)Q(x)+11$　$\cdots\cdots①$

①に $x=-2$ を代入して　$4a-b=6$　$\cdots\cdots②$

①に $x=1$ を代入して　$a-b=0$　$\cdots\cdots③$

②，③より　$a=2,\ b=2$

32

答　$\boldsymbol{a=3,\ b=-3,\ c=1,\ d=-3}$

検討　右辺を展開して整理すると

$2x^2-axy-2y^2+7x+y-b$

$=2x^2-3xy-2y^2+(c-2d)x+(-2c-d)y-cd$

$x,\ y$ についての恒等式だから，係数を比較して

$a=3,\ 7=c-2d,\ 1=-2c-d,\ b=cd$

これから　$a=3,\ b=-3,\ c=1,\ d=-3$

33

答　$\boldsymbol{x=3,\ y=-4}$

検討 k について整理すると
$(2x+y-2)k+x-y-7=0$
k のどのような値に対しても成り立つから，
k についての恒等式である。
よって，$2x+y-2=0$ かつ $x-y-7=0$
これを解いて　$x=3$，$y=-4$

34

答 $\boldsymbol{m=-7,\ n=6,\ f(x)=x+3}$

検討 $x=1$ を代入すると　$m+n+1=0$
$x=2$ を代入すると　$2m+n+8=0$
この 2 式を解くと　$m=-7$，$n=6$
よって　$(x-1)(x-2)f(x)=x^3-7x+6$
$f(x)=(x^3-7x+6)\div(x-1)(x-2)$
$=(x^3-7x+6)\div(x^2-3x+2)=x+3$

35

答 $\boldsymbol{f(x)=x^3-3x}$

検討 $f(x)=(x+1)^2(ax+b)+2$
$=(x-1)^2(ax+c)-2$　とおける。
$x=-1$ を代入して　$2=4(-a+c)-2$
つまり　$-a+c=1$　……①
$x=1$ を代入して　$4(a+b)+2=-2$
つまり　$a+b=-1$　……②
$x=0$ を代入して　$b+2=c-2$
つまり　$b-c=-4$　……③
①，②，③より　$a=1$，$b=-2$，$c=2$
よって　$f(x)=x^3-3x$

6 等式の証明

基本問題 本冊 p. 13

36

答 (1) 左辺$=\boldsymbol{a^2-2ab+b^2+a^2+2ab+b^2}$
$\boldsymbol{=2(a^2+b^2)=}$右辺

(2) 左辺$=\boldsymbol{a^2x^2+a^2y^2+b^2x^2+b^2y^2}$
右辺$=\boldsymbol{a^2x^2-2abxy+b^2y^2+a^2y^2+2abxy}$
$\boldsymbol{+b^2x^2}$
$\boldsymbol{=a^2x^2+a^2y^2+b^2x^2+b^2y^2}$
ゆえに　左辺＝右辺

(3) 右辺$=\boldsymbol{\frac{1}{2}\{(a^2-2ab+b^2)+(b^2-2bc+c^2)}$
$\boldsymbol{+(c^2-2ca+a^2)\}}$
$\boldsymbol{=a^2+b^2+c^2-ab-bc-ca=}$左辺

テスト対策
〔等式の証明〕
複雑な式から簡単な式を導くとよい。

37

答 (1) 左辺−右辺$=\boldsymbol{a^2+(b+c)a}$
$\boldsymbol{=a^2-a^2=0}$（$\boldsymbol{b+c=-a}$ より）
ゆえに　左辺＝右辺

(2) 左辺$=\boldsymbol{-\frac{a(b-c)}{a}-\frac{b(c-a)}{b}-\frac{c(a-b)}{c}}$
$\boldsymbol{=-b+c-c+a-a+b=0=}$右辺
（$\boldsymbol{b+c=-a,\ c+a=-b,\ a+b=-c}$ より）

検討 等式の証明方法は，ほかにもいろいろある。$a+b+c=0$ より 1 文字を消去する方針でやってもよい。

38

答 (1) 左辺−右辺$=\boldsymbol{(a-b)(a+b-1)=0}$
ゆえに　左辺＝右辺
(2) 左辺−右辺$=\boldsymbol{(a+b-1)^2=0}$
ゆえに　左辺＝右辺

検討 $b=1-a$ として，b を消去してもよい。

39

答 $\boldsymbol{\frac{a}{b}=\frac{c}{d}=k}$ とおくと，$\boldsymbol{a=bk,\ c=dk}$

(1) 左辺$=\boldsymbol{\frac{bk-b}{b}=k-1}$
右辺$=\boldsymbol{\frac{dk-d}{d}=k-1}$　よって　左辺＝右辺

(2) 左辺$=\boldsymbol{\frac{bk+2b}{b}=k+2}$
右辺$=\boldsymbol{\frac{dk+2d}{d}=k+2}$　よって　左辺＝右辺

(3) 左辺$=\boldsymbol{(b^2k^2+d^2k^2)(b^2+d^2)=k^2(b^2+d^2)^2}$
右辺$=\boldsymbol{(b^2k+d^2k)^2=k^2(b^2+d^2)^2}$
よって　左辺＝右辺

テスト対策

条件式が $\frac{a}{b}=\frac{c}{d}$ のときは，$\frac{a}{b}=\frac{c}{d}=k$ とおいて，$a=bk$，$c=dk$ を問題の式に代入する。

応用問題

本冊 p. 14

40

答　条件式より　$\frac{yz+zx+xy}{xyz}=\frac{1}{x+y+z}$

$(x+y+z)(yz+zx+xy)=xyz$

$(y+z)x^2+(y^2+2yz+z^2)x+yz(y+z)=0$

$(y+z)\{x^2+(y+z)x+yz\}=0$

$(y+z)(x+y)(x+z)=0$

すなわち，$y+z$，$z+x$，$x+y$ のうち，少なくとも1つは0に等しい。

7　不等式の証明

基本問題

本冊 p. 15

41

答　(1) 左辺－右辺 $=ab+1-a-b$

$=(a-1)(b-1)>0$

($a>1$ より $a-1>0$，$b>1$ より $b-1>0$)

よって　$ab+1>a+b$

(2) 左辺－右辺 $=a^2-b^2=(a+b)(a-b)>0$

よって　$a^2>b^2$

(3) 左辺－右辺 $=a^3-b^3=(a-b)(a^2+ab+b^2)$

$=(a-b)\left\{\left(a+\frac{b}{2}\right)^2+\frac{3}{4}b^2\right\}\geqq 0$

よって　$a^3\geqq b^3$　等号成立は $a=b$ のとき。

42

答　(1) 左辺－右辺

$=(x^2-2x+1)+(y^2-2y+1)$

$=(x-1)^2+(y-1)^2\geqq 0$

等号成立は $x=y=1$ のとき。

(2) 左辺－右辺 $=x^2-(y+1)x+y^2-y+1$

$=\left(x-\frac{y+1}{2}\right)^2+\frac{3}{4}(y-1)^2\geqq 0$

等号成立は $x=y=1$ のとき。

テスト対策

(i) **不等式の証明では差をとることが基本。**

(ii) 不等式の証明では，**(実数)$^2\geqq 0$** はよく使う関係である。

43

答　(1) (右辺)^2－(左辺)^2

$=2(a+b)-(\sqrt{a}+\sqrt{b})^2$

$=2a+2b-a-2\sqrt{a}\sqrt{b}-b$

$=a-2\sqrt{a}\sqrt{b}+b=(\sqrt{a}-\sqrt{b})^2\geqq 0$

よって　$\sqrt{a}+\sqrt{b}\leqq\sqrt{2(a+b)}$

等号成立は $a=b$ のとき。

(2) (右辺)^2－(左辺)$^2=\frac{a^2+b^2}{2}-\left(\frac{a+b}{2}\right)^2$

$=\frac{a^2+b^2}{2}-\frac{a^2+2ab+b^2}{4}$

$=\frac{a^2-2ab+b^2}{4}=\frac{(a-b)^2}{4}\geqq 0$

よって　$\frac{a+b}{2}\leqq\sqrt{\frac{a^2+b^2}{2}}$

等号成立は $a=b$ のとき。

検討　両辺ともに正であるときには，平方してから差をとってもよい。

44

答　文字はすべて正の数であるから，相加平均と相乗平均の関係より

(1) $a+\frac{4}{a}\geqq 2\sqrt{a\cdot\frac{4}{a}}=4$

等号成立は $a=2$ のとき。

(2) $\frac{b}{a}+\frac{a}{b}\geqq 2\sqrt{\frac{b}{a}\cdot\frac{a}{b}}=2$

等号成立は $a=b$ のとき。

(3) $\frac{a}{b}+\frac{c}{d}\geqq 2\sqrt{\frac{ac}{bd}}$，$\frac{b}{a}+\frac{d}{c}\geqq 2\sqrt{\frac{bd}{ac}}$

これらを辺々掛けあわせればよい。

等号成立は $ad=bc$ のとき。

(4) $a+b\geqq 2\sqrt{ab}$，$b+c\geqq 2\sqrt{bc}$，$c+a\geqq 2\sqrt{ca}$

これらを辺々掛けあわせれば

$(a+b)(b+c)(c+a)\geqq 8abc$

等号成立は $a=b=c$ のとき。

テスト対策

〔相加平均と相乗平均の関係〕

$a \geqq 0$, $b \geqq 0$ のとき，

$\dfrac{a+b}{2} \geqq \sqrt{ab}$ （等号成立は $a=b$ のとき）

応用問題

本冊 p. 16

45

答 $-|a| \leqq a \leqq |a|$ ……①

$-|b| \leqq b \leqq |b|$ ……②

①，②の辺々を加えると

$-(|a|+|b|) \leqq a+b \leqq |a|+|b|$

よって $|a+b| \leqq |a|+|b|$

(1) 上式において，b に $-b$ を代入すれば

$|a-b| \leqq |a|+|-b|=|a|+|b|$

(2) 同様にして，a に $a-b$ を代入すれば

$|a-b+b| \leqq |a-b|+|b|$

よって $|a|-|b| \leqq |a-b|$

検討 平方して差をとり，$|A|^2=A^2$，$|A| \geqq A$ を利用する証明法もある。

46

答 左辺−右辺

$=ax^2+by^2-(ax+by)^2$

$=ax^2+by^2-a^2x^2-2abxy-b^2y^2$

$=a(1-a)x^2-2abxy+b(1-b)y^2$

$=abx^2-2abxy+aby^2=ab(x-y)^2 \geqq 0$

等号成立は $x=y$ のとき。

8 複 素 数

基本問題

本冊 p. 17

47

答 (1) $\sqrt{5}i$ (2) $2\sqrt{3}i$ (3) $4i$

(4) $\dfrac{1}{2}i$ (5) $\dfrac{\sqrt{5}}{4}i$ (6) $\dfrac{3\sqrt{5}}{5}i$

48

答 (1) $7i$ (2) $-19i$ (3) $15i$ (4) -6

(5) $-\sqrt{35}$ (6) $5\sqrt{15}i$ (7) $\sqrt{6}$ (8) $3\sqrt{6}i$

検討 (1) 与式$=3i+4i=7i$

(2) 与式$=6i-25i=-19i$

(3) 与式$=8i+7i=15i$

(4) 与式$=(\sqrt{6}i)^2=6i^2=-6$

(5) 与式$=\sqrt{5}i \times \sqrt{7}i=\sqrt{35}i^2=-\sqrt{35}$

(6) 与式$=\sqrt{5} \times 5\sqrt{3}i=5\sqrt{15}i$

(7) 与式$=\dfrac{\sqrt{30}i}{\sqrt{5}i}=\sqrt{\dfrac{30}{5}}=\sqrt{6}$

(8) 与式$=\dfrac{6\sqrt{3}i \times 2i}{2\sqrt{2}i}=\dfrac{12\sqrt{3}i}{2\sqrt{2}}=3\sqrt{6}i$

テスト対策

根号内が負のときは，必ず i を使って表すこと。i^2 が現れたら -1 になおす。

49

答 (1) -1 (2) 1 (3) -4 (4) -1

(5) i (6) 1

検討 (2) 与式$=-(-1)=1$

(3) 与式 $=4i^2=-4$ (4) 与式$=i^2=-1$

(5) 与式$=-i^3=-i \cdot i^2=-i \cdot (-1)=i$

(6) 与式$=(i^2)^2=(-1)^2=1$

50

答 (1) $7-4i$ (2) $2+9i$ (3) $7+5i$

(4) $1-i$ (5) $9+3i$ (6) $1-i$

検討 (1) 与式$=(4+3)+(2-6)i=7-4i$

(2) 与式$=(-1+3)+(3+6)i=2+9i$

(3) 与式$=(2+5)+(3+2)i=7+5i$

(4) 与式$=(3-2)+(-2+1)i=1-i$

(5) 与式$=(3+6)+(5-2)i=9+3i$

(6) 与式$=(4-3)+(-8+7)i=1-i$

51

答 (1) $-1+i$ (2) $2-6i$ (3) $-13+11i$

(4) $12-i$ (5) 2 (6) 4 (7) $2i$ (8) $3-4i$

検討 (1) 与式$=i+i^2=i-1$

(2) 与式$=-6i-2i^2=-6i+2$

(3) 与式$=2+11i+15i^2=2+11i-15$

$=-13+11i$

(4) 与式$=2-i-10i^2=2-i+10=12-i$

(5) 与式$=1-i^2=1+1=2$

(6) 与式$=3-i^2=3+1=4$

(7) 与式$=1+2i+i^2=1+2i-1=2i$

(8) 与式$=4-4i+i^2=4-4i-1=3-4i$

52

答 (1) $\boldsymbol{\frac{1}{2}+\frac{1}{2}i}$ (2) $\boldsymbol{\frac{1}{5}+\frac{2}{5}i}$

(3) $\boldsymbol{\frac{5}{13}+\frac{1}{13}i}$ (4) $\boldsymbol{\frac{1}{13}+\frac{5}{13}i}$

(5) $\boldsymbol{\frac{2}{3}-\frac{\sqrt{2}}{3}i}$ (6) $\boldsymbol{\frac{1}{5}+\frac{2\sqrt{6}}{5}i}$

検討 (1) 与式$=\dfrac{1+i}{(1-i)(1+i)}=\dfrac{1+i}{1-i^2}=\dfrac{1+i}{2}$

(2) 与式$=\dfrac{i(2-i)}{(2+i)(2-i)}=\dfrac{2i-i^2}{4-i^2}=\dfrac{2i+1}{4+1}$

$=\dfrac{1+2i}{5}$

(3) 与式$=\dfrac{(1+i)(3-2i)}{(3+2i)(3-2i)}=\dfrac{3+i-2i^2}{9-4i^2}=\dfrac{5+i}{13}$

(4) 与式$=\dfrac{(1+i)(3+2i)}{(3-2i)(3+2i)}=\dfrac{3+5i+2i^2}{9-4i^2}$

$=\dfrac{1+5i}{13}$

(5) 与式$=\dfrac{\sqrt{2}(\sqrt{2}-i)}{(\sqrt{2}+i)(\sqrt{2}-i)}=\dfrac{2-\sqrt{2}i}{2-i^2}=\dfrac{2-\sqrt{2}i}{3}$

(6) 与式$=\dfrac{(\sqrt{3}+\sqrt{2}i)^2}{(\sqrt{3}-\sqrt{2}i)(\sqrt{3}+\sqrt{2}i)}$

$=\dfrac{3+2\sqrt{6}i+2i^2}{3-2i^2}=\dfrac{1+2\sqrt{6}i}{5}$

53

答 (1) $\boldsymbol{x=0,\ y=0}$ (2) $\boldsymbol{x=0,\ y=-1}$

(3) $\boldsymbol{x=1,\ y=0}$

検討 (2) $x-(y+1)i=0$ より　$x=0,\ y=-1$

(3) $(x-1)+yi=0$ より　$x=1,\ y=0$

54

答 (1) $\boldsymbol{x=\frac{17}{12},\ y=\frac{1}{12}}$ (2) $\boldsymbol{x=\frac{10}{3},\ y=30}$

検討 (1) $2x+2y-3=0,\ 5x-y-7=0$

を解くと

$x=\dfrac{17}{12},\ y=\dfrac{1}{12}$

(2) $3x-yi=10-30i$

よって　$x=\dfrac{10}{3},\ y=30$

テスト対策

〔複素数の相等〕

$a,\ b,\ c,\ d$ が実数のとき，

$\boldsymbol{a+bi=c+di \Longleftrightarrow a=c,\ b=d}$

応用問題

本冊 p. 19

55

答 (1) $\boldsymbol{-2i}$ (2) **10** (3) **4** (4) **0**

(5) **0** (6) $\boldsymbol{-\frac{5}{27}-\frac{\sqrt{2}}{27}i}$

検討 (1) 与式$=(1-i)^2=1-2i+i^2=-2i$

(2) 与式$=(1-i^2)(4-i^2)=2\cdot5=10$

(3) 与式$=\{(2+i)+(2-i)\}\{(2+i)^2-(2+i)(2-i)$

$+(2-i)^2\}$

$=4(4+4i+i^2-4+i^2+4-4i+i^2)$

$=4(4+3i^2)=4$

(4) 与式$=(i^2)^6+(i^2)^5\cdot i+(i^2)^5+(i^2)^4\cdot i$

$=(-1)^6+(-1)^5i+(-1)^5+(-1)^4i$

$=1-i-1+i=0$

(5) 与式$=\dfrac{(1-i)^2+(1+i)^2}{(1+i)(1-i)}$

$=\dfrac{1-2i+i^2+1+2i+i^2}{1-i^2}=\dfrac{2+2i^2}{1+1}=0$

(6) 与式$=\dfrac{(1-\sqrt{2}i)^3}{\{(1+\sqrt{2}i)(1-\sqrt{2}i)\}^3}$

$=\dfrac{1-3\sqrt{2}i+3\cdot2i^2-2\sqrt{2}i^3}{(1+2)^3}=\dfrac{-5-\sqrt{2}i}{27}$

56

答 (1) $\boldsymbol{\alpha=5i,\ \beta=-5i}$ であるから $\boldsymbol{\alpha,\ \beta}$ は互いに共役な複素数である。

(2) $\boldsymbol{\alpha+\beta=0,\ \alpha\beta=25}$

検討 (1)は $\overline{\alpha}=\overline{(1+2i)(2+i)}=\overline{(1+2i)}\,\overline{(2+i)}$

$=(1-2i)(2-i)=\beta$ としてもよい。

(2) $\alpha+\beta=5i-5i=0$

$\alpha\beta=5i\cdot(-5i)=-25i^2=25$

9　2次方程式

基本問題　本冊 p. 20

57

答　(1) $\boldsymbol{x=\pm\sqrt{2}i}$　(2) $\boldsymbol{x=\dfrac{-3\pm\sqrt{7}i}{2}}$

(3) $\boldsymbol{x=\dfrac{-5\pm\sqrt{11}i}{6}}$　(4) $\boldsymbol{x=\dfrac{2\pm\sqrt{14}i}{6}}$

検討　(1) $x=\dfrac{0\pm\sqrt{0-8}}{2}=\dfrac{\pm\sqrt{-8}}{2}=\dfrac{\pm2\sqrt{2}i}{2}$

$=\pm\sqrt{2}i$

(2) $x=\dfrac{-3\pm\sqrt{9-4\cdot4}}{2}=\dfrac{-3\pm\sqrt{-7}}{2}$

$=\dfrac{-3\pm\sqrt{7}i}{2}$

(3) $x=\dfrac{-5\pm\sqrt{25-4\cdot3\cdot3}}{2\cdot3}=\dfrac{-5\pm\sqrt{-11}}{6}$

$=\dfrac{-5\pm\sqrt{11}i}{6}$

(4) $x=\dfrac{2\pm\sqrt{4-6\cdot3}}{6}=\dfrac{2\pm\sqrt{-14}}{6}=\dfrac{2\pm\sqrt{14}i}{6}$

58

答　判別式を $\boldsymbol{D}$ とする。

(1) $\boldsymbol{D=-3}$，異なる **2** つの虚数解

(2) $\boldsymbol{D=4(5-2\sqrt{6})}$，異なる **2** つの実数解

(3) $\boldsymbol{D=-20}$，異なる **2** つの虚数解

(4) $\boldsymbol{D=0}$，重解（実数解）

検討　(1) $D=1-4=-3<0$

(2) $\dfrac{D}{4}=(\sqrt{6}-1)^2-2=6-2\sqrt{6}+1-2$

$=5-2\sqrt{6}>0$

(3) $\dfrac{D}{4}=1-6=-5<0$

(4) $\dfrac{D}{4}=1-(\sqrt{3}-\sqrt{2})(\sqrt{3}+\sqrt{2})=0$

59

答　(1) $\boldsymbol{a\neq0}$ のとき異なる **2** つの虚数解，$\boldsymbol{a=0}$ のとき重解（実数解）

(2) $\boldsymbol{b\neq0}$ のとき異なる **2** つの実数解，$\boldsymbol{b=0}$ のとき重解（実数解）

(3) $\boldsymbol{a\neq1}$ のとき異なる **2** つの虚数解，$\boldsymbol{a=1}$ のとき重解（実数解）

(4) $\boldsymbol{a>4}$ のとき異なる **2** つの実数解，$\boldsymbol{a=4}$ のとき重解（実数解），$\boldsymbol{a<4}$ のとき異なる **2** つの虚数解

検討　(1) $D=a^2-4a^2=-3a^2$ より

$a\neq0$ のとき $D<0$，$a=0$ のとき $D=0$

(2) $\dfrac{D}{4}=(ab)^2+2a^2b^2=3a^2b^2$，$a\neq0$ より

$b\neq0$ のとき $D>0$，$b=0$ のとき $D=0$

(3) $\dfrac{D}{4}=(a+1)^2-2(a^2+1)=-(a-1)^2$ より

$a\neq1$ のとき $D<0$，$a=1$ のとき $D=0$

(4) $\dfrac{D}{4}=1-(-a+5)=a-4$ より

$a>4$ のとき $D>0$，$a=4$ のとき $D=0$，
$a<4$ のとき $D<0$

60

答　$\boldsymbol{a<\dfrac{2}{3}}$

検討　2 次方程式であるから　$a\neq1$

$\dfrac{D}{4}=1+3(a-1)=3a-2<0$ より　$a<\dfrac{2}{3}$

61

答　実数解：$\boldsymbol{a\leqq2-2\sqrt{3}}$，$\boldsymbol{2+2\sqrt{3}\leqq a}$

虚数解：$\boldsymbol{2-2\sqrt{3}<a<2+2\sqrt{3}}$

検討　実数解をもつ条件は判別式 $D\geqq0$ だから

$\dfrac{D}{4}=a^2-(4a+8)=a^2-4a-8\geqq0$

よって　$a\leqq2-2\sqrt{3}$，$2+2\sqrt{3}\leqq a$

虚数解をもつ条件は $D<0$ だから

$2-2\sqrt{3}<a<2+2\sqrt{3}$

テスト対策

実数係数の 2 次方程式が**実数解**をもつ条件は，判別式 $\boldsymbol{D\geqq0}$ である。

応用問題　本冊 p. 21

62

答　(1) $\boldsymbol{x=-2,\ 1,\ \dfrac{-1\pm\sqrt{23}i}{2}}$

(2) $\boldsymbol{x=0,\ 5,\ \frac{5\pm\sqrt{15}i}{2}}$

検討 (1) $x^2+x=X$ とおくと,

$X^2+4X-12=0$　$(X+6)(X-2)=0$

よって　$(x^2+x+6)(x^2+x-2)=0$

$x^2+x+6=0$ より　$x=\dfrac{-1\pm\sqrt{23}i}{2}$

$x^2+x-2=0$ より　$(x+2)(x-1)=0$

よって　$x=-2,\ 1$

(2) $(x-1)(x-4)\times(x-2)(x-3)-24=0$

$(x^2-5x+4)(x^2-5x+6)-24=0$

$(x^2-5x)^2+10(x^2-5x)+24-24=0$

$(x^2-5x)(x^2-5x+10)=0$

$x^2-5x=0$ より　$x(x-5)=0$

よって　$x=0,\ 5$

$x^2-5x+10=0$ より　$x=\dfrac{5\pm\sqrt{15}i}{2}$

10 2次方程式の解と係数の関係

基本問題 本冊 p. 22

63

答 それぞれの和, 積の順に

(1) $\boldsymbol{\frac{3}{2},\ 2}$　(2) $\boldsymbol{0,\ \frac{4}{3}}$　(3) $\boldsymbol{-(a+2),\ a-3}$

(4) $\boldsymbol{\frac{4a}{a^2+1},\ -\frac{a+1}{a^2+1}}$

検討 与式の 2 つの解を $\alpha,\ \beta$ とすれば

(1) $\alpha+\beta=\dfrac{-(-3)}{2}=\dfrac{3}{2},\ \alpha\beta=\dfrac{4}{2}=2$

(2) $\alpha+\beta=\dfrac{-0}{3}=0,\ \alpha\beta=\dfrac{4}{3}$

(3) $\alpha+\beta=\dfrac{-(a+2)}{1}=-(a+2),$

$\alpha\beta=\dfrac{a-3}{1}=a-3$

(4) $\alpha+\beta=\dfrac{-(-4a)}{a^2+1}=\dfrac{4a}{a^2+1},\ \alpha\beta=\dfrac{-(a+1)}{a^2+1}$

64

答 (1) $\boldsymbol{-\frac{5}{2}}$　(2) $\boldsymbol{\frac{25}{4}}$　(3) $\boldsymbol{3}$　(4) $\boldsymbol{\frac{41}{4}}$

(5) $\boldsymbol{\frac{5}{2}}$　(6) $\boldsymbol{-\frac{99}{8}}$　(7) $\boldsymbol{\frac{3}{4}}$　(8) $\boldsymbol{-\frac{1}{5}}$

検討 $\alpha+\beta=-\dfrac{3}{2},\ \alpha\beta=-2$

(1) 与式$=\alpha\beta+\alpha+\beta+1=-2-\dfrac{3}{2}+1=-\dfrac{5}{2}$

(2) 与式$=(\alpha+\beta)^2-2\alpha\beta=\left(-\dfrac{3}{2}\right)^2-2(-2)$

$=\dfrac{9}{4}+4=\dfrac{25}{4}$

(3) 与式$=\alpha\beta(\alpha+\beta)=(-2)\left(-\dfrac{3}{2}\right)=3$

(4) 与式$=(\alpha+\beta)^2-4\alpha\beta=\left(-\dfrac{3}{2}\right)^2-4(-2)$

$=\dfrac{9}{4}+8=\dfrac{41}{4}$

(5) 与式$=2\alpha^2+5\alpha\beta+2\beta^2$

$=2(\alpha^2+2\alpha\beta+\beta^2)+\alpha\beta$

$=2(\alpha+\beta)^2+\alpha\beta=2\left(-\dfrac{3}{2}\right)^2-2=\dfrac{9}{2}-2=\dfrac{5}{2}$

(6) 与式$=(\alpha+\beta)^3-3\alpha\beta(\alpha+\beta)$

$=\left(-\dfrac{3}{2}\right)^3-3(-2)\left(-\dfrac{3}{2}\right)=-\dfrac{27}{8}-9=-\dfrac{99}{8}$

(7) 与式$=\dfrac{\alpha+\beta}{\alpha\beta}=\dfrac{-\frac{3}{2}}{-2}=\dfrac{3}{4}$

(8) 与式$=\dfrac{\beta+1+\alpha+1}{(\alpha+1)(\beta+1)}=\dfrac{\alpha+\beta+2}{\alpha\beta+\alpha+\beta+1}$

$=\dfrac{-\frac{3}{2}+2}{-2-\frac{3}{2}+1}=\dfrac{\frac{1}{2}}{-\frac{5}{2}}=-\dfrac{1}{5}$

テスト対策

〔$\alpha,\ \beta$ についての対称式〕

(i) $(\alpha+1)(\beta+1)=(\alpha+\beta)+\alpha\beta+1$

(ii) $\alpha^2+\beta^2=(\alpha+\beta)^2-2\alpha\beta$

(iii) $\alpha^3+\beta^3=(\alpha+\beta)^3-3\alpha\beta(\alpha+\beta)$

(iv) $\dfrac{1}{\alpha}+\dfrac{1}{\beta}=\dfrac{\alpha+\beta}{\alpha\beta}$

65

答 (1) $\boldsymbol{a=\pm2}$　(2) $\boldsymbol{a=\pm1}$

検討 $\alpha+\beta=-a,\ \alpha\beta=-1$

(1) 与式より　$(\alpha+\beta)^2-2\alpha\beta=6$

ゆえに　$a^2+2=6$　$a^2=4$　$a=\pm2$

(2) 与式より　$\dfrac{\alpha^2+\beta^2}{\alpha\beta}=-3$

$\dfrac{(\alpha+\beta)^2-2\alpha\beta}{\alpha\beta}=-3$　$\dfrac{a^2+2}{-1}=-3$

$a^2+2=3$　　よって　$a=\pm1$

66

答 (1) $\boldsymbol{a=9,\ x=\frac{5}{2}}$　(2) $\boldsymbol{a=4,\ x=-\frac{2}{3}}$

(3) $\boldsymbol{a=1,\ x=-3}$

検討 (1) 与式に $x=2$ を代入して

$8-2a+10=0$　よって　$a=9$

与式の 2 つの解を 2, α とすれば　$2+\alpha=\dfrac{a}{2}$

ゆえに　$\alpha=\dfrac{a}{2}-2=\dfrac{9}{2}-2=\dfrac{5}{2}$

(2) 与式に $x=2$ を代入して　$12-8-a=0$

よって　$a=4$

$2+\alpha=\dfrac{4}{3}$　ゆえに　$\alpha=\dfrac{4}{3}-2=-\dfrac{2}{3}$

(3) 与式に $x=2$ を代入して　$4a+2-6=0$

よって　$a=1$

$2+\alpha=-\dfrac{1}{a}$　$\alpha=-\dfrac{1}{a}-2=-1-2=-3$

67

答 $\boldsymbol{a=-7,\ -\frac{14}{5}}$

$a=-7$ のとき $x=-\frac{5}{2},\ -1$

$a=-\frac{14}{5}$ のとき $x=-1,\ -\frac{2}{5}$

検討 2 つの解を 5α, 2α とすると，解と係数の関係より　$5\alpha+2\alpha=\dfrac{a}{2}$

ゆえに　$7\alpha=\dfrac{a}{2}$　　$\alpha=\dfrac{a}{14}$　……①

また　$5\alpha\cdot2\alpha=-\dfrac{a+2}{2}$　……②

②に①を代入して　$10\cdot\dfrac{a^2}{14^2}=-\dfrac{a+2}{2}$

整理すると　$5a^2+49a+98=0$

$(a+7)(5a+14)=0$

よって　$a=-7,\ -\dfrac{14}{5}$

$a=-7$ のとき，①より　$\alpha=-\dfrac{1}{2}$

よって，2 つの解は　$-\dfrac{5}{2},\ -1$

$a=-\dfrac{14}{5}$ のとき，①より　$\alpha=-\dfrac{1}{5}$

よって，2 つの解は　$-1,\ -\dfrac{2}{5}$

68

答 $\boldsymbol{a=-\frac{63}{4},\ x=-\frac{7}{2},\ -\frac{9}{2}}$

検討 2 つの解を α, $\alpha+1$ とすると

$\alpha+(\alpha+1)=-8$　　よって　$\alpha=-\dfrac{9}{2}$

ゆえに　$\alpha+1=-\dfrac{9}{2}+1=-\dfrac{7}{2}$

$-a$ は 2 つの解の積だから

$-a=\left(-\dfrac{9}{2}\right)\left(-\dfrac{7}{2}\right)$　　よって　$a=-\dfrac{63}{4}$

69

答 (1) $\boldsymbol{\left(x+\frac{5-\sqrt{77}}{2}\right)\left(x+\frac{5+\sqrt{77}}{2}\right)}$

(2) $\boldsymbol{7\left(x-\frac{11+\sqrt{65}}{14}\right)\left(x-\frac{11-\sqrt{65}}{14}\right)}$

(3) $\boldsymbol{2\left(x-\frac{2+\sqrt{6}}{2}\right)\left(x-\frac{2-\sqrt{6}}{2}\right)}$

(4) $\boldsymbol{(3x-1)(x+1)}$

検討 (1) $x^2+5x-13=0$ の解を求めると

$x=\dfrac{-5\pm\sqrt{25-4\cdot(-13)}}{2}=\dfrac{-5\pm\sqrt{77}}{2}$

$x^2+5x-13=\left(x-\dfrac{-5+\sqrt{77}}{2}\right)\left(x-\dfrac{-5-\sqrt{77}}{2}\right)$

(2) $7x^2-11x+2=0$ の解を求めると

$x=\dfrac{11\pm\sqrt{121-4\cdot7\cdot2}}{2\cdot7}=\dfrac{11\pm\sqrt{65}}{14}$

$7x^2-11x+2=7\left(x-\dfrac{11+\sqrt{65}}{14}\right)\left(x-\dfrac{11-\sqrt{65}}{14}\right)$

(3) $2x^2-4x-1=0$ の解を求めると

$x=\dfrac{2\pm\sqrt{4+2}}{2}=\dfrac{2\pm\sqrt{6}}{2}$

$2x^2-4x-1=2\left(x-\dfrac{2+\sqrt{6}}{2}\right)\left(x-\dfrac{2-\sqrt{6}}{2}\right)$

(4) $3x^2+2x-1=0$ の解を求めると

$x=\dfrac{-1\pm\sqrt{1+3}}{3}=\dfrac{-1\pm 2}{3}$ より　$x=\dfrac{1}{3},\ -1$

$3x^2+2x-1=3\left(x-\dfrac{1}{3}\right)(x+1)=(3x-1)(x+1)$

テスト対策

2 次方程式の解を利用すると，
どんな 2 次式でも 1 次式の積に因数分解できる。

70

答　(1) $\boldsymbol{x^2+x-2=0}$　(2) $\boldsymbol{x^2+4x+1=0}$

(3) $\boldsymbol{x^2-2x+\dfrac{7}{4}=0}$　(4) $\boldsymbol{x^2-\dfrac{10}{3}x+\dfrac{19}{9}=0}$

検討　(1) $(x-1)(x+2)=0$

よって　$x^2+x-2=0$

(2) $\{x-(-2+\sqrt{3})\}\{x-(-2-\sqrt{3})\}=0$

よって　$x^2+4x+1=0$

(3) $\left(x-\dfrac{2+\sqrt{3}i}{2}\right)\left(x-\dfrac{2-\sqrt{3}i}{2}\right)=0$

よって　$x^2-2x+\dfrac{7}{4}=0$

(4) $\left(x-\dfrac{5+\sqrt{6}}{3}\right)\left(x-\dfrac{5-\sqrt{6}}{3}\right)=0$

よって　$x^2-\dfrac{10}{3}x+\dfrac{19}{9}=0$

71

答　(1) $\boldsymbol{x^2+5x+2=0}$　(2) $\boldsymbol{x^2-\dfrac{3}{2}x-\dfrac{1}{2}=0}$

検討　$\alpha+\beta=-3,\ \alpha\beta=-2$ だから

(1) $(\alpha-1)+(\beta-1)=\alpha+\beta-2=-3-2=-5$

$(\alpha-1)(\beta-1)=\alpha\beta-(\alpha+\beta)+1$

$=-2+3+1=2$

よって，求める 2 次方程式は

$x^2-(-5)x+2=0$

(2) $\dfrac{1}{\alpha}+\dfrac{1}{\beta}=\dfrac{\alpha+\beta}{\alpha\beta}=\dfrac{-3}{-2}=\dfrac{3}{2}$

$\dfrac{1}{\alpha}\cdot\dfrac{1}{\beta}=\dfrac{1}{\alpha\beta}=\dfrac{1}{-2}=-\dfrac{1}{2}$

よって，求める 2 次方程式は

$x^2-\dfrac{3}{2}x+\left(-\dfrac{1}{2}\right)=0$

テスト対策

2 数を解とする 2 次方程式は，2 数の和と積を求めて，**$\boldsymbol{x^2-}$(和)$\boldsymbol{x+}$(積)$\boldsymbol{=0}$** とすればよい。

72

答　(1) $\boldsymbol{x^2-11x-26=0}$

(2) $\boldsymbol{x^2+\dfrac{17}{4}x+1=0}$

検討　$\alpha+\beta=3,\ \alpha\beta=-4$ だから

(1) $(3\alpha+1)+(3\beta+1)=3(\alpha+\beta)+2=9+2=11$

$(3\alpha+1)(3\beta+1)=9\alpha\beta+3(\alpha+\beta)+1$

$=-36+9+1=-26$

よって，求める 2 次方程式は

$x^2-11x+(-26)=0$

(2) $\dfrac{\beta}{\alpha}+\dfrac{\alpha}{\beta}=\dfrac{\alpha^2+\beta^2}{\alpha\beta}=\dfrac{(\alpha+\beta)^2-2\alpha\beta}{\alpha\beta}$

$=\dfrac{9+8}{-4}=-\dfrac{17}{4}$

$\dfrac{\beta}{\alpha}\times\dfrac{\alpha}{\beta}=1$

よって，求める 2 次方程式は

$x^2-\left(-\dfrac{17}{4}\right)x+1=0$

応用問題

本冊 p. 24

73

答　$\boldsymbol{a=-32}$

検討　$\alpha+\beta=-4$　……①

$\alpha\beta=a$　……②

題意より　$\alpha^2=16\beta$　……③

①より　$\beta=-4-\alpha$　……①′

①′を③に代入して　$\alpha^2=16(-4-\alpha)$

$\alpha^2+16\alpha+64=0$　$(\alpha+8)^2=0$

よって　$\alpha=-8$

①′に代入して　$\beta=-4+8=4$

②より　$a=\alpha\beta=-8\cdot 4=-32$

74

答　(1) $\boldsymbol{(x+y-7)(x+y+5)}$

(2) $\boldsymbol{(x-5y+1)(2x-y+3)}$

検討 (1) $x^2+2(y-1)x+y^2-2y-35=0$
の解を求めると
$x=-(y-1)\pm\sqrt{(y-1)^2-(y^2-2y-35)}$
$=-y+1\pm\sqrt{36}=-y+1\pm6$ より
$x=-y+7,\ -y-5$
ゆえに　与式$=\{x-(-y+7)\}\{x-(-y-5)\}$
$=(x+y-7)(x+y+5)$
(2) $2x^2+(5-11y)x+5y^2-16y+3=0$ の解を求めると

$$x=\frac{-(5-11y)\pm\sqrt{(5-11y)^2-8(5y^2-16y+3)}}{4}$$
$$=\frac{-5+11y\pm\sqrt{81y^2+18y+1}}{4}$$
$$=\frac{-5+11y\pm\sqrt{(9y+1)^2}}{4}$$
$$=\frac{-5+11y\pm(9y+1)}{4}$$ より

$x=5y-1,\ \dfrac{y-3}{2}$

ゆえに　与式$=2\{x-(5y-1)\}\left(x-\dfrac{y-3}{2}\right)$
$=(x-5y+1)(2x-y+3)$

75

答 $\boldsymbol{a=6\pm2\sqrt{3},\ b=9\pm3\sqrt{3}}$ **(複号同順)**

検討 $8x^2-2ax+a=0$ の2つの解を α, β とすると，$\alpha+\beta=\dfrac{a}{4}$，$\alpha\beta=\dfrac{a}{8}$ より

$(\alpha+\beta)+\alpha\beta=\dfrac{a}{4}+\dfrac{a}{8}=\dfrac{3}{8}a$,

$\alpha\beta(\alpha+\beta)=\dfrac{a}{8}\cdot\dfrac{a}{4}=\dfrac{a^2}{32}$

ゆえに，$\alpha+\beta$ と $\alpha\beta$ を解とする2次方程式は

$x^2-\dfrac{3}{8}ax+\dfrac{a^2}{32}=0$

すなわち，$4x^2-\dfrac{3}{2}ax+\dfrac{a^2}{8}=0$ が

$4x^2-bx+b-3=0$ と一致する。

よって　$b=\dfrac{3}{2}a$，$b-3=\dfrac{a^2}{8}$

b を消去して整理すると　$a^2-12a+24=0$
ゆえに　$a=6\pm\sqrt{36-24}=6\pm2\sqrt{3}$
$b=\dfrac{3}{2}(6\pm2\sqrt{3})=3(3\pm\sqrt{3})$ (複号同順)

76

答 $\boldsymbol{x=-2,\ 6}$

検討 Aは開平を誤ったので，2つの解の和は正しい。また，Bは1次の係数を誤ったので，2つの解の積は正しい。
よって，$ax^2+bx+c=0$ において
$-\dfrac{b}{a}=4$，$\dfrac{c}{a}=-12$
ゆえに　$b=-4a$，$c=-12a$
よって，$x^2-4x-12=0$ を解くと
$(x+2)(x-6)=0$ より　$x=-2,\ 6$

11 因数定理

基本問題 本冊 p. 25

77

答 (1) $\boldsymbol{-2}$　(2) $\boldsymbol{-1}$　(3) $\boldsymbol{-47}$

検討 $f(1)$ とは $f(x)$ の $x=1$ における値。
(1) $f(1)=1-2+3-4=-2$
(2) $g(-2)=4-5=-1$
(3) $f(-3)+g(4)=-27-18-9-4+16-5$
$=-47$

78

答 (1) **8**　(2) **4**　(3) **10**

検討 (1) $f(-1)=-1+2+3+4=8$
(2) $f(1)=1+2-3+4=4$
(3) $f(-2)=-8+8+6+4=10$

79

答 $\boldsymbol{f(x)=(ax+b)Q(x)+R}$ **において，**
$\boldsymbol{x=-\dfrac{b}{a}}$ **を代入すれば**

$$\boldsymbol{f\left(-\frac{b}{a}\right)=\left\{a\left(-\frac{b}{a}\right)+b\right\}Q\left(-\frac{b}{a}\right)+R}$$
$$\boldsymbol{=0+R=R}$$

80

答 (1) $\boldsymbol{\dfrac{1}{4}}$　(2) $\boldsymbol{\dfrac{9}{4}}$　(3) $\boldsymbol{-\dfrac{79}{4}}$

検討 (1) $f\left(-\dfrac{1}{2}\right)=-\dfrac{1}{2}-\dfrac{3}{4}-\dfrac{1}{2}+2=\dfrac{1}{4}$

(2) $f\left(\frac{1}{2}\right)=\frac{1}{2}-\frac{3}{4}+\frac{1}{2}+2=\frac{9}{4}$

(3) $f\left(-\frac{3}{2}\right)=-\frac{27}{2}-\frac{27}{4}-\frac{3}{2}+2=-\frac{79}{4}$

81

答 $\boldsymbol{a=-7}$

検討 $f(-1)=-2-3-a=-5-a$

ゆえに　$-5-a=2$　よって　$a=-7$

82

答 (1) $\boldsymbol{a=\frac{19}{6},\ b=\frac{17}{6}}$

(2) $\boldsymbol{a=\frac{58}{3},\ b=-\frac{13}{3}}$

検討 (1) $f(1)=1+a+b-4=a+b-3=3$

ゆえに　$a+b=6$　……①

$f(-2)=-8+4a-2b-4=4a-2b-12=-5$

ゆえに　$4a-2b=7$　……②

①，②の連立方程式を解くと

$a=\frac{19}{6},\ b=\frac{17}{6}$

(2) $f\left(\frac{1}{2}\right)=1+\frac{a}{4}-\frac{3}{2}+b=\frac{a}{4}+b-\frac{1}{2}=0$

ゆえに　$\frac{a}{4}+b=\frac{1}{2}$　……①

$f(-1)=-8+a+3+b=a+b-5=10$

ゆえに　$a+b=15$　……②

①，②の連立方程式を解くと

$a=\frac{58}{3},\ b=-\frac{13}{3}$

83

答 $\boldsymbol{x-1}$

検討 $f(x)=-2x^3+49x^2-78x+31$ とおく。

$f(1)=-2+49-78+31=0$

$f(-1)=2+49+78+31\neq 0$

同様にして　$f(2)\neq 0,\ f(-2)\neq 0,\ f(3)\neq 0$

よって，因数であるのは $x-1$

84

答 $\boldsymbol{a=-9}$

検討 $f(x)=x^3-3x^2+ax-5$ とおく。

$f(-1)=0$ となればよいから

$-1-3-a-5=0$　　よって　$a=-9$

85

答 (1) $\boldsymbol{(x-1)(x^2+2x+2)}$

(2) $\boldsymbol{(x-1)(x-2)(x-3)}$

(3) $\boldsymbol{(x+3)(2x+1)(2x-1)}$

検討 与式$=f(x)$ とおく。

(1) $f(1)=0$ より $x-1$ で割り切れる。

$$
\begin{array}{rllll}
 & x^2 & +2x & & +2 \\
x-1 \big) & x^3+x^2 & & & -2 \\
 & x^3-x^2 & & & \\
\hline
 & & 2x^2 & & \\
 & & 2x^2-2x & & \\
\hline
 & & & 2x-2 & \\
 & & & 2x-2 & \\
\hline
 & & & & 0
\end{array}
$$

よって　与式 $=(x-1)(x^2+2x+2)$

(2) $f(1)=0$ より $x-1$ で割り切れる。組立除法により

1	1	−6	11	−6
		1	−5	6
	1	−5	6	0

よって　与式$=(x-1)(x^2-5x+6)$

$=(x-1)(x-2)(x-3)$

(3) $f(-3)=0$ より $x+3$ で割り切れる。

−3	4	12	−1	−3
		−12	0	3
	4	0	−1	0

よって　与式$=(x+3)(4x^2-1)$

$=(x+3)(2x+1)(2x-1)$

テスト対策

高次式 $f(x)$ を因数分解するときは，

$f(\alpha)=0$ となる α を

$\pm\dfrac{\text{定数項の約数}}{\text{最高次の係数の約数}}$

の中から見つけて，$f(x)$ を $x-\alpha$ で割る。

応用問題

本冊 p. 27

86

答 $\boldsymbol{a=\frac{1}{4},\ b=-1,\ c=\frac{15}{4}}$

検討 $f(x)=ax^2+bx+c$ とおくと

$f(1)=a+b+c=3$ ……①

$f(-1)=a-b+c=5$ ……②

$f(-3)=9a-3b+c=9$ ……③

①～③を連立させて解くと

$a=\frac{1}{4}$, $b=-1$, $c=\frac{15}{4}$

87

答 $\boldsymbol{a=2,\ b=-2}$

検討 x^2-1 で割り切れることは，$x-1$ でも $x+1$ でも割り切れることである。

$f(x)=2x^3-ax^2+bx+2$ とおくと

$f(1)=2-a+b+2=-a+b+4=0$ ……①

$f(-1)=-2-a-b+2=-a-b=0$ ……②

①，②を解くと　$a=2$, $b=-2$

88

答 $\boldsymbol{\frac{3}{4}(x+2)^2}$

検討 $f(x)$ を $(x+2)^2(x+4)$ で割ったときの商を $Q(x)$，余りを ax^2+bx+c とおくと

$f(x)=(x+2)^2(x+4)Q(x)+ax^2+bx+c$

また，$f(x)$ を $(x+2)^2$ で割ると割り切れるので，$ax^2+bx+c=a(x+2)^2$ となる。

ゆえに　$f(x)=(x+2)^2\{(x+4)Q(x)+a\}$

ここで $f(-4)=3$ より　$4a=3$

よって　$a=\frac{3}{4}$

12 高次方程式

基本問題 本冊 p. 28

89

答 (1) $\boldsymbol{x=1,\ \frac{-1\pm\sqrt{3}i}{2}}$

(2) $\boldsymbol{x=-1,\ \frac{1\pm\sqrt{3}i}{2}}$ (3) $\boldsymbol{x=2,\ -1\pm\sqrt{3}i}$

検討 (1) $x^3-1=0$, $(x-1)(x^2+x+1)=0$

(2) $x^3+1=0$, $(x+1)(x^2-x+1)=0$

(3) $x^3-8=0$, $(x-2)(x^2+2x+4)=0$

90

答 (1) $\boldsymbol{x=-1,\ -2,\ 3}$ (2) $\boldsymbol{x=-1,\ 2}$

(3) $\boldsymbol{x=-1,\ \frac{-1\pm2\sqrt{2}i}{3}}$

検討 (1) $f(x)=x^3-7x-6$ とおくと $f(-1)=0$ より $f(x)$ は $x+1$ で割り切れる。

ゆえに　$(x+1)(x^2-x-6)=0$

$(x+1)(x+2)(x-3)=0$

よって　$x=-1$, -2, 3

(2) $f(x)=x^3-3x-2$ とおくと $f(-1)=0$ より $f(x)$ は $x+1$ で割り切れる。

ゆえに　$(x+1)(x^2-x-2)=0$

$(x+1)^2(x-2)=0$

よって　$x=-1$, 2

(3) $f(x)=3x^3+5x^2+5x+3$ とおくと $f(-1)=0$ より $f(x)$ は $x+1$ で割り切れる。

ゆえに　$(x+1)(3x^2+2x+3)=0$

よって　$x=-1$, $\frac{-1\pm2\sqrt{2}i}{3}$

91

答 (1) $\boldsymbol{x=\pm\sqrt{5},\ \pm i}$

(2) $\boldsymbol{x=\frac{-1\pm\sqrt{3}i}{2},\ \frac{1\pm\sqrt{3}i}{2}}$

(3) $\boldsymbol{x=\pm\sqrt{5},\ \pm\sqrt{2}i}$

(4) $\boldsymbol{x=\frac{-\sqrt{2}\pm\sqrt{10}}{2},\ \frac{\sqrt{2}\pm\sqrt{10}}{2}}$

検討 (1) $(x^2-5)(x^2+1)=0$

よって　$x=\pm\sqrt{5}$, $\pm i$

(2) $(x^2+1)^2-x^2=(x^2+x+1)(x^2-x+1)=0$

よって　$x=\frac{-1\pm\sqrt{3}i}{2}$, $\frac{1\pm\sqrt{3}i}{2}$

(3) $(x^2-5)(x^2+2)=0$

よって　$x=\pm\sqrt{5}$, $\pm\sqrt{2}i$

(4) $(x^4-4x^2+4)-2x^2=(x^2-2)^2-2x^2$

$=(x^2+\sqrt{2}x-2)(x^2-\sqrt{2}x-2)=0$

よって　$x=\frac{-\sqrt{2}\pm\sqrt{10}}{2}$, $\frac{\sqrt{2}\pm\sqrt{10}}{2}$

92

答 (1) $\boldsymbol{a=4,\ b=6}$ (2) $\boldsymbol{x=-3,\ 1+i}$

検討 $1-i$ が解であるから，$1+i$ も解である。

与式を $(x-1+i)(x-1-i)$

すなわち x^2-2x+2 で割ると

商 $x+3$，余り $(-a+4)x+b-6$ となる。

また，余りが0であるから

$-a+4=0$，$b-6=0$

ゆえに　$a=4$，$b=6$

よって，他の解は　$x=-3$，$1+i$

応用問題 本冊 p. 29

93

答　$\boldsymbol{x=1,\ \dfrac{-7\pm\sqrt{11}i}{2}}$

検討　$f(x)=x(x+2)(x+4)-15$

$\qquad=x^3+6x^2+8x-15$　とおくと

$f(1)=0$ より $f(x)$ は $x-1$ で割り切れる。

ゆえに　$(x-1)(x^2+7x+15)=0$

よって　$x=1,\ \dfrac{-7\pm\sqrt{11}i}{2}$

94

答　**$\alpha=a+bi$ が与式の解だから**

$\boldsymbol{(a+bi)^3+p(a+bi)^2+q(a+bi)+r=0}$

i について整理すると

$\boldsymbol{a^3-3ab^2+pa^2-pb^2+qa+r}$

$\quad\boldsymbol{+(3a^2b-b^3+2pab+qb)i=0}$

よって

$\boldsymbol{a^3-3ab^2+pa^2-pb^2+qa+r=0}$　……①

$\boldsymbol{3a^2b-b^3+2pab+qb=0}$　……②

$\overline{\alpha}=a-bi$ を x^3+px^2+qx+r に代入すると

$\boldsymbol{(a-bi)^3+p(a-bi)^2+q(a-bi)+r}$

i について整理すると

$\boldsymbol{a^3-3ab^2+pa^2-pb^2+qa+r}$

$\quad\boldsymbol{-(3a^2b-b^3+2pab+qb)i}$　……③

①，②より　③式＝0

よって，$\overline{\alpha}=a-bi$ も解である。

95

答　(1) **3**　(2) **0**　(3) **n が3の倍数のとき3，n が3の倍数でないとき0**

検討　$\omega^3=1$，$\omega^2+\omega+1=0$ だから

(1) 与式$=(\omega^3)^2+\omega^3+1=1+1+1=3$

(2) 与式$=(\omega^3)^2\cdot\omega^2+\omega^3\cdot\omega+1=\omega^2+\omega+1=0$

(3) $n=3k\ (k=1,\ 2,\ \cdots)$ のとき

与式$=\omega^{6k}+\omega^{3k}+1=(\omega^3)^{2k}+(\omega^3)^k+1$

$\qquad=1+1+1=3$

$n=3k-1$ のとき

与式$=\omega^{6k-2}+\omega^{3k-1}+1$

$\qquad=(\omega^3)^{2k-1}\cdot\omega+(\omega^3)^{k-1}\cdot\omega^2+1$

$\qquad=\omega+\omega^2+1=0$

$n=3k-2$ のとき

与式$=\omega^{6k-4}+\omega^{3k-2}+1$

$\qquad=(\omega^3)^{2k-2}\cdot\omega^2+(\omega^3)^{k-1}\cdot\omega+1$

$\qquad=\omega^2+\omega+1=0$

テスト対策

方程式 $x^3=1$ の虚数解を ω とするとき，

(ω は $x^2+x+1=0$ の解)

$\boldsymbol{\omega^3=1,\ \omega^2+\omega+1=0}$

96

答　$\boldsymbol{a=-5,\ 4}$

検討　$x^3+3x^2+(a-4)x-a=0$

$(x^3+3x^2-4x)+a(x-1)=0$

$x(x-1)(x+4)+a(x-1)=0$

$(x-1)(x^2+4x+a)=0$

与えられた3次方程式が重解をもつのは，次の(i)または(ii)のときである。

(i) $x^2+4x+a=0$ が $x=1$ を解にもつとき

$1^2+4\cdot1+a=0$　　よって　$a=-5$

(ii) $x^2+4x+a=0$ が重解をもつとき

$\dfrac{D}{4}=2^2-a=0$　　よって　$a=4$

97

答　$\boldsymbol{a<-2,\ -2<a<\dfrac{1}{4}}$

検討　$x^3+(a-1)x-a=0$ から

$(x^3-x)+a(x-1)=0$　$(x-1)(x^2+x+a)=0$

与えられた3次方程式が異なる3つの実数解をもつのは，2次方程式 $x^2+x+a=0$ が1以外の異なる2つの実数解をもつ場合である。

$1^2+1+a\neq0$　　ゆえに　$a\neq-2$

$x^2+x+a=0$ の判別式を D とすると

$D=1-4a>0$　　ゆえに　$a<\dfrac{1}{4}$

よって　$a<-2,\ -2<a<\frac{1}{4}$

13 点の座標

基本問題 本冊 p. 31

98

答　(1) **6**　(2) **9**　(3) **3**

検討　$A(x_1)$, $B(x_2)$ のとき　$AB=|x_2-x_1|$

99

答　(1) $2\sqrt{5}$　(2) $5\sqrt{2}$　(3) $\sqrt{10}$
(4) $\sqrt{2(a^2+b^2)}$

検討　距離の公式を使えばよい。

100

答　(1) $(1,\ -2)$　(2) $(-1,\ 2)$
(3) $(-1,\ -2)$

検討　点を座標平面上にとって考える習慣を身につけることが大切である。

101

答　(1) **∠A が直角である直角二等辺三角形**
(2) **正三角形**

検討　どんな三角形かを答える問題では，特殊な三角形になることがほとんどである。まず，3 辺の長さを調べてみることが重要である。
(1) $AB=5,\ BC=5\sqrt{2},\ CA=5$
(2) $AB=BC=CA=2$

102

答　$\left(0,\ \frac{3}{2}\right)$

検討　y 軸上の点だから $P(0,\ y)$ とおける。
$AP^2=BP^2$ より　$1^2+(y+3)^2=3^2+(y-5)^2$
$16y=24$　　よって　$y=\frac{3}{2}$

テスト対策
x 軸上の点の座標は $(x,\ 0)$，**y 軸上**の点の座標は $(0,\ y)$ とおける。

103

答　(1) 内分する点 $\left(\frac{19}{5},\ 0\right)$，
外分する点 $(11,\ 0)$　(2) $\left(\frac{11}{2},\ 0\right)$

検討　(1) $\frac{2\times2+3\times5}{3+2}=\frac{19}{5}$，$\frac{-2\times2+3\times5}{3-2}=11$
(2) $\frac{2+9}{2}=\frac{11}{2}$

104

答　(1) 内分する点 $\left(\frac{14}{3},\ \frac{26}{3}\right)$，
外分する点 $(-2,\ -2)$　(2) $\left(\frac{11}{2},\ 10\right)$

検討　(1) 外分点は $x=\frac{-2\times3+1\times8}{1-2}=-2$，
$y=\frac{-2\times6+1\times14}{1-2}=-2$

105

答　(1) 内分する点 $\left(1,\ \frac{1}{3}\right)$，
外分する点 $(5,\ 11)$　(2) $\left(0,\ -\frac{7}{3}\right)$，$\left(1,\ \frac{1}{3}\right)$

検討　(2) AB を 3 等分する点は，AB を 1：2 に内分する点と，2：1 に内分する点である。

106

答　(1) $\left(2,\ -\frac{3}{2}\right)$　(2) $(3,\ 1)$

検討　(1) AC の中点を求めればよい。
(2) BD の中点が対角線の交点であることから求める。

107

答　(1) $(-1,\ 0)$　(2) $(6,\ 6)$
(3) $(2-a,\ 6-b)$

検討　(1) 求める点を $(x,\ y)$ とおくと，
点 $(1,\ 3)$ が，点 $(3,\ 6)$ と $(x,\ y)$ の中点となるから
$\frac{3+x}{2}=1$，$\frac{6+y}{2}=3$
よって　$x=-1,\ y=0$　　(2)，(3)も同様。

108

答 $(5,\ 13)$

検討 点 $C(a,\ b)$ とすれば

$\dfrac{1+6+a}{3}=4,\quad \dfrac{3+8+b}{3}=8$

よって　$a=12-7=5,\ b=24-11=13$

109

答 $A(-4,\ -5),\ B(10,\ 1),\ C(0,\ 7)$

検討 3点を $A(a,\ b),\ B(c,\ d),\ C(e,\ f)$ とすれば，題意より

$\dfrac{a+c}{2}=3$　……①，$\dfrac{c+e}{2}=5$　……②，

$\dfrac{a+e}{2}=-2$　……③

①～③を解くと　$a=-4,\ c=10,\ e=0$

$\dfrac{b+d}{2}=-2$　……④，$\dfrac{d+f}{2}=4$　……⑤，

$\dfrac{b+f}{2}=1$　……⑥

④～⑥を解くと　$b=-5,\ d=1,\ f=7$

応用問題

本冊 p. 33

110

答 $\left(\dfrac{9}{2},\ \dfrac{11}{2}\right)$

検討 求める点は直線 $y=x+1$ 上の点だから，$P(a,\ a+1)$ とおける。

$AP^2=BP^2$ より

$(a-3)^2+(a+1)^2=a^2+(a-1)^2$

$-4a+10=-2a+1$　　よって　$a=\dfrac{9}{2}$

111

答 BC を x 軸，M を原点にとり，$A(a,\ c)$，$B(-b,\ 0)$，$C(b,\ 0)$ とする。

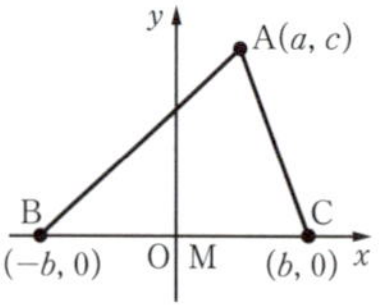

AB^2+AC^2

$=(a+b)^2+c^2+(a-b)^2+c^2=2(a^2+b^2+c^2)$

$2(AM^2+BM^2)=2(a^2+b^2+c^2)$

よって　$AB^2+AC^2=2(AM^2+BM^2)$

112

答 $A(a_1,\ a_2),\ B(b_1,\ b_2),\ C(c_1,\ c_2)$ とすれば，

$D\left(\dfrac{b_1+c_1}{2},\ \dfrac{b_2+c_2}{2}\right),\ E\left(\dfrac{c_1+a_1}{2},\ \dfrac{c_2+a_2}{2}\right),$

$F\left(\dfrac{a_1+b_1}{2},\ \dfrac{a_2+b_2}{2}\right)$

△DEF の重心の x 座標，y 座標はそれぞれ

$\dfrac{1}{3}\left(\dfrac{b_1+c_1}{2}+\dfrac{c_1+a_1}{2}+\dfrac{a_1+b_1}{2}\right)=\dfrac{a_1+b_1+c_1}{3}$

$\dfrac{1}{3}\left(\dfrac{b_2+c_2}{2}+\dfrac{c_2+a_2}{2}+\dfrac{a_2+b_2}{2}\right)=\dfrac{a_2+b_2+c_2}{3}$

よって，△ABC の重心と一致する。

113

答 外心 $\left(\dfrac{43}{8},\ \dfrac{35}{8}\right)$，半径 $\dfrac{5\sqrt{34}}{8}$

検討 外心の座標を $(a,\ b)$ とすると

$(a-2)^2+(b-3)^2=(a-5)^2+(b-8)^2$

$(a-2)^2+(b-3)^2=(a-4)^2+(b-1)^2$

よって　$3a+5b-38=0,\ a-b-1=0$

これより　$a=\dfrac{43}{8},\ b=\dfrac{35}{8}$

外接円の半径は

$\sqrt{\left(\dfrac{43}{8}-2\right)^2+\left(\dfrac{35}{8}-3\right)^2}=\sqrt{\dfrac{850}{8^2}}=\dfrac{5\sqrt{34}}{8}$

14 直線の方程式

基本問題

本冊 p. 34

114

答 (1) $y=-4$　(2) $x=1$　(3) $y=2x-4$　(4) $y=-2x+2$

115

答 (1) $y=2x$　(2) $y=-\dfrac{1}{2}x+4$

(3) $x=3$　(4) $y=3$　(5) $y=-\dfrac{3}{2}x-3$

(6) $y=x-2$

116

答 $\ell : y=-x+4$　$m : y=\dfrac{1}{2}x+2$

検討 2点を通ることから求めてもよいし，傾きと y 切片から求めてもよい。

117

答 (1) **同一直線上にはない。**
(2) $\boldsymbol{a=-1,\ 2}$

検討 (1) 2点 $(-1,\ 0)$, $(2,\ 3)$ を通る直線の方程式は $y=x+1$
点 $(6,\ 8)$ をこの式に代入しても，この式は成り立たない。
したがって，この3点は同一直線上にない。
(2) A，Bを通る直線の方程式は

$y=\dfrac{-2-a}{2}(x-3)-2$ ……①

3点が同一直線上にあるためには，点Cが直線①上にあればよい。

$0=\dfrac{-2-a}{2}(a-3)-2$

$(a+1)(a-2)=0$ よって $a=-1,\ 2$

テスト対策
3点A，B，Cが同一直線上にあるための条件を求めるには，**点Cが直線AB上**にあるための条件を求めればよい。

118

答 $\boldsymbol{7x-3y-11=0}$

検討 2直線の交点は，連立方程式 $\begin{cases} x+y=3 \\ 3x-y=5 \end{cases}$ を解いて，$(2,\ 1)$ となる。
したがって，2点 $(2,\ 1)$, $(5,\ 8)$ を通る直線の方程式を求めればよい。

$y-1=\dfrac{8-1}{5-2}(x-2)$

よって $7x-3y-11=0$

119

答 (1) **第2，第3，第4象限**
(2) **第1，第2，第3象限** (3) **第1，第2象限**
(4) **第1，第4象限** (5) **第1，第3象限**

検討 (1) $y=-\dfrac{a}{b}x-\dfrac{c}{b}$ で，$ab>0$, $bc>0$ だから，傾きが負で y 切片が負である。
(2) $ab<0$, $bc<0$ より，傾きが正で y 切片が正である。
(3) $a=0$ より $y=-\dfrac{c}{b}$
これは x 軸に平行な直線を表す。
$bc<0$ より $-\dfrac{c}{b}>0$
よって，y 軸の正の部分と交わる。
(4) $b=0$ より $x=-\dfrac{c}{a}$
これは y 軸に平行な直線を表す。
$ac<0$ より $-\dfrac{c}{a}>0$
よって，x 軸の正の部分と交わる。
(5) $c=0$ より $y=-\dfrac{a}{b}x$
これは原点を通る直線で，
$ab<0$ より，傾きは $-\dfrac{a}{b}>0$ である。

120

答 **$\boldsymbol{x}$ 切片 $\boldsymbol{a}$，$\boldsymbol{y}$ 切片 $\boldsymbol{b}$ の直線の方程式は**

$\boldsymbol{\dfrac{x}{a}+\dfrac{y}{b}=1}$

これが点 $\boldsymbol{(3,\ 2)}$ を通るので $\boldsymbol{\dfrac{3}{a}+\dfrac{2}{b}=1}$

両辺に $\boldsymbol{ab}$ をかけると $\boldsymbol{2a+3b=ab}$

検討 2点 $(a,\ 0)$, $(0,\ b)$ を通る直線と考えてもよい。

121

答 $\boldsymbol{a=\dfrac{8}{7}}$

検討 $x+y-3=0$, $2x-3y+1=0$ の交点は $\left(\dfrac{8}{5},\ \dfrac{7}{5}\right)$ で，3直線が1点で交わるということは，上で求めた交点が第3の直線上にあるということである。

ゆえに $\dfrac{8}{5}-\dfrac{7}{5}a=0$ よって $a=\dfrac{8}{7}$

122

答 **互いに平行なもの：(2)と(3)**
互いに垂直なもの：(1)と(4)

検討 $y=mx+n$ の形にしてみるとよい。

(1) $y=-3x+2$ (2) $y=3x+2$ (3) $y=3x+1$

(4) $y=\frac{1}{3}x+\frac{2}{3}$

123

答 平行：$\boldsymbol{x+2y-7=0}$

垂直：$\boldsymbol{2x-y+1=0}$

検討 与えられた直線は $y=-\frac{1}{2}x-\frac{3}{2}$ と変形できる。

平行な直線：$y=-\frac{1}{2}x+c$ とおいて，これが点 $(1,\ 3)$ を通ることから

$3=-\frac{1}{2}+c$　$c=\frac{7}{2}$

垂直な直線：傾きは2となるので，$y=2x+c$ とおいて，これが点 $(1,\ 3)$ を通ることから

$3=2+c$　$c=1$

124

答 平行：$\boldsymbol{y=-x-5}$　垂直：$\boldsymbol{y=x-1}$

検討 2点 $(1,\ 6)$，$(4,\ 3)$ を通る直線の方程式は

$y-6=\frac{3-6}{4-1}(x-1)$　$y=-x+7$

平行な直線：$y=-x+c$ とおいて，これが点 $(-2,\ -3)$ を通ることから

$-3=2+c$　$c=-5$

垂直な直線：$y=x+c$ とおいて，これが点 $(-2,\ -3)$ を通ることから

$-3=-2+c$　$c=-1$

125

答 $\boldsymbol{y=-5x+25}$

検討 2点 $(-1,\ 4)$，$(9,\ 6)$ を通る直線の傾きは $\frac{1}{5}$ であるから，求める直線の傾きは -5 である。

また2点 $(-1,\ 4)$，$(9,\ 6)$ を結ぶ線分の中点は $(4,\ 5)$ であるから，求める垂直二等分線の方程式は　$y-5=-5(x-4)$

よって　$y=-5x+25$

126

答 $(-7,\ 7)$

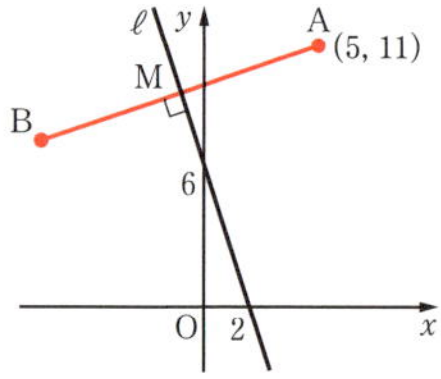

検討 直線 ℓ：$3x+y-6=0$ に関して，A と対称な点を $B(x_1,\ y_1)$ とする。

線分 AB と直線 ℓ は直交しているから

$\frac{y_1-11}{x_1-5}=\frac{1}{3}$

ゆえに　$-x_1+3y_1=28$　……①

また，線分 AB の中点 M の座標は

$\left(\frac{x_1+5}{2},\ \frac{y_1+11}{2}\right)$ で，この点 M は直線 ℓ 上にあるから

$\frac{3}{2}(x_1+5)+\frac{1}{2}(y_1+11)-6=0$

ゆえに　$3x_1+y_1=-14$　……②

①，②より　$x_1=-7$，$y_1=7$

テスト対策

2点 A，B が直線 ℓ に関して対称なとき，線分 AB の**中点が $\boldsymbol{\ell}$ 上，$\boldsymbol{AB\perp\ell}$**

127

答 (1) $\boldsymbol{6x-5y+7=0}$ (2) $\boldsymbol{3x-2y+4=0}$

(3) $\boldsymbol{x-3y-1=0}$ (4) $\boldsymbol{4x+3y+11=0}$

検討 2直線の交点を通る直線は

$(x-y+1)+k(x+2y+4)=0$

$(1+k)x+(2k-1)y+(1+4k)=0$　……①

と表すことができる。

(1) ①が点 $(3,\ 5)$ を通るので，

$3(1+k)+5(2k-1)+(1+4k)=0$

ゆえに　$k=\frac{1}{17}$

①に代入して整理すると　$6x-5y+7=0$

(2) 点 $(0,\ 2)$ を通るので，①に代入すると，

$k=\frac{1}{8}$ となる。

(3) $\frac{1+k}{1}=\frac{2k-1}{-3}$ より　$k=-\frac{2}{5}$

(4) $3(1+k)-4(2k-1)=0$ より　$k=\frac{7}{5}$

テスト対策

2 直線 $ax+by+c=0$, $a'x+b'y+c'=0$ の交点を通る直線の方程式は,

$$\boldsymbol{ax+by+c+k(a'x+b'y+c')=0}$$

とおける。($a'x+b'y+c'=0$ を除く。)

128

答　与式を $\boldsymbol{k}$ について整理すると
$\boldsymbol{(3x-y-3)-k(x+4y+2)=0}$
これより $\boldsymbol{k}$ の値にかかわらず,
2 直線 $\boldsymbol{3x-y-3=0}$, $\boldsymbol{x+4y+2=0}$ の交点を通る。
交点の座標は $\left(\boldsymbol{\frac{10}{13}},\ -\boldsymbol{\frac{9}{13}}\right)$ であるから, この直線はその点を通る。

129

答　(1) $\boldsymbol{\frac{6}{5}}$　(2) $\boldsymbol{\frac{3\sqrt{5}}{5}}$　(3) $\boldsymbol{\frac{2\sqrt{5}}{5}}$

130

答　$\boldsymbol{\frac{\sqrt{10}}{5}}$

検討　2 直線は $y=3x-2$, $y=3x-4$ で, 平行な 2 直線であるから, 点 $(0,\ -2)$ より $y=3x-4$ におろした垂線の長さを求めればよい。

$$\frac{|3\times0-(-2)-4|}{\sqrt{9+1}}=\frac{2}{\sqrt{10}}=\frac{\sqrt{10}}{5}$$

131

答　$\boldsymbol{\frac{37}{2}}$

検討　公式 $S=\frac{1}{2}|x_1y_2-x_2y_1|$ を使うためには, 3 点をたとえば x 軸方向に 2, y 軸方向に -4 平行移動する。このとき, 3 点は $(0,\ 0)$, $(5,\ -6)$, $(-2,\ -5)$ となり

$$S=\frac{1}{2}|5\times(-5)-(-6)\times(-2)|=\frac{37}{2}$$

別の方法としては, 3 点を通り辺が座標軸に平行な長方形を考えて, その面積から 3 つの三角形の面積を引く方法がある。

132

答　$\boldsymbol{\frac{18}{5}}$

検討　$x+2y=5$ ……①, $3x+y=2$ ……②, $2x-y=3$ ……③とおく。

直線①, ②の交点は $\mathrm{A}\left(-\frac{1}{5},\ \frac{13}{5}\right)$

直線②, ③の交点は $\mathrm{B}(1,\ -1)$

直線①, ③の交点は $\mathrm{C}\left(\frac{11}{5},\ \frac{7}{5}\right)$

点 B が原点にくるように, x 軸方向に -1, y 軸方向に 1 平行移動させると, A は $\mathrm{A'}\left(-\frac{6}{5},\ \frac{18}{5}\right)$, C は $\mathrm{C'}\left(\frac{6}{5},\ \frac{12}{5}\right)$ にくる。

$$S=\frac{1}{2}\left|\left(-\frac{6}{5}\right)\cdot\frac{12}{5}-\frac{18}{5}\cdot\frac{6}{5}\right|=\frac{1}{2}\cdot\frac{180}{25}=\frac{18}{5}$$

応用問題 本冊 p. 39

133

答　$\boldsymbol{x=4,\ y=16}$

検討　2 点 $(x,\ 0)$, $(0,\ y)$ を通る直線の方程式は $\frac{X}{x}+\frac{Y}{y}=1$ で, 点 $\left(\frac{1}{2},\ 14\right)$ もこの直線上にあるので　$\frac{1}{2x}+\frac{14}{y}=1$

これより　$2xy-28x-y=0$
よって　$(2x-1)(y-14)=14$ ……①
$x\geqq1$ より　$2x-1\geqq1$
したがって　$y-14>0$
また, $y\leqq25$ より　$0<y-14\leqq11$
このとき, ①より

$$\begin{cases}2x-1=2\\y-14=7\end{cases}\quad\begin{cases}2x-1=7\\y-14=2\end{cases}\quad\begin{cases}2x-1=14\\y-14=1\end{cases}$$

このうち x, y がともに整数になるものを求めると　$x=4$, $y=16$

134

答　**2 点 A, B を通る直線の方程式は,**
$\boldsymbol{x_1\neq x_2}$ **のとき**

$$\boldsymbol{y-y_1=\frac{y_2-y_1}{x_2-x_1}(x-x_1)}$$

分母を払うと

$(x_2-x_1)(y-y_1)=(y_2-y_1)(x-x_1)$　……①
となる。
また，$x_1=x_2$ のときは，2点A，Bを通る直線の方程式は，明らかに $x=x_1$　これは①を満たすから，①は $x_2-x_1 \neq 0$，$x_2-x_1=0$ に関係なく，2点A，Bを通る直線の方程式となる。
この直線上に点 $C(x_3,\ y_3)$ があればよいので，3点A，B，Cが同一直線上にあるための条件は，x に x_3，y に y_3 を代入して
$(x_2-x_1)(y_3-y_1)=(y_2-y_1)(x_3-x_1)$

135

答 (1) $y=mx+m-1$　(2) $m=1,\ \dfrac{9}{4}$

検討 (1) $A(-1,\ -1)$ を通り傾き m の直線だから　$y+1=m(x+1)$
(2) 直線 $y=mx+m-1$ が辺BCと交わるとき，その交点をEとすれば

$$\frac{1}{2}AB\cdot BE=\frac{1}{3}AB\cdot BC$$

ゆえに　$BE=\dfrac{2}{3}BC$
Eは辺BCを2：1に内分する点だから，Eの y 座標は1となる。
これから $E(1,\ 1)$ となるので　$m=1$
直線 $y=mx+m-1$ が辺CDと交わるとき，その交点をFとすると，同様にして
$F\left(\dfrac{1}{3},\ 2\right)$　　よって　$m=\dfrac{9}{4}$

136

答 $y=\dfrac{1}{3}x+\dfrac{5}{3}$

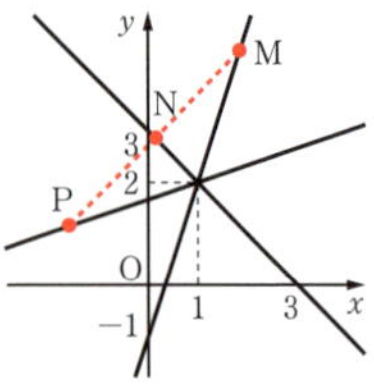

検討 $y=3x-1$ 上の点を $M(\alpha,\ 3\alpha-1)$ とする。Mの直線
$x+y-3=0$　……①
に関して対称な点を $P(X,\ Y)$ とすれば，PMの中点Nは直線①上にある。
$N\left(\dfrac{X+\alpha}{2},\ \dfrac{Y+3\alpha-1}{2}\right)$ だから

$$\frac{X+\alpha}{2}+\frac{Y+3\alpha-1}{2}-3=0$$

よって　$X+Y+4\alpha-7=0$　……②
また，直線PMは直線①と垂直に交わるから

$$\frac{Y-(3\alpha-1)}{X-\alpha}\times(-1)=-1$$

ゆえに　$X-Y+2\alpha-1=0$　……③
②，③より，α を消去すると
$X-3Y+5=0$
よって，求める直線は　$x-3y+5=0$

137

答 点 $(a,\ b)$ は $2y-x+k=0$ 上を動くので　$2b-a+k=0$
ゆえに　$a=2b+k$　……①
$(b-1)y+ax-4b=0$ に①を代入すると
$(b-1)y+(2b+k)x-4b=0$
ゆえに　$(2x+y-4)b+kx-y=0$
b が任意の実数値をとって変化するとき，この直線は，2直線
$2x+y-4=0,\ kx-y=0$　……②
の交点を通る。
②より y を消去すると $(2+k)x=4$
$k \neq -2$ より　$x=\dfrac{4}{k+2},\ y=\dfrac{4k}{k+2}$
よって，直線 $(b-1)y+ax-4b=0$ は，
定点 $P\left(\dfrac{4}{k+2},\ \dfrac{4k}{k+2}\right)$ をつねに通る。

検討 変化するのは a，b だから，
直線 $(b-1)y+ax-4b=0$ より a または b を消去して，b または a について整理する。

138

答 $y=2$ または $x=1$

検討 直線 $ax+by+c=0$ が点 $(1,\ 2)$ を通るとすると
$a+2b+c=0$　　よって　$c=-a-2b$
題意より　$\dfrac{|5a+6b+c|}{\sqrt{a^2+b^2}}=4$
c を消去して　$|a+b|=\sqrt{a^2+b^2}$
両辺を平方して解くと　$a=0$ または $b=0$
ゆえに

$a=0,\ c=-2b$ または $b=0,\ c=-a$

よって　$y=2$ または $x=1$

139

答　$\boldsymbol{x+2y-5=0,\ 2x-y+5=0}$

検討　点 $(-1,\ 3)$ を通る直線を

$y=m(x+1)+3,\ y=n(x+1)+3$ とおく。

ただし，$mn=-1$ とする。

原点からの距離が等しいので，

$$\frac{|m+3|}{\sqrt{m^2+1}}=\frac{|n+3|}{\sqrt{n^2+1}}$$

この両辺を平方して　$\dfrac{(m+3)^2}{m^2+1}=\dfrac{(n+3)^2}{n^2+1}$

$m=-\dfrac{1}{n}$ を代入すれば

$$\frac{\left(-\frac{1}{n}+3\right)^2}{\frac{1}{n^2}+1}=\frac{(n+3)^2}{n^2+1}$$

整理すると　$\dfrac{(3n-1)^2}{1+n^2}=\dfrac{(n+3)^2}{n^2+1}$

ゆえに　$(3n-1)^2=(n+3)^2$

$(n-2)(2n+1)=0$

よって　$n=2,\ -\dfrac{1}{2}$

ゆえに　$y=2x+5,\ y=-\dfrac{1}{2}x+\dfrac{5}{2}$

また，x 軸，y 軸に平行な 2 直線のときは，原点より等距離にないことは明らかである。

15 円と直線

基本問題 本冊 p. 41

140

答　(1) $\boldsymbol{x^2+y^2=16}$

(2) $\boldsymbol{(x-1)^2+(y+2)^2=9}$

(3) $\boldsymbol{(x-2)^2+(y+3)^2=9}$

(4) $\boldsymbol{(x-1)^2+(y-2)^2=1}$

(5) $\boldsymbol{(x-2)^2+(y-1)^2=13}$

(6) $\boldsymbol{(x+2)^2+(y-3)^2=26}$

(7) $\boldsymbol{(x-1)^2+(y-1)^2=1}$

$\boldsymbol{(x-5)^2+(y-5)^2=25}$

検討　(3) x 軸に接することにより半径が 3 であることがわかる。

(4) y 軸に接することから半径が 1 になる。

(5) $(x-2)^2+(y-1)^2=r^2$ とおき，$(5,\ 3)$ を代入すれば $r^2=13$ となる。

(6) 中心は 2 点を結ぶ線分の中点より $(-2,\ 3)$ となる。半径は，点 $(-2,\ 3)$ と点 $(3,\ 2)$ との距離であるから $\sqrt{26}$ となる。

(7) 求める円の方程式を $(x-\alpha)^2+(y-\beta)^2=\alpha^2$ とすると $(1,\ 2)$ を通るから

$(1-\alpha)^2+(2-\beta)^2=\alpha^2$

両座標軸に接するとき　$|\alpha|=|\beta|$ となるから $\beta=\pm\alpha$ とおく。

・$\beta=\alpha$ のとき　$\alpha^2-6\alpha+5=0$

$(\alpha-1)(\alpha-5)=0$　　ゆえに　$\alpha=1,\ 5$

・$\beta=-\alpha$ のとき　$\alpha^2+2\alpha+5=0$

これを満たす実数 α はない。

141

答　(1) 中心 $\boldsymbol{(3,\ 2)}$，半径 $\boldsymbol{5}$

(2) 中心 $\boldsymbol{(-3,\ -2)}$，半径 $\boldsymbol{5}$

(3) 中心 $\boldsymbol{(-1,\ -1)}$，半径 $\boldsymbol{\sqrt{10}}$

(4) 中心 $\boldsymbol{(0,\ 3)}$，半径 $\boldsymbol{3}$

(5) 中心 $\boldsymbol{(4,\ -3)}$，半径 $\boldsymbol{5}$

(6) 中心 $\boldsymbol{(1,\ -2)}$，半径 $\boldsymbol{\dfrac{3\sqrt{2}}{2}}$

(7) 中心 $\boldsymbol{(a,\ 0)}$，半径 $\boldsymbol{|a|}$

検討　(3) $(x+1)^2+(y+1)^2=10$

(5) $(x-4)^2+(y+3)^2=5^2$

(6) $(x-1)^2+(y+2)^2=\dfrac{9}{2}$

(7) $(x-a)^2+y^2=a^2$

半径は $|a|$ であることに注意する。

テスト対策

一般形で表された円の中心と半径を求めるためには，$\boldsymbol{(x-a)^2+(y-b)^2=r^2}$ の形に変形する。

142

答　$\boldsymbol{(x-3)^2+(y-4)^2=16}$

$\boldsymbol{(x-3)^2+(y-4)^2=36}$

検討 原点と点 (3, 4) との距離は 5 であるから，外接するときの円の半径は $5-1=4$，内接するときの円の半径は $5+1=6$ である。

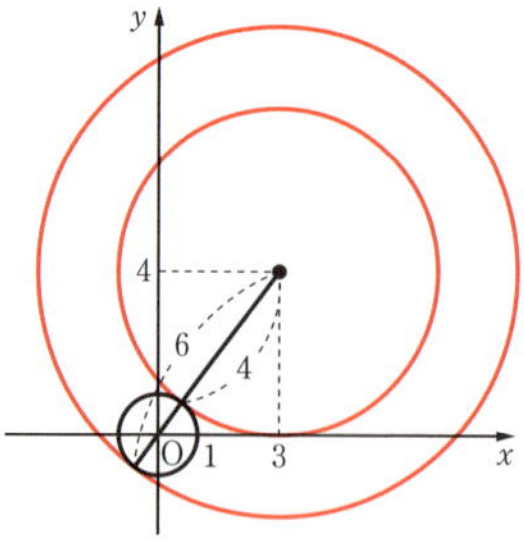

143

答 $\boldsymbol{x^2+y^2-3x+y-12=0}$

検討 円の方程式を $x^2+y^2+ax+by+c=0$ とおき，3 点を通ることから，a，b，c の連立方程式を導く。

$$\begin{cases} 4b-c=16 & \cdots\cdots① \\ 3a+3b+c=-18 & \cdots\cdots② \\ 5a-2b+c=-29 & \cdots\cdots③ \end{cases}$$

①～③を解くと　$a=-3$，$b=1$，$c=-12$

144

答 $\boldsymbol{k<5}$

検討 $(x+1)^2+(y-2)^2=5-k$

$5-k>0$ より　$k<5$

145

答 (1) $\boldsymbol{(x-2)^2+(y-4)^2=4}$

(2) $\boldsymbol{\left(x+\frac{5}{2}\right)^2+\left(y-\frac{5}{2}\right)^2=\frac{25}{2}}$

検討 (1) $(x-2)^2+(y-4)^2=5^2$ となるので，中心は (2, 4) である。求める円は y 軸に接することから半径は 2 である。

(2) 円の中心が直線 $y=x+5$ 上にあることから，$(a,\ a+5)$ とおけば

$$a^2+(a+5)^2=(a-1)^2+(a+5-2)^2$$

$$a=-\frac{5}{2}$$

よって，中心は $\left(-\frac{5}{2},\ \frac{5}{2}\right)$ で原点を通るから，半径は $\frac{5\sqrt{2}}{2}$ となる。

146

答 $\boldsymbol{\sqrt{26}}$

検討 三角形の頂点の座標を求めると

$(-4,\ -1)$，$(0,\ 3)$，$(2,\ 3)$

求める円の方程式を $x^2+y^2+ax+by+c=0$ とおくと，上の 3 点を通るので

$$\begin{cases} 4a+b-c-17=0 \\ 3b+c+9=0 \\ 2a+3b+c+13=0 \end{cases}$$

この連立方程式を解くと

$a=-2$，$b=4$，$c=-21$

ゆえに　$x^2+y^2-2x+4y-21=0$

よって　$(x-1)^2+(y+2)^2=26$

147

答 (1) **2 点で交わる，(1, 0)，(0, 1)**

(2) **接する，(−1, 1)**　(3) **共有点をもたない**

検討 (1) y を消去して　$x^2-x=0$

$D>0$ より　2 点で交わる。

(2) y を消去して　$x^2+2x+1=0$

$D=0$ より　接する。

(3) x を消去して　$5y^2+24y+34=0$

$D<0$ より　共有点をもたない。

148

答 (1) $\boldsymbol{-\sqrt{2}<a<\sqrt{2}}$

(2) $\boldsymbol{a=\pm\sqrt{2}}$，$\boldsymbol{\left(\pm\frac{\sqrt{2}}{2},\ \pm\frac{\sqrt{2}}{2}\right)}$　**(複号同順)**

(3) $\boldsymbol{a<-\sqrt{2}}$，$\boldsymbol{\sqrt{2}<a}$

検討 (1) y を消去すると

$2x^2-2ax+a^2-1=0$　……①

この判別式が正であればよい。

$$D=4a^2-8(a^2-1)>0$$

ゆえに　$a^2-2<0$

よって　$-\sqrt{2}<a<\sqrt{2}$

(2) 接するのは $D=0$ のときである。

よって　$a=\pm\sqrt{2}$

接点は①の重解 $x=\frac{2a\pm\sqrt{D}}{4}=\frac{a}{2}$ より

$$x=y=\frac{a}{2}=\pm\frac{\sqrt{2}}{2}$$

(3) 共有点をもたないのは $D<0$ のときである。

149

答 **2 点で交わる：$m<-\sqrt{3}$，$\sqrt{3}<m$**
接する：$m=\pm\sqrt{3}$

検討 y を消去すると $(1+m^2)x^2-4mx+3=0$
異なる 2 点で交わるときは
$D=16m^2-12(1+m^2)>0$
ゆえに　$4m^2-12>0$　$m<-\sqrt{3}$，$\sqrt{3}<m$
接するときは　$D=16m^2-12(1+m^2)=0$
よって　$m=\pm\sqrt{3}$

150

答 (1) $3x+4y+25=0$　(2) $\sqrt{5}x-2y-9=0$
(3) $-\sqrt{15}x+y-16=0$　(4) $y=-1$

151

答 (1) $y=2x\pm3\sqrt{5}$　(2) $y=-x\pm5\sqrt{2}$

検討 (1) 求める接線の方程式を $y=2x+n$ として，$x^2+y^2=9$ に代入すると
$5x^2+4nx+n^2-9=0$
これが重解をもつように n を定める。
$D=16n^2-20(n^2-9)=0$
ゆえに　$n^2=45$　　よって　$n=\pm3\sqrt{5}$
(2) 接線を $y=-x+n$ とおいて，$x^2+y^2=25$ に代入すると
$2x^2-2nx+n^2-25=0$
$D=4n^2-8(n^2-25)=0$
ゆえに　$n^2=50$　　よって　$n=\pm5\sqrt{2}$

152

答 (1) $3x+y+2=0$
(2) $x^2+y^2+\dfrac{2}{3}y-\dfrac{8}{3}=0$

検討 2 円の交点を通る円または直線の方程式は
$x^2+y^2-5x-y-6+k(x^2+y^2+x+y-2)=0$
(1) 共通弦となるのは $k=-1$ のときであるから，これを代入すると　$-6x-2y-4=0$
ゆえに　$3x+y+2=0$
(2) $(1,\ 1)$ を代入すると　$k=5$
この k の値を上式に代入すればよい。
$6x^2+6y^2+4y-16=0$
ゆえに　$x^2+y^2+\dfrac{2}{3}y-\dfrac{8}{3}=0$

153

答 **与式を k について整理すると**
$x^2+y^2-25-k(4x+2y-20)=0$
したがって，k の値にかかわらず，
$\begin{cases} x^2+y^2-25=0 \\ 4x+2y-20=0 \end{cases}$ **を満たす点 $(x,\ y)$ を通る。**
実際に上の連立方程式を解くと，2 点 $(3,\ 4)$，$(5,\ 0)$ を通ることがわかる。

検討 円 $x^2+y^2-4kx-2ky+20k-25=0$ は，円 $x^2+y^2=25$ と直線 $4x+2y-20=0$ との交点を通る。

> **テスト対策**
> 定数 k の値にかかわらず通る定点を求めるには，方程式を k について整理し，**k についての恒等式**と考えればよい。

154

答 $x^2+y^2+2x+2y-6=0$

検討 円 $x^2+y^2=4$ と直線 $x+y=1$ との交点を通る円の方程式は
$x^2+y^2-4+k(x+y-1)=0$ とおける。
これが点 $(1,\ 1)$ を通るので
$1+1-4+k(1+1-1)=0$
ゆえに　$k=2$
よって　$x^2+y^2-4+2(x+y-1)=0$

応用問題 本冊 p. 45

155

答 $x^2+y^2+16x-22y+55=0$，
$x^2+y^2-4x-2y-5=0$

検討 求める円の方程式を
$x^2+y^2+ax+by+c=0$　……①　とすれば，
点 $(-1,\ 2)$，$(1,\ 4)$ を通るので
$-a+2b+c+5=0$　……②
$a+4b+c+17=0$　……③
②，③を b，c について解けば

$b=-a-6,\ c=3a+7$

これを①に代入すると，円の方程式は

$x^2+y^2+ax-(a+6)y+3a+7=0$ ……④

x 軸から長さ 6 の線分を切りとるのだから，

④において $y=0$ とおいた

$x^2+ax+3a+7=0$ の 2 つの解を

$\alpha,\ \beta\ (\alpha>\beta)$ とすると

$\alpha-\beta=6$ ……⑤

また，解と係数の関係より

$\alpha+\beta=-a$ ……⑥　$\alpha\beta=3a+7$ ……⑦

⑤，⑥，⑦より，$\alpha,\ \beta$ を消去するのに，

恒等式 $(\alpha-\beta)^2=(\alpha+\beta)^2-4\alpha\beta$ に代入して

$36=a^2-4(3a+7)$　$a^2-12a-64=0$

$(a-16)(a+4)=0$

ゆえに　$a=16,\ -4$

$a=16$ のとき　$b=-22,\ c=55$

$a=-4$ のとき　$b=-2,\ c=-5$

これを①に代入して求める。

156

答　与式を変形すると

$$\boldsymbol{x^2-(x_1+x_2)x+x_1x_2+y^2-(y_1+y_2)y+y_1y_2=0}$$

$$\boldsymbol{\left(x-\frac{x_1+x_2}{2}\right)^2+\left(y-\frac{y_1+y_2}{2}\right)^2-\left(\frac{x_1+x_2}{2}\right)^2-\left(\frac{y_1+y_2}{2}\right)^2+x_1x_2+y_1y_2=0}$$

$$\boldsymbol{\left(x-\frac{x_1+x_2}{2}\right)^2+\left(y-\frac{y_1+y_2}{2}\right)^2=\left(\frac{x_1-x_2}{2}\right)^2+\left(\frac{y_1-y_2}{2}\right)^2}\quad ……①$$

点 $(x_1,\ y_1)$，$(x_2,\ y_2)$ を結ぶ線分の中点は

$$\boldsymbol{\left(\frac{x_1+x_2}{2},\ \frac{y_1+y_2}{2}\right)}$$

この中点から点 $(x_1,\ y_1)$ までの距離の平方は

$$\boldsymbol{\left(x_1-\frac{x_1+x_2}{2}\right)^2+\left(y_1-\frac{y_1+y_2}{2}\right)^2=\left(\frac{x_1-x_2}{2}\right)^2+\left(\frac{y_1-y_2}{2}\right)^2}$$

よって，①は 2 点 $(x_1,\ y_1)$，$(x_2,\ y_2)$ を直径の両端とする円である。

検討　直径の中点が円の中心になることに注意する。

157

答　$\boldsymbol{a=\pm\dfrac{\sqrt{6}}{2}}$

検討　y を消去すると　$2x^2+2ax+a^2-1=0$

この 2 つの解を $\alpha,\ \beta\ (\alpha>\beta)$ とすると，解と係数の関係より

$\alpha+\beta=-a,\ \alpha\beta=\dfrac{a^2-1}{2}$ ……①

また，弦の長さが 1 であることから

$\sqrt{(\alpha-\beta)^2+\{(\alpha+a)-(\beta+a)\}^2}=1$

ゆえに　$2(\alpha-\beta)^2=1$ ……②

ところで　$(\alpha-\beta)^2=(\alpha+\beta)^2-4\alpha\beta$

これに①，②を代入すると

$\dfrac{1}{2}=(-a)^2-4\times\dfrac{a^2-1}{2}$

ゆえに　$2a^2=3$

よって　$a=\pm\dfrac{\sqrt{6}}{2}$

158

答　(1) $\boldsymbol{4x+3y-5=0,\ x=-1}$

(2) $\boldsymbol{x-2y+5=0,\ 11x-2y-25=0}$

(3) $\boldsymbol{x-y=0,\ x+7y=0}$

検討　(1) 接点を $(x_0,\ y_0)$ とすると，接線の方程式は

$x_0x+y_0y=1$ ……①

これが点 $(-1,\ 3)$ を通るので

$-x_0+3y_0=1$ ……②

また，円上の点なので　$x_0{}^2+y_0{}^2=1$ ……③

②，③を解いて，

$x_0=-1,\ y_0=0$　または　$x_0=\dfrac{4}{5},\ y_0=\dfrac{3}{5}$

これらを①に代入すればよい。

(2) 接点を $(x_0,\ y_0)$ とすると，接線の方程式は

$x_0x+y_0y=5$ ……①

点 $(3,\ 4)$ を通るので　$3x_0+4y_0=5$ ……②

また，円上の点なので　$x_0{}^2+y_0{}^2=5$ ……③

②，③を解いて，

$x_0=-1,\ y_0=2$　または　$x_0=\dfrac{11}{5},\ y_0=-\dfrac{2}{5}$

これらを①に代入する。

(3) 求める接線の方程式を $y=mx$ として y を消去すると

$(1+m^2)x^2+2(3+m)x+8=0$

この判別式が0であればよい。

$(3+m)^2-8(1+m^2)=0$

$7m^2-6m-1=0$

$(m-1)(7m+1)=0$

よって　$m=1,\ -\dfrac{1}{7}$

159

答　右の図のように点に名前をつけると，AB が接線の長さになる。

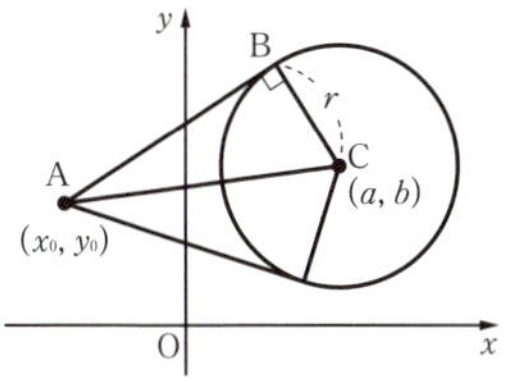

△ABC において

$\mathbf{AB}=\sqrt{\mathbf{AC}^2-\mathbf{BC}^2}$　……①

また　$\mathbf{AC}^2=(\boldsymbol{x_0}-\boldsymbol{a})^2+(\boldsymbol{y_0}-\boldsymbol{b})^2$　……②

BC は円の半径であるから　$\mathbf{BC}=\boldsymbol{r}$　……③

②，③を①に代入すると，接線の長さが $\sqrt{(\boldsymbol{x_0}-\boldsymbol{a})^2+(\boldsymbol{y_0}-\boldsymbol{b})^2-\boldsymbol{r}^2}$ になることがわかる。

16 軌　跡

基本問題 本冊 p. 47

160

答　$\mathbf{10x+12y-29=0}$

検討　条件を満たす点を P(x, y)とすると，

$(x+2)^2+(y+1)^2=(x-3)^2+(y-5)^2$

ゆえに　$4x+2y+5=-6x-10y+34$

よって　$10x+12y-29=0$

161

答　$\mathbf{3x-6y-7=0,\ 3x-6y+10=0}$

検討　条件を満たす点を P(x, y) とすると，

$\{x^2+(y-4)^2\}-\{(x-3)^2+(y+2)^2\}=\pm17$

$6x-12y+3=\pm17$

このように，距離の平方の差が 17 という場合には，2 通りの軌跡が得られることに注意する。

162

答　$\mathbf{x^2+y^2=4}$

検討　条件を満たす点を P(x, y) とすると，

$(x-1)^2+y^2+(x+1)^2+y^2=10$

$2x^2+2y^2+2=10$　よって　$x^2+y^2=4$

163

答　$\mathbf{x^2+y^2+10x-75=0}$

検討　条件を満たす点を P(x, y) とすると，

$\sqrt{x^2+y^2}:\sqrt{(x-15)^2+y^2}=1:2$

$2\sqrt{x^2+y^2}=\sqrt{(x-15)^2+y^2}$

この両辺を平方して

$4(x^2+y^2)=(x-15)^2+y^2$

ゆえに　$3x^2+3y^2+30x-225=0$

よって　$x^2+y^2+10x-75=0$

164

答　$\mathbf{x^2+y^2+12x=0}$

検討　P(x, y) とすると，

$\sqrt{(x+2)^2+y^2}:\sqrt{(x-3)^2+y^2}=2:3$

$3\sqrt{(x+2)^2+y^2}=2\sqrt{(x-3)^2+y^2}$

この両辺を平方して整理すればよい。

$9x^2+36x+36+9y^2=4x^2-24x+36+4y^2$

よって　$x^2+y^2+12x=0$

165

答　$\mathbf{(x-1)^2+(y-3)^2=4}$

検討　P(x, y) として距離の公式を使う。これはまた，円の定義でもある。

166

答　(1) $\mathbf{y=2x+5}$　(2) $\mathbf{x=4}$

(3) $\mathbf{y=x^2-2x+3}$　(4) $\mathbf{y=2x^2+x-1}$

検討　(1) $t=x+1$ を $y=2t+3$ に代入して

$y=2(x+1)+3$　　ゆえに　$y=2x+5$

(2) $x=4$ で一定。y は t に応じて変化する。

(3) $t=x-1$ を $y=t^2+2$ に代入して

$y=(x-1)^2+2$　　ゆえに　$y=x^2-2x+3$

(4) $y=2(x+1)^2-3(x+1)$

ゆえに　$y=2x^2+x-1$

テスト対策

点 $(x,\ y)$ の座標が，媒介変数 t を用いて，$\boldsymbol{x=f(t)}$，$\boldsymbol{y=g(t)}$ で表されているときは，$\boldsymbol{t}$ **を消去して** $\boldsymbol{x}$，$\boldsymbol{y}$ **の関係式を導く。**

167

答 $\boldsymbol{y=x+3\ (x\neq 0)}$

検討 放物線だから $m\neq 0$

$$y=m\left(x+\frac{1}{m}\right)^2-\frac{1}{m}+3$$

放物線の頂点を $(x,\ y)$ とすると

$$x=-\frac{1}{m}\ \cdots\cdots①,\quad y=-\frac{1}{m}+3$$

m を消去すると　$y=x+3$（①より $x\neq 0$）

応用問題 本冊 p. 49

168

答 $\boldsymbol{3x-9y+8=0,\ 3x+y+8=0\ (y\neq 0)}$

検討 円の中心を $(X,\ Y)$ とすると，この点から直線 $y=0$ と $3x-4y+8=0$ までの距離が半径で等しい。

$$\frac{|Y|}{1}=\frac{|3X-4Y+8|}{\sqrt{3^2+(-4)^2}}\neq 0$$

$$5|Y|=|3X-4Y+8|$$

よって　$\pm 5Y=3X-4Y+8$

169

答 $\boldsymbol{5x-y-6=0,\ x+5y-4=0}$

検討 角の二等分線上の点から，各直線までの距離は等しいので，前問と同様に考えればよい。

$$\frac{|2X-3Y-1|}{\sqrt{4+9}}=\frac{|3X+2Y-5|}{\sqrt{9+4}}$$

$$|2X-3Y-1|=|3X+2Y-5|$$

よって　$2X-3Y-1=\pm(3X+2Y-5)$

170

答 $\boldsymbol{\left(x-\frac{a}{2}\right)^2+\left(y-\frac{b}{2}\right)^2=\left(\frac{r}{2}\right)^2}$

検討 円周上の点を $\mathrm{P}(u,\ v)$ とし，AP の中点を $\mathrm{Q}(x,\ y)$ とする。

Q は AP の中点であることから

$$x=\frac{a+u}{2},\quad y=\frac{b+v}{2}$$

ゆえに　$u=2x-a,\ v=2y-b$　……①

P は円上の点であるから

$$u^2+v^2=r^2\quad\cdots\cdots②$$

①を②に代入して u，v を消去すると

$$(2x-a)^2+(2y-b)^2=r^2$$

よって　$\left(x-\frac{a}{2}\right)^2+\left(y-\frac{b}{2}\right)^2=\left(\frac{r}{2}\right)^2$

171

答 $\boldsymbol{y=2x^2-4x\ (|x|>\sqrt{3})}$

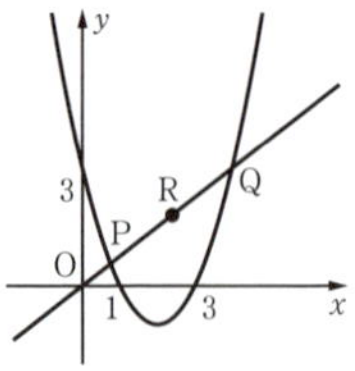

検討 PQ の傾きを m とすると，直線 PQ の方程式は

$$y=mx\quad\cdots\cdots①$$

P，Q の x 座標 x_1，x_2 は，①と放物線の式から y を消去した方程式

$$x^2-(m+4)x+3=0\quad\cdots\cdots②$$

の解である。

よって　$x_1+x_2=m+4$　……③

PQ の中点を $\mathrm{R}(x,\ y)$ とすると

$$x=\frac{x_1+x_2}{2},\quad y=mx\quad\cdots\cdots④$$

③，④より　$x=\frac{m+4}{2}$，$y=mx$

m を消去して　$y=x(2x-4)=2x^2-4x$

ところが，②は異なる 2 つの実数解をもたなければならないので，$D=(m+4)^2-12>0$

ゆえに　$4x^2-12>0$

よって，$|x|>\sqrt{3}$ である変域で考える。

172

答 $\boldsymbol{y=\frac{2}{9}x^2}$

検討 $v=2u$　……①

$x=u+v=3u$，$y=uv=2u^2$（①より）

この式より u を消去すると次の式が得られる。

$$y=\frac{2}{9}x^2$$

17 領　域

基本問題 本冊 p. 50

173

答 図の影の部分。ただし，境界線については，実線は含み，点線は含まない。

(1)
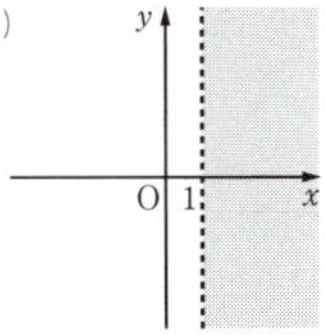

(2)
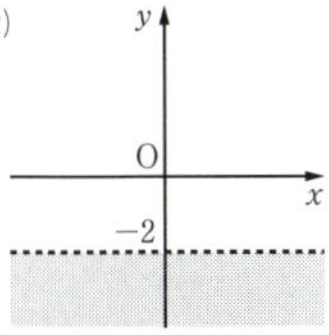

(3)
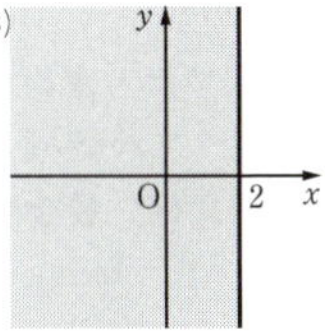

(4)
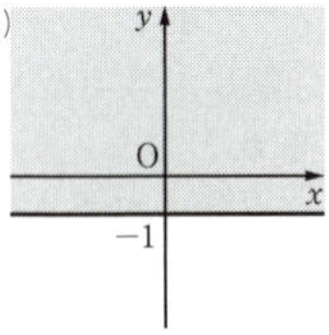

(5)
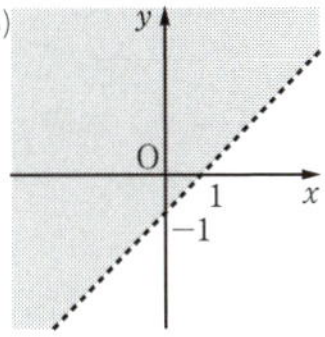

(6)
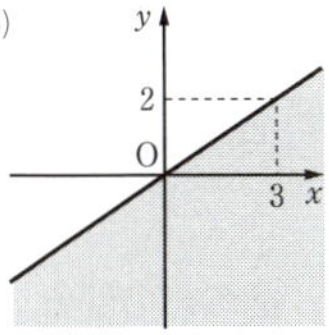

(7)
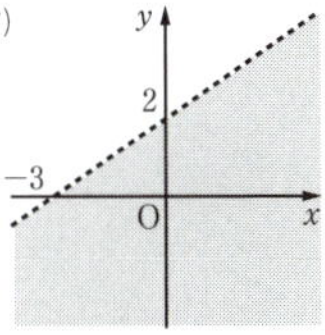

(8)
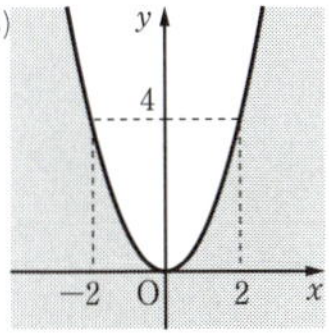

(9)
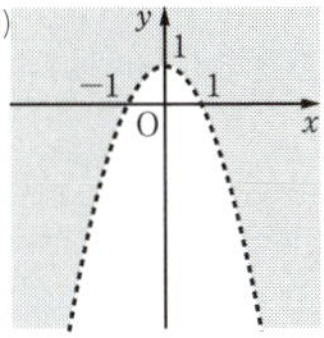

(10)
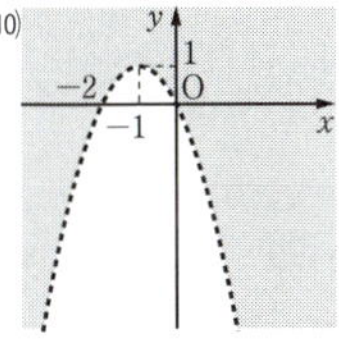

(11)
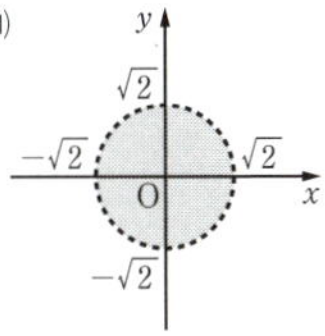

(12)
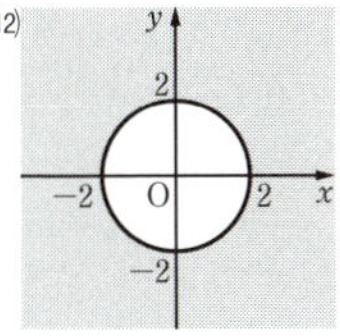

(13)
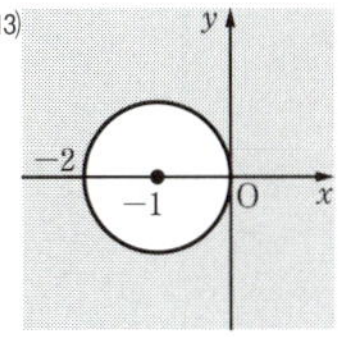

(14)
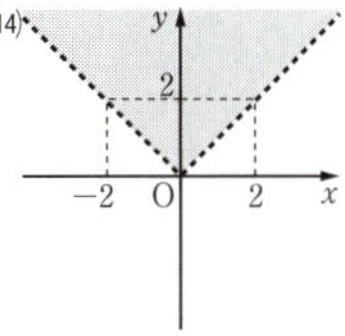

174

答 図の影の部分。ただし，境界線については，実線は含み，点線は含まない。(3)，(4)では，実線と点線の交点は含まない。

(1)
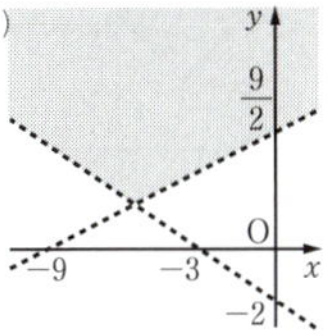

(2)
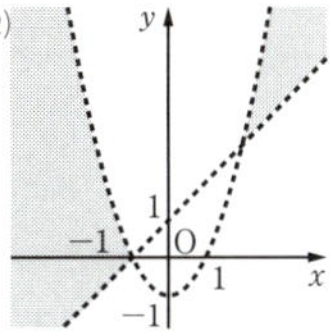

(3)
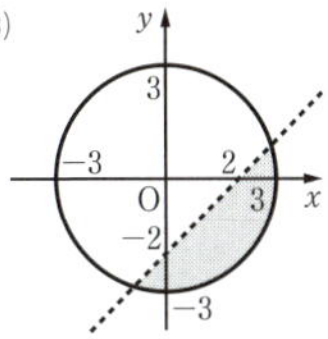

(4)
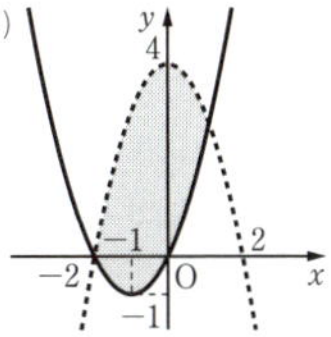

(5)
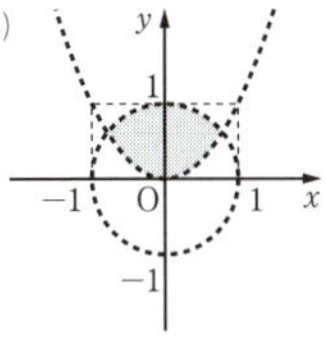

(6)
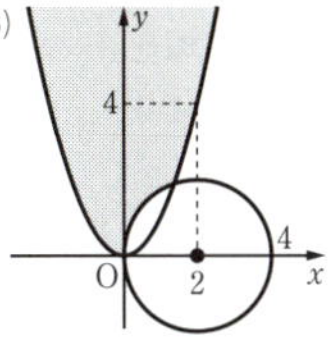

175

答 図の影の部分。ただし，境界線については，実線は含み，点線は含まない。

(1)
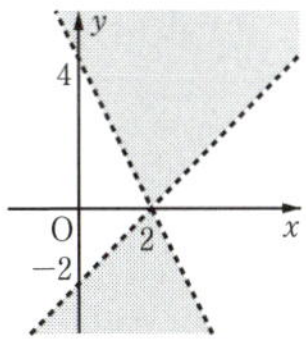

(2)
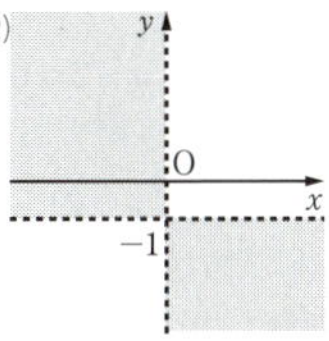

(3)
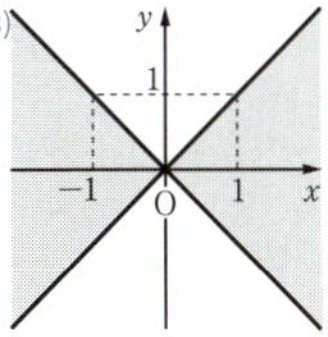

(4)
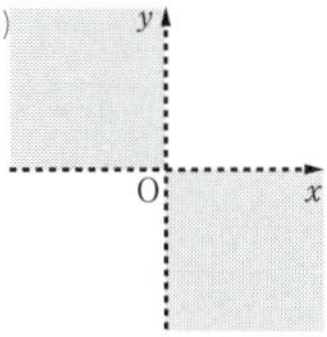

(5)
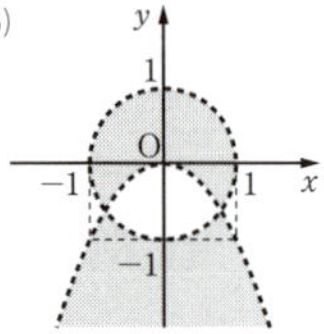

(6)
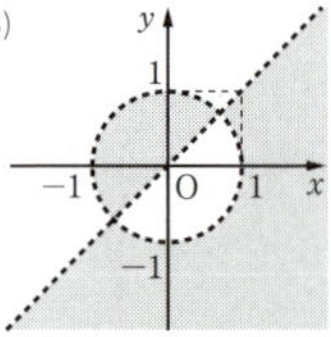

176

答 図の影の部分。ただし，境界線を含む。

(1)
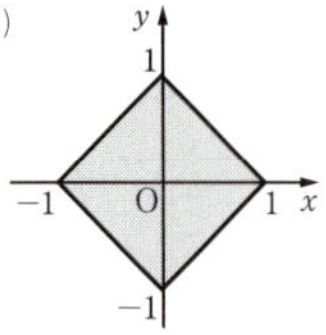

(2)
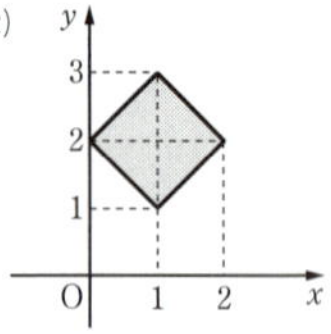

検討 (1) (i) $x \geqq 0$, $y \geqq 0$ のとき
$x+y \leqq 1$ より　$y \leqq -x+1$
(ii) $x \geqq 0$, $y<0$ のとき
$x-y \leqq 1$ より　$y \geqq x-1$
(iii) $x<0$, $y \geqq 0$ のとき
$-x+y \leqq 1$ より　$y \leqq x+1$
(iv) $x<0$, $y<0$ のとき
$-x-y \leqq 1$ より　$y \geqq -x-1$
以上の領域をあわせる。
(2) (i) $x-1 \geqq 0$, $y-2 \geqq 0$ のとき
すなわち　$x \geqq 1$, $y \geqq 2$ のとき
$x-1+y-2 \leqq 1$ より　$y \leqq -x+4$
(ii) $x-1 \geqq 0$, $y-2<0$ のとき
すなわち　$x \geqq 1$, $y<2$ のとき
$x-1-(y-2) \leqq 1$ より　$y \geqq x$
(iii) $x-1<0$, $y-2 \geqq 0$ のとき
すなわち　$x<1$, $y \geqq 2$ のとき
$-(x-1)+y-2 \leqq 1$ より　$y \leqq x+2$
(iv) $x-1<0$, $y-2<0$ のとき
すなわち　$x<1$, $y<2$ のとき
$-(x-1)-(y-2) \leqq 1$ より　$y \geqq -x+2$
以上の領域をあわせる。
(別解) (2)は $|(x-1)|+|(y-2)| \leqq 1$ より (1)の領域を x 軸方向に 1，y 軸方向に 2 平行移動させて求めてもよい。

177

答 **最大値 9 ($x=y=3$)，**
最小値 2 ($x=1$, $y=0$)

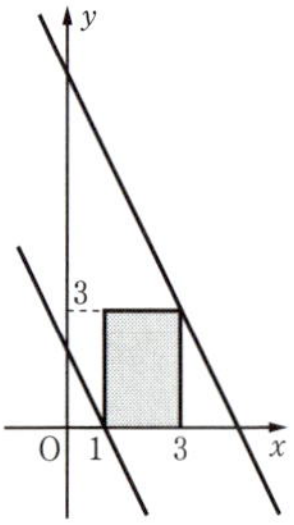

検討 $1 \leqq x \leqq 3$, $0 \leqq y \leqq 3$ を図示すると右の図の影の部分になる。
$2x+y=k$ とおくと，k は点 (3, 3) を通るとき最大で，最大値は
$k=2 \cdot 3+3=9$
点 (1, 0) を通るとき最小で，最小値は
$k=2 \cdot 1+0=2$

テスト対策
領域における最大，最小問題は，**求める式を k とおき，その式のグラフが領域と共有点をもつときの k の最大値，最小値**を求める。

応用問題

本冊 p. 51

178

答 図の影の部分。ただし，境界線は含まない。

(1)
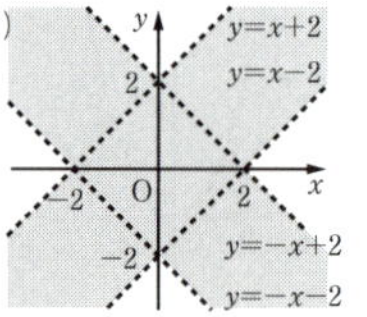

(2)
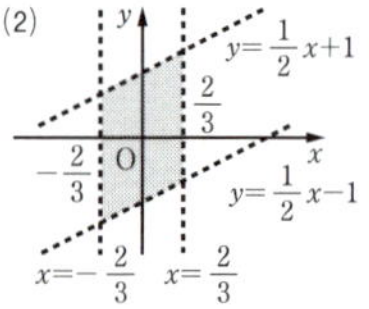

検討 (1) (i) $x \geqq 0$, $y \geqq 0$ のとき　$|x-y|<2$ より
$x-y \geqq 0$ で $y>x-2$, $x-y<0$ で $y<x+2$
(ii) $x \geqq 0$, $y<0$ のとき　$|x+y|<2$ より
$x+y \geqq 0$ で $y<-x+2$,
$x+y<0$ で $y>-x-2$
(iii) $x<0$, $y \geqq 0$ のとき　$|-x-y|<2$ より
$-x-y \geqq 0$ で $y>-x-2$,
$-x-y<0$ で $y<-x+2$
(iv) $x<0$, $y<0$ のとき　$|-x+y|<2$ より
$-x+y \geqq 0$ で $y<x+2$,
$-x+y<0$ で $y>x-2$
(別解) (i) $x \geqq 0$, $y \geqq 0$ のとき　$|x-y|<2$ よ

り　$-2<x-y<2$

ゆえに　$x-2<y<x+2$

でもよい。他も同様。

(2) $|x+y|+|2x-y|<2$

(i) $x+y\geqq 0$, $2x-y\geqq 0$ のとき

すなわち　$y\geqq -x$, $y\leqq 2x$ のとき

$(x+y)+(2x-y)<2$　ゆえに　$x<\frac{2}{3}$

(ii) $x+y\geqq 0$, $2x-y<0$ のとき

すなわち　$y\geqq -x$, $y>2x$ のとき

$(x+y)-(2x-y)<2$　ゆえに　$y<\frac{1}{2}x+1$

(iii) $x+y<0$, $2x-y\geqq 0$ のとき

すなわち　$y<-x$, $y\leqq 2x$ のとき

$-(x+y)+(2x-y)<2$　ゆえに　$y>\frac{1}{2}x-1$

(iv) $x+y<0$, $2x-y<0$ のとき

すなわち　$y<-x$, $y>2x$ のとき

$-(x+y)-(2x-y)<2$　ゆえに　$x>-\frac{2}{3}$

(i)(ii)(iii)(iv)より　図のようになる。

179

答　**最大値 $\sqrt{5}$ $\left(x=\frac{2\sqrt{5}}{5},\ y=\frac{\sqrt{5}}{5}\right)$**

最小値 -2 $(x=-1,\ y=0)$

検討　$x^2+y^2\leqq 1$,　$y\geqq 0$ は右の図の影の部分。

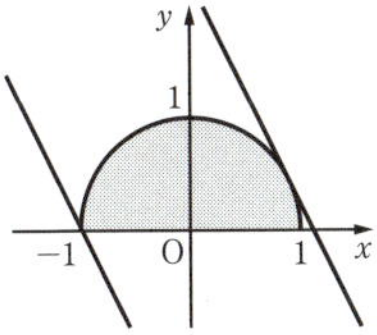

$2x+y=k$ とおく。

最小になるのは，この直線が点 $(-1,\ 0)$ を通るときで，最小値は

$k=-2$

最大になるのは，円 $x^2+y^2=1$ と直線 $2x+y=k$ が接するとき。2 式から y を消去すると

$5x^2-4kx+k^2-1=0$　……①

$\frac{D}{4}=4k^2-5(k^2-1)=0$　ゆえに　$k^2=5$

図より $k>0$ であるから　$k=\sqrt{5}$（最大値）

このとき，x の値は①の重解だから

$x=\frac{4k\pm\sqrt{D}}{10}=\frac{2k}{5}=\frac{2\sqrt{5}}{5}$,

$y=k-2x=\sqrt{5}-\frac{4\sqrt{5}}{5}=\frac{\sqrt{5}}{5}$

180

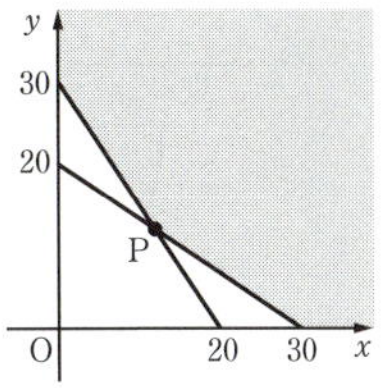

答　(1) **$x\geqq 0$, $y\geqq 0$, $3x+2y\geqq 60$, $0.2x+0.3y\geqq 6$ ($2x+3y\geqq 60$ でも可)**

(2) **右図の影の部分。境界線を含む。**

(3) **$x=12$, $y=12$**

検討　(3) $x+y=k$ とおくと

$y=-x+k$　……①

①は傾きが -1 の直線群を表す。k が最小になるのは上図の点 P を通るとき。

点 P の座標は連立方程式 $3x+2y=60$, $2x+3y=60$ を解いて　$x=12$, $y=12$

18 三角関数

基本問題　本冊 p. 53

181

答　(1) **負の向きに 210°**　(2) **正の向きに 160°**

(3) **正の向きに 30°**　(4) **負の向きに 190°**

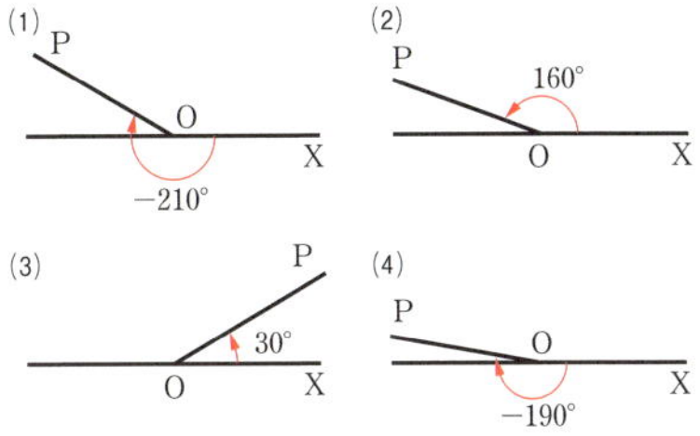

182

答　(1) **第 1 象限の角**　(2) **第 3 象限の角**

(3) **第 2 象限の角**　(4) **第 3 象限の角**

(5) **第 4 象限の角**　(6) **第 2 象限の角**

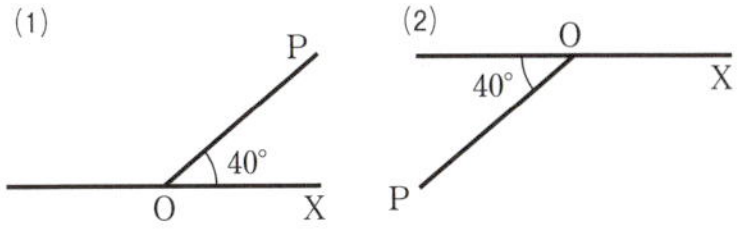

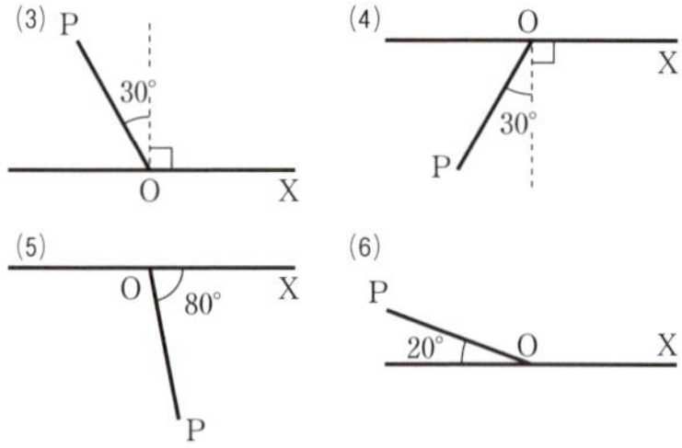

183

答　(1) **10°**　(2) **10°**　(3) **60°**　(4) **10°**
(5) **20°**　(6) **100°**

184

答　$\boldsymbol{n}$ は整数とする。
(1) **45°＋360°×$\boldsymbol{n}$**　(2) **120°＋360°×$\boldsymbol{n}$**
(3) **90°＋360°×$\boldsymbol{n}$**

185

答　図の影の部分。境界線は含まない。

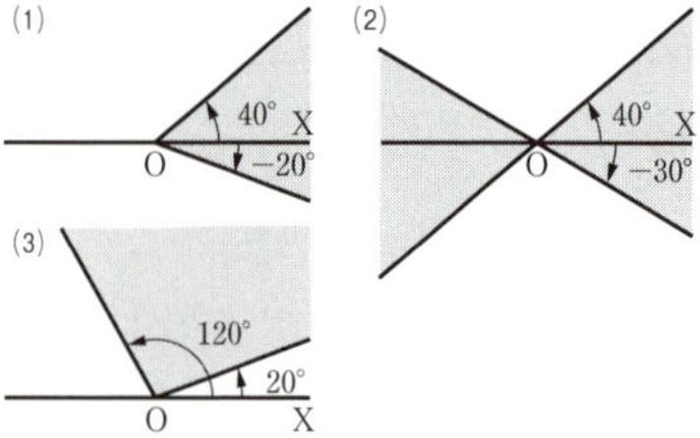

186

答　(1) **15°**　(2) **90°**　(3) **−150°**　(4) **−315°**

検討　(1) 1 ラジアン$=\dfrac{180°}{\pi}$ より

$\dfrac{\pi}{12}\times\dfrac{180°}{\pi}=15°$

以下同様にすればよい。

187

答　**中心角 3 ラジアン，面積 6 cm²**

検討　中心角を θ，面積を S とすれば

$l=r\theta$ より　$6=2\theta$

ゆえに　$\theta=3$(ラジアン)

$S=\dfrac{1}{2}lr$ より　$S=\dfrac{1}{2}\times6\times2=6$

188

答　**sin$\boldsymbol{\theta}$，cos$\boldsymbol{\theta}$，tan$\boldsymbol{\theta}$ の順に**

(1) $\dfrac{\sqrt{3}}{2}$，$-\dfrac{1}{2}$，$-\sqrt{3}$　(2) $\dfrac{\sqrt{2}}{2}$，$-\dfrac{\sqrt{2}}{2}$，-1

(3) $\dfrac{\sqrt{3}}{2}$，$\dfrac{1}{2}$，$\sqrt{3}$　(4) $\dfrac{1}{2}$，$\dfrac{\sqrt{3}}{2}$，$\dfrac{\sqrt{3}}{3}$

検討　度数法で表現して考えた方がよい。

$\dfrac{2}{3}\pi=120°$，$\dfrac{3}{4}\pi=135°$，$-\dfrac{5}{3}\pi=-300°$，

$-\dfrac{11}{6}\pi=-330°$

189

答　(1) **第 4 象限**　(2) **第 1 象限**
(3) **第 3 象限**　(4) **第 4 象限**
(5) **第 2 象限**　(6) **第 2 象限**

応用問題 ･･････････････････ 本冊 *p.* 55

190

答　図の影の部分。境界線は含まない。

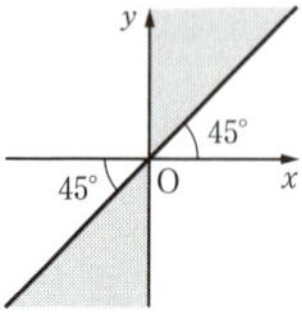

検討　$90°+360°\times n<\theta$
$<180°+360°\times n$

$45°+180°\times n<\dfrac{\theta}{2}<90°+180°\times n$

191

答　下図

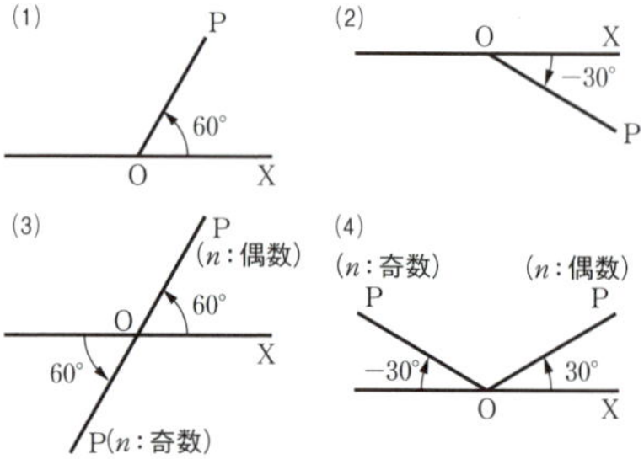

192

答　$\boldsymbol{\theta=60°}$，**120°**

検討　n を整数として

$7\theta=\theta+360°\times n$　　ゆえに　$\theta=60°\times n$

19 三角関数の性質

基本問題 ……… 本冊 p. 56

193

答 (1) 左辺$=\sin^2\theta+2\sin\theta\cos\theta+\cos^2\theta$
$=1+2\sin\theta\cos\theta=$右辺

(2) 左辺$=(\sin^2\theta-\cos^2\theta)(\sin^2\theta+\cos^2\theta)$
$=\sin^2\theta-\cos^2\theta=$右辺

(3) 左辺$=\dfrac{\sin^2\theta}{\cos^2\theta}-\sin^2\theta=\sin^2\theta\cdot\dfrac{1-\cos^2\theta}{\cos^2\theta}$
$=\sin^2\theta\cdot\dfrac{\sin^2\theta}{\cos^2\theta}=\sin^2\theta\cdot\tan^2\theta=$右辺

(4) 左辺$=\dfrac{\sin\theta(1+\cos\theta)}{(1-\cos\theta)(1+\cos\theta)}$
$=\dfrac{\sin\theta(1+\cos\theta)}{1-\cos^2\theta}$
$=\dfrac{\sin\theta(1+\cos\theta)}{\sin^2\theta}=\dfrac{1+\cos\theta}{\sin\theta}=$右辺

(5) 左辺$=\dfrac{1+2\sin\theta+\sin^2\theta+\cos^2\theta}{\cos\theta(1+\sin\theta)}$
$=\dfrac{2+2\sin\theta}{\cos\theta(1+\sin\theta)}=\dfrac{2}{\cos\theta}=$右辺

194

答 (1) 0 (2) 0 (3) 1 (4) 0 (5) 2

検討 (1) 与式$=\sin\theta-\cos\theta+\cos\theta-\sin\theta=0$

(2) 与式$=\cos\theta+\cos\theta-\cos\theta-\cos\theta=0$

(3) 与式$=(-\sin\theta)(-\sin\theta)-\cos\theta(-\cos\theta)$
$=\sin^2\theta+\cos^2\theta=1$

(4) 与式$=(-\cos\theta)(-\tan\theta)-\tan\theta\cos\theta=0$

(5) 与式$=\cos^2\theta+\sin^2\theta+\cos^2\theta+\sin^2\theta=2$

195

答 (1) $-\sin43^\circ=-0.6820$

(2) $-\cos26^\circ=-0.8988$

(3) $\tan22^\circ=0.4040$

(4) $-\sin75^\circ=-0.9659$

(5) $\cos77^\circ=0.2250$

(6) $\tan38^\circ=0.7813$

検討 (1) $\sin223^\circ=\sin(180^\circ+43^\circ)=-\sin43^\circ$

(2) $\cos1234^\circ=\cos(154^\circ+360^\circ\times3)=\cos154^\circ$
$=\cos(180^\circ-26^\circ)=-\cos26^\circ$

(3) $\tan382^\circ=\tan(22^\circ+360^\circ)=\tan22^\circ$

(4) $\sin(-435^\circ)=\sin(-435^\circ+360^\circ)=-\sin75^\circ$

(5) $\cos(-643^\circ)=\cos(-643^\circ+360^\circ\times2)=\cos77^\circ$

(6) $\tan(-502^\circ)=\tan(-502^\circ+360^\circ\times2)$
$=\tan218^\circ=\tan(180^\circ+38^\circ)=\tan38^\circ$

196

答 (1) 左辺$=\sin(180^\circ-A)=\sin A=$右辺

(2) 左辺$=\cos(180^\circ-A)=-\cos A=$右辺

(3) 左辺$=\tan(180^\circ-A)=-\tan A=$右辺

(4) 右辺$=-\sin(A+B+C+A)$
$=-\sin(180^\circ+A)=\sin A=$左辺

197

答 (1) $\cos\theta=-\dfrac{4}{5}$, $\tan\theta=-\dfrac{3}{4}$

(2) θ が第 1 象限の角のとき

$\cos\theta=\dfrac{3}{5}$, $\tan\theta=\dfrac{4}{3}$

θ が第 2 象限の角のとき

$\cos\theta=-\dfrac{3}{5}$, $\tan\theta=-\dfrac{4}{3}$

検討 (1) $\cos\theta=-\sqrt{1-\sin^2\theta}$, $\tan\theta=\dfrac{\sin\theta}{\cos\theta}$ より求められる。

(2) $\sin\theta>0$ より θ は第 1, 第 2 象限の角。

応用問題 ……… 本冊 p. 59

198

答 (1) $\dfrac{60}{169}$

(2) $\sin\theta=\dfrac{12}{13}$, $\cos\theta=\dfrac{5}{13}$

または $\sin\theta=\dfrac{5}{13}$, $\cos\theta=\dfrac{12}{13}$

検討 (1) 与式の両辺を平方すれば

$\sin^2\theta+2\sin\theta\cos\theta+\cos^2\theta=\left(\dfrac{17}{13}\right)^2$

$2\sin\theta\cos\theta=\left(\dfrac{17}{13}\right)^2-1$

(2) $\sin\theta$, $\cos\theta$ を解にもつ 2 次方程式は

$t^2-\dfrac{17}{13}t+\dfrac{60}{169}=0$ $\left(t-\dfrac{5}{13}\right)\left(t-\dfrac{12}{13}\right)=0$

テスト対策

$\sin\theta+\cos\theta$ の値から $\sin\theta\cos\theta$ の値を求めるときは,

$$(\sin\theta+\cos\theta)^2=1+2\sin\theta\cos\theta$$

を利用する。

199

答 $3+\sqrt{5}$

検討 $\sin^2\theta+\cos^2\theta=1$ と $\cos\theta=\sin^2\theta$ より

$\cos^2\theta+\cos\theta-1=0$

よって　$\cos\theta=\dfrac{-1\pm\sqrt{5}}{2}$

$-1\leqq\cos\theta\leqq1$ より　$\cos\theta=\dfrac{-1+\sqrt{5}}{2}$

与式$=\dfrac{2}{1-\sin^2\theta}=\dfrac{2}{\cos^2\theta}=2\times\left(\dfrac{2}{\sqrt{5}-1}\right)^2$

$=3+\sqrt{5}$

20 三角関数のグラフ

基本問題 ・・・・・・・・・・ 本冊 p. 60

200

答 (1) 周期 π　(2) 周期 $\dfrac{2}{3}\pi$

(3) 周期 4π　(4) 周期 6π

(5) 周期 2π　(6) 周期 2π

(1)

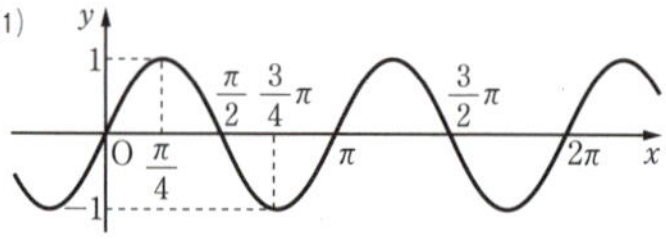

(2)

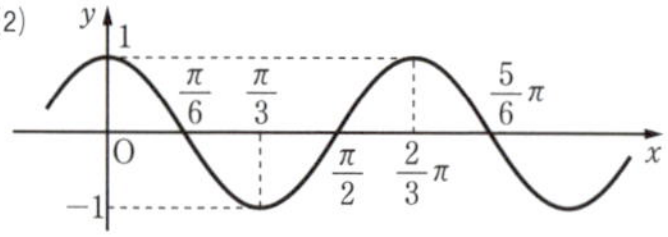

(3)

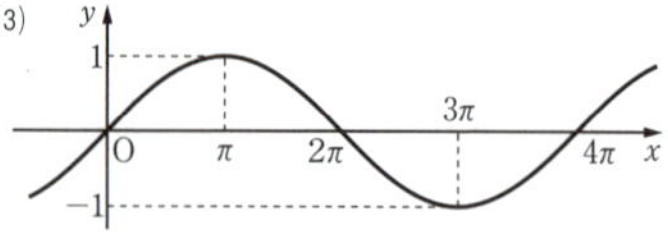

(4)

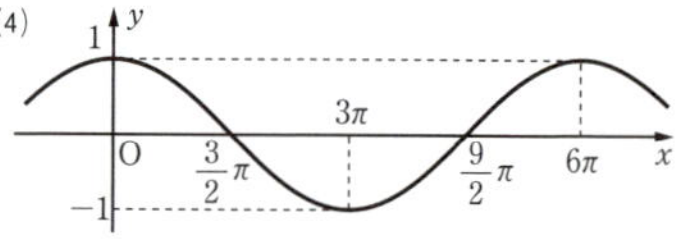

(5)

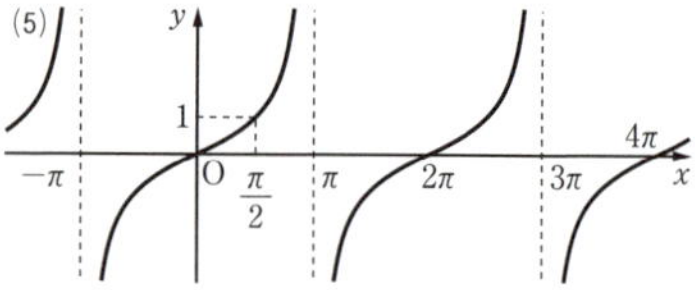

(6)

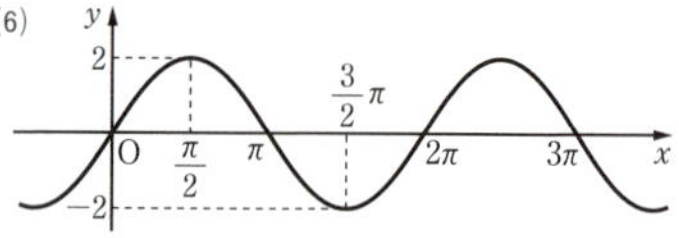

応用問題 ・・・・・・・・・・ 本冊 p. 61

201

答 (1) 周期 $\dfrac{2}{3}\pi$　(2) 周期 2π

(3) 周期 π　(4) 周期 4π

(1)

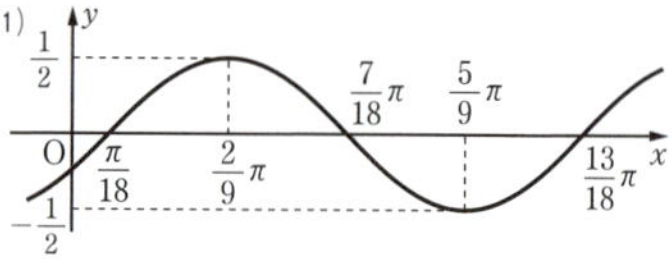

(2)

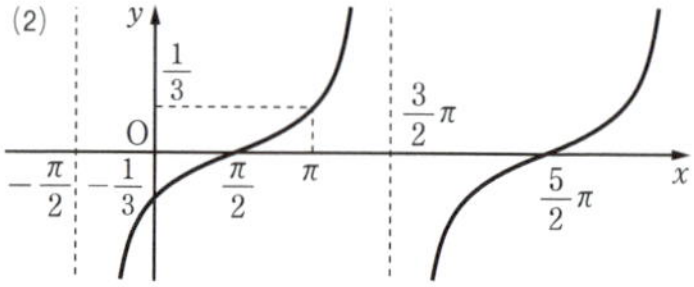

(3)

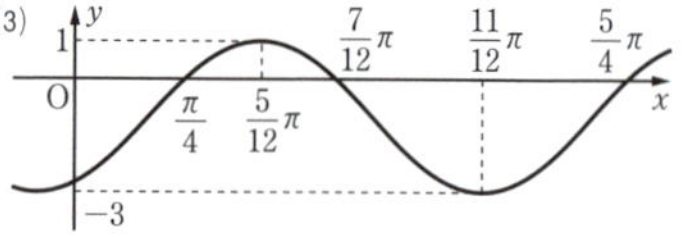

(4)

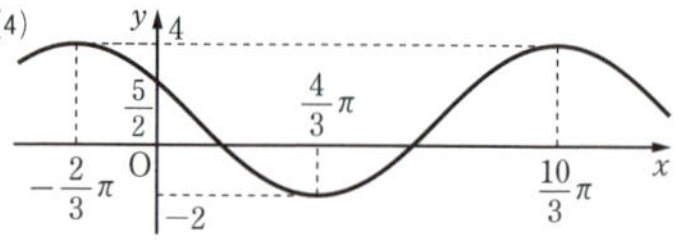

検討 グラフをきれいにかくには, 例題研究の注のようにすればよい。

(1) $y=\dfrac{1}{2}\cos3\left(x-\dfrac{2}{9}\pi\right)$ より, $y=\cos x$ のグラフを x 軸方向に $\dfrac{1}{3}$ 倍, y 軸方向に $\dfrac{1}{2}$ 倍し,

x 軸の正の方向に $\frac{2}{9}\pi$ だけ平行移動すればよい。

(2) $y=\frac{1}{3}\tan\frac{1}{2}\left(x-\frac{\pi}{2}\right)$ より，$y=\tan x$ のグラフを x 軸方向に 2 倍，y 軸方向に $\frac{1}{3}$ 倍し，x 軸の正の方向に $\frac{\pi}{2}$ だけ平行移動すればよい。

(3) $y=2\sin2\left(x-\frac{\pi}{6}\right)-1$ より，$y=\sin x$ のグラフを x 軸方向に $\frac{1}{2}$ 倍，y 軸方向に 2 倍し，x 軸の正の方向に $\frac{\pi}{6}$，y 軸の負の方向に 1 だけ平行移動すればよい。

(4)も同様である。

21 三角関数の応用

基本問題 ……………… 本冊 p. 62

202

答 (1) $x=\frac{7}{6}\pi,\ \frac{11}{6}\pi$ (2) $x=\frac{5}{6}\pi,\ \frac{7}{6}\pi$

(3) $x=\frac{3}{4}\pi,\ \frac{7}{4}\pi$ (4) $x=\frac{4}{3}\pi,\ \frac{5}{3}\pi$

(5) $x=\frac{2}{3}\pi,\ \frac{4}{3}\pi$ (6) $x=\frac{5}{6}\pi,\ \frac{11}{6}\pi$

203

答 (1) $0\leqq x<\frac{\pi}{4},\ \frac{3}{4}\pi<x<2\pi$

(2) $0\leqq x\leqq\frac{2}{3}\pi,\ \frac{4}{3}\pi\leqq x<2\pi$

(3) $\frac{\pi}{2}<x\leqq\frac{3}{4}\pi,\ \frac{3}{2}\pi<x\leqq\frac{7}{4}\pi$

(4) $\frac{\pi}{3}<x<\frac{\pi}{2},\ \frac{4}{3}\pi<x<\frac{3}{2}\pi$

(5) $\frac{3}{4}\pi<x<\frac{5}{4}\pi$

(6) $0\leqq x\leqq\frac{4}{3}\pi,\ \frac{5}{3}\pi\leqq x<2\pi$

応用問題 ……………… 本冊 p. 63

204

答 n は整数とする。

(1) $x=\frac{\pi}{2},\ \frac{7}{6}\pi,\ \frac{11}{6}\pi$ 一般解は

$x=\frac{\pi}{2}+2n\pi,\ -\frac{\pi}{6}+2n\pi,\ \frac{7}{6}\pi+2n\pi$

(2) $x=\frac{\pi}{6},\ \frac{5}{6}\pi$

一般解は $x=\frac{\pi}{6}+2n\pi,\ \frac{5}{6}\pi+2n\pi$

(3) $x=\frac{\pi}{2},\ \frac{11}{6}\pi$

一般解は $x=\frac{\pi}{2}+2n\pi,\ -\frac{\pi}{6}+2n\pi$

(4) $x=\frac{3}{8}\pi,\ \frac{7}{8}\pi,\ \frac{11}{8}\pi,\ \frac{15}{8}\pi$

一般解は $x=\frac{3}{8}\pi+n\pi,\ -\frac{\pi}{8}+n\pi$

検討 (1) $\sin x=1$，$\sin x=-\frac{1}{2}$ を解けばよい。

(2) $\sin x=\frac{1}{2}$，$\sin x=-2$ を導く。$\sin x=-2$ は不適。

(3) $x-\frac{\pi}{6}=X$ とおき，$-\frac{\pi}{6}\leqq X<\frac{11}{6}\pi$ の範囲で X を求めて，x を求めればよい。

(4) $2x+\frac{\pi}{4}=X$ とおき，$\frac{\pi}{4}\leqq X<\frac{17}{4}\pi$ の範囲で X を求めて，x を求めればよい。

205

答 n は整数とする。

(1) $\frac{\pi}{6}<x<\frac{\pi}{3},\ \frac{2}{3}\pi<x<\frac{5}{6}\pi$

一般解は $\frac{\pi}{6}+2n\pi<x<\frac{\pi}{3}+2n\pi$，

$\frac{2}{3}\pi+2n\pi<x<\frac{5}{6}\pi+2n\pi$

(2) $\frac{\pi}{4}<x<\frac{3}{4}\pi,\ \frac{5}{4}\pi<x<\frac{7}{4}\pi$

一般解は $\frac{\pi}{4}+2n\pi<x<\frac{3}{4}\pi+2n\pi$，

$\frac{5}{4}\pi+2n\pi<x<\frac{7}{4}\pi+2n\pi$

(3) $\boldsymbol{\frac{4}{3}\pi<x<2\pi}$

一般解は $\boldsymbol{\frac{4}{3}\pi+2n\pi<x<2(n+1)\pi}$

検討 (1) $\frac{1}{2}<\sin x<\frac{\sqrt{3}}{2}$ を満たす x を求める。

(2) $8(1-\sin^2 x)^2+2\sin^2 x-3<0$

$\sin^2 x=X$ とおくと

$8X^2-14X+5<0$　$(4X-5)(2X-1)<0$

ゆえに　$\frac{1}{2}<X<\frac{5}{4}$

よって　$0\leqq X\leqq 1$　だから　$\frac{1}{2}<X\leqq 1$

よって　$-1\leqq\sin x<-\frac{\sqrt{2}}{2}$，$\frac{\sqrt{2}}{2}<\sin x\leqq 1$

一般解は $\frac{\pi}{4}+n\pi<x<\frac{3}{4}\pi+n\pi$ (n は整数)

とまとめることもできる。

(3) $x-\frac{\pi}{6}=X$ とおくと，$-\frac{\pi}{6}\leqq X<\frac{11}{6}\pi$ で，

$\sin X<-\frac{1}{2}$　これを解いて　$\frac{7}{6}\pi<X<\frac{11}{6}\pi$

あとは x を求めればよい。

206

答 $\boldsymbol{\frac{\pi}{4}<x<\frac{3}{4}\pi}$

検討 $\cos x>0$ すなわち $0\leqq x<\frac{\pi}{2}$，$\frac{3}{2}\pi<x<2\pi$

のとき $\sin x>\cos x$

両辺を $\cos x\ (>0)$ で割って　$\tan x>1$

上の範囲でこれを満たすものは

$\frac{\pi}{4}<x<\frac{\pi}{2}$　……①

$\cos x=0$ すなわち $x=\frac{\pi}{2}$，$\frac{3}{2}\pi$ のとき

$\sin x>0$ より　$x=\frac{\pi}{2}$　……②

$\cos x<0$ すなわち $\frac{\pi}{2}<x<\frac{3}{2}\pi$ のとき

$\sin x>-\cos x$

両辺を $\cos x\ (<0)$ で割って　$\tan x<-1$

ゆえに　$\frac{\pi}{2}<x<\frac{3}{4}\pi$　……③

①，②，③より求めればよい。

207

答 $\boldsymbol{\frac{\pi}{3}<x<\frac{2}{3}\pi,\ \frac{2}{3}\pi<x<\pi}$

検討 与式から $\begin{cases}\sin 3x>0\\ \cos x<-\frac{1}{2}\end{cases}$ ……(1)

または $\begin{cases}\sin 3x<0\\ \cos x>-\frac{1}{2}\end{cases}$ ……(2)

(1)の場合

$\sin 3x>0\ (0\leqq 3x<3\pi)$ より

$0<3x<\pi$　または　$2\pi<3x<3\pi$

$\Longleftrightarrow 0<x<\frac{\pi}{3}$　または　$\frac{2}{3}\pi<x<\pi$　……①

$\cos x<-\frac{1}{2}\ (0\leqq x<\pi)$ より

$\frac{2}{3}\pi<x<\pi$　……②

①かつ②より　$\frac{2}{3}\pi<x<\pi$　……③

(2)の場合

$\sin 3x<0\ (0\leqq 3x<3\pi)$ より

$\pi<3x<2\pi \Longleftrightarrow \frac{\pi}{3}<x<\frac{2}{3}\pi$　……④

$\cos x>-\frac{1}{2}\ (0\leqq x<\pi)$ より

$0\leqq x<\frac{2}{3}\pi$　……⑤

④かつ⑤より　$\frac{\pi}{3}<x<\frac{2}{3}\pi$　……⑥

求める解は③または⑥だから

$\frac{\pi}{3}<x<\frac{2}{3}\pi$，$\frac{2}{3}\pi<x<\pi$

208

答 (1) **最大値 $\boldsymbol{-1}$ $\boldsymbol{\left(x=\frac{\pi}{2}\right)}$，**

最小値 $\boldsymbol{-5}$ $\boldsymbol{\left(x=\frac{3}{2}\pi\right)}$

(2) **最大値 $\boldsymbol{1}$ $\boldsymbol{\left(x=\frac{\pi}{4}\right)}$，最小値 $\boldsymbol{-1}$ $\boldsymbol{\left(x=\frac{5}{4}\pi\right)}$**

(3) **最大値 $\boldsymbol{\frac{\sqrt{3}}{3}}$ $\boldsymbol{\left(x=\frac{\pi}{3}\right)}$，最小値 $\boldsymbol{-\sqrt{3}}$ $\boldsymbol{\left(x=-\frac{\pi}{6}\right)}$**

(4) **最大値 $\boldsymbol{2}$ $\boldsymbol{(x=0)}$，最小値 $\boldsymbol{-2}$ $\boldsymbol{(x=\pi)}$**

検討 変域内でのグラフをかいて考えてみよう。

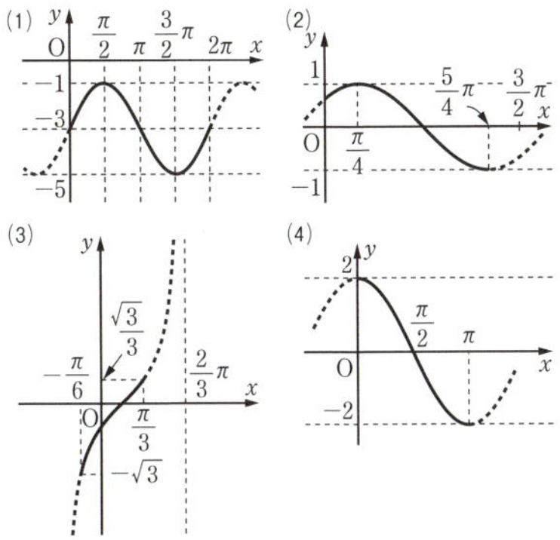

209

答 (1) **最大値 4 $(x=0)$, 最小値 -2 $(x=\pi)$**

(2) **最大値 $\frac{9}{4}$ $\left(x=\frac{\pi}{6},\ \frac{5}{6}\pi\right)$,**

最小値 0 $\left(x=\frac{3}{2}\pi\right)$

検討 (1) $y=(1-\cos^2x)+3\cos x+1$

$=-\cos^2x+3\cos x+2$

$=-\left(\cos x-\frac{3}{2}\right)^2+\frac{17}{4}$

$\cos x=X$ とおくと

$0\leqq x<2\pi$ より　$-1\leqq X\leqq 1$ だから

$y=-\left(X-\frac{3}{2}\right)^2+\frac{17}{4}$ $(-1\leqq X\leqq 1)$

これより　$X=1$ すなわち $x=0$ のとき

最大値 4

$X=-1$ すなわち $x=\pi$ のとき

最小値 -2

(2) $\sin x=X$ とおくと　$-1\leqq X\leqq 1$

$\cos^2x=1-\sin^2x=1-X^2$

よって　$y=X+(1-X^2)+1=-X^2+X+2$

$=-\left(X-\frac{1}{2}\right)^2+\frac{9}{4}$

$-1\leqq X\leqq 1$ の範囲でグラフをかく。

$X=\frac{1}{2}$ のとき，すなわち $x=\frac{\pi}{6}$, $\frac{5}{6}\pi$ のとき

最大値 $\frac{9}{4}$

$X=-1$ のとき，すなわち $x=\frac{3}{2}\pi$ のとき

最小値 0

22 加法定理

基本問題 本冊 p. 66

210

答 (1) $\frac{\sqrt{6}+\sqrt{2}}{4}$　(2) $2+\sqrt{3}$　(3) $\frac{\sqrt{6}+\sqrt{2}}{4}$

(4) $-\frac{\sqrt{6}+\sqrt{2}}{4}$　(5) $2-\sqrt{3}$　(6) $\frac{\sqrt{6}+\sqrt{2}}{4}$

検討 (1) 与式$=\cos\left(\frac{\pi}{3}-\frac{\pi}{4}\right)$

$=\cos\frac{\pi}{3}\cos\frac{\pi}{4}+\sin\frac{\pi}{3}\sin\frac{\pi}{4}$

$=\frac{1}{2}\cdot\frac{1}{\sqrt{2}}+\frac{\sqrt{3}}{2}\cdot\frac{1}{\sqrt{2}}=\frac{\sqrt{6}+\sqrt{2}}{4}$

(2) 与式$=\tan\left(\frac{\pi}{4}+\frac{\pi}{6}\right)=\frac{\tan\frac{\pi}{4}+\tan\frac{\pi}{6}}{1-\tan\frac{\pi}{4}\tan\frac{\pi}{6}}$

$=2+\sqrt{3}$

(3) 与式$=\sin\left(\frac{\pi}{2}+\frac{\pi}{12}\right)=\cos\frac{\pi}{12}$ となり，(1)と同じ。

(4) 与式$=\cos\left(\pi-\frac{\pi}{12}\right)=-\cos\frac{\pi}{12}$

(5) 与式$=\tan\left(\pi+\frac{\pi}{12}\right)=\tan\frac{\pi}{12}=\tan\left(\frac{\pi}{3}-\frac{\pi}{4}\right)$

$=\frac{\tan\frac{\pi}{3}-\tan\frac{\pi}{4}}{1+\tan\frac{\pi}{3}\tan\frac{\pi}{4}}=2-\sqrt{3}$

(6) 与式$=\sin\left(\frac{\pi}{2}-\frac{\pi}{12}\right)=\cos\frac{\pi}{12}$ となり，(1)と同じ。

211

答 (1) $\sqrt{3}\sin\theta$　(2) **1**　(3) **0**

検討 (1) 与式$=\left(\cos\frac{\pi}{3}\cos\theta+\sin\frac{\pi}{3}\sin\theta\right)$

$-\left(\cos\frac{\pi}{3}\cos\theta-\sin\frac{\pi}{3}\sin\theta\right)=2\sin\frac{\pi}{3}\sin\theta$

$=\sqrt{3}\sin\theta$

(2) 与式$=\frac{\tan\frac{\pi}{4}+\tan\theta}{1-\tan\frac{\pi}{4}\tan\theta}\cdot\frac{\tan\frac{\pi}{4}-\tan\theta}{1+\tan\frac{\pi}{4}\tan\theta}$

$=\dfrac{1+\tan\theta}{1-\tan\theta}\cdot\dfrac{1-\tan\theta}{1+\tan\theta}=1$

(3) 与式$=\sin\theta+\sin\left\{\pi-\left(\theta+\dfrac{2}{3}\pi\right)\right\}$

$+\sin\left(\theta+\dfrac{\pi}{3}+\pi\right)$

$=\sin\theta+\sin\left(\dfrac{\pi}{3}-\theta\right)-\sin\left(\theta+\dfrac{\pi}{3}\right)$

212

答 (1) **0** (2) $\boldsymbol{\dfrac{\sqrt{3}}{2}}$

検討 (1) $\cos(32°+58°)$ (2) $\sin(34°+26°)$

213

答 (1) 左辺$=(\sin\alpha\cos\beta+\cos\alpha\sin\beta)$

$\times(\sin\alpha\cos\beta-\cos\alpha\sin\beta)$

$=\sin^2\alpha\cos^2\beta-\cos^2\alpha\sin^2\beta$

$=(1-\cos^2\alpha)\cos^2\beta-\cos^2\alpha(1-\cos^2\beta)$

$=\cos^2\beta-\cos^2\alpha=$右辺

(2) 左辺$=(\cos\alpha\cos\beta-\sin\alpha\sin\beta)$

$\times(\cos\alpha\cos\beta+\sin\alpha\sin\beta)$

$=\cos^2\alpha\cos^2\beta-\sin^2\alpha\sin^2\beta$

$=(1-\sin^2\alpha)\cos^2\beta-\sin^2\alpha(1-\cos^2\beta)$

$=\cos^2\beta-\sin^2\alpha=$右辺

(3) 左辺$=(\sin^2\alpha+2\sin\alpha\sin\beta+\sin^2\beta)$

$+(\cos^2\alpha-2\cos\alpha\cos\beta+\cos^2\beta)$

$=2-2(\cos\alpha\cos\beta-\sin\alpha\sin\beta)$

$=2-2\cos(\alpha+\beta)=$右辺

(4) 左辺$=\dfrac{\sin\alpha}{\cos\alpha}+\dfrac{\sin\beta}{\cos\beta}$

$=\dfrac{\sin\alpha\cos\beta+\cos\alpha\sin\beta}{\cos\alpha\cos\beta}$

$=\dfrac{\sin(\alpha+\beta)}{\cos\alpha\cos\beta}=$右辺

検討 加法定理をしっかりおぼえておこう。

214

答 $\sin(\alpha+\beta)=\dfrac{-2\sqrt{2}+\sqrt{3}}{6}$,

$\cos(\alpha+\beta)=\dfrac{-2\sqrt{6}-1}{6}$

検討 α は鋭角，β は鈍角であるから，$\cos\alpha>0$，$\cos\beta<0$ である。

$\sin^2\alpha+\cos^2\alpha=1$ に $\sin\alpha=\dfrac{1}{2}$ を代入して

$\cos^2\alpha=\dfrac{3}{4}$　ゆえに　$\cos\alpha=\dfrac{\sqrt{3}}{2}$

同様にして　$\cos\beta=-\dfrac{2\sqrt{2}}{3}$

$\sin(\alpha+\beta)=\sin\alpha\cos\beta+\cos\alpha\sin\beta$

$=\dfrac{1}{2}\left(-\dfrac{2\sqrt{2}}{3}\right)+\dfrac{\sqrt{3}}{2}\cdot\dfrac{1}{3}=\dfrac{-2\sqrt{2}+\sqrt{3}}{6}$

$\cos(\alpha+\beta)=\cos\alpha\cos\beta-\sin\alpha\sin\beta$

$=\dfrac{\sqrt{3}}{2}\left(-\dfrac{2\sqrt{2}}{3}\right)-\dfrac{1}{2}\cdot\dfrac{1}{3}=\dfrac{-2\sqrt{6}-1}{6}$

215

答 $\tan(\alpha+\beta)=-1$，$\cos(\alpha-\beta)=\dfrac{7\sqrt{2}}{10}$

検討 まず，$\tan\alpha$，$\tan\beta$ の値がわかっており，α，β が鋭角であるので，動径の位置は第1象限にある。したがって

$\sin\alpha=\dfrac{2\sqrt{5}}{5}$，$\cos\alpha=\dfrac{\sqrt{5}}{5}$

$\sin\beta=\dfrac{3\sqrt{10}}{10}$，$\cos\beta=\dfrac{\sqrt{10}}{10}$　である。

よって

$\tan(\alpha+\beta)=\dfrac{\tan\alpha+\tan\beta}{1-\tan\alpha\tan\beta}=\dfrac{2+3}{1-2\cdot3}$

$=-1$

$\cos(\alpha-\beta)=\cos\alpha\cos\beta+\sin\alpha\sin\beta$

$=\dfrac{\sqrt{5}}{5}\cdot\dfrac{\sqrt{10}}{10}+\dfrac{2\sqrt{5}}{5}\cdot\dfrac{3\sqrt{10}}{10}=\dfrac{7\sqrt{2}}{10}$

216

答 (1) **45°** (2) **45°** (3) **60°**

検討 (1) $x-2y+2=0 \Longleftrightarrow y=\dfrac{1}{2}x+1$

$3x-y-2=0 \Longleftrightarrow y=3x-2$

ゆえに　$\tan\theta=\left|\dfrac{\frac{1}{2}-3}{1+\frac{1}{2}\cdot3}\right|=1$

よって　$\theta=45°$

(2) $x+2y-3=0 \Longleftrightarrow y=-\dfrac{1}{2}x+\dfrac{3}{2}$

$x-3y-1=0 \Longleftrightarrow y=\dfrac{1}{3}x-\dfrac{1}{3}$

ゆえに　$\tan\theta=\left|\dfrac{-\frac{1}{2}-\frac{1}{3}}{1+\left(-\frac{1}{2}\right)\cdot\frac{1}{3}}\right|=1$

よって　$\theta=45°$

(3) 同様にして

$y=\dfrac{2}{\sqrt{3}}x+\dfrac{1}{\sqrt{3}}$，$y=-\dfrac{5}{\sqrt{3}}x-\dfrac{6}{\sqrt{3}}$

のなす角だから

$$\tan\theta=\left|\dfrac{\frac{2}{\sqrt{3}}-\left(-\frac{5}{\sqrt{3}}\right)}{1+\frac{2}{\sqrt{3}}\cdot\left(-\frac{5}{\sqrt{3}}\right)}\right|=\sqrt{3}$$

よって　$\theta=60°$

テスト対策

〔**2 直線のなす角**〕

2 直線 $y=m_1x+n_1$，$y=m_2x+n_2$ のなす角 θ は $\theta=|\theta_1-\theta_2|$ または

$\theta=180°-|\theta_1-\theta_2|$ となることを覚えておくこと。

(θ_1，θ_2 はそれぞれ x 軸の正方向となす角)

応用問題

本冊 p. 68

217

答　**左辺 $=\tan A+\tan B$**

$+\tan\{180°-(A+B)\}$

$=\tan A+\tan B-\tan(A+B)$

$=\tan A+\tan B-\dfrac{\tan A+\tan B}{1-\tan A\tan B}$

$=\dfrac{-\tan A\tan B(\tan A+\tan B)}{1-\tan A\tan B}$

$=\tan A\tan B\{-\tan(A+B)\}$

$=\tan A\tan B\tan\{180°-(A+B)\}$

$=\tan A\tan B\tan C=$**右辺**

218

答　$\dfrac{a}{1-b}$

検討　解と係数の関係により

$\tan\alpha+\tan\beta=a$，$\tan\alpha\tan\beta=b$

よって　$\tan(\alpha+\beta)=\dfrac{\tan\alpha+\tan\beta}{1-\tan\alpha\tan\beta}=\dfrac{a}{1-b}$

219

答　**2**

検討　$\alpha+\beta=45°$ より　$\tan(\alpha+\beta)=1$

$\tan(\alpha+\beta)=\dfrac{\tan\alpha+\tan\beta}{1-\tan\alpha\tan\beta}=1$

よって　$\tan\alpha+\tan\beta+\tan\alpha\tan\beta=1$

与式 $=1+\tan\alpha+\tan\beta+\tan\alpha\tan\beta$

$=1+1=2$

220

答　$a=-8\pm5\sqrt{3}$

検討　2 直線 $y=-\dfrac{1}{2}x-\dfrac{1}{2}$，$y=ax$ のなす角が $60°$ であるから

$$\tan60°=\left|\dfrac{-\frac{1}{2}-a}{1+\left(-\frac{1}{2}\right)\cdot a}\right|$$

ゆえに　$\left|\dfrac{-1-2a}{2-a}\right|=\sqrt{3}$

分母を払うと　$|-1-2a|=\sqrt{3}|2-a|$

両辺を 2 乗して整理すると　$a^2+16a-11=0$

よって　$a=-8\pm5\sqrt{3}$

23 加法定理の応用

基本問題

本冊 p. 69

221

答　(1) $\dfrac{\sqrt{2-\sqrt{2}}}{2}$　(2) $\dfrac{\sqrt{2+\sqrt{2}}}{2}$　(3) $\sqrt{2}-1$

検討　(1) $\sin^2\dfrac{\pi}{8}=\dfrac{1-\cos\frac{\pi}{4}}{2}=\dfrac{2-\sqrt{2}}{4}$

$\sin\dfrac{\pi}{8}>0$ より　$\sin\dfrac{\pi}{8}=\sqrt{\dfrac{2-\sqrt{2}}{4}}=\dfrac{\sqrt{2-\sqrt{2}}}{2}$

(2)も同様にすればよい。

(3)は(1)，(2)の結果から

$$\tan\dfrac{\pi}{8}=\dfrac{\sin\frac{\pi}{8}}{\cos\frac{\pi}{8}}=\dfrac{\sqrt{2-\sqrt{2}}}{\sqrt{2+\sqrt{2}}}=\dfrac{2-\sqrt{2}}{\sqrt{2}}$$

$=\sqrt{2}-1$

222

答　$\sin 2\alpha=\dfrac{4\sqrt{2}}{9}$，$\cos 2\alpha=\dfrac{7}{9}$，$\tan 2\alpha=\dfrac{4\sqrt{2}}{7}$

検討　$\cos\alpha>0$ だから

$$\cos\alpha=\sqrt{1-\frac{1}{9}}=\frac{2\sqrt{2}}{3}$$

よって

$$\sin 2\alpha=2\sin\alpha\cos\alpha=2\cdot\frac{1}{3}\cdot\frac{2\sqrt{2}}{3}=\frac{4\sqrt{2}}{9}$$

$$\cos 2\alpha=1-2\sin^2\alpha=1-2\left(\frac{1}{3}\right)^2=\frac{7}{9}$$

$$\tan 2\alpha=\frac{\sin 2\alpha}{\cos 2\alpha}=\frac{4\sqrt{2}}{9}\div\frac{7}{9}=\frac{4\sqrt{2}}{7}$$

223

答　$\sin\dfrac{\alpha}{2}=\dfrac{\sqrt{6}}{4}$，$\cos\dfrac{\alpha}{2}=-\dfrac{\sqrt{10}}{4}$，$\tan\dfrac{\alpha}{2}=-\dfrac{\sqrt{15}}{5}$

検討　$\dfrac{3}{2}\pi<\alpha<2\pi$ より　$\dfrac{3}{4}\pi<\dfrac{\alpha}{2}<\pi$

よって　$\sin\dfrac{\alpha}{2}>0$，$\cos\dfrac{\alpha}{2}<0$，$\tan\dfrac{\alpha}{2}<0$

$$\sin^2\frac{\alpha}{2}=\frac{1-\cos\alpha}{2}=\frac{1-\frac{1}{4}}{2}=\frac{3}{8}$$

よって　$\sin\dfrac{\alpha}{2}=\sqrt{\dfrac{3}{8}}=\dfrac{\sqrt{6}}{4}$

$$\cos^2\frac{\alpha}{2}=\frac{1+\cos\alpha}{2}=\frac{1+\frac{1}{4}}{2}=\frac{5}{8}$$

よって　$\cos\dfrac{\alpha}{2}=-\sqrt{\dfrac{5}{8}}=-\dfrac{\sqrt{10}}{4}$

$$\tan\frac{\alpha}{2}=\frac{\sin\frac{\alpha}{2}}{\cos\frac{\alpha}{2}}=\frac{\sqrt{6}}{4}\div\left(-\frac{\sqrt{10}}{4}\right)=-\frac{\sqrt{15}}{5}$$

224

答　$-\dfrac{3}{4}$

検討　与式の両辺を平方すれば

$$\sin^2\alpha+2\sin\alpha\cos\alpha+\cos^2\alpha=\frac{1}{4}$$

これから　$1+\sin 2\alpha=\dfrac{1}{4}$

よって　$\sin 2\alpha=-\dfrac{3}{4}$

225

答　$\sin 2\theta=\dfrac{\sqrt{2}}{2}$，$\cos 2\theta=-\dfrac{\sqrt{2}}{2}$

検討　$\sin 2\theta=2\sin\theta\cos\theta=2\cdot\dfrac{\sin\theta}{\cos\theta}\cdot\cos^2\theta$

$$=2\tan\theta\cos^2\theta=\frac{2\tan\theta}{1+\tan^2\theta}$$

$$=\frac{2(1+\sqrt{2})}{1+(1+\sqrt{2})^2}=\frac{\sqrt{2}}{2}$$

$$\cos 2\theta=\cos^2\theta-\sin^2\theta=\cos^2\theta\left(1-\frac{\sin^2\theta}{\cos^2\theta}\right)$$

$$=\cos^2\theta(1-\tan^2\theta)=\frac{1-\tan^2\theta}{1+\tan^2\theta}$$

$$=\frac{1-(1+\sqrt{2})^2}{1+(1+\sqrt{2})^2}=-\frac{\sqrt{2}}{2}$$

226

答　(1) $\dfrac{1+2t-t^2}{1+t^2}$　(2) $\dfrac{-1+2t+t^2}{1+2t-t^2}$

検討　例題研究の結果を使う。

(1) $\sin\theta+\cos\theta=\dfrac{2t}{1+t^2}+\dfrac{1-t^2}{1+t^2}=\dfrac{1+2t-t^2}{1+t^2}$

(2) $\sin\theta-\cos\theta=\dfrac{2t}{1+t^2}-\dfrac{1-t^2}{1+t^2}=\dfrac{-1+2t+t^2}{1+t^2}$

よって　$\dfrac{\sin\theta-\cos\theta}{\sin\theta+\cos\theta}=\dfrac{-1+2t+t^2}{1+2t-t^2}$

テスト対策

〔tan による表示〕

$\tan\theta=t$ とおくと，$\sin 2\theta$，$\cos 2\theta$，$\tan 2\theta$ は t で表されることを覚えておくこと。結果だけを覚えるのではなく，その導き方もマスターしておく。

227

答　(1) 左辺 $=\dfrac{1-(1-2\sin^2\theta)}{2\sin\theta\cos\theta}$

$$=\frac{2\sin^2\theta}{2\sin\theta\cos\theta}=\frac{\sin\theta}{\cos\theta}=\tan\theta=\text{右辺}$$

(2) 左辺 $=\dfrac{\frac{2\sin\theta}{\cos\theta}}{2\sin\theta\cos\theta}=\dfrac{2\sin\theta}{2\sin\theta\cos^2\theta}$

$=\dfrac{1}{\cos^2\theta}=1+\tan^2\theta=$右辺

(3) 左辺$=\sin^2\theta-2\sin\theta\cos\theta+\cos^2\theta$

$=1-\sin2\theta=$右辺

(4) 左辺$=(\cos^2\theta-\sin^2\theta)(\cos^2\theta+\sin^2\theta)$

$=\cos^2\theta-\sin^2\theta=\cos2\theta=$右辺

228

答 (1) $2\sin\left(x+\dfrac{\pi}{6}\right)$ (2) $2\sin\left(x-\dfrac{\pi}{6}\right)$

(3) $\sqrt{2}\sin\left(x+\dfrac{\pi}{4}\right)$ (4) $\sqrt{2}\sin\left(x-\dfrac{\pi}{4}\right)$

(5) $\sqrt{13}\sin(x+\alpha)$

$\left(\text{ただし } \sin\alpha=\dfrac{3}{\sqrt{13}},\ \cos\alpha=\dfrac{2}{\sqrt{13}}\right)$

(6) $\sqrt{5}\sin(x+\alpha)$

$\left(\text{ただし } \sin\alpha=-\dfrac{2}{\sqrt{5}},\ \cos\alpha=\dfrac{1}{\sqrt{5}}\right)$

(7) $\sqrt{2}\sin\left(x+\dfrac{\pi}{4}\right)$ (8) $\sin\left(x+\dfrac{7}{6}\pi\right)$

検討 (1) 与式$=\sqrt{3+1}\sin(x+\alpha)$

ただし　$\sin\alpha=\dfrac{1}{2}$，$\cos\alpha=\dfrac{\sqrt{3}}{2}$

よって　$\alpha=\dfrac{\pi}{6}$

(2) 与式$=\sqrt{3+1}\sin(x+\alpha)$

ただし　$\sin\alpha=-\dfrac{1}{2}$，$\cos\alpha=\dfrac{\sqrt{3}}{2}$

よって　$\alpha=-\dfrac{\pi}{6}$

(3)，(4)も同様である。

(5)，(6)はαが特殊な角でないので，ただし書きの表現で表さなければならない。

(7) 与式$=\cos x+\sin x=\sqrt{2}\sin\left(x+\dfrac{\pi}{4}\right)$

(8) 加法定理を使うと

与式$=\sin\dfrac{\pi}{6}\cos x-\cos\dfrac{\pi}{6}\sin x-\cos x$

$=-\dfrac{\sqrt{3}}{2}\sin x-\dfrac{1}{2}\cos x=\sin\left(x+\dfrac{7}{6}\pi\right)$

229

答 (1) 最大値 1 $\left(x=\dfrac{\pi}{6}+2n\pi,\ n\text{ は整数}\right)$

最小値 -1 $\left(x=\dfrac{7}{6}\pi+2n\pi,\ n\text{ は整数}\right)$

(2) 最大値 $\sqrt{3}$ $\left(x=\dfrac{11}{6}\pi+2n\pi,\ n\text{ は整数}\right)$

最小値 $-\sqrt{3}$ $\left(x=\dfrac{5}{6}\pi+2n\pi,\ n\text{ は整数}\right)$

検討 加法定理により

(1) 与式$=\dfrac{1}{2}\sin x+\dfrac{\sqrt{3}}{2}\cos x=\sin\left(x+\dfrac{\pi}{3}\right)$

最大値，最小値を与えるxがわかれば求めておく方が望ましい。

最大値を与えるxは$x=\dfrac{\pi}{6}+2n\pi$（nは整数）

最小値を与えるxは$x=\dfrac{7}{6}\pi+2n\pi$（nは整数）

(2) 与式$=-\dfrac{\sqrt{3}}{2}\sin x+\dfrac{3}{2}\cos x=-\sqrt{3}\sin\left(x-\dfrac{\pi}{3}\right)$

よって，最大値を与えるxは

$x=\dfrac{11}{6}\pi+2n\pi$（nは整数）

最小値を与えるxは$x=\dfrac{5}{6}\pi+2n\pi$（nは整数）

応用問題

本冊 p. 71

230

答 (1) $\sin3\alpha=\sin(2\alpha+\alpha)$

$=\sin2\alpha\cos\alpha+\cos2\alpha\sin\alpha$

$=2\sin\alpha\cos^2\alpha+(1-2\sin^2\alpha)\sin\alpha$

$=2\sin\alpha(1-\sin^2\alpha)+\sin\alpha-2\sin^3\alpha$

$=3\sin\alpha-4\sin^3\alpha$

(2) $\cos3\alpha=\cos(2\alpha+\alpha)$

$=\cos2\alpha\cos\alpha-\sin2\alpha\sin\alpha$

$=(2\cos^2\alpha-1)\cos\alpha-2\sin^2\alpha\cos\alpha$

$=2\cos^3\alpha-\cos\alpha-2(1-\cos^2\alpha)\cos\alpha$

$=4\cos^3\alpha-3\cos\alpha$

(3) $\tan3\alpha=\tan(2\alpha+\alpha)$

$=\dfrac{\tan2\alpha+\tan\alpha}{1-\tan2\alpha\tan\alpha}$

$=\left(\dfrac{2\tan\alpha}{1-\tan^2\alpha}+\tan\alpha\right)\div\left(1-\dfrac{2\tan^2\alpha}{1-\tan^2\alpha}\right)$

$=\dfrac{3\tan\alpha-\tan^3\alpha}{1-\tan^2\alpha}\times\dfrac{1-\tan^2\alpha}{1-3\tan^2\alpha}$

$=\dfrac{3\tan\alpha-\tan^3\alpha}{1-3\tan^2\alpha}$

231

答 左辺$=\dfrac{\sin\theta+(1-\cos\theta)}{\sin\theta+(1+\cos\theta)}$

$$=\frac{2\sin\frac{\theta}{2}\cos\frac{\theta}{2}+2\sin^2\frac{\theta}{2}}{2\sin\frac{\theta}{2}\cos\frac{\theta}{2}+2\cos^2\frac{\theta}{2}}$$

$$=\frac{2\sin\frac{\theta}{2}\left(\cos\frac{\theta}{2}+\sin\frac{\theta}{2}\right)}{2\cos\frac{\theta}{2}\left(\sin\frac{\theta}{2}+\cos\frac{\theta}{2}\right)}$$

$=\tan\dfrac{\theta}{2}=$右辺

232

答 最大値 $8\sqrt{2}$，$AP=BP=4\sqrt{2}$

検討 $\angle BAP=\theta$

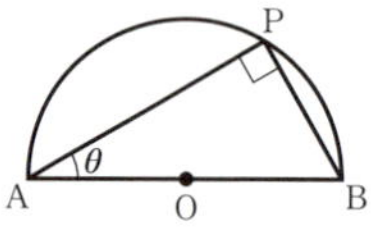

$\left(0<\theta<\dfrac{\pi}{2}\right)$ とおくと

$AP+BP$

$=8\cos\theta+8\sin\theta=8\sqrt{2}\sin\left(\theta+\dfrac{\pi}{4}\right)$

$\theta+\dfrac{\pi}{4}=\dfrac{\pi}{2}$ すなわち $\theta=\dfrac{\pi}{4}$ のとき最大となる。

このとき，$AP=8\cos\dfrac{\pi}{4}$，$BP=8\sin\dfrac{\pi}{4}$

24 累乗根

基本問題 本冊 *p.* 72

233

答 奇関数：(1)，(5)，(7)
偶関数：(3)，(4)，(8)，(9)

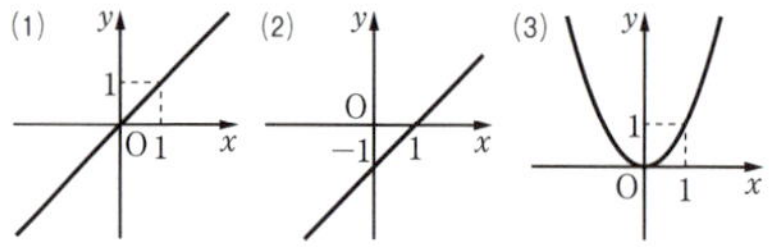

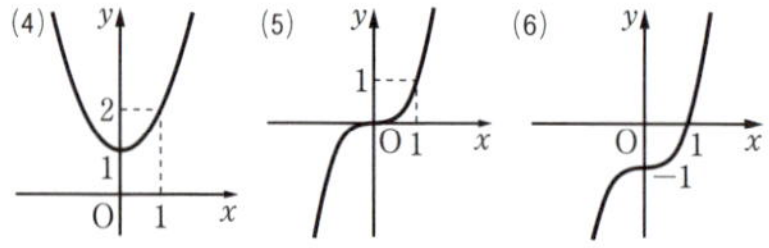

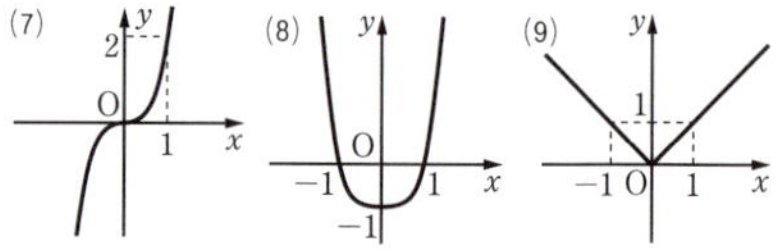

検討 奇関数のグラフは原点対称，偶関数のグラフは y 軸対称である。また，奇関数が $f(-x)=-f(x)$，偶関数が $f(-x)=f(x)$ となることは各自確かめよ。

234

答 奇関数：(1)，偶関数：(2)

検討 奇関数については $f(-x)=-f(x)$，偶関数については $f(-x)=f(x)$ が成り立つかどうかを調べればよい。

235

答 (1) **±4** (2) **−4** (3) **±3** (4) なし

検討 (1) $x^2=16$ $(x-4)(x+4)=0$
よって $x=\pm4$

(2) $x^3=-64$ $(x+4)(x^2-4x+16)=0$
よって $x=-4$

(3) $x^4=81$ $(x-3)(x+3)(x^2+9)=0$
よって $x=\pm3$

(4) $x^4=-81$ $x^4+81=0$
これを満たす実数はない。

236

答 (1) **2** (2) **3** (3) **2** (4) **−2**
(5) **0.1** (6) **3**

検討 (1) $\sqrt[3]{8}=\sqrt[3]{2^3}=2$

(2) $\sqrt{9}=\sqrt{3^2}=3$

(3) $\sqrt[4]{16}=\sqrt[4]{2^4}=2$

(4) $\sqrt[3]{-8}=\sqrt[3]{(-2)^3}=-2$

(5) $\sqrt{0.01}=\sqrt{0.1^2}=0.1$

(6) $\sqrt[4]{81}=\sqrt[4]{3^4}=3$

237

答 (1) **3** (2) **2** (3) **0.1** (4) **3**
(5) **2** (6) **8**

検討 (1) 与式$=\sqrt[3]{27}=\sqrt[3]{3^3}=3$

(2) 与式$=\sqrt[4]{16}=\sqrt[4]{2^4}=2$

(3) 与式$=\sqrt[3]{0.001}=\sqrt[3]{0.1^3}=0.1$

(4) 与式$=\sqrt[4]{81}=\sqrt[4]{3^4}=3$

(5) 与式$=\sqrt[3]{8}=\sqrt[3]{2^3}=2$

(6) 与式$=\sqrt[4]{(2^4)^3}=\sqrt[4]{(2^3)^4}=2^3=8$

25 指数の拡張

基本問題 ………………… 本冊 p. 74

238

答 (1) $\sqrt[5]{2}$　(2) $\sqrt[3]{2^2}$　(3) $\dfrac{1}{\sqrt{2^3}}$

検討 (1) $2^{0.2}=2^{\frac{1}{5}}$　(3) $2^{-\frac{3}{2}}=\dfrac{1}{2^{\frac{3}{2}}}$

239

答 (1) $2^{\frac{1}{2}}$　(2) $2^{\frac{3}{4}}$　(3) $2^{-\frac{2}{3}}$

240

答 (1) 9　(2) $\dfrac{1}{2}$　(3) 5　(4) 8

(5) $\dfrac{1}{3}$　(6) $\dfrac{1}{8}$

検討 (1) $27^{\frac{2}{3}}=(3^3)^{\frac{2}{3}}=3^2$

(2) $4^{-0.5}=4^{-\frac{1}{2}}=(2^2)^{-\frac{1}{2}}=2^{-1}$

(3) $25^{\frac{1}{2}}=(5^2)^{\frac{1}{2}}=5$

(4) $16^{0.75}=16^{\frac{3}{4}}=(2^4)^{\frac{3}{4}}=2^3$

(5) $9^{-\frac{1}{2}}=(3^2)^{-\frac{1}{2}}=3^{-1}$

(6) $(8^{-3})^{\frac{1}{3}}=8^{-1}$

241

答 (1) $a^{\frac{1}{24}}$　(2) $a^{\frac{71}{60}}$　(3) $a^{\frac{4}{3}}$　(4) $a^0\ (=1)$

検討 (1) 与式$=\sqrt[4]{\sqrt[6]{a}}=\sqrt[24]{a}$

(2) 与式$=a^{\frac{4}{3}}\div\sqrt[20]{a^3}=a^{\frac{4}{3}-\frac{3}{20}}$

(3) 与式$=a^{\frac{3}{2}+\frac{1}{3}-\frac{1}{2}}$

(4) 与式$=a^{\frac{5}{6}-\frac{1}{2}-\frac{1}{3}}=a^0=1$

242

答 (1) $a+b$　(2) $a-b$　(3) $a-1$

(4) $a-b^{-1}$　(5) $a^{\frac{1}{2}}+a^{\frac{1}{4}}b^{\frac{1}{4}}+b^{\frac{1}{2}}$

検討 因数分解の公式を思い出してみよう。

(1) 与式$=(a^{\frac{1}{3}})^3+(b^{\frac{1}{3}})^3=a+b$

(2) 与式$=(a^{\frac{1}{3}})^3-(b^{\frac{1}{3}})^3=a-b$

(3) 与式$=\{(a^{\frac{1}{4}})^2-1\}(a^{\frac{1}{2}}+1)$

$=(a^{\frac{1}{2}}-1)(a^{\frac{1}{2}}+1)=a-1$

(4) 与式$=(a^3-b^{-3})\div(a^2+ab^{-1}+b^{-2})$

$=(a-b^{-1})(a^2+ab^{-1}+b^{-2})\div(a^2+ab^{-1}+b^{-2})$

$=a-b^{-1}$

(5) 与式

$=\{(a^{\frac{1}{2}})^2+a^{\frac{1}{2}}b^{\frac{1}{2}}+(b^{\frac{1}{2}})^2\}\div(a^{\frac{1}{2}}-a^{\frac{1}{4}}b^{\frac{1}{4}}+b^{\frac{1}{2}})$

$=\{(a^{\frac{1}{2}}+b^{\frac{1}{2}})^2-a^{\frac{1}{2}}b^{\frac{1}{2}}\}\div(a^{\frac{1}{2}}-a^{\frac{1}{4}}b^{\frac{1}{4}}+b^{\frac{1}{2}})$

$=\{(a^{\frac{1}{2}}+b^{\frac{1}{2}})^2-(a^{\frac{1}{4}}b^{\frac{1}{4}})^2\}\div(a^{\frac{1}{2}}-a^{\frac{1}{4}}b^{\frac{1}{4}}+b^{\frac{1}{2}})$

$=(a^{\frac{1}{2}}+b^{\frac{1}{2}}+a^{\frac{1}{4}}b^{\frac{1}{4}})(a^{\frac{1}{2}}+b^{\frac{1}{2}}-a^{\frac{1}{4}}b^{\frac{1}{4}})$

$\div(a^{\frac{1}{2}}+b^{\frac{1}{2}}-a^{\frac{1}{4}}b^{\frac{1}{4}})$

$=a^{\frac{1}{2}}+b^{\frac{1}{2}}+a^{\frac{1}{4}}b^{\frac{1}{4}}$

テスト対策

〔因数分解の公式の応用〕

$\boldsymbol{a^3+b^3=(a+b)(a^2-ab+b^2)}$

$\boldsymbol{a^2-b^2=(a+b)(a-b)}$

などの公式が，$(a^{\frac{1}{3}})^3+(b^{\frac{1}{3}})^3$，$(a^{\frac{1}{2}})^2-(b^{\frac{1}{2}})^2$ のような場合にも使えるようにしておく。

243

答 1

検討 指数を整理すれば

$$\frac{1}{(a-b)(a-c)}+\frac{1}{(b-c)(b-a)}+\frac{1}{(c-a)(c-b)}$$

$$=\frac{-(b-c)-(c-a)-(a-b)}{(a-b)(b-c)(c-a)}=0$$

したがって　与式$=2^0=1$

応用問題 ………………… 本冊 p. 76

244

答 (1) 7　(2) $\dfrac{2}{5}$

検討 (1) $(a^{\frac{1}{2}}+a^{-\frac{1}{2}})^2=3^2$ より

$a+2a^{\frac{1}{2}}\cdot a^{-\frac{1}{2}}+a^{-1}=9$

$a+2+a^{-1}=9$　　よって　$a+a^{-1}=7$

(2) 分母の値は　$(a+a^{-1})^2=7^2$ より

$a^2+a^{-2}=47$

よって　$a^2+a^{-2}+3=50$

分子の値は

$$a^{\frac{3}{2}}+a^{-\frac{3}{2}}+2=(a^{\frac{1}{2}}+a^{-\frac{1}{2}})(a-1+a^{-1})+2$$
$$=3(7-1)+2=20$$

ゆえに，与式の値は　$\dfrac{20}{50}=\dfrac{2}{5}$

245

答　$\dfrac{31}{5}$

検討　与式$=\dfrac{(a^x-a^{-x})(a^{2x}+a^xa^{-x}+a^{-2x})}{a^x-a^{-x}}$

$$=a^{2x}+1+a^{-2x}=5+1+5^{-1}=\frac{31}{5}$$

246

答　$\dfrac{37}{12}$

検討　与式$=\left(\dfrac{3^{3x}}{3^2}-\dfrac{3}{3^{3x}}\right)\div\left(\dfrac{3^x}{3}-\dfrac{1}{3^x}\right)$

$$=\left\{\frac{(3^x)^3}{9}-\frac{3}{(3^x)^3}\right\}\div\left(\frac{3^x}{3}-\frac{1}{3^x}\right)$$

$$=\left(\frac{8}{9}-\frac{3}{8}\right)\div\left(\frac{2}{3}-\frac{1}{2}\right)=\frac{37}{72}\times6=\frac{37}{12}$$

247

答　198

検討　$(a^{\frac{1}{3}}+a^{-\frac{1}{3}})^3=a+3a^{\frac{1}{3}}+3a^{-\frac{1}{3}}+a^{-1}$ より

$$a+a^{-1}=(a^{\frac{1}{3}}+a^{-\frac{1}{3}})^3-3(a^{\frac{1}{3}}+a^{-\frac{1}{3}})$$
$$=6^3-3\times6=198$$

248

答　$2\sqrt{2}-1$

検討　与式$=\dfrac{(a^x+a^{-x})(a^{2x}-1+a^{-2x})}{a^x+a^{-x}}$

$$=a^{2x}-1+a^{-2x}=1+\sqrt{2}-1+\frac{1}{1+\sqrt{2}}$$

$$=\sqrt{2}+\frac{1}{1+\sqrt{2}}=\sqrt{2}+\sqrt{2}-1=2\sqrt{2}-1$$

26 指数関数

基本問題　本冊 p. 77

249

答　下図

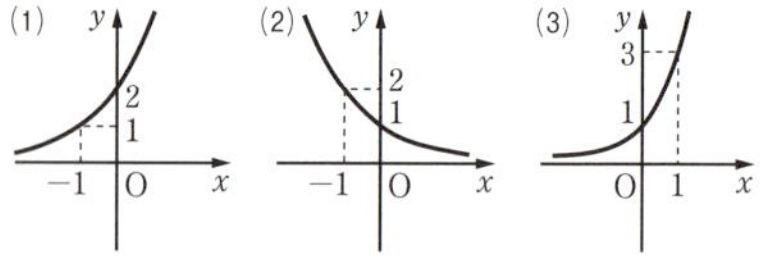

250

答　$y=3^{x-1}-2$

検討　x に $x-1$ を，y に $y+2$ を代入すればよい。

251

答　(1) $y=2^x$ を x 軸の負の方向に 1 だけ平行移動したもの。

(2) x 軸に関して対称移動したもの。

(3) y 軸に関して対称移動したもの。

(4) 原点に関して対称移動したもの。

(5) x 軸の正の方向に 1 だけ平行移動したもの。

(6) 原点に関して対称移動し，さらに x 軸の正の方向に 1 だけ平行移動したもの。

応用問題　本冊 p. 77

252

答　下図

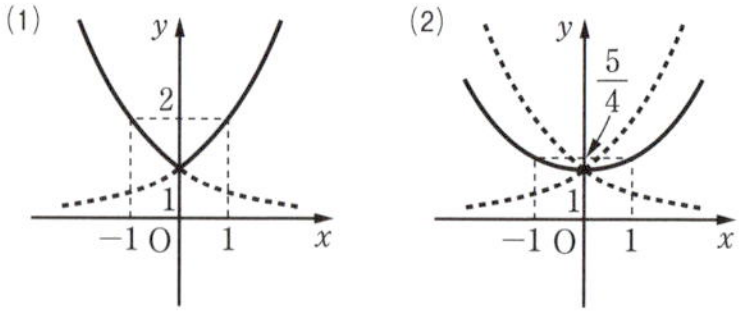

検討 (1) $x\geqq0$ で $y=2^x$，$x<0$ で $y=2^{-x}$ のグラフとなる。

(2) $y=2^x$ のグラフと $y=2^{-x}$ のグラフの x 座標が等しい 2 点の中点をとってつなぐ。

27 指数関数の応用

基本問題
本冊 p. 78

253

答 (1) $\sqrt{4^3}>\sqrt[4]{4^4}>\sqrt[3]{4^2}>\sqrt[5]{4}>\sqrt[3]{4^{-1}}$

(2) $0.2^{-3}>0.2^{-\frac{3}{2}}>0.2^0>0.2^{\frac{1}{3}}>0.2^3$

(3) $\sqrt{14}>\sqrt{12}>\sqrt{5}>\sqrt{3}>\sqrt{2}$

(4) $\sqrt[3]{4}>\sqrt[4]{6}>\sqrt{2}$

検討 (1) 底が 4 であるから指数の大小と同じである。

(2) 底が 0.2 であるから指数の大小と逆になる。

(3) 根号内の大小と同じ。

(4) 2, 3, 4 の最小公倍数により 12 乗根で考える。

$\sqrt{2}=(2^6)^{\frac{1}{12}}$, $\sqrt[3]{4}=(4^4)^{\frac{1}{12}}$, $\sqrt[4]{6}=(6^3)^{\frac{1}{12}}$

であるから 2^6, 4^4, 6^3 の大小と同じ。

254

答 (1) $x=1$　(2) $x=2$　(3) $x=5$

(4) $x=\frac{5}{2}$　(5) $x=\frac{2}{3}$　(6) $x=-3$

(7) $x=-2$　(8) $x=-\frac{4}{3}$　(9) $x=-\frac{7}{8}$

検討 底をそろえて，指数が等しくなるようにする。

(2) $3^x=3^2$ より　$x=2$

(3) $2^x=2^5$ より　$x=5$

(4) $2^{2x}=2^5$ より　$2x=5$　　よって　$x=\frac{5}{2}$

(5) $2^{3x}=2^2$ より　$3x=2$　　よって　$x=\frac{2}{3}$

(6) $5^{-x}=5^3$ より　$-x=3$　　よって　$x=-3$

(7) $(2^{-3})^x=2^6$ より　$-3x=6$

よって　$x=-2$

(8) $(3^3)^x=(3^4)^{-1}$ より　$3x=-4$

よって　$x=-\frac{4}{3}$

(9) $(2^2)^{x+1}=2^{\frac{1}{4}}$ より　$2x+2=\frac{1}{4}$

よって　$x=-\frac{7}{8}$

255

答 (1) $x>4$　(2) $x<\frac{3}{2}$　(3) $x>2$

検討 (1) $2^x>2^4$ より　$x>4$

(2) $3^{2x}<3^3$ より　$2x<3$　よって　$x<\frac{3}{2}$

(3) $0.5^x<0.5^2$

底が 1 より小さいので　$x>2$

256

答 (1) 最大値 2 ($x=1$)，最小値 $\frac{1}{2}$ ($x=-1$)

(2) 最大値 25 ($x=2$)，最小値 1 ($x=0$)

(3) 最大値 2 ($x=-1$)，最小値 $\frac{1}{2}$ ($x=1$)

(4) 最大値 9 ($x=2$)，最小値 $\frac{1}{3}$ ($x=-1$)

検討 与えられた関数のグラフを変域内でかけば明らかである。

応用問題
本冊 p. 79

257

答 $a>1$ のとき　$\sqrt[3]{a^4}>\sqrt{a^2}>\sqrt[4]{a^3}$

$a=1$ のとき　$\sqrt{a^2}=\sqrt[3]{a^4}=\sqrt[4]{a^3}$ $(=1)$

$0<a<1$ のとき　$\sqrt[4]{a^3}>\sqrt{a^2}>\sqrt[3]{a^4}$

検討 底 a によって大小が異なることに注意せよ。

テスト対策

〔指数と数の大小関係〕

$m>n$ のとき，a^m と a^n の大小関係は，**$0<a<1$ ならば $a^m<a^n$** となることに注意すること。

258

答 (1) $x=\frac{1}{2}$　(2) $x=\frac{1}{7}$

(3) $x=1$　(4) $x=-1$　(5) $x=-2$

(6) $x=0$　(7) $x=3$, $y=1$

(8) $x=-9$, $y=-4$

検討 (1) 与式より　$(2^3)^x=2^{x+1}$

ゆえに　$3x=x+1$　よって　$x=\frac{1}{2}$

(2) $\left(\frac{1}{2}\right)^{3x-2}=2^{-(3x-2)}$ より

$2^{-(3x-2)}=2^{4x+1}$　ゆえに　$-(3x-2)=4x+1$

よって　$x=\frac{1}{7}$

(3) $2^x=X$ とおくと　$X^2+X-6=0$

$(X+3)(X-2)=0$

$X>0$ より　$X=2$　$2^x=2$

よって　$x=1$

(4) $3^x=X$ とおくと　$3X^2+2X-1=0$

$(3X-1)(X+1)=0$

$X>0$ より　$X=\frac{1}{3}=3^{-1}$

$3^x=3^{-1}$ より　$x=-1$

(5) $3^x=X$ とおくと　$9X^2+8X-1=0$

$(9X-1)(X+1)=0$

$X>0$ より　$X=\frac{1}{9}=3^{-2}$

$3^x=3^{-2}$ より　$x=-2$

(6) $5^x=X$ とおくと　$X+\frac{1}{X}=2$

$X^2-2X+1=0$　$(X-1)^2=0$

これから $X=1$ で，これは $X>0$ を満たす。

ゆえに　$5^x=1$　よって　$x=0$

(7) $3^x=X$，$3^y=Y$ とおくと

$X-Y=24$，$XY=81$

これから X を消去すると　$Y^2+24Y-81=0$

$(Y+27)(Y-3)=0$　$Y>0$ より　$Y=3$

よって　$X=27$　$3^x=27=3^3$ より　$x=3$

$3^y=3$ より　$y=1$

(8) 第1式より　$3^x=3^{3(y+1)}$　$x=3y+3$

第2式より　$2^{2y}=2^{x+1}$　$2y=x+1$

この2式より求めればよい。

259

答　(1) $x>-3$　(2) $x<\frac{6}{5}$

(3) $x>5$　(4) $0<x<2$　(5) $0<x<2$

検討　(1) 与式より　$2^{-2x}<2^6$　$-2x<6$

よって　$x>-3$

(2) 与式より　$(2^{-3})^{x-4}>(2^2)^{x+3}$

すなわち　$2^{-3(x-4)}>2^{2(x+3)}$

$-3(x-4)>2(x+3)$　$-3x+12>2x+6$

$-5x>-6$　よって　$x<\frac{6}{5}$

(3) 与式より　$(2^{-1})^{2x-6}<2^{-4}$

すなわち　$2^{-(2x-6)}<2^{-4}$

これより　$-(2x-6)<-4$

これを解いて　$x>5$

(4) $(2^x)^2-5\cdot2^x+4<0$

$2^x=X$ とおくと

$X>0$ で　$X^2-5X+4<0$

$(X-1)(X-4)<0$

ゆえに　$1<X<4$　よって　$1<2^x<4$

これより　$0<x<2$

(5) $3^x=X\ (X>0)$ とおくと　$X^2-10X+9<0$

$(X-1)(X-9)<0$　ゆえに　$1<X<9$

よって　$1<3^x<9$　これより　$0<x<2$

260

答　**$0<a<1$ のとき $x<1$**

$a>1$ のとき $x>1$

検討　両辺に a を掛けると，$a>0$ より

$a^{2x}-a\cdot a^x+a^x-a>0$

$a^x=X\ (X>0)$ とおくと

$X^2+(1-a)X-a>0$

$(X+1)(X-a)>0$

$X>0$ より，$X+1>0$ だから

$X-a>0$　ゆえに　$X>a$

すなわち　$a^x>a$

よって，$0<a<1$ のとき $x<1$

$a>1$ のとき $x>1$

261

答　**最大値3（$x=0$）**

検討　$y=-(2^x)^2+2\cdot2^x+2$

$2^x=X\ (X>0)$ とおくと

$y=-X^2+2X+2=-(X-1)^2+3$

だから，$X>0$ で考えれば，$X=1$ のとき

$2^x=1$ すなわち $x=0$ のとき最大値3となる。

（ポイントは $X>0$ である。）

262

答　**最小値 -13 ($x=1$)**

検討　$y=2(3^x)^2-12\cdot3^x+5$

$3^x=X\ (X>0)$ とおくと

$y=2X^2-12X+5=2(X-3)^2-13$

だから，$X>0$ で考えれば，$X=3$ のとき

最小値 -13 となる。このとき　$3^x=3$

すなわち　$x=1$

263

答　**最小値 8 ($x=2$)，最大値なし**

検討　$2^x+2^y=2^x+2^{4-x}=2^x+\dfrac{2^4}{2^x}$

$2^x>0$ より相加平均と相乗平均の関係を用いて

$2^x+\dfrac{2^4}{2^x}\geqq2\sqrt{2^x\cdot\dfrac{2^4}{2^x}}=8$

等号成立は $2^x=\dfrac{2^4}{2^x}$，すなわち $x=2$ のとき

264

答　(1) $\boldsymbol{y=X^2-2X-2,\ X\geqq2}$

(2) **最小値 -2 ($x=0$)，最大値なし**

検討　(1) $4^x+4^{-x}=(2^x)^2+(2^{-x})^2$

$=(2^x+2^{-x})^2-2$

$y=X^2-2-2X=X^2-2X-2=(X-1)^2-3$

$2^x>0,\ 2^{-x}>0$ より相加平均と相乗平均の関係を用いて

$X=2^x+2^{-x}\geqq2\sqrt{2^x\cdot2^{-x}}=2$

(2) グラフを $X\geqq2$ でかけば明らか。

28 対数とその性質

基本問題　本冊 p. 82

265

答　(1) $\log_2 8=3$　(2) $\log_3 1=0$

(3) $\log_{10}0.001=-3$　(4) $\log_2\dfrac{1}{64}=-6$

(5) $\log_4\dfrac{1}{2}=-\dfrac{1}{2}$　(6) $\log_5 125=3$

(7) $2^4=16$　(8) $10^2=100$　(9) $0.5^{-1}=2$

(10) $10^0=1$　(11) $4^{\frac{3}{2}}=8$　(12) $5^{-\frac{1}{2}}=\dfrac{1}{\sqrt{5}}$

検討　$y=\log_a x \Longleftrightarrow x=a^y\ (a>0,\ a\neq1)$

266

答　(1) -2　(2) 3　(3) 2　(4) -1

(5) 4　(6) $\dfrac{1}{3}$　(7) 0　(8) $\dfrac{7}{3}$　(9) $\dfrac{1}{2}$

検討　(1) $x=\log_2 0.25$ より　$2^x=0.25=2^{-2}$

(3) $\log_{\sqrt{3}}3=\log_{\sqrt{3}}(\sqrt{3})^2=2$

(8) $\log_8(8\cdot8\cdot2)=2\log_8 8+\log_8 2$

$=2+\dfrac{1}{3}=\dfrac{7}{3}$

他も同様である。

267

答　(1) $\dfrac{1}{2}$　(2) 2　(3) 1

検討　(1) 与式$=(\log_2 9-\log_4 9)(\log_3 2-\log_9 2)$

$=\left(\dfrac{\log_{10}9}{\log_{10}2}-\dfrac{\log_{10}9}{\log_{10}4}\right)\left(\dfrac{\log_{10}2}{\log_{10}3}-\dfrac{\log_{10}2}{\log_{10}9}\right)$

$=\left(\dfrac{2\log_{10}3}{\log_{10}2}-\dfrac{\log_{10}3}{\log_{10}2}\right)\left(\dfrac{\log_{10}2}{\log_{10}3}-\dfrac{\log_{10}2}{2\log_{10}3}\right)$

$=\dfrac{\log_{10}3}{\log_{10}2}\cdot\dfrac{\log_{10}2}{2\log_{10}3}=\dfrac{1}{2}$

(2) 与式$=\log_{10}\{(5^{\frac{1}{2}})^4\times8^{-\frac{1}{2}}\times(2^{-1})^{-\frac{7}{2}}\}$

$=\log_{10}(5^2\cdot2^{-\frac{3}{2}}\cdot2^{\frac{7}{2}})=\log_{10}(5^2\cdot2^2)$

$=\log_{10}10^2=2$

(3) 与式$=\log_{10}\left\{\left(\dfrac{5}{6}\right)^{\frac{1}{2}}\times\left(\dfrac{15}{2}\right)^{\frac{1}{2}}\times2^2\right\}$

$=\log_{10}\left[\left\{\left(\dfrac{5}{2}\right)^2\right\}^{\frac{1}{2}}\times2^2\right]=\log_{10}10=1$

268

答　(1) 1　(2) 6　(3) $\dfrac{5}{4}$

検討　(1) 底をそろえて

与式$=\dfrac{\log_{10}3}{\log_{10}2}\cdot\dfrac{\log_{10}4}{\log_{10}3}\cdot\dfrac{\log_{10}2}{\log_{10}4}=1$

(2) 与式$=6\log_3 2\cdot\log_2 3=\dfrac{6\log_{10}2}{\log_{10}3}\cdot\dfrac{\log_{10}3}{\log_{10}2}=6$

(3) 与式$=\left(\dfrac{\log_{10}3}{\log_{10}4}+\dfrac{\log_{10}3}{\log_{10}8}\right)\left(\dfrac{\log_{10}2}{\log_{10}3}+\dfrac{\log_{10}2}{\log_{10}9}\right)$

$$=\left(\frac{\log_{10}3}{2\log_{10}2}+\frac{\log_{10}3}{3\log_{10}2}\right)\left(\frac{\log_{10}2}{\log_{10}3}+\frac{\log_{10}2}{2\log_{10}3}\right)$$

$$=\frac{3\log_{10}3+2\log_{10}3}{6\log_{10}2}\times\frac{2\log_{10}2+\log_{10}2}{2\log_{10}3}$$

$$=\frac{5\log_{10}3}{6\log_{10}2}\times\frac{3\log_{10}2}{2\log_{10}3}=\frac{5}{4}$$

269

答 (1) $\boldsymbol{2a}$ (2) $\boldsymbol{a+b}$ (3) $\boldsymbol{2b}$

(4) $\boldsymbol{2a+b}$ (5) $\boldsymbol{1-a}$ (6) $\boldsymbol{\frac{1}{2}(a+b)}$

検討 (1) 与式$=\log_{10}2^2=2\log_{10}2=2a$

(2) 与式$=\log_{10}2\cdot3=\log_{10}2+\log_{10}3=a+b$

(3) 与式$=\log_{10}3^2=2\log_{10}3=2b$

(4) 与式$=\log_{10}4\cdot3=\log_{10}4+\log_{10}3$

$=2\log_{10}2+\log_{10}3=2a+b$

(5) 与式$=\log_{10}\frac{10}{2}=\log_{10}10-\log_{10}2=1-a$

(6) 与式$=\log_{10}6^{\frac{1}{2}}=\frac{1}{2}\log_{10}6=\frac{1}{2}(a+b)$

270

答 $\boldsymbol{\frac{3}{1+m+mn}}$

検討 $\log_3 5=\frac{\log_2 5}{\log_2 3}$ より $n=\frac{\log_2 5}{m}$

よって $\log_2 5=mn$

$$\log_{30}8=\frac{\log_2 8}{\log_2 30}=\frac{\log_2 2^3}{\log_2(2\cdot3\cdot5)}$$

$$=\frac{3\log_2 2}{\log_2 2+\log_2 3+\log_2 5}=\frac{3}{1+m+mn}$$

応用問題 ………………………… 本冊 p. 84

271

答 $\boldsymbol{-\frac{1}{2}}$

検討 $21^x=2.1^y=0.01$ より

$\log_{10}21^x=\log_{10}0.01=\log_{10}10^{-2}$

ゆえに $x\log_{10}21=-2$

同様にして $y\log_{10}2.1=-2$

$$与式=-\frac{\log_{10}21}{2}+\frac{\log_{10}2.1}{2}=\frac{1}{2}\log_{10}\frac{2.1}{21}$$

$$=\frac{1}{2}\log_{10}\frac{1}{10}=\frac{1}{2}\log_{10}10^{-1}$$

$$=-\frac{1}{2}\log_{10}10=-\frac{1}{2}$$

272

答 (1) $\boldsymbol{a:b=(3+\sqrt{5}):2}$

(2) $\boldsymbol{\frac{3+\sqrt{5}}{6}}$

検討 (1) まず，$a>0$，$b>0$，$a>b$ ……①

このとき $\log_{10}(a-b)^2=\log_{10}ab$

$(a-b)^2=ab$ ゆえに $a^2-3ab+b^2=0$

両辺を b^2 で割れば $\left(\frac{a}{b}\right)^2-3\left(\frac{a}{b}\right)+1=0$

$\frac{a}{b}=\frac{3\pm\sqrt{5}}{2}$

ところで①によって $\frac{a}{b}>1$

ゆえに $\frac{a}{b}=\frac{3+\sqrt{5}}{2}$

したがって $a:b=(3+\sqrt{5}):2$

(2) $a=\frac{3+\sqrt{5}}{2}b$ を与式に代入してもよい。または $a^2+b^2=3ab$ より

与式$=\frac{a^2}{3ab}=\frac{1}{3}\cdot\frac{a}{b}=\frac{3+\sqrt{5}}{6}$

273

答 (1) **15 桁** (2) **小数第 15 位**

検討 (1) $x=3^{30}$ とおき，両辺の常用対数をとれば

$\log_{10}x=30\log_{10}3=14.313$

$14<\log_{10}x<15$ すなわち $10^{14}<x<10^{15}$

したがって，3^{30} は 15 桁の整数である。

(2) $x=3^{-30}$ より $\log_{10}x=-30\log_{10}3=-14.313$

$-15<\log_{10}x<-14$

すなわち $10^{-15}<x<10^{-14}$

したがって，3^{-30} は小数第 15 位に初めて 0 でない数が現れる。

テスト対策

x が n 桁の数 $\Longleftrightarrow 10^{n-1}\leqq x<10^n$

$\Longleftrightarrow n-1\leqq\log_{10}x<n$

29 対数関数

基本問題 本冊 p. 85

274

答 下図

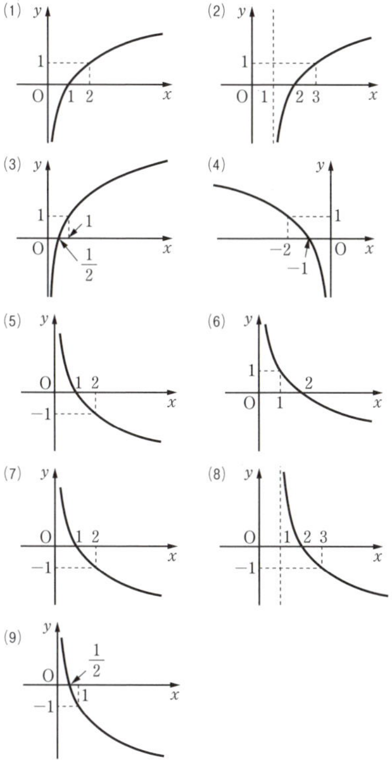

検討 式を変形して，$y=\log_2 x$ をどのように移動したものかを考えればよい。

(2) (1)のグラフを x 軸の正の方向に1だけ平行移動したもの。

(3) $y-1=\log_2 x$ だから(1)のグラフを y 軸の正の方向に1だけ平行移動したもの。

(4) (1)のグラフを y 軸に関して対称移動したもの。

(5) $y=-\log_2 x$ だから(1)のグラフを x 軸に関して対称移動したもの。

(6) $y-1=-\log_2 x$ だから(5)のグラフを y 軸の正の方向に1だけ平行移動したもの。

(7) (5)と同じ。

(8) (7)のグラフを x 軸の正の方向に1だけ平行移動したもの。

(9) $y+1=\log_{\frac{1}{2}} x$ だから(7)のグラフを y 軸の負の方向に1だけ平行移動したもの。

275

答 (1) 直線 $\boldsymbol{y=x}$ に関して対称である。

(2) 原点を中心に正の方向に **90°** 回転したもの。

(3) $\boldsymbol{y}$ 軸に関して対称である。

(4) $\boldsymbol{x}$ 軸に関して対称である。

(5) $\boldsymbol{y}$ 軸の正の方向に **1** だけ平行移動したもの。

(6) $\boldsymbol{x}$ 軸に関して対称である。

検討 式を変形すれば明らかである。(2)はグラフより考える。(6)は(4)と同じである。

> **テスト対策**
>
> 〔対数関数のグラフ〕
>
> 対数関数 $y=\log_a x$ のグラフは，
> **$a>1$ のときは右上がりの曲線**
> **$0<a<1$ のときは右下がりの曲線**
> になることを覚えておくこと。

応用問題 本冊 p. 85

276

答 下図

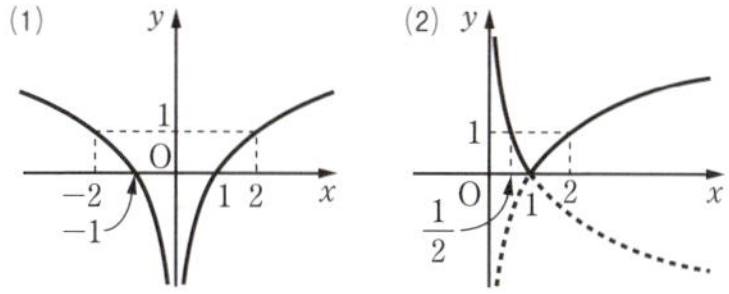

検討 (1) $x>0$ のとき　$y=\log_2 x$
$x<0$ のとき　$y=\log_2(-x)$

(2) $y=|-\log_2 x|$ より $0<x<1$ のとき
$y=-\log_2 x$，$x\geqq 1$ のとき $y=\log_2 x$

30 対数関数の応用

基本問題 本冊 p. 86

277

答 (1) $\boldsymbol{\log_3 20>\log_3 2>\log_3 0.2}$

(2) $\log_{0.3}0.2>\log_{0.3}2>\log_{0.3}20$

(3) $\log_3 5>\log_5 4>\log_2 0.6$

検討 (1)は底が1より大きいこと，(2)は底が1より小さいことからすぐにわかる。

(3) $\log_3 5>\log_3 3=1$，$0<\log_5 4<\log_5 5=1$

$\log_2 0.6<\log_2 1=0$

ゆえに　$\log_2 0.6<0<\log_5 4<1<\log_3 5$

よって　$\log_3 5>\log_5 4>\log_2 0.6$

278

答 (1) $x=256$　(2) $x=\frac{1}{27}$

(3) $x=3$　(4) $x=2$　(5) $x=\pm 10$

(6) $x=-1$　(7) $x=5$　(8) $x=\frac{4}{3}$

(9) $x=6$　(10) $x=7$

検討 (1) $x=2^8=256$

(2) $x=3^{-3}=\frac{1}{27}$

(3) $27=x^3$　　よって　$x=3$

(4) $16=x^4$　$(x+2)(x-2)(x^2+4)=0$

$x>0$ より　$x=2$

(5) $x^2=10^2$　　よって　$x=\pm 10$

(6) $x+3=2$　　よって　$x=-1$

(7) $x-2>0$，$3x-12>0$ でなければならないから　$x>4$　……①

このとき　$x-2=3x-12$　　よって　$x=5$

これは①を満たす。

(8) 与式より　$\log_2 3x=2$　　$3x=2^2$

よって　$x=\frac{4}{3}$

これは真数条件 $x>0$ に適する。

(9) $x+3>0$，$x-5>0$ より　$x>5$　……①

与式より　$\log_3(x+3)(x-5)=2$

$(x+3)(x-5)=3^2$

よって　$(x-6)(x+4)=0$

①より　$x=6$

(10) $x-3>0$，$x-5>0$ より　$x>5$　……①

与式より　$\log_2(x-3)(x-5)=3$

$(x-3)(x-5)=2^3$

よって　$(x-1)(x-7)=0$

①より　$x=7$

279

答 (1) $2<x<6$　(2) $0<x<\frac{1}{8}$

(3) $0<x<\frac{1}{2}$　(4) $\frac{1}{2}<x<2$

(5) $-2\sqrt{2}<x<0$，$0<x<2\sqrt{2}$

(6) $x>3$　(7) $-1<x<4$

検討 真数条件を忘れないように！

(1) $\log_2(x-2)<\log_2 4$ より　$x<6$

また真数条件より　$x>2$　よって　$2<x<6$

(2) $\log_{0.5}2x>\log_{0.5}(0.5)^2$

底が0.5であることに注意して　$2x<(0.5)^2$

$x<\frac{1}{8}$　　また真数条件より　$x>0$

よって　$0<x<\frac{1}{8}$

(3) 真数条件より　$x+1>0$，$-2x+1>0$

よって　$-1<x<\frac{1}{2}$　　……①

与式より　$x+1>-2x+1$

$x>0$　　……②

①，②より　$0<x<\frac{1}{2}$

(4) 底が0.1であるから　$x+1>2x-1$

よって　$x<2$　……①

また，真数条件より　$x+1>0$，$2x-1>0$

よって　$x>\frac{1}{2}$　……②

①，②より　$\frac{1}{2}<x<2$

(5) 真数条件より　$x^2>0$

ゆえに　$x\neq 0$　……①

$\log_2 x^2<\log_2 2^3$ より　$x^2<8$

$(x-\sqrt{8})(x+\sqrt{8})<0$

$-2\sqrt{2}<x<2\sqrt{2}$　……②

①，②より　$-2\sqrt{2}<x<0$，$0<x<2\sqrt{2}$

(6) 真数条件より　$x>0$　……①

$\log_2 x^2>\log_2(2x+3)$

$x^2>2x+3$　$(x-3)(x+1)>0$

$x<-1$，$3<x$　……②

①，②より　$x>3$

(7) 真数条件より　$x>-3$　……①

与式より　$2x+6>x^2-x+2$

$(x-4)(x+1)<0$　$-1<x<4$　……②

①，②より　$-1<x<4$

テスト対策

〔対数と真数の大小関係〕

$0<a<1$ のとき，

$\log_a M<\log_a N \Leftrightarrow M>N$

$a>1$ のとき，

$\log_a M<\log_a N \Leftrightarrow M<N$

応用問題

本冊 p. 87

280

答　(1) **$\log_{0.3}0.2>\log_{30}20>\log_3 2$**

(2) **$x>a^2$ のとき　$(\log_a x)^2>\log_a x^2$**

$x=a^2$ のとき　$(\log_a x)^2=\log_a x^2$

$a<x<a^2$ のとき　$\log_a x^2>(\log_a x)^2$

検討　差をとって符号を調べてみよう。

(1) $\log_{0.3}0.2-\log_{30}20=\dfrac{\log_{10}2-1}{\log_{10}3-1}-\dfrac{\log_{10}2+1}{\log_{10}3+1}$

$=\dfrac{2(\log_{10}2-\log_{10}3)}{(\log_{10}3-1)(\log_{10}3+1)}>0$

$\log_{30}20-\log_3 2=\dfrac{\log_{10}2+1}{\log_{10}3+1}-\dfrac{\log_{10}2}{\log_{10}3}$

$=\dfrac{\log_{10}3-\log_{10}2}{\log_{10}3(\log_{10}3+1)}>0$

よって　$\log_{0.3}0.2>\log_{30}20>\log_3 2$

(2) $1<a<x$ は $a>1$ であるから，a を底とする対数をとると，$1<\log_a x$ となり，差をとって大小を比べればよい。

$P=(\log_a x)^2-\log_a x^2=\log_a x(\log_a x-2)$

ところで　$\log_a x>0$　　また　$2=\log_a a^2$

ゆえに，$x>a^2$ のとき　$P>0$

$x=a^2$ のとき　$P=0$

$a<x<a^2$ のとき　$P<0$

281

答　(1) **最大値 $2\log_{10}3$ ($x=3$)，最小値なし**

(2) **最小値 0 ($x=1$)，最大値なし**

検討　最大，最小は，まず変域を考える！

(1) 真数条件より　$0<x<6$

$y=\log_{10}x(6-x)=\log_{10}\{-(x-3)^2+9\}$

底が 10 だから真数が最大のとき対数も最大となるので，$x=3$ のとき最大となる。最大値は 9 ではなく $\log_{10}9(=2\log_{10}3)$ である。最小値はない。

(2) 真数条件より　$0<x<2$

$y=\log_{\frac{1}{2}}\{-(x-1)^2+1\}$ だから，底が $\dfrac{1}{2}$ より，真数が最大のとき対数は最小となる。

よって，$x=1$ のとき最小となり，最小値 0 $(=\log_{\frac{1}{2}}1)$ である。最大値はない。

282

答　(1) **$x=\dfrac{7}{3}$**　(2) **$x=4$**　(3) **$x=1,\ 3$**

検討　(1) 真数条件より　$x>1$，$x^2-3x+2>0$

よって　$x>2$　……①

$\log_4(x^2-3x+2)+1=\log_4 4(x^2-3x+2)$

$=\dfrac{\log_2 4(x^2-3x+2)}{\log_2 4}=\dfrac{1}{2}\log_2 4(x^2-3x+2)$

$\log_2(x-1)=\dfrac{1}{2}\log_2 4(x^2-3x+2)$

よって　$2\log_2(x-1)=\log_2 4(x^2-3x+2)$

$(x-1)^2=4(x^2-3x+2)$

$(3x-7)(x-1)=0$　$x=1,\ \dfrac{7}{3}$

①より，$x=1$ は不適。

(2) 真数，底の条件より

$x>0$，$x\neq1$　……①

$\log_2 x+\dfrac{\log_2 16}{\log_2 x}=4$ で，$\log_2 x=X$ とおくと

$X+\dfrac{4}{X}=4$　$(X-2)^2=0$　$X=2$

すなわち　$\log_2 x=2$　$x=4$

①より，$x=4$ は適する。

(3) 真数条件より　$x>0$　……①

$\log_9 x^2=\dfrac{\log_3 x^2}{\log_3 9}=\log_3 x$ だから

$(\log_3 x)^2=\log_3 x$ より　$\log_3 x=0,\ 1$

$x=1,\ 3$　これらは①を満たす。

テスト対策

〔対数方程式の解法〕

対数方程式を解くときには，**真数**，**底は正の数**であること，また底は 1 ではないことに注意すること。

283

答 (1) $\boldsymbol{x=\frac{17}{6},\ y=-\frac{1}{6}}$

(2) $\boldsymbol{x=3,\ y=8}$

検討 (1) 第2式より　$x^2-y^2=8$

よって，第1式と連立させて

$x=-3,\ y=-1$

$x=\frac{17}{6},\ y=-\frac{1}{6}$

ところで真数条件より　$x+y>0,\ x-y>0$

だから，$x=-3,\ y=-1$ は不適。

(2) $\log_3 x=X,\ \log_2 y=Y$ とおくと

$X+Y=4$　　……①

$\log_2 x=\frac{\log_3 x}{\log_3 2},\ \log_3 y=\frac{\log_2 y}{\log_2 3}$

$\log_2 3\cdot\log_3 2=1$ より

$\log_2 x\cdot\log_3 y=\log_3 x\cdot\log_2 y$

ゆえに　$XY=3$　……②

①，②より　$(X,\ Y)=(1,\ 3),\ (3,\ 1)$

$\log_3 x=1,\ \log_2 y=3$ より　$x=3,\ y=8$

$\log_3 x=3,\ \log_2 y=1$ より　$x=27,\ y=2$

ところで，$x<y$ より $x=27,\ y=2$ は不適。

284

答 (1) $\boldsymbol{\frac{1}{16}<x<256}$

(2) $\boldsymbol{0<x<1,\ 2<x<4}$　(3) $\boldsymbol{2<x<8}$

検討 (1) 真数条件より　$x>0$　……①

$\log_4 x=X$ とおくと　$X^2-2X-8<0$

$-2<X<4$　ゆえに　$4^{-2}<x<4^4$　……②

①，②より　$\frac{1}{16}<x<256$

(2) 真数，底の条件より

$0<x<1,\ 1<x$　……①

$\log_2 x=X$ とおくと　$X+\frac{2}{X}<3$

両辺に X^2 をかけて　$X(X-1)(X-2)<0$

すなわち　$X<0,\ 1<X<2$

ゆえに　$x<1,\ 2<x<4$　……②

①，②より　$0<x<1,\ 2<x<4$

(3) 真数条件より　$0<x<10$　……①

底をそろえて　$\log_2 x(10-x)>\log_2 16$

$x^2-10x+16<0$　ゆえに　$2<x<8$　……②

①，②より　$2<x<8$

31 関数の極限

基本問題　本冊 p. 89

285

答 (1) **1**　(2) **1**　(3) **3**　(4) **2**　(5) **−1**

(6) **45**　(7) $\boldsymbol{\frac{9}{10}}$　(8) $\boldsymbol{-\frac{1}{2}}$　(9) **2**　(10) **10**

検討 $x\to a$ のときの極限値は $x=a$ を代入してみよう。

286

答 (1) **2**　(2) **−1**

287

答 (1) $\boldsymbol{a^2+ab+b^2-3a-3b}$

(2) $\boldsymbol{-a-b+2}$

検討 (1) $\frac{(b^3-3b^2+5)-(a^3-3a^2+5)}{b-a}$

$=\frac{(b-a)(b^2+ab+a^2)-3(b-a)(b+a)}{b-a}$

$=a^2+ab+b^2-3a-3b$

(2) $\frac{(-b^2+2b-4)-(-a^2+2a-4)}{b-a}$

$=\frac{-(b-a)(b+a)+2(b-a)}{b-a}=-a-b+2$

288

答 **秒速 3 m**

検討 平均の速さ$=\frac{\text{進んだ距離}}{\text{所要時間}}$

$=\frac{(25-15)-(1-3)}{5-1}=3$

289

答 $\boldsymbol{a=-1,\ b=10}$

検討 $x=1$ から $x=2$ までの平均変化率と，$x=2$ から $x=3$ までの平均変化率より

$7a+b=3,\ 19a+b=-9$

これを解いて　$a=-1,\ b=10$

290

答 (1) **2** (2) **2** (3) $\boldsymbol{a}$ (4) **12** (5) $\boldsymbol{c}$

検討 (1) $f'(2)=\lim_{x\to2}\frac{f(x)-f(2)}{x-2}$

$=\lim_{x\to2}\frac{2x+1-5}{x-2}=\lim_{x\to2}\frac{2(x-2)}{x-2}=2$

(2) $f'(1)=\lim_{x\to1}\frac{f(x)-f(1)}{x-1}=\lim_{x\to1}\frac{x^2+1-2}{x-1}$

$=\lim_{x\to1}\frac{x^2-1}{x-1}=\lim_{x\to1}(x+1)=2$

(3)～(5)も同様である。

テスト対策

〔微分係数の求め方〕

$f(x)$ の $x=a$ における微分係数は，$f'(x)$ を求めて $x=a$ を代入すればよいが，この問題のように定義にあてはめて求める方法も使えるようにしておくこと。

291

答 (1) $\boldsymbol{f'(-1)=0,\ f'(1)=0}$

(2) $\boldsymbol{f'(-1)=3,\ f'(1)=3}$

(3) $\boldsymbol{f'(-1)=-2,\ f'(1)=-2}$

(4) $\boldsymbol{f'(-1)=0,\ f'(1)=4}$

(5) $\boldsymbol{f'(-1)=3,\ f'(1)=7}$

(6) $\boldsymbol{f'(-1)=3,\ f'(1)=3}$

検討 計算は単純だが，定義にしたがって求めておこう。

(1) $f'(-1)=\lim_{h\to0}\frac{f(-1+h)-f(-1)}{h}=\lim_{h\to0}\frac{1-1}{h}$

$=0$

同様に，$f'(1)=0$

(2) $f'(-1)=\lim_{h\to0}\frac{f(-1+h)-f(-1)}{h}$

$=\lim_{h\to0}\frac{3(-1+h)+3}{h}=3$

同様に，$f'(1)=3$

292

答 **12**

検討 $f'(1)=\lim_{h\to0}\frac{\{(1+h)+1\}^3-(1+1)^3}{h}$

$=\lim_{h\to0}(12+6h+h^2)=12$

応用問題 本冊 p. 91

293

答 (1) $\boldsymbol{4f'(a)}$ (2) $\boldsymbol{-f'(a)}$ (3) $\boldsymbol{f(a)f'(a)}$

検討 (1) 与式

$=\lim_{h\to0}\left\{\frac{f(a+2h)-f(a)}{2h}+\frac{f(a-2h)-f(a)}{-2h}\right\}$

$\times2$

$=\{f'(a)+f'(a)\}\times2=4f'(a)$

(2) 与式$=\lim_{h\to0}\left\{\frac{f(a-2h)-f(a)}{-2h}\times(-2)\right.$

$\left.+\frac{f(a-h)-f(a)}{-h}\right\}$

$=-2f'(a)+f'(a)=-f'(a)$

(3) (与式)

$=\lim_{h\to0}\frac{\{f(a+2h)-f(a-2h)\}\{f(a+2h)+f(a-2h)\}}{8h}$

$=\lim_{h\to0}\left[\frac{\{f(a+2h)-f(a)\}-\{f(a-2h)-f(a)\}}{2h}\right.$

$\left.\times\frac{1}{4}\times\{f(a+2h)+f(a-2h)\}\right]$

$=2f'(a)\times\frac{1}{4}\times2f(a)=f(a)f'(a)$

32 導関数

基本問題 本冊 p. 92

294

答 (1) $\boldsymbol{y'=2}$ (2) $\boldsymbol{y'=6x}$ (3) $\boldsymbol{y'=-6x}$

(4) $\boldsymbol{y'=2x-2}$ (5) $\boldsymbol{y'=3x^2+2}$

(6) $\boldsymbol{y'=6x^2-6x}$

検討 (1) $y'=\lim_{h\to0}\frac{2(x+h)+1-(2x+1)}{h}$

$=\lim_{h\to0}\frac{2h}{h}=2$

(2)～(6)も同様である。

295

答 (1) $\boldsymbol{y'=3\sqrt{2}x^2}$ (2) $\boldsymbol{y'=-4x}$

(3) $\boldsymbol{y'=-9x^2}$ (4) $\boldsymbol{y'=-4+10x}$

(5) $\boldsymbol{y'=4-6x+3x^2}$ (6) $\boldsymbol{y'=9x^2-8x-1}$

(7) $\boldsymbol{y'=8x^3-4x}$

検討 $y=x^n$ $(n=1,\ 2,\ \cdots)$ のとき，

$y'=nx^{n-1}$ となることを使えばよい。

296

答 (1) **0** (2) **2** (3) **2** (4) **−24**

検討 (1) $y'=-2x+2$ に $x=1$ を代入。
(2) $y'=3x^2-1$ に $x=-1$ を代入。
(3) $y'=2x-2$ に $x=2$ を代入。
(4) $y'=-6x^2$ に $x=-2$ を代入。

297

答 (1) $\dfrac{dS}{dr}=2\pi r$ (2) $\dfrac{dS}{d\theta}=ar^2$
(3) $\dfrac{dV}{dr}=2a\pi hr$ (4) $\dfrac{dx}{dt}=a(5v+14t)$

検討 〔 〕内の文字について微分することに注意せよ。

298

答 $a=3$, $b=-2$, $c=-3$

検討 $f'(x)=2ax+b$, $f'(0)=-2$ より
$b=-2$ ……①
$f'(1)=4$ より $2a+b=4$ ……②
また, $f(-1)=2$ より $a-b+c=2$ ……③
①, ②, ③より $a=3$, $b=-2$, $c=-3$

299

答 $a=1$, $b=2$, $c=1$

検討 $g(0)=1$ より $c=1$ ……①
$g'(x)=2ax+b$ だから,
$g'(1)=g(1)$ より $2a+b=a+b+c$ ……②
$g'(-1)=g(-1)$ より
$-2a+b=a-b+c$ ……③
①, ②, ③より $a=1$, $b=2$, $c=1$

応用問題

本冊 p. 94

300

答 (1) $y'=4x+1$ (2) $y'=3x^2-6x$
(3) $y'=6x^2-4x+1$ (4) $y'=6x^2-6x$
(5) $y'=9x^2-26x+13$ (6) $y'=6x^2-6x+1$
(7) $y'=3x^2-2x-2$ (8) $y'=3x^2-4x-5$

検討 (1) $y'=1\cdot(2x-1)+(x+1)\cdot 2=4x+1$
(2)～(6)も(1)と同じようにすればよい。
(7) $y'=\{x(x+1)\}'(x-2)+\{x(x+1)\}(x-2)'$
$=\{1\cdot(x+1)+x\cdot 1\}(x-2)+x(x+1)\cdot 1$
$=3x^2-2x-2$
(8)も(7)と同じようにすればよい。

301

答 (1) **27** (2) **−6** (3) **11**

検討 (1) $y'=6x^2+2x-1$ に $x=2$ を代入すれば 27 となる。
(2) $y'=3x^2+8x-1$ に $x=-1$ を代入。
(3) $y'=12x^2-1$ に $x=-1$ を代入。

302

答 $6x-4$

検討 $f(x)=x^3+2x^2-x$ …① とおくと,
$f(x)=(x-1)^2g(x)+px+q$ …② とおける。
上式を x について微分すると
$f'(x)=3x^2+4x-1$ ……③
また, $y=F(x)G(x)$ のとき,
$y'=F'(x)G(x)+F(x)G'(x)$ より
$f'(x)=2(x-1)g(x)+(x-1)^2g'(x)+p$ …④
①, ②より $f(1)=2=p+q$
③, ④より $f'(1)=6=p$
よって $p=6$, $q=-4$
したがって, 余りは $6x-4$

303

答 **$f(x)$ を $(x-a)^2$ で割ったときの商を $g(x)$, 余りを $px+q$ とする。**
$f(x)=(x-a)^2g(x)+px+q$ ……①
$f'(x)=2(x-a)g(x)+(x-a)^2g'(x)+p$
$=(x-a)\{2g(x)+(x-a)g'(x)\}+p$ ……②
必要条件：$f(x)$ が $(x-a)^2$ で割り切れると仮定すれば, ①より $p=0$, $q=0$
したがって $f(a)=0$ かつ $f'(a)=0$
十分条件：次に, $f(a)=0$ かつ $f'(a)=0$ と仮定すれば, ①より $pa+q=0$, ②より $p=0$
よって $p=0$, $q=0$
これを①に代入すれば, $f(x)$ は $(x-a)^2$ で割り切れることがわかる。

304

答 $a=-7,\ b=11$

検討 $f'(x)=3ax^2+2bx-1$
$f(1)=0,\ f'(1)=0$ より
$a+b-4=0,\ 3a+2b-1=0$
よって　$a=-7,\ b=11$

305

答 (1) $y'=9(3x-4)^2$
(2) $y'=6(x-2)(x^2-4x-3)^2$
(3) $y'=8x(3x^2-2)(x^2-2)$
(4) $y'=3(3x^2+4x-1)(x^3+2x^2-x+1)^2$

検討 例題研究の公式を利用すればよい。

33 接線

基本問題 本冊 p. 97

306

答 (1) $y=2x-2$　(2) $y=6x+7$
(3) $y=6x-7$　(4) $y=-2x-1$

検討 (1)まず，点 $(1,\ 0)$ における接線の傾きを求めると，$f'(x)=2x$ より　$f'(1)=2$
よって，傾き 2，通る点 $(1,\ 0)$ の直線が求めるものである。
ゆえに　$y=2(x-1)=2x-2$
(2)～(4)も同様である。

307

答 (1) $y=4x$　(2) $y=-6x+8$
(3) $y=-8x+12$　(4) $y=3x+2$

検討 曲線上の点における接線の方程式を求めるのであるから，まず接点の座標を求め，次にその点における接線の傾きを求めればよい。
(1) 接点は $(2,\ 8)$，接線の傾きは 4 である。
よって　$y-8=4(x-2)$　ゆえに　$y=4x$
(2)～(4)も同様である。

308

答 (1) $(1,\ -1)$，$y=-3x+2$
(2) $(0,\ 1)$，$y=1$，$(2,\ -3)$，$y=-3$
(3) $0<x<2$

検討 (1) 求める点の座標を $(a,\ a^3-3a^2+1)$ とすれば，$y'=3x^2-6x$ より
$3a^2-6a=-3$　$(a-1)^2=0$　$a=1$
ゆえに，座標は　$(1,\ -1)$
接線の方程式は　$y+1=-3(x-1)$
よって　$y=-3x+2$
(2) 接線が x 軸に平行であるとは傾き 0 のことであるから　$3a^2-6a=0$　ゆえに　$a=0,\ 2$
よって，座標は $(0,\ 1)$，$(2,\ -3)$，接線の方程式は $y=1$，$y=-3$ となる。
(3) 条件より　$3a^2-6a<0$　$a(a-2)<0$
よって　$0<a<2$
すなわち　$0<x<2$

309

答 (1) $\theta=45°$　(2) $\theta=150°$

検討 接線の傾きを m とすると　$m=\tan\theta$
(1) $m=1$ より　$\tan\theta=1$
(2) $m=-\dfrac{1}{\sqrt{3}}$ より　$\tan\theta=-\dfrac{1}{\sqrt{3}}$

310

答 (1) $y=4x$
(2) $y=2x-1,\ y=2x-\dfrac{59}{27}$
(3) $y=-2x+1,\ y=-2x+\dfrac{31}{27}$

検討 (1) 接点の x 座標を a とすれば
$2(a+1)=4$　$a=1$
よって，接点は $(1,\ 4)$ であるから
$y-4=4(x-1)$　ゆえに　$y=4x$
(2) 同様にして　$3a^2+2a+1=2$　$a=-1,\ \dfrac{1}{3}$
よって，接点は $(-1,\ -3)$，$\left(\dfrac{1}{3},\ -\dfrac{41}{27}\right)$ であるから，接線の方程式は
$y=2x-1,\ y=2x-\dfrac{59}{27}$
(3) $2x+y-2=0$ に平行であるから，傾きは -2 である。
すなわち　$3a^2-4a-1=-2$　$a=1,\ \dfrac{1}{3}$

よって，接点は $(1,\ -1)$，$\left(\frac{1}{3},\ \frac{13}{27}\right)$ であるから，接線の方程式は

$y=-2x+1$，$y=-2x+\frac{31}{27}$

311

答 (1) $\boldsymbol{y=4}$，$\boldsymbol{y=-9x-14}$
(2) $\boldsymbol{y=2x}$ (3) $\boldsymbol{y=3x+2}$

検討 (1) 接点を $(a,\ -a^3+3a+2)$ とすると，その点における接線の傾きは $-3a^2+3$

よって，接線の方程式は

$y-(-a^3+3a+2)=(-3a^2+3)(x-a)$ …①

これが点 $(-2,\ 4)$ を通ることから

$4-(-a^3+3a+2)=(-3a^2+3)(-2-a)$

$(a-1)(a+2)^2=0$ よって $a=1,\ -2$

①より，$a=1$ のとき $y=4$

$a=-2$ のとき $y=-9x-14$

(2) 同様にして，接点を $(a,\ -3a^2+2a)$ とすると，その点における接線の傾きは $-6a+2$

よって，接線の方程式は

$y-(-3a^2+2a)=(-6a+2)(x-a)$ ……①

これが原点を通ることから

$-(-3a^2+2a)=-a(-6a+2)$ $3a^2=0$

よって $a=0$

この値を①に代入して $y=2x$

(3) 接点を $(a,\ a^3)$ とすると，接線の方程式は

$y-a^3=3a^2(x-a)$ ……①

これが点 $(1,\ 5)$ を通ることから

$5-a^3=3a^2-3a^3$

$(a+1)(2a^2-5a+5)=0$ よって $a=-1$

この値を①に代入して $y=3x+2$

応用問題

本冊 p. 98

312

答 $\boldsymbol{a=-1}$，$\boldsymbol{y=2x+1}$

検討 $f(x)=x^3+ax+3$ とおくと

$f'(x)=3x^2+a$

$x=x_1$ における接線の方程式は

$y=(3x_1{}^2+a)x-2x_1{}^3+3$ ……①

$g(x)=x^2+2$ とおくと $g'(x)=2x$

$x=x_1$ における接線の方程式は

$y=2x_1x-x_1{}^2+2$ ……②

①，②が一致するためには

$3x_1{}^2+a=2x_1$ ……③

$-2x_1{}^3+3=-x_1{}^2+2$ ……④

④より $(x_1-1)(2x_1{}^2+x_1+1)=0$

よって $x_1=1$

このとき，③より $a=-1$

②より，共通な接線の方程式は $y=2x+1$

313

答 $\boldsymbol{a=-\frac{1}{3}}$，$\boldsymbol{b=1}$，$\boldsymbol{c=1}$，$\boldsymbol{d=1}$

検討 $y=f(x)=ax^3+bx^2+cx+d$ ……①

$y'=f'(x)=3ax^2+2bx+c$

$\mathrm{A}(0,\ 1)$ における接線の傾きが 1 だから

$f'(0)=c=1$

また，①が $\mathrm{A}(0,\ 1)$ を通るので $f(0)=d=1$

よって $f(x)=ax^3+bx^2+x+1$

$\mathrm{B}(3,\ 4)$ についても同様にして

$3a+b=0$ ……② $9a+2b=-1$ ……③

②，③より $a=-\frac{1}{3}$，$b=1$

314

答 $\boldsymbol{(2,\ -18)}$

検討 $y'=3x^2-12x-1$ より，

点 $(a,\ a^3-6a^2-a)$ における接線の傾きは

$m=3a^2-12a-1$ であるから

$m=3(a-2)^2-13$

よって，$a=2$ のとき最小となる。

ゆえに $(2,\ -18)$

315

答 $\boldsymbol{y=28x^3}$ $(\boldsymbol{x\neq 0})$

検討 $\mathrm{A}(x_1,\ x_1{}^3)$ とすれば，A における接線の方程式は $y-x_1{}^3=3x_1{}^2(x-x_1)$

$y=3x_1{}^2x-2x_1{}^3$ ……①

与式を $y=x^3$ ……②

とすれば，交点の x 座標は，①，②より，

$x^3-3x_1{}^2x+2x_1{}^3=0$ の解。

$(x-x_1)^2(x+2x_1)=0$

よって，$x_1 \neq 0$ のとき　$B(-2x_1,\ -8x_1{}^3)$
AB の中点を $P(x,\ y)$ とすれば

$x=-\dfrac{x_1}{2}$，$y=-\dfrac{7}{2}x_1{}^3$

この2式より x_1 を消去して，x，y の関係式を求めると　$y=28x^3$

316

答　(1) $\boldsymbol{x=1}$　(2) $\boldsymbol{y=-\dfrac{1}{4}x-\dfrac{5}{2}}$

検討　まず，与えられた点における接線の傾きを求め，次に法線の傾きを求めればよい。

(1) $y'=2-2x$ だから，$(1,\ 1)$ における接線の傾きは0
よって，求める法線は y 軸に平行となる。
したがって　$x=1$

(2) $y'=3x^2-4x$ だから，$(2,\ -3)$ における接線の傾きは　4

法線の傾きは $-\dfrac{1}{4}$ となるので

$y+3=-\dfrac{1}{4}(x-2)$　　よって　$y=-\dfrac{1}{4}x-\dfrac{5}{2}$

テスト対策

〔法線の方程式〕
法線は接線に直交する直線である。したがって，法線の方程式を求めるときは，まず接線の傾きを求めること。

34 関数の増減・極値とグラフ

基本問題　本冊 p.100

317

答　(1) $\boldsymbol{x>\dfrac{3}{2}}$ **のとき増加，** $\boldsymbol{x<\dfrac{3}{2}}$ **のとき減少**

(2) **すべての実数値で増加**

(3) $\boldsymbol{x<-1}$，$\boldsymbol{1<x}$ **のとき増加**
$\boldsymbol{-1<x<1}$ **のとき減少**

(4) $\boldsymbol{x<\dfrac{-2-2\sqrt{7}}{3}}$，$\boldsymbol{\dfrac{-2+2\sqrt{7}}{3}<x}$ **のとき増加**

$\boldsymbol{\dfrac{-2-2\sqrt{7}}{3}<x<\dfrac{-2+2\sqrt{7}}{3}}$ **のとき減少**

(5) $\boldsymbol{x<0}$，$\boldsymbol{4<x}$ **のとき増加**
$\boldsymbol{0<x<4}$ **のとき減少**

(6) $\boldsymbol{\dfrac{1-\sqrt{33}}{4}<x<\dfrac{1+\sqrt{33}}{4}}$ **のとき増加**

$\boldsymbol{x<\dfrac{1-\sqrt{33}}{4}}$，$\boldsymbol{\dfrac{1+\sqrt{33}}{4}<x}$ **のとき減少**

検討　$y=f(x)$ は，$f'(x)>0$ の範囲で増加，$f'(x)<0$ の範囲で減少となる。

318

答　$\boldsymbol{a \leqq -3}$

検討　$f'(x)=3x^2-6x-a \geqq 0$ となるためには，$f'(x)=0$ の判別式 D が負または0であればよいので

$\dfrac{D}{4}=9+3a \leqq 0$　　よって　$a \leqq -3$

319

答　(1) **極小値 1**（$\boldsymbol{x=2}$）

(2) **極大値 −2**（$\boldsymbol{x=1}$）

(3) **極大値 3**（$\boldsymbol{x=0}$），**極小値 −1**（$\boldsymbol{x=2}$）

(4) **極大値 27**（$\boldsymbol{x=3}$），**極小値 −5**（$\boldsymbol{x=-1}$）

(5) **極大値** $\boldsymbol{32\sqrt{2}-1}$（$\boldsymbol{x=-2\sqrt{2}}$），
極小値 $\boldsymbol{-32\sqrt{2}-1}$（$\boldsymbol{x=2\sqrt{2}}$）

(6) **極大値** $\boldsymbol{-\dfrac{22}{27}}$ $\boldsymbol{\left(x=\dfrac{4}{3}\right)}$，**極小値 −2**（$\boldsymbol{x=0}$）

(7) **極値なし**

(8) **極大値 4**（$\boldsymbol{x=1}$），**極小値 0**（$\boldsymbol{x=3}$）

(9) **極大値 2**（$\boldsymbol{x=1}$），**極小値 1**（$\boldsymbol{x=2}$）

(10) **極大値 128**（$\boldsymbol{x=4}$），**極小値 0**（$\boldsymbol{x=0}$）

検討　(1) $y'=2x-4$
$x<2$ のとき $y'<0$，$x>2$ のとき $y'>0$
よって，$x=2$ のとき極小で，極小値は1

(7) $y'=3x^2-6x+3=3(x-1)^2 \geqq 0$
$x=1$ の前後で符号は変化しないので，極値はない。

320

答　(1) $\boldsymbol{x<\dfrac{2}{3}}$，$\boldsymbol{2<x}$ **のとき増加**

$\boldsymbol{\dfrac{2}{3}<x<2}$ **のとき減少**

極大値 $\boldsymbol{\dfrac{32}{27}}$ $\boldsymbol{\left(x=\dfrac{2}{3}\right)}$，**極小値 0**（$\boldsymbol{x=2}$）

(2) **$0<x<2$ のとき増加**
$x<0$，$2<x$ のとき減少
極大値 1（$x=2$），極小値 -3（$x=0$）
(3) **単調増加**
(4) **$-1<x<0$，$1<x$ のとき増加**
$x<-1$，$0<x<1$ のとき減少
極大値 -2（$x=0$），極小値 -3（$x=-1$，1）
グラフは下図

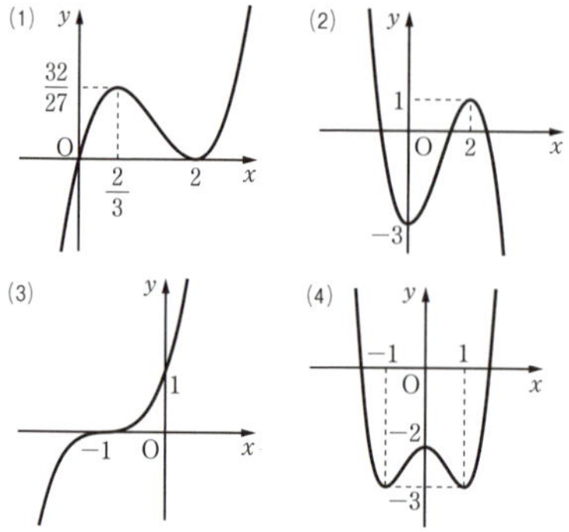

321

答 (1) **最大値 5（$x=-1$），**
最小値 $-\dfrac{15}{2}$ $\left(x=\dfrac{3}{2}\right)$
(2) **最大値 $6\sqrt{3}$（$x=-\sqrt{3}$），**
最小値 $-6\sqrt{3}$（$x=\sqrt{3}$）

検討 (1) $y'=4x-6=0$ より　$x=\dfrac{3}{2}$

$x=\dfrac{3}{2}$ の前後で y' の符号が $-$ から $+$ に変わるので，$x=\dfrac{3}{2}$ のとき極小かつ最小で，その値は $-\dfrac{15}{2}$

最大値は，$x=-1$，$x=2$ のときの値を比べて 5

(2) $y'=3x^2-9=3(x+\sqrt{3})(x-\sqrt{3})$
$x=\pm\sqrt{3}$，±3 のときの値を比べて，
最大値は　$x=-\sqrt{3}$ のとき $6\sqrt{3}$
最小値は　$x=\sqrt{3}$ のとき $-6\sqrt{3}$

322

答 (1) **$x=2$ で最大値 10，$x=1$ で最小値 -3**
(2) **最大値なし，$x=1$ で最小値 -3**

検討 (1) $y'=12x^2-6x-6=6(x-1)(2x+1)$

ゆえに，y は $x=-\dfrac{1}{2}$ で極大値をとり，$x=1$ で極小値をとる。

増減表は次のようになる。

x	-1	…	$-\dfrac{1}{2}$	…	1	…	2
y'		$+$	0	$-$	0	$+$	
y	1	↗	$\dfrac{15}{4}$	↘	-3	↗	10

よって，最大値は $x=2$ のとき 10，
最小値は $x=1$ のとき -3 となる。
(2)は $x \neq 2$ だから，y の値は 10 にいくらでも近づくが，決して 10 にならない。したがって，最大値はない。

応用問題 ……………… 本冊 p. 102

323

答 **$a=-3$，$b=4$，極小値 2**

検討 $y'=3x^2+a=0$ の 2 つの解が $x=\pm1$ だから　$3+a=0$
ゆえに　$a=-3$
$x=-1$ のとき極大値 6 より　$-1-a+b=6$
ゆえに　$b=4$
このとき，$y=x^3-3x+4$ で，極小値は $x=1$ を代入して　$y=2$

324

答 **$a<-3$，$3<a$**

検討 $y'=3x^2+2ax+3$
y が極値をもつ条件は，$y'=0$ が異なる 2 つの実数解をもつことであるから，
($y'=0$ の判別式)>0 より　$a^2-9>0$
よって　$a<-3$，$3<a$

テスト対策

3 次関数 $y=f(x)$ が**極値をもつ**ならば，2 次方程式 $f'(x)=0$ の判別式 $\boldsymbol{D>0}$

極値をもたない(単調増加または単調減少)ならば $\boldsymbol{D\leqq 0}$

325

答 $\boldsymbol{a=2}$，$\boldsymbol{b=1}$，$\boldsymbol{c=1}$

グラフは右図

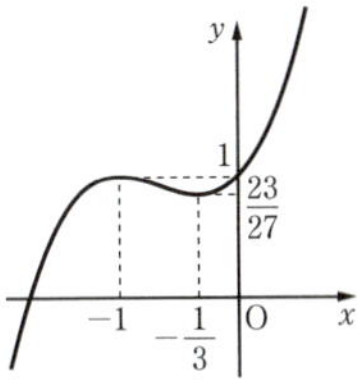

検討 $y'=3x^2+2ax+b$

$x=0$ で $y=1$ より

$c=1$

$x=-1$ で $y'=0$，$x=0$ で $y'=1$ より

$3-2a+b=0$，$b=1$

よって　$a=2$

326

答 **$\boldsymbol{0<a<2}$ のとき，最大値 $\boldsymbol{\frac{1}{4}}$**

$\boldsymbol{a\geqq 2}$ のとき，最大値 $\boldsymbol{\frac{1}{a}-\frac{1}{a^2}}$

検討 $y'=-\dfrac{2}{a^2}\left(x-\dfrac{a}{2}\right)$

$0<a<2$，$a\geqq 2$ のときに分け，$0\leqq x\leqq 1$ での増減表を作ればよい。

$0<a<2$ のときの増減表から，

x	0	…	$\frac{a}{2}$	…	1
y'		+	0	−	
y	0	↗	$\frac{1}{4}$	↘	$\frac{1}{a}-\frac{1}{a^2}$

$x=\dfrac{a}{2}$ のとき最大で，最大値は $\dfrac{1}{4}$ である。

$a\geqq 2$ のときの増減表から，$x=1$ のとき最大で，最大値は $\dfrac{1}{a}-\dfrac{1}{a^2}$ である。

x	0	…	1
y'		+	
y	0	↗	$\frac{1}{a}-\frac{1}{a^2}$

327

答 **$1:\sqrt{2}$**

検討 直円柱の高さを x，底面の半径を y とすれば，直円柱の体積 V は　$V=\pi y^2x$　……①

また　$\left(\dfrac{x}{2}\right)^2+y^2=r^2$　……②

①，②より　$V=-\dfrac{\pi}{4}x(x^2-4r^2)\ (0<x<2r)$

$\dfrac{dV}{dx}=-\dfrac{3\pi}{4}\left(x+\dfrac{2}{\sqrt{3}}r\right)\left(x-\dfrac{2}{\sqrt{3}}r\right)$

$0<x<2r$ の範囲で増減を調べると，$x=\dfrac{2}{\sqrt{3}}r$ のとき最大となる。

$y>0$ であるから，②より　$y=\sqrt{\dfrac{2}{3}}r$

よって　$x:2y=\dfrac{2}{\sqrt{3}}:2\sqrt{\dfrac{2}{3}}=1:\sqrt{2}$

328

答 $\boldsymbol{\dfrac{a}{6}}$

検討 切り取る正方形の 1 辺の長さを x とし，箱の容積を V とすれば

$V=x(a-2x)^2\ \left(0<x<\dfrac{a}{2}\right)$

$\dfrac{dV}{dx}=12x^2-8ax+a^2=12\left(x-\dfrac{a}{2}\right)\left(x-\dfrac{a}{6}\right)$

$0<x<\dfrac{a}{2}$ の範囲で増減を調べると，$x=\dfrac{a}{6}$ のとき最大となる。

35 方程式・不等式への応用

基本問題 本冊 p. 104

329

答 (1) **1 個**　(2) **2 個**　(3) **3 個**　(4) **1 個**

検討 $y=f(x)$ のグラフをかき，x 軸との共有点の個数を求めればよい。

330

答 (1) **$\boldsymbol{a>-1}$ のとき 1 個，$\boldsymbol{a=-1}$ のとき 2 個，$\boldsymbol{-5<a<-1}$ のとき 3 個，$\boldsymbol{a=-5}$ のとき 2 個，$\boldsymbol{a<-5}$ のとき 1 個**

(2) **$\boldsymbol{a>5}$ のとき 1 個，$\boldsymbol{a=5}$ のとき 2 個，$\boldsymbol{-27<a<5}$ のとき 3 個，$\boldsymbol{a=-27}$ のとき 2 個，$\boldsymbol{a<-27}$ のとき 1 個**

(3) $a>\frac{2\sqrt{3}}{9}$ のとき1個，$a=\frac{2\sqrt{3}}{9}$ のとき2個，
$-\frac{2\sqrt{3}}{9}<a<\frac{2\sqrt{3}}{9}$ のとき3個，$a=-\frac{2\sqrt{3}}{9}$ のとき2個，$a<-\frac{2\sqrt{3}}{9}$ のとき1個

(4) $a>\frac{44}{27}$ のとき1個，$a=\frac{44}{27}$ のとき2個，
$-3<a<\frac{44}{27}$ のとき3個，$a=-3$ のとき2個，$a<-3$ のとき1個

検討 (1) 与式より　$-x^3+3x^2-5=a$
$y=-x^3+3x^2-5$ と $y=a$ の共有点の個数を調べる。
$y'=-3x^2+6x=-3x(x-2)$
増減表は右のようになるので，共有点の個数は

x	…	0	…	2	…
y'	−	0	+	0	−
y	↘	−5	↗	−1	↘

$a>-1$ のとき1個，$a=-1$ のとき2個，
$-5<a<-1$ のとき3個，
$a=-5$ のとき2個，$a<-5$ のとき1個

(2) $x^3-3x^2-9x=a$ より，$y=x^3-3x^2-9x$ と $y=a$ の共有点の個数を調べる。

(3) $-x^3+x=a$ より，$y=-x^3+x$ と $y=a$ の共有点の個数を調べる。

(4) $-2x^3-x^2+4x=a$ より，$y=-2x^3-x^2+4x$ と $y=a$ の共有点の個数を調べる。

331

答 $-5<a<-4$

検討 与式より　$-2x^3+9x^2-12x=a$
$f(x)=-2x^3+9x^2-12x$ とおくと，
$f'(x)=-6(x-1)(x-2)$ より，
極大値 -4 $(x=2)$，極小値 -5 $(x=1)$ だから，直線 $y=a$ が $y=f(x)$ のグラフと3つの共有点をもつためには，$-5<a<-4$ であればよい。

332

答 $6-\frac{14\sqrt{21}}{9}<a<6+\frac{14\sqrt{21}}{9}$

検討 $f(x)=(x-1)(x-2)(x+3)$ とおけば
$f'(x)=3x^2-7$
$f'(x)=0$ より　$x=\pm\frac{\sqrt{21}}{3}$
よって，$f(x)$ の極小値は
$f\left(\frac{\sqrt{21}}{3}\right)=\frac{21\sqrt{21}}{27}-\frac{7\sqrt{21}}{3}+6=6-\frac{14\sqrt{21}}{9}$
$f(x)$ の極大値は
$f\left(-\frac{\sqrt{21}}{3}\right)=-\frac{21\sqrt{21}}{27}+\frac{7\sqrt{21}}{3}+6$
$=6+\frac{14\sqrt{21}}{9}$
したがって，$f(x)=a$ が異なる3つの実数解をもつ条件は
$6-\frac{14\sqrt{21}}{9}<a<6+\frac{14\sqrt{21}}{9}$

333

答 (1) $f(x)=x^3-3x^2+4$ とおくと
$f'(x)=3x^2-6x=3x(x-2)$
$f'(x)=0$ となるのは，$x=0,\ 2$ のとき。
$x\geqq 0$ における増減表は次のようになる。

x	0	…	2	…
$f'(x)$		−	0	+
$f(x)$	4	↘	極小 0	↗

ゆえに，$x\geqq 0$ の範囲で，$f(x)$ は，$x=2$ のとき極小値かつ最小値0をとる。
したがって，$x\geqq 0$ のとき　$f(x)\geqq 0$
よって，$x\geqq 0$ のとき　$x^3-3x^2+4\geqq 0$
ただし，等号成立は $x=2$ のときである。

(2) $f(x)=x^3-3x+2$ とおくと
$f'(x)=3x^2-3=3(x+1)(x-1)$
$f'(x)=0$ となるのは，$x=-1,\ 1$ のとき。
$x\geqq 1$ における増減表は次のようになる。

x	1	…
$f'(x)$		+
$f(x)$	0	↗

ゆえに，$x\geqq 1$ の範囲で，$f(x)$ は，$x=1$ のとき最小値0をとる。
したがって，$x\geqq 1$ のとき $f(x)\geqq 0$ だから
$x^3-3x+2\geqq 0$
よって，$x\geqq 1$ のとき　$x^3+2\geqq 3x$
ただし，等号成立は $x=1$ のときである。

応用問題 ･･････････････････ 本冊 p. 105

334

答 $\frac{3-\sqrt{29}}{2}<a<-1,\ 4<a<\frac{3+\sqrt{29}}{2}$

検討　$2x^3-9x^2+12x=a^2-3a$ と変形して，
$y=2x^3-9x^2+12x$ のグラフをかく。極大値 5，極小値 4 となるから，与えられた方程式が異なる 3 つの実数解をもつ条件は
$4<a^2-3a<5$
$a^2-3a-4>0$ より　$a<-1,\ 4<a$
$a^2-3a-5<0$ より　$\dfrac{3-\sqrt{29}}{2}<a<\dfrac{3+\sqrt{29}}{2}$
よって　$\dfrac{3-\sqrt{29}}{2}<a<-1,\ 4<a<\dfrac{3+\sqrt{29}}{2}$

335

答　**1 個**

検討　$f'(x)=6x^2-2ax-b=0$ の解が 1，2 であるから，$f'(1)=0$，$f'(2)=0$ より
$a=9,\ b=-12$
よって　$f(x)=2x^3-9x^2+12x-6$
$f(1)<0$，$f(2)<0$ より，$y=f(x)$ のグラフと x 軸との共有点の個数は 1 個である。

336

答　(1) 右図
(2) $\boldsymbol{0<a<\dfrac{4}{27}}$

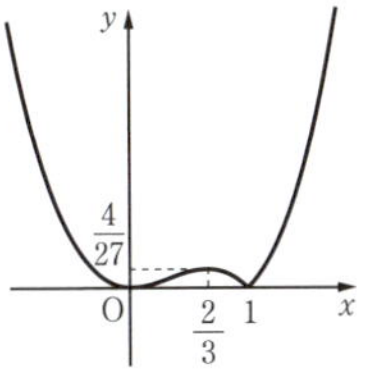

検討　(1) $x\geqq1$ のとき
$y=x^2(x-1)$，$x<1$ のとき $y=-x^2(x-1)$ のグラフをかく。
(2)は(1)のグラフよりわかる。

337

答　$\boldsymbol{f(x)=8x^3-6x+\sqrt{2}}$ とおくと
$\boldsymbol{f'(x)=24x^2-6=6(2x+1)(2x-1)}$
$\boldsymbol{f'(x)=0}$ を満たす $\boldsymbol{x}$ は $\boldsymbol{-\dfrac{1}{2}}$ と $\boldsymbol{\dfrac{1}{2}}$ であるから，$\boldsymbol{f(x)}$ の増減表は次のようになる。

x	-1	$\cdots$	$-\frac{1}{2}$	$\cdots$	$\frac{1}{2}$	$\cdots$	1
$f'(x)$		$+$	0	$-$	0	$+$	
$f(x)$		↗		↘		↗	

ここで，
$\boldsymbol{f(-1)=-2+\sqrt{2}<0}$,
$\boldsymbol{f\left(-\dfrac{1}{2}\right)=2+\sqrt{2}>0}$,
$\boldsymbol{f\left(\dfrac{1}{2}\right)=-2+\sqrt{2}<0}$,
$\boldsymbol{f(1)=2+\sqrt{2}>0}$ であるから，$\boldsymbol{y=f(x)}$ のグラフは，右の図のように，

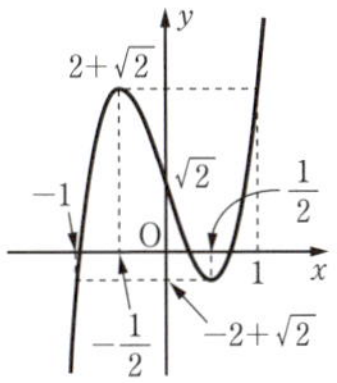

−1 と **1** の間で，$\boldsymbol{x}$ 軸と **3** つの共有点をもつ。
したがって，$\boldsymbol{8x^3-6x+\sqrt{2}=0}$ は，**−1** と **1** の間に異なる **3** つの実数解をもつ。

338

答　(1) $\boldsymbol{x=0}$ のとき極大値 $\boldsymbol{4a}$，$\boldsymbol{x=2a}$ のとき極小値 $\boldsymbol{4a-4a^3}$
(2) $\boldsymbol{a>1}$

検討　(1) $f'(x)=3x^2-6ax=3x(x-2a)$
$a>0$ であるから，増減表は次のようになる。

x	$\cdots$	0	$\cdots$	$2a$	$\cdots$
$f'(x)$	$+$	0	$-$	0	$+$
$f(x)$	↗		↘		↗

これより，
極大値は $f(0)=4a$,
極小値は $f(2a)=(2a)^3-3a(2a)^2+4a$
$=4a-4a^3$
(2) $f(x)=0$ が異なる 3 つの実数解をもつ条件は　$f(0)>0$，$f(2a)<0$
よって　$4a>0$，$4a-4a^3<0$
これを解いて　$a>1$

339

答　$\boldsymbol{a^2+b^2+c^2=0}$ すなわち $\boldsymbol{a=b=c=0}$ のとき，$\boldsymbol{x^3=0}$ となり **3** 重解をもつ。
$\boldsymbol{a^2+b^2+c^2\neq0}$ のとき，
$\boldsymbol{f(x)=x^3-(a^2+b^2+c^2)x+2abc}$ とおくと
$\boldsymbol{f'(x)=3x^2-(a^2+b^2+c^2)}$
これより，$\boldsymbol{f'(x)=0}$ の解は
$$\boldsymbol{x=\pm\sqrt{\frac{a^2+b^2+c^2}{3}}}$$
ここで，$\boldsymbol{\sqrt{\dfrac{a^2+b^2+c^2}{3}}=\alpha}$ とおくと
$\boldsymbol{a^2+b^2+c^2=3\alpha^2}$
$\boldsymbol{f(x)}$ の増減表を作ると，次のようになる。

x	$\cdots$	$-\alpha$	$\cdots$	α	$\cdots$
$f'(x)$	$+$	0	$-$	0	$+$
$f(x)$	↗	極大	↘	極小	↗

よって，極大値は $f(-\alpha)$，極小値は $f(\alpha)$ となる。

$f(\alpha)=\alpha^3-(a^2+b^2+c^2)\alpha+2abc$
$\quad=\alpha^3-3\alpha^3+2abc=2abc-2\alpha^3$

$f(-\alpha)=-\alpha^3+(a^2+b^2+c^2)\alpha+2abc$
$\quad=-\alpha^3+3\alpha^3+2abc=2abc+2\alpha^3$

ここで

$f(\alpha)f(-\alpha)$
$=(2abc-2\alpha^3)(2abc+2\alpha^3)$
$=4a^2b^2c^2-4\alpha^6$
$=\dfrac{4}{27}\{27a^2b^2c^2-(a^2+b^2+c^2)^3\}$

$a^2\geqq 0$，$b^2\geqq 0$，$c^2\geqq 0$ だから，相加平均・相乗平均の関係より

$$\frac{a^2+b^2+c^2}{3}\geqq\sqrt[3]{a^2b^2c^2}$$

よって　$27a^2b^2c^2\leqq(a^2+b^2+c^2)^3$

したがって　$f(\alpha)f(-\alpha)\leqq 0$

3次関数において，極大値と極小値の積が負または0であるから，そのグラフは x 軸と3点で交わる(接する場合も含む)。

ゆえに，$x^3-(a^2+b^2+c^2)x+2abc=0$ は，3つの実数解(重解を含む)をもつ。

検討　この問題では，重解を2つの解，3重解を3つの解として数えている。

340

答　$f(x)=x^n-1-n(x-1)$ とおく。

$f'(x)=n(x^{n-1}-1)$

$x\geqq 0$ における増減表は右のようになり，$x=1$ のとき極小かつ最小である。

x	0	$\cdots$	1	$\cdots$
$f'(x)$		$-$	0	$+$
$f(x)$	$n-1$	↘	極小 0	↗

$f(1)=0$ より，$f(x)$ の最小値は 0

よって　$f(x)\geqq 0$

ゆえに，$x\geqq 0$ のとき　$x^n-1\geqq n(x-1)$

(等号成立は $x=1$ のとき)

テスト対策

〔不等式の証明〕

不等式 $A\geqq B$ を証明するには，$A-B\geqq 0$ をいえばよい。とくに，A，B が x の関数ならば，($A-B$ の最小値)$\geqq 0$ をいえばよい。

341

答　$\dfrac{19}{12}\leqq a\leqq\dfrac{3\sqrt[3]{2}}{2}$

検討　$f(x)=x^3-ax+1$ より　$f'(x)=3x^2-a$

・$a\leqq 0$ のとき，$f'(x)\geqq 0$ で単調増加。

したがって，最小値は $f\left(-\dfrac{3}{2}\right)$ となる。

$f\left(-\dfrac{3}{2}\right)\geqq 0$ を解くと，$a\geqq\dfrac{19}{12}$ となり，$a\leqq 0$ と矛盾し，不適。

・$a>0$ のとき，$f'(x)=0$ より，

$x=-\sqrt{\dfrac{a}{3}}$ で極大値，$x=\sqrt{\dfrac{a}{3}}$ で極小値をとる。

したがって，区間の端で $f\left(-\dfrac{3}{2}\right)\geqq 0$

かつ極小値 $f\left(\sqrt{\dfrac{a}{3}}\right)\geqq 0$ より求めればよい。

$f\left(-\dfrac{3}{2}\right)\geqq 0$ より　$a\geqq\dfrac{19}{12}$

$f\left(\sqrt{\dfrac{a}{3}}\right)\geqq 0$ より　$a^3\leqq\dfrac{27}{4}$　$a\leqq\dfrac{3}{\sqrt[3]{4}}=\dfrac{3\sqrt[3]{2}}{2}$

よって　$\dfrac{19}{12}\leqq a\leqq\dfrac{3\sqrt[3]{2}}{2}$

342

答　$a<-2$

検討　与式を $4x^3-3x^2-6x+3>a$ と考えるとき，$f(x)=4x^3-3x^2-6x+3$ とおくと

$f'(x)=12x^2-6x-6=6(2x+1)(x-1)$

$-1<x<2$ における増減表とグラフは次のようになる。

x	-1	$\cdots$	$-\frac{1}{2}$	$\cdots$	1	$\cdots$	2
$f'(x)$		$+$	0	$-$	0	$+$	
$f(x)$	2	↗	極大 $\frac{19}{4}$	↘	極小 -2	↗	11

グラフより，$f(x)$ は，
$x=1$ のとき極小値かつ最小値 -2 をとる。
したがって，a はこの値より小さければよい。
よって　$a<-2$

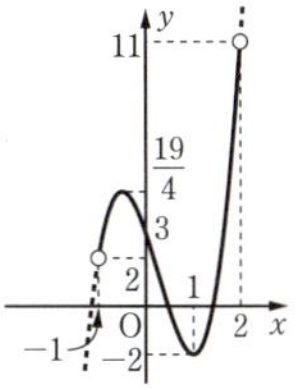

343

答　$a>16$

検討　$f(x)=x^3-12x+a$ とおくと
$f'(x)=3x^2-12=3(x-2)(x+2)$
$f'(x)=0$ となるのは，$x=2$，-2 のとき。
$x>0$ における増減表は次のようになる。

x	0	$\cdots$	2	$\cdots$
$f'(x)$		$-$	0	$+$
$f(x)$		↘	極小 $a-16$	↗

ゆえに，$x>0$ の範囲で，$f(x)$ は，$x=2$ のとき極小値かつ最小値 $a-16$ をとる。
したがって，$x>0$ のとき，$f(x) \geqq a-16$ より，$a-16>0$ であればよい。
よって　$a>16$

36 不定積分と定積分

基本問題

本冊 p. 108

344

答　C を積分定数とする。

(1) $\frac{4}{3}x^3+C$　(2) $\frac{1}{3}x^3-x+C$

(3) x^3+x^2+x+C　(4) $\frac{1}{3}x^3+\frac{1}{2}x^2+C$

(5) $\frac{2}{3}x^3-\frac{5}{2}x^2+C$　(6) $\frac{1}{4}x^4-\frac{1}{2}x^2-x+C$

検討　よく積分定数を忘れるので注意しよう。

345

答　C を積分定数とする。

(1) $\frac{1}{3}x^3+C$　(2) $3x+C$　(3) x^2+C

(4) $\frac{1}{3}x^3-x^2+3x+C$　(5) $\frac{1}{3}x^3+x^2+x+C$

(6) $-\frac{1}{4}x^4+2x^3-x+C$

(7) $\frac{1}{5}t^5-\frac{5}{2}t^2+2t+C$　(8) $2x^3-\frac{1}{2}x^2-x+C$

(9) $\frac{1}{4}x^4-x+C$　(10) $\frac{4}{3}y^3-\frac{1}{2}y^2-y+C$

(11) $\frac{1}{4}y^4+y+C$

検討　(5)は，$\frac{1}{3}(x+1)^3+C$ でもよい。

テスト対策

〔$(ax+b)^n$ の積分〕
1次式の n 乗の積分については

$$\int(ax+b)^n dx=\frac{1}{a(n+1)}(ax+b)^{n+1}+C$$

を使ってもよい。忘れた場合には，
$(ax+b)^n$ を展開してから積分すればよい。

346

答　C を積分定数とする。

(1) $\frac{1}{6}(2x-1)^3+C$　(2) $-\frac{1}{8}(-2x+1)^4+C$

(3) $\frac{1}{5}(x-2)^5+C$　(4) $-\frac{1}{12}(4-3x)^4+C$

347

答　(1) $f(x)=x^2-3x+1$

(2) $f(x)=\frac{1}{3}x^3-x+\frac{8}{3}$

(3) $f(x)=\frac{5}{3}x^3+\frac{3}{2}x^2-\frac{13}{6}$

(4) $f(x)=\frac{2}{3}x^3+\frac{1}{2}x^2-x+2$

検討　(1) $f'(x)=2x-3$ より
$f(x)=x^2-3x+C$
また，$f(0)=1$ より C が定まる。この種の問題では C を定めることを忘れないこと。
(2)～(4)も同様である。

348

答　$y=-\frac{1}{2}x^2+x-\frac{3}{2}$

検討　求める曲線を $y=f(x)$ とすれば，題意

より，$f'(x)=-x+1$ だから

$f(x)=-\frac{1}{2}x^2+x+C$

これが点 (1, −1) を通るので　$C=-\frac{3}{2}$

349

答 (1) $\mathbf{\frac{40}{3}}$ (2) $\mathbf{-\frac{3}{4}}$ (3) **3** (4) $\mathbf{\frac{27}{2}}$

検討 (1) 与式$=\int_2^4(2x^2-5x+3)dx$

$=\left[\frac{2}{3}x^3-\frac{5}{2}x^2+3x\right]_2^4$

$=\frac{2}{3}(4^3-2^3)-\frac{5}{2}(4^2-2^2)+3(4-2)=\frac{40}{3}$

(2)～(4)も同様にすればよい。

350

答 (1) $\mathbf{\frac{9}{2}}$ (2) $\mathbf{-\frac{16}{3}}$ (3) $\mathbf{\frac{2}{3}a(2a^2-9)}$ (4) **0**

検討 (1) 与式$=\int_{-2}^1(4x-x^2+4x^2-x)dx$

$=\int_{-2}^1(3x^2+3x)dx=\left[x^3+\frac{3}{2}x^2\right]_{-2}^1=\frac{9}{2}$

(2) 与式$=2\int_0^1(x^2-3)dx=2\left[\frac{x^3}{3}-3x\right]_0^1=-\frac{16}{3}$

(3) 与式$=2\int_0^a(2x^2-3)dx=2\left[\frac{2}{3}x^3-3x\right]_0^a$

$=\frac{2}{3}a(2a^2-9)$

(4) 与式$=\int_{-2}^2\{(x-1)^2-(x+1)^2\}dx$

$=\int_{-2}^2(-4x)dx=0$

テスト対策

〔偶関数，奇関数の積分〕

上端と下端の数の絶対値が等しく，符号が異なるときは，次の公式を利用すると計算がかなり楽になる。

$\int_{-a}^a$**(偶関数)**$dx=2\int_0^a$**(偶関数)**dx

$\int_{-a}^a$**(奇関数)**$dx=0$

351

答 (1) $\mathbf{-\frac{9}{2}}$ (2) **46** (3) **6** (4) **−22**

検討 (1) 与式$=\int_{-1}^2\{(x+1)^2-3(x+1)\}dx$

$=\left[\frac{1}{3}(x+1)^3\right]_{-1}^2-\left[\frac{3}{2}(x+1)^2\right]_{-1}^2=-\frac{9}{2}$

(2), (3)も同様にすればよい。

(4) 与式$=-\int_0^2\{(3x-1)^2+2(3x-1)\}dx$

$=-\left[\frac{1}{9}(3x-1)^3\right]_0^2-\left[\frac{1}{3}(3x-1)^2\right]_0^2=-22$

352

答 (1) **1** (2) $\mathbf{\frac{50}{3}}$

検討 (1) 与式$=\int_0^1(-x+1)dx+\int_1^2(x-1)dx$

$=\left[-\frac{x^2}{2}+x\right]_0^1+\left[\frac{x^2}{2}-x\right]_1^2=1$

(2) 与式$=\int_1^3(x^2+2x)dx=\left[\frac{x^3}{3}+x^2\right]_1^3=\frac{50}{3}$

353

答 $\int_a^b(x-a)(x-b)dx$

$=\int_a^b(x-a)\{(x-a)-(b-a)\}dx$

$=\int_a^b\{(x-a)^2-(b-a)(x-a)\}dx$

$=\left[\frac{(x-a)^3}{3}\right]_a^b-(b-a)\left[\frac{(x-a)^2}{2}\right]_a^b$

$=\frac{(b-a)^3}{3}-\frac{(b-a)^3}{2}=-\frac{1}{6}(b-a)^3$

354

答 (1) $\mathbf{-\frac{9}{2}}$ (2) $\mathbf{-\frac{9}{8}}$ (3) **309** (4) $\mathbf{-4\sqrt{3}}$

検討 (1), (2), (4)は，公式 $\int_a^b(x-a)(x-b)dx$

$=-\frac{1}{6}(b-a)^3$ を使って解くことにする。

(1) 与式$=-\frac{1}{6}(5-2)^3=-\frac{9}{2}$

(2) 与式$=2\int_{-\frac{1}{2}}^1\left(x+\frac{1}{2}\right)(x-1)dx$

$=-2\times\frac{1}{6}\left(1+\frac{1}{2}\right)^3=-\frac{9}{8}$

(3) 与式$=\left[\frac{1}{6}(2x+5)^3\right]_1^4=309$

(4) $x^2-2x-2=\{x-(1-\sqrt{3})\}\{x-(1+\sqrt{3})\}$ だから

与式$=-\frac{1}{6}\{(1+\sqrt{3})-(1-\sqrt{3})\}^3=-4\sqrt{3}$

応用問題 本冊 p. 111

355

答 (1) $\boldsymbol{y=x^3-1,\ \frac{dy}{dx}=3x^2}$

(2) $\boldsymbol{y=9-3x,\ \frac{dy}{dx}=-3}$

(3) $\boldsymbol{y=-x^3+2x^2-1,\ \frac{dy}{dx}=-3x^2+4x}$

検討 与えられた式をよく見て，何について積分するのかを確認せよ。

356

答 $\boldsymbol{f(x)=6x-5,\ a=\frac{2}{3},\ 1}$

検討 $f(x)=\frac{d}{dx}\int_a^x f(t)dt$ だから

$f(x)=\frac{d}{dx}(3x^2-5x+2)=6x-5$

次に，$\int_a^a f(t)dt=0$ だから，与式に $x=a$ を代入すると

$\int_a^a f(t)dt=3a^2-5a+2=0$

ゆえに　$(3a-2)(a-1)=0$

よって　$a=\frac{2}{3},\ 1$

テスト対策

〔微分と積分の関係〕

$\boldsymbol{\int_a^x f(t)dt}$ **は** $\boldsymbol{x}$ **の関数で，** x について微分すると，$f(x)$ になることに注意する。

357

答 $\boldsymbol{f(x)=x^2-\frac{2}{3}x+\frac{2}{3}}$

検討 定積分は定数だから，

$\int_0^1 f(t)dt=C$ とおくと　$f(x)=x^2-Cx+C$

ゆえに　$\int_0^1(t^2-Ct+C)dt=\left[\frac{t^3}{3}-\frac{C}{2}t^2+Ct\right]_0^1$

$=\frac{1}{3}-\frac{C}{2}+C=\frac{1}{3}+\frac{C}{2}$

したがって　$\frac{1}{3}+\frac{C}{2}=C$　ゆえに　$C=\frac{2}{3}$

よって　$f(x)=x^2-\frac{2}{3}x+\frac{2}{3}$

358

答 $\boldsymbol{f(x)=x^2-x+\frac{1}{6}}$

検討 $\int_0^1 tf'(t)dt=A$ とおくと，

$f(x)=x^2-x+A$ だから　$f'(x)=2x-1$

$A=\int_0^1 t(2t-1)dt=\frac{1}{6}$

よって　$f(x)=x^2-x+\frac{1}{6}$

37 定積分と面積

基本問題 本冊 p. 112

359

答 (1) $\boldsymbol{\frac{35}{3}}$　(2) **21**　(3) $\boldsymbol{\frac{22}{3}}$

検討 (1) $S=\int_{-3}^2 x^2dx=\frac{35}{3}$

(2) $S=\int_1^4 x^2dx=21$

(3) $S=\int_1^3 x(4-x)dx=\frac{22}{3}$

360

答 (1) $\boldsymbol{\frac{9}{2}}$　(2) $\boldsymbol{\frac{4}{3}}$　(3) $\boldsymbol{\frac{1}{6}}$　(4) $\boldsymbol{\frac{9}{2}}$　(5) $\boldsymbol{\frac{1}{2}}$

(6) **8**

検討 (1) $S=-\int_{-2}^1(x^2+x-2)dx=\frac{9}{2}$

(2) $S=-\int_1^3(x-1)(x-3)dx=\frac{4}{3}$

(3) $S=-\int_{-1}^0(x+x^2)dx=\frac{1}{6}$

(4) $S=\int_{-1}^{2}(x+1)(2-x)dx=\dfrac{9}{2}$

(5) $S=\int_{-1}^{0}(x^3-x)dx-\int_{0}^{1}(x^3-x)dx=\dfrac{1}{2}$

(6) $S=\int_{0}^{2}x(x-2)(x-4)dx$

$-\int_{2}^{4}x(x-2)(x-4)dx$

$=8$

361

答 (1) $\dfrac{9}{2}$ (2) $4\sqrt{3}$ (3) $\dfrac{1}{6}$ (4) $\dfrac{32}{3}$

検討 (1) $S=-\int_{-2}^{1}(y^2+y-2)dy=\dfrac{9}{2}$

(2) $S=2\int_{0}^{\sqrt{3}}(3-y^2)dy=4\sqrt{3}$

(3) $S=-\int_{1}^{2}(y^2-3y+2)dy=\dfrac{1}{6}$

(4) $S=\int_{-1}^{3}(3+2y-y^2)dy=\dfrac{32}{3}$

362

答 $\dfrac{4}{3}$

検討 $S=\int_{0}^{2}\dfrac{1}{2}y^2dy=\dfrac{4}{3}$

363

答 $\dfrac{26}{3}$

検討 $S=\int_{1}^{3}y^2dy=\dfrac{26}{3}$

364

答 (1) $\dfrac{32}{3}$ (2) $\dfrac{125}{6}$

検討 (1) $S=\int_{-1}^{3}\{(-x^2+4x)-(2x-3)\}dx$

$=\int_{-1}^{3}\{-(x^2-2x-3)\}dx$

$=-\int_{-1}^{3}(x+1)(x-3)dx$

$=\dfrac{1}{6}(3+1)^3=\dfrac{32}{3}$

(2) $S=\int_{0}^{5}\{(3x+2)-(x^2-2x+2)\}dx$

$=\int_{0}^{5}\{-(x^2-5x)\}dx=-\int_{0}^{5}x(x-5)dx$

$=\dfrac{5^3}{6}=\dfrac{125}{6}$

テスト対策

放物線と直線とでかこまれた部分の面積は，$\int_{\alpha}^{b}(x-a)(x-b)dx=-\dfrac{1}{6}(b-a)^3$ を利用。

365

答 (1) $\dfrac{9}{2}$ (2) $\dfrac{28\sqrt{7}}{3}$ (3) $\dfrac{4}{3}$ (4) 4 (5) 9

検討 面積を求める問題は，まず与えられた関数のグラフをかけ。

(1) $S=\int_{-1}^{2}\{(x+2)-x^2\}dx=\dfrac{9}{2}$

(2) $S=\int_{2-\sqrt{7}}^{2+\sqrt{7}}\{(x+5)-(x^2-3x+2)\}dx=\dfrac{28\sqrt{7}}{3}$

(3) $S=\int_{0}^{2}\{x-(x^3-2x^2+x)\}dx=\dfrac{4}{3}$

(4) $S=\int_{-1}^{1}\{(-x^2+2x)-(2x^2+2x-3)\}dx=4$

(5) $S=\int_{1}^{4}\{(-x^2+4x-5)-(x^2-6x+3)\}dx=9$

366

答 $\dfrac{1}{6}(\beta-\alpha)^3$

検討 $S=\int_{\alpha}^{\beta}[-x^2-\{-(\alpha+\beta)x+\alpha\beta\}]dx$

$=\left[-\dfrac{x^3}{3}+\dfrac{\alpha+\beta}{2}x^2-\alpha\beta x\right]_{\alpha}^{\beta}$

$=-\dfrac{1}{3}(\beta^3-\alpha^3)+\dfrac{\alpha+\beta}{2}(\beta^2-\alpha^2)-\alpha\beta(\beta-\alpha)$

$=\dfrac{1}{6}(\beta-\alpha)^3$

367

答 $\dfrac{\pi}{2}-\dfrac{1}{3}$

検討 与式を満たす領域は右図の影の部分で，その面積は，半径1の半円の面積から，放物線

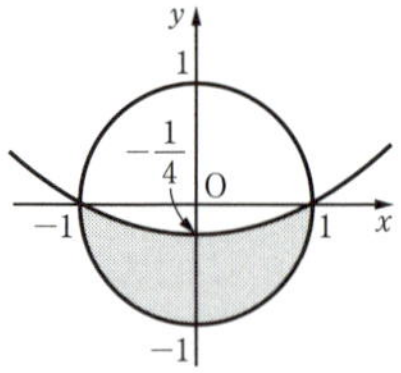

$y=\frac{1}{4}(x^2-1)$ と x 軸とでかこまれた部分の面積を引いたものである。

よって　$S=\frac{\pi}{2}-\int_{-1}^{1}\left\{-\frac{1}{4}(x^2-1)\right\}dx$

$=\frac{\pi}{2}+\frac{1}{2}\int_{0}^{1}(x^2-1)dx=\frac{\pi}{2}-\frac{1}{3}$

応用問題

本冊 p. 115

368

答　$\frac{8}{3}(\sqrt{2}-1)$

検討　領域は右図の影の部分のようになる。

$\alpha=1+\sqrt{2}$

とおくと

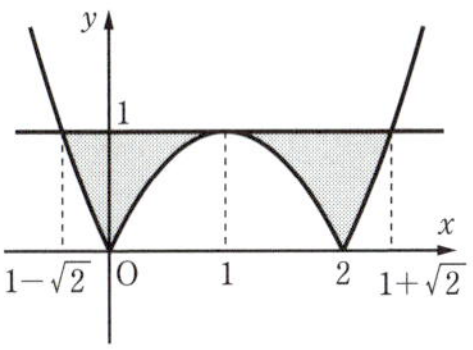

$S=2\left\{\int_{1}^{2}(1+x^2-2x)dx+\int_{2}^{\alpha}(1-x^2+2x)dx\right\}$

$=2\left(\left[x+\frac{x^3}{3}-x^2\right]_1^2+\left[x-\frac{x^3}{3}+x^2\right]_2^{\alpha}\right)$

$=2\left(\frac{1}{3}+\frac{4\sqrt{2}-5}{3}\right)=\frac{8}{3}(\sqrt{2}-1)$

369

答　(1) 右の図

(2) $S=\frac{1}{6}$　(3) $k=\frac{3}{2}$

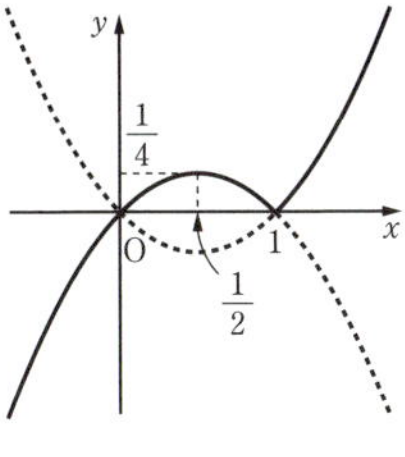

検討　(1) $x\geqq 1$ のとき

$y=x(x-1)$,

$x<1$ のとき

$y=-x(x-1)$

(2) $S=\int_{0}^{1}(-x^2+x)dx$

$=\left[-\frac{1}{3}x^3+\frac{1}{2}x^2\right]_0^1=\frac{1}{6}$

(3) $k>1$ であるから

$\int_{1}^{k}x|1-x|dx=\int_{1}^{k}(x^2-x)dx=\left[\frac{1}{3}x^3-\frac{1}{2}x^2\right]_1^k$

$=\frac{1}{3}k^3-\frac{1}{2}k^2+\frac{1}{6}$

$\frac{1}{3}k^3-\frac{1}{2}k^2+\frac{1}{6}=\frac{1}{6}$ より　$\frac{1}{3}k^2\left(k-\frac{3}{2}\right)=0$

よって　$k=\frac{3}{2}$

370

答　$a=3$

検討　曲線 $y=-x^2+2$ と x 軸とでかこまれた図形の面積を S_1, 2つの曲線でかこまれた図形(右図の影の部分)の面積を S_2 とする。

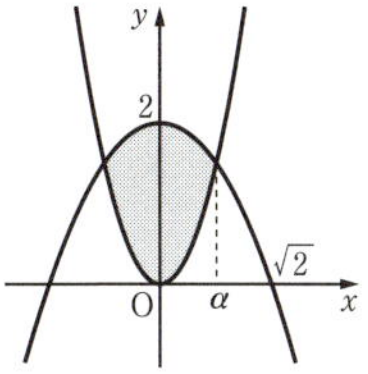

$S_1=2\int_{0}^{\sqrt{2}}(-x^2+2)dx=\frac{8\sqrt{2}}{3}$

2つの曲線の交点の x 座標の正の方を α とすると，$-x^2+2=ax^2$ より　$\alpha=\sqrt{\frac{2}{a+1}}$

$S_2=2\int_{0}^{\alpha}(-x^2+2-ax^2)dx=\frac{8\sqrt{2}}{3\sqrt{a+1}}$

$S_1=2S_2$ より　$a=3$

371

答　$a=\frac{3(2-\sqrt[3]{4})}{2}$

検討　$-x^2+3x=ax$ より

$x=0,\ 3-a$

右図より

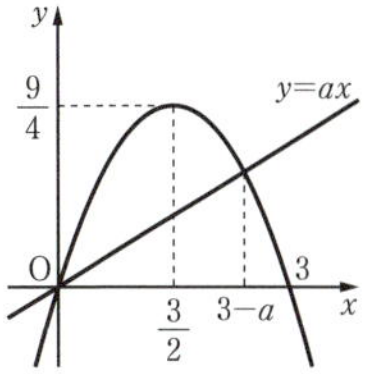

$\int_{0}^{3-a}(-x^2+3x-ax)dx$

$=\frac{1}{2}\int_{0}^{3}(-x^2+3x)dx$

$\frac{(3-a)^3}{6}=\frac{9}{4}$　　よって　$a=\frac{3(2-\sqrt[3]{4})}{2}$

372

答　$a=1$, $b=-1$,

$S=\frac{4}{3}$

検討　$f(x)=x^2+ax+b$,

$g(x)=x^3$ とおくと,

2曲線が点(1, 1)で同じ直線に接する条件は

$f'(1)=g'(1)$ かつ

$f(1)=g(1)$

すなわち　$2+a=3$, $1+a+b=1$

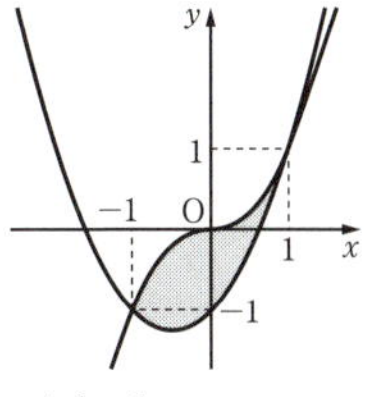

よって　$a=1$，$b=-1$

これより，2 曲線は図のようになるから

$$S=\int_{-1}^{1}(x^3-x^2-x+1)dx$$

$$=2\int_{0}^{1}(-x^2+1)dx=\frac{4}{3}$$

38 ベクトルとその演算

基本問題 本冊 p. 118

373

答　(1) ①と⑪，②と⑫

(2) ①と⑤と⑥と⑩と⑪と⑬，②と⑧と⑫，⑨と⑭

(3) ①と⑪，②と⑫，③と⑮

検討　(1) 等しいベクトルとは，有向線分の向きも長さも等しいもの。

(2) 大きさの等しいベクトルとは，有向線分の長さの等しいもの。

(3) 向きの等しいベクトルとは，有向線分の向きの等しいもの。

374

答　(1) $\vec{a}=\overrightarrow{OA}=\overrightarrow{CB}$，$\vec{c}=\overrightarrow{OC}=\overrightarrow{AB}$

(2) $\vec{b}=\overrightarrow{OD}=\overrightarrow{DB}$

(3) $\vec{a}$ の逆ベクトル$=\overrightarrow{AO}=\overrightarrow{BC}$

検討　(1) $\overrightarrow{OA}=\vec{a}$ とおいているので，$\vec{a}$ に等しいベクトルの中にはもちろん $\overrightarrow{OA}$ も含まれる。

(2) 平行四辺形の対角線は互いに他を 2 等分する。

(3) $\vec{a}$ の逆ベクトルとは，$\vec{a}$ と大きさが等しく，向きが反対のベクトルである。

375

答　(1) $\overrightarrow{CD}$，$\overrightarrow{OE}$，$\overrightarrow{AF}$　(2) $\overrightarrow{BC}$，$\overrightarrow{OD}$，$\overrightarrow{FE}$

(3) $\overrightarrow{BA}$，$\overrightarrow{CO}$，$\overrightarrow{OF}$，$\overrightarrow{DE}$

検討　正六角形は，対角線によって，合同な 6 つの正三角形に分けられる。

376

答　下図

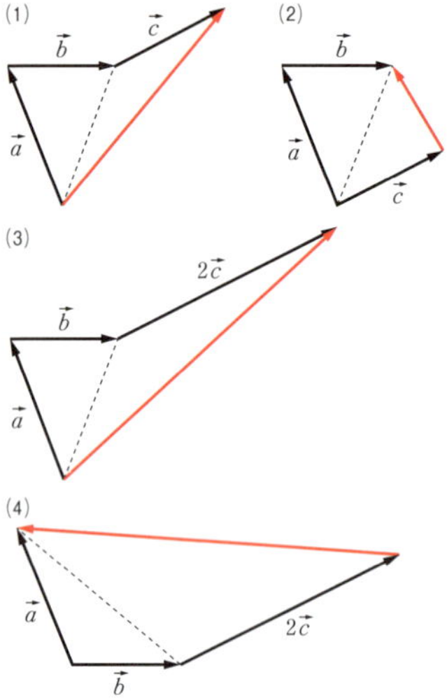

検討　(1)は $(\vec{a}+\vec{b})+\vec{c}$，(2)は $(\vec{a}+\vec{b})-\vec{c}$ と考えればよい。(2)は $(\vec{a}+\vec{b})+(-\vec{c})$ だから，$\vec{a}$ と $\vec{b}$ の和に $\vec{c}$ の逆ベクトル $-\vec{c}$ を加えてもよい。

(3)，(4) $2\vec{c}$ は，$\vec{c}$ と同じ向きで，大きさが 2 倍のベクトルである。(3)は $\vec{a}$ と $\vec{b}$ の和に $2\vec{c}$ を加える。(4)は $\vec{a}$ と $\vec{b}$ の差 $\vec{a}-\vec{b}$ から $2\vec{c}$ を引く。あるいは，$(\vec{a}-\vec{b})+(-2\vec{c})$と考えてもよい。

377

答　(1) $-\vec{a}$　(2) $-\vec{b}$　(3) $\vec{a}+\vec{b}$

(4) $\vec{a}-\vec{b}$　(5) $\vec{b}$　(6) $\frac{1}{2}(\vec{a}+\vec{b})$

検討　(5) $\overrightarrow{AB}+\overrightarrow{BC}+\overrightarrow{CD}=\overrightarrow{AC}+\overrightarrow{CD}=\overrightarrow{AD}$

(6) $\overrightarrow{AO}=\frac{1}{2}\overrightarrow{AC}$

テスト対策

$\overrightarrow{AB}=\vec{a}$, $\overrightarrow{BC}=\vec{b}$ のように，平面上で，$\vec{0}$ でなく平行でない２つのベクトルを決めると，その平面上の任意のベクトルは，m，n を実数として，$m\vec{a}+n\vec{b}$ **の形でただ１通りに表される**。それを求める際，和・差の定義，実数倍の意味が基本であるが，考え方はいろいろある。条件に合わせて考えやすい方法が見い出せるよう練習していこう。

378

答　$\overrightarrow{AD}=\frac{1}{2}\vec{a}$，$\overrightarrow{AE}=\frac{1}{2}\vec{b}$，$\overrightarrow{DE}=\frac{1}{2}\vec{b}-\frac{1}{2}\vec{a}$，$\overrightarrow{BC}=\vec{b}-\vec{a}$

検討　$\overrightarrow{DE}=\overrightarrow{AE}-\overrightarrow{AD}$，$\overrightarrow{BC}=\overrightarrow{AC}-\overrightarrow{AB}$

テスト対策

〔三角形の中点連結定理〕

本問では，DE∥BC，$DE=\frac{1}{2}BC$ の関係が成り立つ。これをベクトルで考えると

$\overrightarrow{DE}=\frac{1}{2}\vec{b}-\frac{1}{2}\vec{a}=\frac{1}{2}(\vec{b}-\vec{a})$，$\overrightarrow{BC}=\vec{b}-\vec{a}$

だから，$\overrightarrow{DE}=\frac{1}{2}\overrightarrow{BC}$ が成り立つということ。

一般に，$\overrightarrow{AB}∥\overrightarrow{CD} \Longleftrightarrow \overrightarrow{AB}=k\overrightarrow{CD}$ **となる実数 k が存在する**　ということである。

379

答　(1) $\frac{1}{2}(\vec{b}-\vec{a})$　(2) $\frac{1}{2}(\vec{a}+\vec{b})$　(3) $\frac{1}{2}\vec{a}$

検討　(1) $\overrightarrow{AE}=\frac{1}{2}\overrightarrow{AC}=\frac{1}{2}(\overrightarrow{BC}-\overrightarrow{BA})$

(2) $\overrightarrow{BE}=\overrightarrow{BA}+\overrightarrow{AE}$　(3) $\overrightarrow{DE}=\overrightarrow{BE}-\overrightarrow{BD}$

380

答　(1) $11\vec{a}-2\vec{b}-9\vec{c}$　(2) $\frac{5}{6}\vec{a}-\frac{1}{6}\vec{b}-\frac{5}{6}\vec{c}$

検討　文字式の計算と同じように計算できる。

381

答　(1) $2\vec{a}+\vec{b}-\vec{c}$　(2) $5\vec{a}+\vec{b}$

382

答　(1) $\frac{1}{4}(3\vec{a}+\vec{b})$　(2) $-3\vec{a}-2\vec{b}$

検討　$\vec{x}$ を未知数と考えればよい。

応用問題

本冊 p. 119

383

答　$\dfrac{2\vec{a}+\vec{b}}{4}$

検討　$\overrightarrow{AP}=\vec{x}$ とおくと

$\overrightarrow{PA}+\overrightarrow{PB}+\overrightarrow{PC}+\overrightarrow{PD}$

$=-\vec{x}+(-\vec{x}+\vec{a})+(-\vec{x}+\vec{a}+\vec{b})$

$+(-\vec{x}+\vec{a}+\vec{b}+\vec{c})=-4\vec{x}+3\vec{a}+2\vec{b}+\vec{c}$

また，$\overrightarrow{AD}=\vec{a}+\vec{b}+\vec{c}$ だから，条件式より

$4\vec{x}=2\vec{a}+\vec{b}$

テスト対策

あるベクトルが他のベクトルの和や差に等しい，あるいはいくつかのベクトルの和が $\vec{0}$ であるといった，ベクトルの等式において，**着目するベクトルを求めることは**，そのベクトルを未知数と考えて，**方程式を解くことと同様**に考えればよい。

384

答　(1) 120°　(2) $\sqrt{3}$ 倍

検討　(1) $\overrightarrow{OA}=\vec{a}$，$\overrightarrow{OB}=\vec{b}$ とする。

OA，OB を２辺とする平行四辺形 OACB を考えると　$\overrightarrow{OC}=\vec{a}+\vec{b}$

条件より　OA=OB=OC

よって，△OAC，△OBC は正三角形となるから　∠AOC=60°，∠COB=60°

(2) $\vec{a}-\vec{b}=\overrightarrow{BA}$

よって　$|\vec{a}-\vec{b}|=BA=\sqrt{3}OA$

39 ベクトルの成分表示

基本問題 本冊 p. 120

385

答 下図

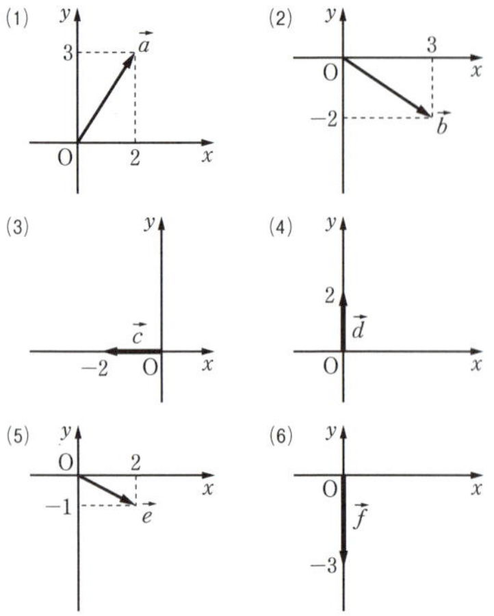

検討 $\vec{e_1}=(1,\ 0)$，$\vec{e_2}=(0,\ 1)$ である。

386

答 (1) $(\mathbf{0},\ \mathbf{-1})$，$\mathbf{1}$　(2) $(\mathbf{-1},\ \mathbf{2})$，$\sqrt{\mathbf{5}}$
(3) $(\mathbf{-7},\ \mathbf{9})$，$\sqrt{\mathbf{130}}$

検討 (1) $\vec{a}+\vec{b}=(-2,\ 2)+(2,\ -3)=(0,\ -1)$
$|\vec{a}+\vec{b}|=\sqrt{0^2+(-1)^2}=1$
(2) $-2\vec{b}+\vec{c}=-2(2,\ -3)+(3,\ -4)$
$=(-4,\ 6)+(3,\ -4)=(-1,\ 2)$
$|-2\vec{b}+\vec{c}|=\sqrt{(-1)^2+2^2}=\sqrt{5}$
(3) $\vec{a}-\vec{b}-\vec{c}=(-2,\ 2)-(2,\ -3)-(3,\ -4)$
$=(-7,\ 9)$
$|\vec{a}-\vec{b}-\vec{c}|=\sqrt{(-7)^2+9^2}=\sqrt{130}$

テスト対策
ベクトルの成分による演算は，これまで作図によって確認していたことを，数値による具体的な計算におきかえたものである。
$\vec{a}=(a_1,\ a_2)$，$\vec{b}=(b_1,\ b_2)$ のとき
・$|\vec{a}|=\sqrt{a_1^2+a_2^2}$
・$\vec{a}=\vec{b} \Longleftrightarrow a_1=b_1$ かつ $a_2=b_2$
・$\vec{a}\pm\vec{b}=(a_1\pm b_1,\ a_2\pm b_2)$（複号同順）
・$m\vec{a}=(ma_1,\ ma_2)$（m は実数）

387

答 $\boldsymbol{l=6}$，$\boldsymbol{m=-6}$

検討 $3(l,\ 2)-2(3,\ m)=(12,\ 18)$ より
$3l-6=12$，$6-2m=18$

388

答 (1) $\vec{c}=7\vec{a}-9\vec{b}$　(2) $\vec{c}=-\dfrac{10}{11}\vec{a}+\dfrac{58}{11}\vec{b}$

検討 (1) $m\vec{a}+n\vec{b}=m(3,\ 4)+n(2,\ 4)$
$=(3m+2n,\ 4m+4n)$
$3m+2n=3$，$4m+4n=-8$ より求められる。
(2) $m\vec{a}+n\vec{b}=(2m+3n,\ 5m+2n)$
$2m+3n=14$，$5m+2n=6$

389

答 (1) $\vec{a}=\left(-\dfrac{1}{2},\ \dfrac{1}{2}\right)$，$\vec{b}=\left(-\dfrac{5}{2},\ \dfrac{7}{2}\right)$
(2) $|\vec{a}|=\dfrac{\sqrt{2}}{2}$，$|\vec{b}|=\dfrac{\sqrt{74}}{2}$

検討 2 式を加えれば $\vec{a}$ が求められ，2 式の差をとれば $\vec{b}$ が求められる。

390

答 (1) $(\mathbf{4},\ \mathbf{0})$，$\mathbf{4}$　(2) $(\mathbf{-1},\ \mathbf{6})$，$\sqrt{\mathbf{37}}$
(3) $(\mathbf{-3},\ \mathbf{-6})$，$\mathbf{3}\sqrt{\mathbf{5}}$

検討 (1) 点 A$(4,\ 0) \Longleftrightarrow \overrightarrow{\mathrm{OA}}=(4,\ 0)$，$|\overrightarrow{\mathrm{OA}}|=4$
(2) 同様に　点 B$(3,\ 6) \Longleftrightarrow \overrightarrow{\mathrm{OB}}=(3,\ 6)$
$\overrightarrow{\mathrm{AB}}=\overrightarrow{\mathrm{OB}}-\overrightarrow{\mathrm{OA}}=(3,\ 6)-(4,\ 0)=(-1,\ 6)$
$|\overrightarrow{\mathrm{AB}}|=\sqrt{(-1)^2+6^2}=\sqrt{37}$
(3) $\overrightarrow{\mathrm{BO}}=-\overrightarrow{\mathrm{OB}}=-(3,\ 6)=(-3,\ -6)$

$|\overrightarrow{BO}|=\sqrt{(-3)^2+(-6)^2}=3\sqrt{5}$

テスト対策

〔座標と成分表示〕

$A(a_1,\ a_2)$, $B(b_1,\ b_2)$ のとき

- $\mathbf{A(a_1,\ a_2)} \Longleftrightarrow \overrightarrow{\mathbf{OA}}=(\mathbf{a_1},\ \mathbf{a_2})$
- $\overrightarrow{\mathbf{AB}}=\overrightarrow{\mathbf{OB}}-\overrightarrow{\mathbf{OA}}=(\mathbf{b_1}-\mathbf{a_1},\ \mathbf{b_2}-\mathbf{a_2})$
- $\mathbf{AB}=|\overrightarrow{\mathbf{AB}}|=\sqrt{(\mathbf{b_1}-\mathbf{a_1})^2+(\mathbf{b_2}-\mathbf{a_2})^2}$

391

答　$\boldsymbol{x=\dfrac{1}{2}}$

検討　$\vec{a}+2\vec{b}=(2,\ 4)+(2x,\ 2)=(2+2x,\ 6)$

$2\vec{a}-\vec{b}=(4,\ 8)-(x,\ 1)=(4-x,\ 7)$

$\vec{a}+2\vec{b}$ と $2\vec{a}-\vec{b}$ は平行だから

$\vec{a}+2\vec{b}=k(2\vec{a}-\vec{b})$

ゆえに　$(2+2x,\ 6)=k(4-x,\ 7)$

よって　$2+2x=k(4-x)$　……①

$6=7k$　……②

②より　$k=\dfrac{6}{7}$　　①に代入して　$x=\dfrac{1}{2}$

392

答　$\vec{e}$ は $\vec{a}$ と同じ向きの単位ベクトルだから

$\vec{e}=k\vec{a}\ (k>0)$　また，$|\vec{e}|=1$

$|\vec{e}|=|k\vec{a}|=k|\vec{a}|$　よって　$k=\dfrac{|\vec{e}|}{|\vec{a}|}=\dfrac{1}{|\vec{a}|}$

ゆえに　$\vec{e}=\dfrac{1}{|\vec{a}|}\vec{a}$

$\vec{a}$ と平行な単位ベクトル：$\left(-\dfrac{5}{13},\ \dfrac{12}{13}\right)$,

$\left(\dfrac{5}{13},\ -\dfrac{12}{13}\right)$

検討　$\vec{a}=(-5,\ 12)$ と平行な単位ベクトルは，

向きが反対のものもあるから　$\pm\dfrac{1}{|\vec{a}|}\vec{a}$

$|\vec{a}|=\sqrt{(-5)^2+12^2}=13$ より　$\pm\dfrac{1}{13}(-5,\ 12)$

393

答　$(-2,\ 8)$

検討　$A(x,\ y)$ として，$\overrightarrow{AB}=\overrightarrow{DC}$ より

$(3-x,\ 4-y)=(5,\ -4)$

394

答　$\boldsymbol{5a+6b+13=0}$

検討　$\overrightarrow{AC}=t\overrightarrow{AB}$ (t は実数) より

$\overrightarrow{OC}-\overrightarrow{OA}=t(\overrightarrow{OB}-\overrightarrow{OA})$

$(a-1,\ b+3)=t(-6,\ 5)$

よって　$a-1=-6t$, $b+3=5t$

2 式より t を消去すればよい。

テスト対策

3 点 A, B, C が一直線上にあるとき，C が直線 AB 上にあると考えてよいから，$\overrightarrow{\mathbf{AC}}=\boldsymbol{t}\overrightarrow{\mathbf{AB}}$ (t は実数) が条件となる。3 点が一直線上にあることを共線であるといい，これを共線条件ということがある。

応用問題

本冊 p. 122

395

答　(1) $\sqrt{61}$　(2) $\dfrac{\sqrt{2}}{2}$

検討　(1) $\vec{c}=(2,\ 3)+3(1,\ 1)=(5,\ 6)$

(2) $\vec{c}=(2+t,\ 3+t)$ より

$|\vec{c}|^2=(2+t)^2+(3+t)^2=2t^2+10t+13$

$=2\left(t+\dfrac{5}{2}\right)^2+\dfrac{1}{2}$

$t=-\dfrac{5}{2}$ のとき最小となり，最小値　$\dfrac{\sqrt{2}}{2}$

40 ベクトルの内積

基本問題

本冊 p. 123

396

答　(1) 3　(2) 0　(3) $\dfrac{15\sqrt{3}}{2}$

397

答　$\vec{a}\cdot\vec{a}=|\vec{a}|^2=0$　$|\vec{a}|=0$　よって　$\vec{a}=\vec{0}$

398

答 (1) $\frac{9}{2}$ (2) $-\frac{9}{2}$ (3) 0 (4) $\frac{9}{2}$ (5) $\frac{9}{4}$

検討 (2) $\overrightarrow{AB}$, $\overrightarrow{BC}$ のなす角は 120° である。

399

答 (1) $-\frac{1}{2}$ (2) $\frac{1}{2}$ (3) $-\frac{3}{2}$

検討 (1) $\overrightarrow{AB}$ と $\overrightarrow{EF}$ のなす角は 120°
(2) $\overrightarrow{AB}$ と $\overrightarrow{FA}$ のなす角は 60°
(3) $\overrightarrow{AB}$ と $\overrightarrow{DF}$ のなす角は 150°, $|\overrightarrow{DF}|=\sqrt{3}$

400

答 $\vec{a}=\vec{0}$ または $\vec{b}=\vec{0}$ のときは明らかだから, $\vec{a}\neq\vec{0}$, $\vec{b}\neq\vec{0}$ とする。
$\vec{a}$, $\vec{b}$ のなす角を θ とすると, $|\cos\theta|\leqq 1$ だから $|\vec{a}\cdot\vec{b}|=|\vec{a}||\vec{b}||\cos\theta|\leqq|\vec{a}||\vec{b}|$
等号成立は, $\vec{a}=\vec{0}$, $\vec{b}=\vec{0}$, $\vec{a}$, $\vec{b}$ のなす角が 0° または 180° のいずれかのとき。

401

答 (1) 左辺 $=(\vec{a}+\vec{b})\cdot(\vec{a}+\vec{b})$
$=\vec{a}\cdot(\vec{a}+\vec{b})+\vec{b}\cdot(\vec{a}+\vec{b})$
$=\vec{a}\cdot\vec{a}+\vec{a}\cdot\vec{b}+\vec{b}\cdot\vec{a}+\vec{b}\cdot\vec{b}$
$=|\vec{a}|^2+2\vec{a}\cdot\vec{b}+|\vec{b}|^2=$ 右辺
(2) 左辺 $=(\vec{a}+\vec{b})\cdot(\vec{a}-\vec{b})$
$=\vec{a}\cdot\vec{a}-\vec{a}\cdot\vec{b}+\vec{b}\cdot\vec{a}-\vec{b}\cdot\vec{b}$
$=|\vec{a}|^2-|\vec{b}|^2=$ 右辺
(3) 左辺 $=(k\vec{a}+l\vec{b})\cdot(k\vec{a}+l\vec{b})$
$=(k\vec{a})\cdot(k\vec{a})+(k\vec{a})\cdot(l\vec{b})$
$+(l\vec{b})\cdot(k\vec{a})+(l\vec{b})\cdot(l\vec{b})$
$=k^2|\vec{a}|^2+2kl(\vec{a}\cdot\vec{b})+l^2|\vec{b}|^2=$ 右辺
(4) 左辺 $=|\vec{a}+\vec{b}|^2+|\vec{a}-\vec{b}|^2$
$=(\vec{a}+\vec{b})\cdot(\vec{a}+\vec{b})+(\vec{a}-\vec{b})\cdot(\vec{a}-\vec{b})$
$=|\vec{a}|^2+2\vec{a}\cdot\vec{b}+|\vec{b}|^2+|\vec{a}|^2-2\vec{a}\cdot\vec{b}+|\vec{b}|^2$
$=2(|\vec{a}|^2+|\vec{b}|^2)=$ 右辺

検討 交換法則 $\vec{a}\cdot\vec{b}=\vec{b}\cdot\vec{a}$ が成り立つので, ふつうの文字式の計算の要領で計算してよい。

402

答 $\vec{a}\cdot\vec{b}=\frac{3}{2}$, $|\vec{a}-\vec{b}|=\sqrt{10}$

検討 $|\vec{a}+\vec{b}|=4$ より $|\vec{a}+\vec{b}|^2=16$
ゆえに $|\vec{a}|^2+2\vec{a}\cdot\vec{b}+|\vec{b}|^2=16$
$|\vec{a}|=2$, $|\vec{b}|=3$ より $4+2\vec{a}\cdot\vec{b}+9=16$
よって $\vec{a}\cdot\vec{b}=\frac{3}{2}$
次に $|\vec{a}-\vec{b}|^2=|\vec{a}|^2-2\vec{a}\cdot\vec{b}+|\vec{b}|^2$
$=4-2\cdot\frac{3}{2}+9=10$
$|\vec{a}-\vec{b}|\geqq 0$ だから $|\vec{a}-\vec{b}|=\sqrt{10}$

403

答 $\sqrt{14}$

検討 $|\vec{a}+\vec{b}|^2=|\vec{a}|^2+2\vec{a}\cdot\vec{b}+|\vec{b}|^2=9+2\cdot2+1$
$=14$
よって $|\vec{a}+\vec{b}|=\sqrt{14}$

テスト対策
〔ベクトルの大きさと内積〕
$|\vec{a}|^2=\vec{a}\cdot\vec{a}$ ($|\quad|^2$ を作り, 内積計算)

404

答 90°

検討 $|\vec{a}-\vec{b}|^2=13$ だから
$|\vec{a}|^2-2\vec{a}\cdot\vec{b}+|\vec{b}|^2=13$
$|\vec{a}|=2$, $|\vec{b}|=3$ を代入して, $\vec{a}\cdot\vec{b}$ を求めると
$\vec{a}\cdot\vec{b}=0$
$\vec{a}\neq\vec{0}$, $\vec{b}\neq\vec{0}$ だから, $\vec{a}$ と $\vec{b}$ のなす角は 90°

405

答 (1) 4 (2) −16

検討 (1) $\vec{a}\cdot\vec{b}=1\cdot(-2)+2\cdot3=4$
(2) $\vec{a}=\overrightarrow{PA}=(-3-1,\ 4-2)=(-4,\ 2)$
$\vec{b}=\overrightarrow{PB}=(2-1,\ -4-2)=(1,\ -6)$
$\vec{a}\cdot\vec{b}=(-4)\cdot1+2\cdot(-6)=-16$

406

答 (1) 90° (2) 120° (3) 60°

検討 (1) $\vec{a}\cdot\vec{b}=4\cdot2+2\cdot(-4)=0$

(2) $\vec{a}\cdot\vec{b}=1\cdot\sqrt{2}+\sqrt{3}\cdot(-\sqrt{6})=\sqrt{2}-3\sqrt{2}=-2\sqrt{2}$

$|\vec{a}|=\sqrt{1+3}=2$, $|\vec{b}|=\sqrt{2+6}=2\sqrt{2}$

$\cos\theta=\dfrac{-2\sqrt{2}}{2\cdot2\sqrt{2}}=-\dfrac{1}{2}$　　よって　$\theta=120°$

(3) $\cos\theta=\dfrac{2}{2\sqrt{2}\cdot\sqrt{2}}=\dfrac{1}{2}$　　よって　$\theta=60°$

テスト対策

〔2つのベクトルのなす角〕

$\vec{a}=(a_1,\ a_2)$, $\vec{b}=(b_1,\ b_2)$ のなす角 θ は

$$\boldsymbol{\cos\theta=\frac{\vec{a}\cdot\vec{b}}{|\vec{a}||\vec{b}|}=\frac{a_1b_1+a_2b_2}{\sqrt{a_1^2+a_2^2}\sqrt{b_1^2+b_2^2}}}$$

よく使うので，しっかり覚えておこう。

407

答 平行のとき：$\boldsymbol{a=1,\ -3}$

垂直のとき：$\boldsymbol{a=-\dfrac{1}{2}}$

検討 ・平行のとき，なす角 θ は $0°$ または $180°$ だから

$\cos\theta=\dfrac{4a+2}{\sqrt{a^2+1}\sqrt{a^2+4a+13}}=\pm1$

$4a+2=\pm\sqrt{(a^2+1)(a^2+4a+13)}$

両辺を2乗して　$a^4+4a^3-2a^2-12a+9=0$

$(a-1)^2(a+3)^2=0$　　よって　$a=1,\ -3$

・垂直のとき，内積は0だから

$3a+a+2=0$　　よって　$a=-\dfrac{1}{2}$

(平行のときの別解)

$\vec{a}\parallel\vec{b}\iff\vec{b}=t\vec{a}$ より　$(3,\ a+2)=t(a,\ 1)$

ゆえに　$3=ta$, $a+2=t$

この2式から t を消去して　$3=a(a+2)$

よって　$a=1,\ -3$

408

答 $\boldsymbol{\left(\dfrac{\sqrt{2}}{2},\ \dfrac{3\sqrt{2}}{2}\right),\ \left(-\dfrac{\sqrt{2}}{2},\ -\dfrac{3\sqrt{2}}{2}\right)}$

検討 $\vec{b}=(m,\ n)$ とおくと，

$\vec{a}\cdot\vec{b}=0$ より　$3m-n=0$　……①

$|\vec{b}|=\sqrt{5}$ より　$m^2+n^2=5$　……②

①より　$n=3m$　……③

これを②に代入して

$m^2+9m^2=5$　$m^2=\dfrac{1}{2}$　よって　$m=\pm\dfrac{\sqrt{2}}{2}$

③より，$m=\dfrac{\sqrt{2}}{2}$ のとき　$n=\dfrac{3\sqrt{2}}{2}$

$m=-\dfrac{\sqrt{2}}{2}$ のとき　$n=-\dfrac{3\sqrt{2}}{2}$

409

答 (1) **0°**　(2) **180°**　(3) **30°**　(4) **60°**

検討 (1) $\cos\theta=\dfrac{10}{2\cdot5}=1$　　よって　$\theta=0°$

(2) $\cos\theta=\dfrac{\vec{a}\cdot\vec{b}}{|\vec{a}||\vec{b}|}=-1$　　よって　$\theta=180°$

(3) $|\vec{a}|^2=|\vec{b}|^2=\dfrac{2}{\sqrt{3}}\vec{a}\cdot\vec{b}=k^2\ (k>0)$ とおくと

$\cos\theta=\dfrac{\frac{\sqrt{3}}{2}k^2}{k\cdot k}=\dfrac{\sqrt{3}}{2}$　　よって　$\theta=30°$

(4) $|\vec{b}-\vec{a}|^2=3$ だから　$|\vec{b}|^2-2\vec{a}\cdot\vec{b}+|\vec{a}|^2=3$

$|\vec{a}|=2$, $|\vec{b}|=1$ を代入して　$\vec{a}\cdot\vec{b}=1$

$\cos\theta=\dfrac{1}{2\cdot1}=\dfrac{1}{2}$　　よって　$\theta=60°$

41 位置ベクトル

基本問題

本冊 p. 126

410

答 $\boldsymbol{\overrightarrow{AB}=\vec{b}-\vec{a},\ \vec{m}=\dfrac{1}{2}(\vec{a}+\vec{b})}$

検討 M は AB の中点だから　$\overrightarrow{AM}=\dfrac{1}{2}\overrightarrow{AB}$

ゆえに　$\vec{m}-\vec{a}=\dfrac{1}{2}(\vec{b}-\vec{a})$

よって　$\vec{m}=\vec{a}+\dfrac{1}{2}\vec{b}-\dfrac{1}{2}\vec{a}=\dfrac{1}{2}(\vec{a}+\vec{b})$

411

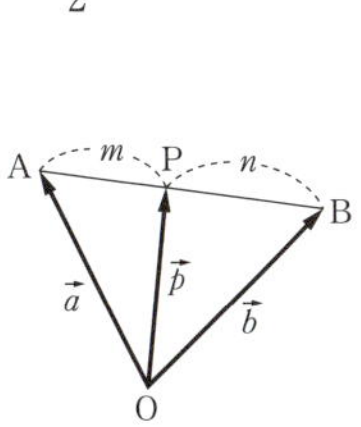

答 **P は直線 AB 上の点だから，$\boldsymbol{\overrightarrow{AP}=k\overrightarrow{AB}}$ と表せる。内分の場合**

$k=\dfrac{m}{m+n}$ だから　$\overrightarrow{AP}=\dfrac{m}{m+n}\overrightarrow{AB}$

ゆえに　$\vec{p}-\vec{a}=\dfrac{m}{m+n}(\vec{b}-\vec{a})$

よって

$\vec{p}=\vec{a}-\dfrac{m}{m+n}\vec{a}+\dfrac{m}{m+n}\vec{b}=\dfrac{n\vec{a}+m\vec{b}}{m+n}$

外分の場合，$mn<0$ で，$|m|>|n|$ ならば，P は線分 AB の B を越える延長上にあり，$n<0<m$ とすると

$\overrightarrow{AP}=\dfrac{m}{m-(-n)}\overrightarrow{AB}=\dfrac{m}{m+n}\overrightarrow{AB}$

$|m|<|n|$ ならば，P は線分 AB の A を越える延長上にあり，$n<0<m$ とすると

$\overrightarrow{AP}=\dfrac{m}{(-n)-m}\overrightarrow{BA}=\dfrac{m}{m+n}\overrightarrow{AB}$

いずれの場合も結果の式は同じになる。

412

答　(1) 内分：$\dfrac{1}{3}(\vec{a}+2\vec{b})$　外分：$-\vec{a}+2\vec{b}$

(2) 内分：$\dfrac{1}{8}(5\vec{a}+3\vec{b})$　外分：$\dfrac{1}{2}(5\vec{a}-3\vec{b})$

検討　(1) 外分のときは 2：(−1) か (−2)：1 と考える。

413

答　(1) $\overrightarrow{EL}=\dfrac{1}{2}(\vec{b}+\vec{c}-\vec{a})$,

$\overrightarrow{FM}=\dfrac{1}{2}(\vec{c}+\vec{a}-\vec{b})$, $\overrightarrow{GN}=\dfrac{1}{2}(\vec{a}+\vec{b}-\vec{c})$

(2) 線分 EL の中点を S とすると，

$\overrightarrow{OS}=\overrightarrow{OE}+\dfrac{1}{2}\overrightarrow{EL}=\dfrac{1}{4}(\vec{a}+\vec{b}+\vec{c})$ であるから

$\overrightarrow{OS}=\dfrac{1}{2}(\overrightarrow{OF}+\overrightarrow{OM})=\dfrac{1}{2}(\overrightarrow{OG}+\overrightarrow{ON})$

よって，S は線分 FM，GN の中点でもある。
ゆえに，線分 EL，FM，GN は 1 点で交わる。

検討　(1) $\overrightarrow{OE}=\dfrac{1}{2}\overrightarrow{OA}=\dfrac{1}{2}\vec{a}$,

$\overrightarrow{OL}=\dfrac{1}{2}(\overrightarrow{OB}+\overrightarrow{OC})=\dfrac{1}{2}(\vec{b}+\vec{c})$,

$\overrightarrow{EL}=\overrightarrow{OL}-\overrightarrow{OE}$

414

答　$a=-\dfrac{1}{3}$, $b=-\dfrac{1}{2}$

検討　$\overrightarrow{PD}=\dfrac{2\overrightarrow{PB}+3\overrightarrow{PC}}{3+2}=\dfrac{2}{5}\overrightarrow{PB}+\dfrac{3}{5}\overrightarrow{PC}$

$\overrightarrow{PA}=-\dfrac{5}{6}\overrightarrow{PD}$ より

$\overrightarrow{PA}=-\dfrac{5}{6}\left(\dfrac{2}{5}\overrightarrow{PB}+\dfrac{3}{5}\overrightarrow{PC}\right)=-\dfrac{1}{3}\overrightarrow{PB}-\dfrac{1}{2}\overrightarrow{PC}$

415

答　平行四辺形だから　$\overrightarrow{DA}=\overrightarrow{CB}$

これより　$\overrightarrow{PA}-\overrightarrow{PD}=\overrightarrow{PB}-\overrightarrow{PC}$

よって　$\overrightarrow{PA}+\overrightarrow{PC}=\overrightarrow{PB}+\overrightarrow{PD}$

416

答　$\overrightarrow{OA}=\vec{a}$, $\overrightarrow{OB}=2\vec{b}$, $\overrightarrow{OC}=3\vec{a}-4\vec{b}$ とすると

$\overrightarrow{AB}=\overrightarrow{OB}-\overrightarrow{OA}=2\vec{b}-\vec{a}$

$\overrightarrow{AC}=\overrightarrow{OC}-\overrightarrow{OA}=3\vec{a}-4\vec{b}-\vec{a}=2\vec{a}-4\vec{b}$
$=-2(2\vec{b}-\vec{a})$

ゆえに　$\overrightarrow{AC}=-2\overrightarrow{AB}$

よって，3 点 A，B，C は一直線上にある。

417

答　A，B，C，D，P，Q の位置ベクトルを $\vec{a}$, $\vec{b}$, $\vec{c}$, $\vec{d}$, $\vec{p}$, $\vec{q}$ とし，$\dfrac{AP}{AD}=\dfrac{BQ}{BC}=k$

とおくと，$\overrightarrow{AP}=k\overrightarrow{AD}$, $\overrightarrow{BQ}=k\overrightarrow{BC}$ より

$\vec{p}=(1-k)\vec{a}+k\vec{d}$, $\vec{q}=(1-k)\vec{b}+k\vec{c}$

$\overrightarrow{MN}=\dfrac{1}{2}(\vec{c}+\vec{d})-\dfrac{1}{2}(\vec{a}+\vec{b})$

$=\dfrac{1}{2}(\vec{c}+\vec{d}-\vec{a}-\vec{b})$

$\overrightarrow{MR}=\dfrac{1}{2}(\vec{p}+\vec{q})-\dfrac{1}{2}(\vec{a}+\vec{b})$

$=\dfrac{1}{2}\{(1-k)(\vec{a}+\vec{b})+k(\vec{c}+\vec{d})\}-\dfrac{1}{2}(\vec{a}+\vec{b})$

$=\dfrac{k}{2}(\vec{c}+\vec{d}-\vec{a}-\vec{b})$

ゆえに　$\overrightarrow{MR}=k\overrightarrow{MN}$

よって，3 点 M，R，N は一直線上にある。

418

答　$3\mathrm{PB}=\mathrm{AB}$，$4\mathrm{BQ}=\mathrm{BD}$ より，

$\overrightarrow{\mathrm{BP}}=\dfrac{1}{3}\overrightarrow{\mathrm{BA}}$，$\overrightarrow{\mathrm{BQ}}=\dfrac{1}{4}\overrightarrow{\mathrm{BD}}$ だから

$\overrightarrow{\mathrm{CP}}=\overrightarrow{\mathrm{BP}}-\overrightarrow{\mathrm{BC}}=\dfrac{1}{3}\overrightarrow{\mathrm{BA}}-\overrightarrow{\mathrm{BC}}$

$\overrightarrow{\mathrm{CQ}}=\overrightarrow{\mathrm{BQ}}-\overrightarrow{\mathrm{BC}}=\dfrac{1}{4}\overrightarrow{\mathrm{BD}}-\overrightarrow{\mathrm{BC}}$

$=\dfrac{1}{4}(\overrightarrow{\mathrm{BA}}+\overrightarrow{\mathrm{BC}})-\overrightarrow{\mathrm{BC}}=\dfrac{1}{4}\overrightarrow{\mathrm{BA}}-\dfrac{3}{4}\overrightarrow{\mathrm{BC}}$

$=\dfrac{3}{4}\left(\dfrac{1}{3}\overrightarrow{\mathrm{BA}}-\overrightarrow{\mathrm{BC}}\right)$

ゆえに　$\overrightarrow{\mathrm{CQ}}=\dfrac{3}{4}\overrightarrow{\mathrm{CP}}$

よって，3 点 P，Q，C は一直線上にある。

419

答　(1) $\dfrac{3}{2}\overrightarrow{\mathrm{AB}}+2\overrightarrow{\mathrm{AD}}$

(2) $\overrightarrow{\mathrm{PC}}=\overrightarrow{\mathrm{AC}}-\overrightarrow{\mathrm{AP}}=\overrightarrow{\mathrm{AB}}+\overrightarrow{\mathrm{AD}}-\dfrac{1}{2}\overrightarrow{\mathrm{AB}}$

$=\dfrac{1}{2}(\overrightarrow{\mathrm{AB}}+2\overrightarrow{\mathrm{AD}})$

$\overrightarrow{\mathrm{PQ}}=\overrightarrow{\mathrm{AQ}}-\overrightarrow{\mathrm{AP}}=\dfrac{3}{2}\overrightarrow{\mathrm{AB}}+2\overrightarrow{\mathrm{AD}}-\dfrac{1}{2}\overrightarrow{\mathrm{AB}}$

$=\overrightarrow{\mathrm{AB}}+2\overrightarrow{\mathrm{AD}}$

ゆえに　$\overrightarrow{\mathrm{PC}}=\dfrac{1}{2}\overrightarrow{\mathrm{PQ}}$

よって，3 点 P，C，Q は一直線上にある。

検討　(1) AQ は △AED の A からの中線だから

$\overrightarrow{\mathrm{AQ}}=\dfrac{1}{2}(\overrightarrow{\mathrm{AD}}+\overrightarrow{\mathrm{AE}})=\dfrac{1}{2}(\overrightarrow{\mathrm{AD}}+3\overrightarrow{\mathrm{AC}})$

$=\dfrac{1}{2}\{\overrightarrow{\mathrm{AD}}+3(\overrightarrow{\mathrm{AB}}+\overrightarrow{\mathrm{AD}})\}$

420

答　$\mathrm{CP}=2\mathrm{AP}$ より　$\mathrm{AP}:\mathrm{PC}=1:2$

ゆえに　$\overrightarrow{\mathrm{AP}}=\dfrac{1}{3}\overrightarrow{\mathrm{AC}}$

$\overrightarrow{\mathrm{BP}}=\overrightarrow{\mathrm{AP}}-\overrightarrow{\mathrm{AB}}=\dfrac{1}{3}\overrightarrow{\mathrm{AC}}-\overrightarrow{\mathrm{AB}}$

$\overrightarrow{\mathrm{BN}}=\overrightarrow{\mathrm{AN}}-\overrightarrow{\mathrm{AB}}=\dfrac{1}{2}\overrightarrow{\mathrm{AM}}-\overrightarrow{\mathrm{AB}}$

$=\dfrac{1}{4}(\overrightarrow{\mathrm{AB}}+\overrightarrow{\mathrm{AC}})-\overrightarrow{\mathrm{AB}}=\dfrac{1}{4}\overrightarrow{\mathrm{AC}}-\dfrac{3}{4}\overrightarrow{\mathrm{AB}}$

$=\dfrac{3}{4}\left(\dfrac{1}{3}\overrightarrow{\mathrm{AC}}-\overrightarrow{\mathrm{AB}}\right)$

ゆえに　$\overrightarrow{\mathrm{BN}}=\dfrac{3}{4}\overrightarrow{\mathrm{BP}}$

よって，3 点 B，N，P は一直線上にある。

応用問題

本冊 p. 128

421

答　$\mathrm{P}\left(\dfrac{7}{2},\ 3\right)$，$\mathrm{Q}\left(\dfrac{14}{3},\ 4\right)$

$\mathrm{AQ}:\mathrm{QB}=2:1$

検討　$\overrightarrow{\mathrm{OA}}=(2,\ 8)$，$\overrightarrow{\mathrm{OB}}=(6,\ 2)$

$\mathrm{AP}:\mathrm{PN}=t:(1-t)$，$\mathrm{MP}:\mathrm{PB}=s:(1-s)$ とおくと

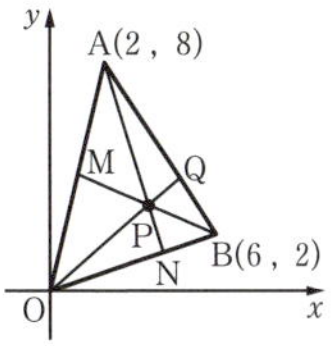

$\overrightarrow{\mathrm{OP}}=(1-t)\overrightarrow{\mathrm{OA}}+t\overrightarrow{\mathrm{ON}}$

$=(1-t)\overrightarrow{\mathrm{OA}}+\dfrac{2}{3}t\overrightarrow{\mathrm{OB}}$

$\overrightarrow{\mathrm{OP}}=(1-s)\overrightarrow{\mathrm{OM}}+s\overrightarrow{\mathrm{OB}}$

$=\dfrac{1-s}{2}\overrightarrow{\mathrm{OA}}+s\overrightarrow{\mathrm{OB}}$

ゆえに　$1-t=\dfrac{1-s}{2}$，$\dfrac{2}{3}t=s$

これを解いて　$t=\dfrac{3}{4}$，$s=\dfrac{1}{2}$

よって　$\overrightarrow{\mathrm{OP}}=\dfrac{1}{4}\overrightarrow{\mathrm{OA}}+\dfrac{1}{2}\overrightarrow{\mathrm{OB}}$

$=\dfrac{1}{4}(2,\ 8)+\dfrac{1}{2}(6,\ 2)=\left(\dfrac{7}{2},\ 3\right)$

次に　$\overrightarrow{\mathrm{OQ}}=k\overrightarrow{\mathrm{OP}}=\dfrac{k}{4}\overrightarrow{\mathrm{OA}}+\dfrac{k}{2}\overrightarrow{\mathrm{OB}}$

点 Q は直線 AB 上にあるから

$\dfrac{k}{4}+\dfrac{k}{2}=1$　　ゆえに　$k=\dfrac{4}{3}$

よって　$\overrightarrow{\mathrm{OQ}}=\dfrac{1}{3}\overrightarrow{\mathrm{OA}}+\dfrac{2}{3}\overrightarrow{\mathrm{OB}}$

$=\dfrac{1}{3}(2,\ 8)+\dfrac{2}{3}(6,\ 2)=\left(\dfrac{14}{3},\ 4\right)$

また，点 Q は辺 AB を 2：1 に内分する。

422

答　P は AB を 1：2 に内分する点

$\triangle\mathrm{ACP}:\triangle\mathrm{BCP}=1:2$

検討　A，B，C，P の位置ベクトルを $\vec{a}$，$\vec{b}$，

$\vec{c}$, $\vec{p}$ とすると, $\overrightarrow{PA}+\overrightarrow{PB}+\overrightarrow{PC}=\overrightarrow{AC}$ より

$(\vec{a}-\vec{p})+(\vec{b}-\vec{p})+(\vec{c}-\vec{p})=\vec{c}-\vec{a}$

ゆえに　$\vec{p}=\dfrac{2\vec{a}+\vec{b}}{3}$

よって, 点 P は AB を 1：2 に内分する点である。

ゆえに　$\triangle ACP:\triangle BCP=1:2$

42 内積と図形

基本問題 本冊 p. 130

423

答　4

検討　$|\overrightarrow{OA}|=\sqrt{10}$, $|\overrightarrow{OB}|=\sqrt{10}$, $\overrightarrow{OA}\cdot\overrightarrow{OB}=6$ だから, $\overrightarrow{OA}$, $\overrightarrow{OB}$ のなす角を θ $(0^\circ\leqq\theta\leqq180^\circ)$ とすると

$\cos\theta=\dfrac{6}{\sqrt{10}\sqrt{10}}=\dfrac{3}{5}$

$0^\circ\leqq\theta\leqq180^\circ$ では $\sin\theta\geqq0$ だから

$\sin\theta=\sqrt{1-\cos^2\theta}=\sqrt{1-\dfrac{9}{25}}=\dfrac{4}{5}$

$\triangle OAB=\dfrac{1}{2}|\overrightarrow{OA}||\overrightarrow{OB}|\sin\theta$

$=\dfrac{1}{2}\cdot\sqrt{10}\sqrt{10}\cdot\dfrac{4}{5}=4$

下の三角形の面積の公式を用いても求められる。

テスト対策

〔三角形の面積の公式〕

$\overrightarrow{OP}=(x_1,\ y_1)$, $\overrightarrow{OQ}=(x_2,\ y_2)$ のとき

$\triangle OPQ=\dfrac{1}{2}\sqrt{|\overrightarrow{OP}|^2|\overrightarrow{OQ}|^2-(\overrightarrow{OP}\cdot\overrightarrow{OQ})^2}$

$=\dfrac{1}{2}|x_1y_2-x_2y_1|$

424

答　$AB^2+AC^2=|\vec{a}|^2+|\vec{b}|^2$ ……①

一方　$AM^2=|\overrightarrow{AM}|^2$

$=\dfrac{1}{4}|\vec{a}+\vec{b}|^2=\dfrac{1}{4}(|\vec{a}|^2+2\vec{a}\cdot\vec{b}+|\vec{b}|^2)$

同様にして, $BM^2=\dfrac{1}{4}|\vec{b}-\vec{a}|^2$

$=\dfrac{1}{4}(|\vec{a}|^2-2\vec{a}\cdot\vec{b}+|\vec{b}|^2)$ だから

$AM^2+BM^2=\dfrac{1}{2}(|\vec{a}|^2+|\vec{b}|^2)$ ……②

①, ②より　$AB^2+AC^2=2(AM^2+BM^2)$

検討　$AB^2=|\overrightarrow{AB}|^2$ とおきかえる。

425

答　$\vec{a}$ と $\vec{b}$ は垂直で大きさが等しいから

$\vec{a}\cdot\vec{b}=0$, $|\vec{a}|=|\vec{b}|$ ……①

$(2\vec{a}+3\vec{b})\cdot(3\vec{a}-2\vec{b})$

$=6|\vec{a}|^2+5\vec{a}\cdot\vec{b}-6|\vec{b}|^2=0$ （①より）

よって　$(2\vec{a}+3\vec{b})\perp(3\vec{a}-2\vec{b})$

次に　$|2\vec{a}+3\vec{b}|^2=4|\vec{a}|^2+12\vec{a}\cdot\vec{b}+9|\vec{b}|^2$

$=13|\vec{a}|^2$ （①より）

$|3\vec{a}-2\vec{b}|^2=9|\vec{a}|^2-12\vec{a}\cdot\vec{b}+4|\vec{b}|^2$

$=13|\vec{a}|^2$ （①より）

ゆえに　$|2\vec{a}+3\vec{b}|^2=|3\vec{a}-2\vec{b}|^2$

よって　$|2\vec{a}+3\vec{b}|=|3\vec{a}-2\vec{b}|$

テスト対策

〔内積の利用〕

・ベクトルのなす角 $\theta\longrightarrow\cos\theta=\dfrac{\vec{a}\cdot\vec{b}}{|\vec{a}||\vec{b}|}$

・ベクトルの大きさ ⟶ $|\quad|^2$ を作り内積を計算。

・ベクトルの垂直 ⟶ $\vec{a}\cdot\vec{b}=0\iff\vec{a}\perp\vec{b}$

426

答　$\dfrac{1}{6}(b^2+3c^2-a^2)$

検討　辺 BC の中点を M とすると, 重心 G は線分 AM を 2：1 に内分する点だから

$\overrightarrow{AG}=\dfrac{2}{3}\overrightarrow{AM}=\dfrac{2}{3}\cdot\dfrac{1}{2}(\overrightarrow{AB}+\overrightarrow{AC})$

$=\dfrac{1}{3}(\overrightarrow{AB}+\overrightarrow{AC})$

よって　$\overrightarrow{AB}\cdot\overrightarrow{AG}=\dfrac{1}{3}\overrightarrow{AB}\cdot(\overrightarrow{AB}+\overrightarrow{AC})$

$=\dfrac{1}{3}(|\overrightarrow{AB}|^2+\overrightarrow{AB}\cdot\overrightarrow{AC})$

ところで　$|\overrightarrow{BC}|^2=|\overrightarrow{AC}-\overrightarrow{AB}|^2$

$=|\overrightarrow{AC}|^2-2\overrightarrow{AB}\cdot\overrightarrow{AC}+|\overrightarrow{AB}|^2$

$BC=a$, $CA=b$, $AB=c$ であるから

$\overrightarrow{AB}\cdot\overrightarrow{AC}=\frac{1}{2}(b^2+c^2-a^2)$

これを上の式に代入して

$\overrightarrow{AB}\cdot\overrightarrow{AG}=\frac{1}{3}\left\{c^2+\frac{1}{2}(b^2+c^2-a^2)\right\}$

$=\frac{1}{6}(b^2+3c^2-a^2)$

427

答　**$OA\perp BC$ だから**

$\overrightarrow{OA}\cdot\overrightarrow{BC}=\overrightarrow{OA}\cdot(\overrightarrow{OC}-\overrightarrow{OB})=0$

ゆえに　$\overrightarrow{OA}\cdot\overrightarrow{OC}=\overrightarrow{OA}\cdot\overrightarrow{OB}$　……①

$OB\perp CA$ だから

$\overrightarrow{OB}\cdot\overrightarrow{CA}=\overrightarrow{OB}\cdot(\overrightarrow{OA}-\overrightarrow{OC})=0$

ゆえに　$\overrightarrow{OA}\cdot\overrightarrow{OB}=\overrightarrow{OB}\cdot\overrightarrow{OC}$　……②

①，②より

$\overrightarrow{OA}\cdot\overrightarrow{OB}=\overrightarrow{OB}\cdot\overrightarrow{OC}=\overrightarrow{OC}\cdot\overrightarrow{OA}$　……③

ところで

$\overrightarrow{OC}\cdot\overrightarrow{AB}=\overrightarrow{OC}\cdot(\overrightarrow{OB}-\overrightarrow{OA})$

$=\overrightarrow{OB}\cdot\overrightarrow{OC}-\overrightarrow{OC}\cdot\overrightarrow{OA}$

$=0$　（③より）

よって　$OC\perp AB$

応用問題 本冊 p. 131

428

答　正三角形

検討　与式より　$\overrightarrow{AB}\cdot\overrightarrow{BC}=\overrightarrow{CA}\cdot\overrightarrow{AB}$

ゆえに　$\overrightarrow{AB}\cdot(\overrightarrow{AC}-\overrightarrow{AB})=-\overrightarrow{AB}\cdot\overrightarrow{AC}$

よって　$|\overrightarrow{AB}|^2=2\overrightarrow{AB}\cdot\overrightarrow{AC}$　……①

また　$\overrightarrow{BC}\cdot\overrightarrow{CA}=\overrightarrow{CA}\cdot\overrightarrow{AB}$

ゆえに　$-\overrightarrow{AC}\cdot(\overrightarrow{AC}-\overrightarrow{AB})=-\overrightarrow{AB}\cdot\overrightarrow{AC}$

よって　$|\overrightarrow{AC}|^2=2\overrightarrow{AB}\cdot\overrightarrow{AC}$　……②

次に　$|\overrightarrow{BC}|^2=|\overrightarrow{AC}-\overrightarrow{AB}|^2$

$=|\overrightarrow{AC}|^2-2\overrightarrow{AB}\cdot\overrightarrow{AC}+|\overrightarrow{AB}|^2$

①，②を代入すると

$|\overrightarrow{BC}|^2=2\overrightarrow{AB}\cdot\overrightarrow{AC}$　……③

①，②，③より　$|\overrightarrow{AB}|^2=|\overrightarrow{AC}|^2=|\overrightarrow{BC}|^2$

よって　$|\overrightarrow{AB}|=|\overrightarrow{AC}|=|\overrightarrow{BC}|$

したがって，△ABC は正三角形。

(別解)

$\overrightarrow{AB}\cdot\overrightarrow{BC}=\overrightarrow{BC}\cdot\overrightarrow{CA}$ より　$\overrightarrow{BC}\cdot(\overrightarrow{AB}+\overrightarrow{AC})=0$

辺 BC の中点を M とすると，

$\overrightarrow{AM}=\frac{1}{2}(\overrightarrow{AB}+\overrightarrow{AC})$ だから　$\overrightarrow{BC}\cdot(2\overrightarrow{AM})=0$

ゆえに　$BC\perp AM$　　よって　$AB=AC$

また，$\overrightarrow{BC}\cdot\overrightarrow{CA}=\overrightarrow{CA}\cdot\overrightarrow{AB}$ より

$\overrightarrow{CA}\cdot(\overrightarrow{BC}+\overrightarrow{BA})=0$

辺 CA の中点を N とすると，

$\overrightarrow{BN}=\frac{1}{2}(\overrightarrow{BC}+\overrightarrow{BA})$ だから　$\overrightarrow{CA}\cdot(2\overrightarrow{BN})=0$

ゆえに　$CA\perp BN$　　よって　$BC=BA$

したがって　$AB=AC=BC$

よって，△ABC は正三角形。

429

答　正三角形

検討　$\vec{a}+\vec{b}+\vec{c}=\vec{0}$ より　$\vec{c}=-\vec{a}-\vec{b}$,

$|\vec{a}|=|\vec{b}|=|\vec{c}|$ より　$|\vec{a}|^2=|\vec{b}|^2=|\vec{c}|^2$

よって　$|\vec{a}|^2=|\vec{b}|^2=|-\vec{a}-\vec{b}|^2$

ゆえに　$|\vec{a}|^2=|\vec{b}|^2=|\vec{a}|^2+2\vec{a}\cdot\vec{b}+|\vec{b}|^2$

よって　$2\vec{a}\cdot\vec{b}=-|\vec{a}|^2=-|\vec{b}|^2$　……①

このとき　$AB^2-BC^2=|\vec{b}-\vec{a}|^2-|\vec{c}-\vec{b}|^2$

$=|\vec{b}-\vec{a}|^2-|-\vec{a}-2\vec{b}|^2$

$=-3(|\vec{b}|^2+2\vec{a}\cdot\vec{b})=0$ (①より)

よって　$AB=BC$

同様にして，$AB=CA$ が導かれる。

430

答　**$AB=AC$ の二等辺三角形**

検討　与式より　$|\vec{b}|^2-|\vec{c}|^2=2\vec{a}\cdot\vec{b}-2\vec{a}\cdot\vec{c}$

よって　$|\vec{b}|^2-2\vec{a}\cdot\vec{b}=|\vec{c}|^2-2\vec{a}\cdot\vec{c}$

この式の両辺に $|\vec{a}|^2$ を加えると

$|\vec{b}|^2-2\vec{a}\cdot\vec{b}+|\vec{a}|^2=|\vec{c}|^2-2\vec{a}\cdot\vec{c}+|\vec{a}|^2$

よって　$|\vec{b}-\vec{a}|^2=|\vec{c}-\vec{a}|^2$

$\vec{b}-\vec{a}=\overrightarrow{OB}-\overrightarrow{OA}=\overrightarrow{AB}$,

$\vec{c}-\vec{a}=\overrightarrow{OC}-\overrightarrow{OA}=\overrightarrow{AC}$ だから

$|\overrightarrow{AB}|^2=|\overrightarrow{AC}|^2$　　よって　$AB=AC$

すなわち，△ABC は AB＝AC の二等辺三角形。

(別解)

$|\vec{b}|^2-|\vec{c}|^2=(\vec{b}+\vec{c})\cdot(\vec{b}-\vec{c})$ だから，

与式は　$(\vec{b}+\vec{c})\cdot(\vec{b}-\vec{c})-2\vec{a}\cdot(\vec{b}-\vec{c})=0$

よって　$(\vec{b}+\vec{c}-2\vec{a})\cdot(\vec{b}-\vec{c})=0$

$\vec{b}-\vec{c}=\overrightarrow{OB}-\overrightarrow{OC}=\overrightarrow{CB}$

辺 BC の中点を M とすると，$\overrightarrow{OM}=\frac{1}{2}(\vec{b}+\vec{c})$

だから　$\vec{b}+\vec{c}-2\vec{a}=2\overrightarrow{OM}-2\overrightarrow{OA}=2\overrightarrow{AM}$

ゆえに　$2\overrightarrow{AM}\cdot\overrightarrow{CB}=0$　よって　AM⊥CB

よって，AM が辺 BC の垂直二等分線となるから，△ABC は AB＝AC の二等辺三角形。

43 ベクトル方程式

基本問題　本冊 p. 133

431

答 (1) $\vec{p}=\vec{c}+t(\vec{b}-\vec{a})$

(2) $4x-3y+2=0$

検討 (2) 点 (1, 2) の位置ベクトルを $\vec{a}$ とすれば

$\vec{p}=\vec{a}+t\vec{b}$　　$(x,\ y)=(1,\ 2)+t(3,\ 4)$

$x=1+3t,\ y=2+4t$

2 式より t を消去すればよい。

テスト対策

〔直線の方程式の表示〕

・位置ベクトルと媒介変数で表示する。

・成分と媒介変数で表示する。$\vec{p}=(x,\ y)$

・座標系で表示する……媒介変数を消去する。

432

答 $x+y=3$

検討 $\overrightarrow{OP}=\overrightarrow{OA}+t\overrightarrow{AB}$ を成分で表すと

$(x,\ y)=(1,\ 2)+t(-2,\ 2)$

ゆえに　$x=1-2t,\ y=2+2t$ (媒介変数表示)

t を消去すると　$x+y=3$

433

答 **O と線分 AB の中点を通る直線**

$|\vec{a}|=|\vec{b}|$ のときは ∠AOB の二等分線

検討 AB の中点を M とし，$\overrightarrow{OM}=\vec{m}$ とすれば，$\vec{a}+\vec{b}=2\vec{m}$ であるから　$\vec{p}=2t\vec{m}$

また，$|\vec{a}|=|\vec{b}|$ のとき，△OAB は二等辺三角形であるから，∠AOB の二等分線を表す。

434

答 $(-1,\ 8)$

検討 $\vec{p}=(1,\ 2)+t(-1,\ 3)$

$=(1-t,\ 2+3t)$　……①

$\vec{p}=(3,\ 6)+s(2,\ -1)$

$=(3+2s,\ 6-s)$　……②

①，②より　$1-t=3+2s,\ 2+3t=6-s$

これを解くと　$t=2,\ s=-2$

①に代入して　$\vec{p}=(1-2,\ 2+6)=(-1,\ 8)$

435

答 **原点を中心とする半径 a の円**

検討 $P(x,\ y)$ とすると

$\overrightarrow{AP}=(x+a,\ y),\ \overrightarrow{BP}=(x-a,\ y)$

$\overrightarrow{AP}\cdot\overrightarrow{BP}=0$ より　$(x+a)(x-a)+y^2=0$

よって　$x^2+y^2=a^2$

これは点 A，B を直径の両端とする円である。

436

答 **$A(-\vec{a})$ を中心とする半径 $2|\vec{a}|$ の円**

検討 $\vec{p}\cdot\vec{p}+2\vec{a}\cdot\vec{p}-3\vec{a}\cdot\vec{a}=0$

$\vec{p}\cdot\vec{p}+2\vec{a}\cdot\vec{p}+\vec{a}\cdot\vec{a}-4\vec{a}\cdot\vec{a}=0$

$(\vec{p}+\vec{a})\cdot(\vec{p}+\vec{a})=4\vec{a}\cdot\vec{a}$

$|\vec{p}+\vec{a}|^2=4|\vec{a}|^2$

ゆえに　$|\vec{p}+\vec{a}|=2|\vec{a}|$

よって　$|\vec{p}-(-\vec{a})|=2|\vec{a}|$

$-\vec{a}$ を位置ベクトルとする点を A とすると，$A(-\vec{a})$ を中心とする半径 $2|\vec{a}|$ の円。

437

答　位置ベクトル $\vec{a}$, $\vec{b}$ で表される点を A, B とすると

(1) A を中心とし, B を通る円 (半径 AB)

(2) B を通り OA に垂直な直線

(3) A を中心とし, O を通る円 (半径 OA)

検討　位置ベクトル $\vec{a}$, $\vec{b}$, $\vec{p}$ で表される点を A, B, P とすると, (O は位置ベクトルの基点)

(1) $|\vec{p}-\vec{a}|=|\vec{b}-\vec{a}| \iff |\overrightarrow{AP}|=|\overrightarrow{AB}|$

(2) $\vec{p}\cdot\vec{a}=\vec{a}\cdot\vec{b}$ より　$\vec{p}\cdot\vec{a}-\vec{a}\cdot\vec{b}=0$

よって　$\vec{a}\cdot(\vec{p}-\vec{b})=0 \iff \overrightarrow{OA}\perp\overrightarrow{BP}$

(3) $\vec{p}\cdot\vec{p}=2\vec{p}\cdot\vec{a}$ より　$\vec{p}\cdot\vec{p}-2\vec{a}\cdot\vec{p}=0$

$\vec{p}\cdot\vec{p}-2\vec{a}\cdot\vec{p}+\vec{a}\cdot\vec{a}=\vec{a}\cdot\vec{a}$

よって　$|\vec{p}-\vec{a}|^2=|\vec{a}|^2 \iff |\vec{p}-\vec{a}|=|\vec{a}|$

$\iff |\overrightarrow{AP}|=|\overrightarrow{OA}|$

438

答　P$(x,\ y)$ が点 A$(x_1,\ y_1)$ における接線上にある条件は　$\overrightarrow{AP}\perp\overrightarrow{OA} \iff \overrightarrow{AP}\cdot\overrightarrow{OA}=0$

$\overrightarrow{AP}=(x-x_1,\ y-y_1)$, $\overrightarrow{OA}=(x_1,\ y_1)$ だから

$x_1(x-x_1)+y_1(y-y_1)=0$

ゆえに　$x_1x+y_1y=x_1^2+y_1^2$

A は円上の点だから　$x_1^2+y_1^2=r^2$

よって　$x_1x+y_1y=r^2$

応用問題 ･･････････････････ 本冊 p. 135

439

答 (1) $l:\vec{p}\cdot(\vec{b}-\vec{a})=0$, $m:(\vec{p}-\vec{a})\cdot\vec{b}=0$

(2) H の位置ベクトルを $\vec{h}$ とすれば

$\vec{h}\cdot(\vec{b}-\vec{a})=0$ かつ $(\vec{h}-\vec{a})\cdot\vec{b}=0$

ゆえに　$\vec{h}\cdot\vec{a}=\vec{h}\cdot\vec{b}=\vec{a}\cdot\vec{b}$　……①

$\overrightarrow{BH}\cdot\overrightarrow{OA}=(\vec{h}-\vec{b})\cdot\vec{a}=\vec{h}\cdot\vec{a}-\vec{a}\cdot\vec{b}$

①より　$\overrightarrow{BH}\cdot\overrightarrow{OA}=0$　　よって　BH⊥OA

検討　このような点 H を △OAB の垂心という。

440

答　接線上の任意の点 X の位置ベクトルを $\vec{x}$ とすれば

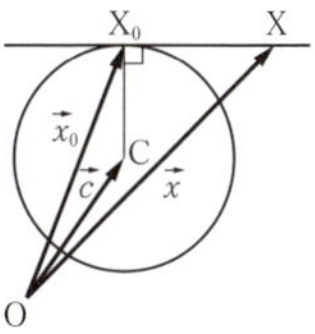

$\overrightarrow{X_0X}=\vec{x}-\vec{x_0}$

$\overrightarrow{CX_0}=\vec{x_0}-\vec{c}$

$|\vec{x_0}-\vec{c}|=r$

$\overrightarrow{X_0X}\perp\overrightarrow{CX_0}$ であるから

$\overrightarrow{X_0X}\cdot\overrightarrow{CX_0}=0 \iff (\vec{x}-\vec{x_0})\cdot(\vec{x_0}-\vec{c})=0$

よって　$(\vec{x}-\vec{c}+\vec{c}-\vec{x_0})\cdot(\vec{x_0}-\vec{c})=0$

$(\vec{x}-\vec{c})\cdot(\vec{x_0}-\vec{c})=|\vec{x_0}-\vec{c}|^2=r^2$

44 空間の座標

基本問題 ･･････････････････ 本冊 p. 136

441

答 (1) $\overrightarrow{AC}=\vec{b}+\vec{d}$, $\overrightarrow{AF}=\vec{b}+\vec{e}$, $\overrightarrow{AH}=\vec{d}+\vec{e}$

(2) $\vec{b}=\frac{1}{2}(\vec{p}+\vec{q}-\vec{r})$, $\vec{d}=\frac{1}{2}(\vec{r}+\vec{p}-\vec{q})$,

$\vec{e}=\frac{1}{2}(\vec{q}+\vec{r}-\vec{p})$

(3) $\overrightarrow{AG}=\frac{1}{2}(\vec{p}+\vec{q}+\vec{r})$

検討 (2)は, (1)を $\vec{b}$, $\vec{d}$, $\vec{e}$ について解く。

442

答　A$(\vec{a})$, B$(\vec{b})$, C$(\vec{c})$, D$(\vec{d})$ とすると, K, L, M, N は

K$\left(\frac{\vec{a}+\vec{b}}{2}\right)$, L$\left(\frac{\vec{b}+\vec{c}}{2}\right)$, M$\left(\frac{\vec{c}+\vec{d}}{2}\right)$, N$\left(\frac{\vec{d}+\vec{a}}{2}\right)$

となり　$\overrightarrow{KL}=\overrightarrow{NM}=\frac{\vec{c}-\vec{a}}{2}$

よって, 四角形 KLMN は平行四辺形である。

443

答　$\overrightarrow{OG}=\frac{1}{3}(\vec{a}+\vec{b}+\vec{c})$

また　$\overrightarrow{OL}=\frac{1}{2}(\vec{a}+\vec{b})$, $\overrightarrow{OM}=\frac{1}{2}(\vec{b}+\vec{c})$,

$\overrightarrow{ON}=\frac{1}{2}(\vec{c}+\vec{a})$

ゆえに

$$\overrightarrow{OG'}=\frac{1}{3}\left\{\frac{1}{2}(\vec{a}+\vec{b})+\frac{1}{2}(\vec{b}+\vec{c})+\frac{1}{2}(\vec{c}+\vec{a})\right\}$$
$$=\frac{1}{3}(\vec{a}+\vec{b}+\vec{c})$$

よって，G と G′ は一致する。

テスト対策

〔三角形の重心〕

空間の 3 点 A，B，C の位置ベクトルが $\vec{a}$，$\vec{b}$，$\vec{c}$ であるとき，△ABC の重心 G の位置ベクトル $\vec{g}$ は

$$\vec{g}=\frac{1}{3}(\vec{a}+\vec{b}+\vec{c})$$

444

答　O を基点として，点 A，B，C の位置ベクトルを $\vec{a}$，$\vec{b}$，$\vec{c}$ とすると

$\overrightarrow{OG}=\frac{1}{3}(\vec{a}+\vec{b}+\vec{c})$

また，$\overrightarrow{OG_1}=\frac{1}{3}(\vec{a}+\vec{b})$，$\overrightarrow{OG_2}=\frac{1}{3}(\vec{b}+\vec{c})$，

$\overrightarrow{OG_3}=\frac{1}{3}(\vec{c}+\vec{a})$ より

$\overrightarrow{OG_4}=\frac{1}{3}(\overrightarrow{OG_1}+\overrightarrow{OG_2}+\overrightarrow{OG_3})=\frac{2}{9}(\vec{a}+\vec{b}+\vec{c})$

ゆえに　$\overrightarrow{OG_4}=\frac{2}{3}\overrightarrow{OG}$

よって，3 点 O，G_4，G は一直線上にある。

445

答　x 軸 (1, 0, 0)，y 軸 (0, 2, 0)，z 軸 (0, 0, 3)，xy 平面 (−1, −2, 0)，yz 平面 (0, −2, −3)，zx 平面 (−1, 0, −3)

446

答　(1) (−1, −2, −3)
(2) (1, −2, −3)　(3) (−1, −2, 3)
(4) (1, 2, −3)　(5) (0, 3, 4)
(6) (−2, 1, −4)　(7) (3, 1, 0)

検討　(2) x 軸に引いた垂線と x 軸との交点 (1, 0, 0) が中点となる。

(4) xy 平面に引いた垂線と xy 平面との交点 (1, 2, 0) が中点となる。

(5) 平面 $x=1$ に引いた垂線と平面 $x=1$ との交点 (1, 3, 4) が中点となる。

応用問題 本冊 p. 138

447

答　この平面上の任意の点 P に対して，$\overrightarrow{AP}=l\overrightarrow{AB}+m\overrightarrow{AC}$ であるような実数 l，m が存在する。

また，$\overrightarrow{AP}=\overrightarrow{OP}-\vec{a}$，$\overrightarrow{AB}=\vec{b}-\vec{a}$，$\overrightarrow{AC}=\vec{c}-\vec{a}$ だから，上式に代入すれば

$\overrightarrow{OP}-\vec{a}=l(\vec{b}-\vec{a})+m(\vec{c}-\vec{a})$

ゆえに　$\overrightarrow{OP}=(1-l-m)\vec{a}+l\vec{b}+m\vec{c}$

$1-l-m=k$ とおくと

$\overrightarrow{OP}=k\vec{a}+l\vec{b}+m\vec{c}$，$k+l+m=1$

448

答　(1) $\overrightarrow{OS}=\frac{1}{7}\vec{b}+\frac{2}{7}\vec{c}$

(2) BT : CT = 2 : 1

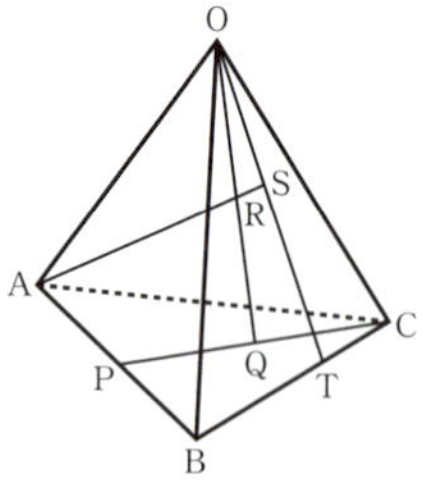

検討　(1) $\overrightarrow{OP}=\vec{p}$，$\overrightarrow{OQ}=\vec{q}$，$\overrightarrow{OR}=\vec{r}$ とおくと，題意から

$\vec{p}=\frac{\vec{a}+\vec{b}}{2}$

$\vec{q}=\frac{\vec{p}+\vec{c}}{2}$

$=\frac{\vec{a}+\vec{b}+2\vec{c}}{4}$

$\vec{r}=\frac{\vec{q}}{2}=\frac{\vec{a}+\vec{b}+2\vec{c}}{8}$

ところで，点 S は平面 OBC 上の点であるから，$\overrightarrow{OS}=m\overrightarrow{OB}+n\overrightarrow{OC}=m\vec{b}+n\vec{c}$ と表される。

また，点 S は AR の延長上の点であるから

$\overrightarrow{OS}=\overrightarrow{OA}+k\overrightarrow{AR}=\vec{a}+k(\vec{r}-\vec{a})$

$=\left(1-\frac{7}{8}k\right)\vec{a}+\frac{k}{8}\vec{b}+\frac{k}{4}\vec{c}$

ゆえに　$1-\frac{7}{8}k=0$，$\frac{k}{8}=m$，$\frac{k}{4}=n$

よって　$k=\frac{8}{7}$，$m=\frac{1}{7}$，$n=\frac{2}{7}$

したがって　$\overrightarrow{OS}=\frac{1}{7}\vec{b}+\frac{2}{7}\vec{c}$

(2) (1)より，$\frac{7}{3}\overrightarrow{OS}=\frac{\vec{b}+2\vec{c}}{3}=\overrightarrow{OT'}$ とおくと，点 T′ は線分 BC を 2：1 に内分する点を表す。

また，$\overrightarrow{OT'}=\frac{7}{3}\overrightarrow{OS}$ より，点 T′ は OS の延長上の点である。したがって，点 T′ は T と一致し　BT：CT＝2：1

45 空間のベクトルと成分

基本問題 ……………… 本冊 p. 139

449

答 (1) $(3,\ 6,\ 9)$ (2) $(-2,\ -4,\ -6)$
(3) $(-4,\ 2,\ 4)$ (4) $(6,\ -3,\ -6)$
(5) $(-1,\ 3,\ 5)$ (6) $(3,\ 1,\ 1)$
(7) $(-4,\ 7,\ 12)$ (8) $(-11,\ -2,\ -1)$

検討 z 成分がはいっただけである。平面のベクトルと同じように計算すればよい。

450

答 (1) $\vec{x}=(6,\ 8,\ -8)$，$|\vec{x}|=2\sqrt{41}$

(2) $\vec{x}=\left(\frac{8}{3},\ \frac{8}{3},\ -\frac{4}{3}\right)$，$|\vec{x}|=4$

検討 (1) $\vec{x}=\vec{a}-3\vec{b}$
$=(3,\ 2,\ 1)-3(-1,\ -2,\ 3)$
$=(3+3,\ 2+6,\ 1-9)$

451

答 $m=\frac{7}{2}$，$n=-1$

検討 $(6,\ 8,\ 4)=m(2,\ 4,\ 2)+n(1,\ 6,\ 3)$
$6=2m+n$，$8=4m+6n$，$4=2m+3n$
この 3 式を満たす m，n を求めればよい。

452

答 $\vec{d}=-3\vec{a}+\vec{b}+2\vec{c}$

検討 $p\vec{a}+q\vec{b}+r\vec{c}$
$=p(-3,\ 1,\ 2)+q(2,\ 0,\ 3)$
$\quad+r(-1,\ 4,\ -1)$
$=(-3p+2q-r,\ p+4r,\ 2p+3q-r)$

$\begin{cases}-3p+2q-r=9\\ p+4r=5\\ 2p+3q-r=-5\end{cases}$ を満たす p，q，r を求めればよい。

453

答 (1) $(-1,\ -2,\ -2)$ (2) $(-2,\ 1,\ 3)$
(3) $(3,\ 1,\ -1)$ (4) $(1,\ -3,\ -5)$

検討 (3) $\overrightarrow{CB}+\overrightarrow{BA}=\overrightarrow{CA}$
(4) $\overrightarrow{AB}+\overrightarrow{CB}=\overrightarrow{AB}-\overrightarrow{BC}$

454

答 (1) $\overrightarrow{AB}=(6,\ 2,\ -2)$，$|\overrightarrow{AB}|=2\sqrt{11}$
$\overrightarrow{AC}=(18,\ 6,\ -6)$，$|\overrightarrow{AC}|=6\sqrt{11}$

(2) 3 点 A，B，C が一直線上にあることは，$\overrightarrow{AB}=t\overrightarrow{AC}$ となる実数 t が存在することを示せばよい。

$(6,\ 2,\ -2)=t(18,\ 6,\ -6)$ より，$t=\frac{1}{3}$
であるから，3 点は一直線上にある。

455

答 $x=2$，$y=2$

検討 3 点 A，B，C が一直線上にあるための条件は，$\overrightarrow{AB}=t\overrightarrow{AC}$ となる実数 t が存在することである。
$(x-1,\ 3-y,\ -2)=t(2,\ 4-y,\ -4)$ より
$x-1=2t$，$3-y=(4-y)t$，$-2=-4t$
第 3 式より，$t=\frac{1}{2}$ となるので，x，y を求めればよい。

456

答 (1) $\left(-\frac{2}{3},\ 0,\ 0\right)$ (2) $\left(-1,\ \frac{7}{2},\ 0\right)$

検討 (1) 求める点を P$(x,\ 0,\ 0)$ とおくと
$|\overrightarrow{AP}|=|\overrightarrow{BP}| \iff |\overrightarrow{AP}|^2=|\overrightarrow{BP}|^2$
よって
$(x-4)^2+(-4)^2+(-5)^2=(x-7)^2+(-2)^2$

(2) 求める点を P$(x,\ y,\ 0)$ とおくと
$|\overrightarrow{AP}|=|\overrightarrow{BP}|=|\overrightarrow{CP}| \iff |\overrightarrow{AP}|^2=|\overrightarrow{BP}|^2=|\overrightarrow{CP}|^2$
よって　$x^2+(y-4)^2+(-3)^2$
$=(x-1)^2+(y-2)^2+(-2)^2$
$=(x+2)^2+(y-4)^2+3^2$

457

答 (1) **0** (2) **−4** (3) **0** (4) **4** (5) **−4**

検討 2つのベクトルのなす角は

(1) 90° (2) 180° (3) 90°

(4) $\overrightarrow{BG}=\overrightarrow{AH}$ で，△AFH は正三角形だから

$\angle FAH=60°$ $\overrightarrow{AF}$ と $\overrightarrow{BG}$ のなす角も 60°

(5) △AFC は正三角形だから $\angle AFC=60°$

$\overrightarrow{AF}$ と $\overrightarrow{FC}$ のなす角は $180°-60°=120°$

458

答 (1) **6** (2) **−3**

応用問題

本冊 p. 141

459

答 (1) $\mathbf{B(1,\ \sqrt{3},\ 0)}$，$\mathbf{C\left(1,\ \frac{\sqrt{3}}{3},\ \pm\frac{2\sqrt{6}}{3}\right)}$

(2) 点 **H** は，**C** から xy 平面に引いた垂線と xy 平面との交点だから $\mathbf{H\left(1,\ \frac{\sqrt{3}}{3},\ 0\right)}$

一方，△**OAB** の重心を **G** とすると

$\overrightarrow{OG}=\frac{1}{3}(\overrightarrow{OA}+\overrightarrow{OB})$

$=\frac{1}{3}(3,\ \sqrt{3},\ 0)=\left(1,\ \frac{\sqrt{3}}{3},\ 0\right)$

よって，点 **H** と **G** が一致するから，**H** は △**OAB** の重心である。

検討 (1) △OAB は正三角形だから，

B$(1,\ \sqrt{3},\ 0)$，C$(x,\ y,\ z)$ とすると，

$|\overrightarrow{OC}|=|\overrightarrow{AC}|=|\overrightarrow{BC}|=2$ だから

$x^2+y^2+z^2=(x-2)^2+y^2+z^2$

$=(x-1)^2+(y-\sqrt{3})^2+z^2=4$

これを解いて x，y，z を求める。

460

答 **A(−3, 2, 8)**，**B(7, −4, −2)**，**C(5, −2, 0)**

検討 題意より $2\overrightarrow{OL}=\overrightarrow{OB}+\overrightarrow{OC}$，

$2\overrightarrow{OM}=\overrightarrow{OC}+\overrightarrow{OA}$，$2\overrightarrow{ON}=\overrightarrow{OA}+\overrightarrow{OB}$

これを $\overrightarrow{OA}$，$\overrightarrow{OB}$，$\overrightarrow{OC}$ について解くと

$\overrightarrow{OA}=-\overrightarrow{OL}+\overrightarrow{OM}+\overrightarrow{ON}$

$\overrightarrow{OB}=\overrightarrow{OL}-\overrightarrow{OM}+\overrightarrow{ON}$

$\overrightarrow{OC}=\overrightarrow{OL}+\overrightarrow{OM}-\overrightarrow{ON}$

これを成分で表す。

テスト対策

点の座標とベクトルの成分表示は一体の関係。つまり，点 A$(a_1,\ a_2,\ a_3)$ のとき，$\overrightarrow{OA}=(a_1,\ a_2,\ a_3)$ であることを，問題解決の中で自由に使えるようにしよう。

461

答 $\boldsymbol{a=0}$，$\boldsymbol{b=-1}$

検討 内積が1だから $-a+2b+3=1$

ゆえに $a=2b+2$

よって，b が整数のとき，a も整数で

$|a+b|=|3b+2|=3\left|b+\frac{2}{3}\right|$

$b=0$ のとき $|a+b|=2$

$b=-1$ のとき $|a+b|=1$

$|a+b|$ が最小となる a，b は $a=0$，$b=-1$

46 空間のベクトルの応用

基本問題

本冊 p. 142

462

答 (1) $\boldsymbol{\vec{a}\cdot\vec{b}=0}$，**90°** (2) $\boldsymbol{\vec{a}\cdot\vec{b}=-\sqrt{6}}$，**120°**

検討 (2) $\cos\theta=\frac{-\sqrt{6}}{\sqrt{3}\cdot 2\sqrt{2}}=-\frac{1}{2}$

よって $\theta=120°$

463

答 **135°**

検討 $\vec{a}\cdot\vec{b}=|\vec{a}||\vec{b}|\cos 45°=1\cdot 1\cdot\frac{1}{\sqrt{2}}=\frac{\sqrt{2}}{2}$

$(\sqrt{2}\vec{a}-\vec{b})\cdot(\sqrt{2}\vec{b}-\vec{a})$

$=-\sqrt{2}|\vec{a}|^2-\sqrt{2}|\vec{b}|^2+3\vec{a}\cdot\vec{b}$

$=-\sqrt{2}-\sqrt{2}+\frac{3\sqrt{2}}{2}=-\frac{\sqrt{2}}{2}$

$|\sqrt{2}\vec{a}-\vec{b}|^2=2|\vec{a}|^2-2\sqrt{2}\vec{a}\cdot\vec{b}+|\vec{b}|^2$

$=2-2+1=1$

$|\sqrt{2}\vec{b}-\vec{a}|^2=2|\vec{b}|^2-2\sqrt{2}\vec{a}\cdot\vec{b}+|\vec{a}|^2$
$=2-2+1=1$

ゆえに　$\cos\theta=\dfrac{(\sqrt{2}\vec{a}-\vec{b})\cdot(\sqrt{2}\vec{b}-\vec{a})}{|\sqrt{2}\vec{a}-\vec{b}||\sqrt{2}\vec{b}-\vec{a}|}=-\dfrac{\sqrt{2}}{2}$

よって　$\theta=135°$

464

答　(1) $\boldsymbol{a=-4}$　(2) $\boldsymbol{b=-1}$

検討　$\vec{a}\perp\vec{b} \Longleftrightarrow \vec{a}\cdot\vec{b}=0$ を用いる。

465

答　$\left(\pm\dfrac{2\sqrt{21}}{7},\ \mp\dfrac{\sqrt{21}}{7},\ \mp\dfrac{4\sqrt{21}}{7}\right)$（複号同順）

検討　求めるベクトルを $\vec{x}=(x,\ y,\ z)$ とする。
$\vec{x}\perp\vec{a}$ より　$\vec{x}\cdot\vec{a}=0$
すなわち　$3x+2y+z=0$　……①
$\vec{x}\perp\vec{b}$ より　$\vec{x}\cdot\vec{b}=0$
すなわち　$x-2y+z=0$　……②
また，$|\vec{x}|=3$ より　$x^2+y^2+z^2=3^2$　……③
①－② より　$x=-2y$　……④
④を①に代入して　$z=4y$　……⑤
④，⑤を③に代入して　$21y^2=9$
よって　$y=\pm\dfrac{\sqrt{21}}{7}$

466

答　(1) $\boldsymbol{x+2y-z+6=0}$　(2) $\boldsymbol{z=-2}$
(3) $\boldsymbol{3x-4y+5z+5=0}$

検討　(1) 求める平面の法線ベクトルが
$(1,\ 2,\ -1)$ であるから
$1\cdot(x-1)+2(y+2)-1\cdot(z-3)=0$
(3) 平面 $3x-4y+5z-1=0$ の法線ベクトル $\vec{n}$ は　$\vec{n}=(3,\ -4,\ 5)$
求める平面の法線ベクトルも $\vec{n}$ と考えてよいから　$3(x-1)-4(y-2)+5z=0$

467

答　$\boldsymbol{x-2y-2z+12=0}$

検討　求める方程式を
$ax+by+cz+d=0$　……①
とする。①に3点の座標を代入して
$3b+3c+d=0,\ b+5c+d=0,$
$-4a+3b+c+d=0$
これを $b,\ c,\ d$ について解くと
$b=-2a,\ c=-2a,\ d=12a$
①に代入して
$ax-2ay-2az+12a=0$　……②
$a=0$ とすると，1次方程式にならないから不適。ゆえに　$a\neq 0$
そこで，②の両辺を a で割って
$x-2y-2z+12=0$

468

答　(1) $\boldsymbol{\dfrac{25}{7}}$　(2) $\boldsymbol{3}$

469

答　(1) $\boldsymbol{(x-1)^2+(y-2)^2+(z-3)^2=1}$
(2) $\boldsymbol{(x-1)^2+(y-2)^2+(z-1)^2=6}$
(3) $\boldsymbol{x^2+(y-3)^2+(z-4)^2=6}$

検討　(2) $(x-1)^2+(y-2)^2+(z-1)^2=r^2$
とおいて，$(0,\ 0,\ 0)$ を代入すれば　$r^2=6$
(3) 中点が中心となるから　中心 $(0,\ 3,\ 4)$
半径は　$\dfrac{1}{2}\sqrt{(-4)^2+(-2)^2+2^2}=\sqrt{6}$
あるいは，$\mathrm{A}(2,\ 4,\ 3)$，$\mathrm{B}(-2,\ 2,\ 5)$ とし，動点を $\mathrm{P}(x,\ y,\ z)$ とすると，$\overrightarrow{\mathrm{AP}}\perp\overrightarrow{\mathrm{BP}}$ だから　$\overrightarrow{\mathrm{AP}}\cdot\overrightarrow{\mathrm{BP}}=0$
したがって
$(x-2)(x+2)+(y-4)(y-2)+(z-3)(z-5)=0$
よって　$x^2+(y-3)^2+(z-4)^2=6$

470

答　中心 $\boldsymbol{(2,\ 4,\ 2)}$，半径 $\boldsymbol{7}$

検討　$x^2+y^2+z^2+ax+by+cz+d=0$ とおき，4点の座標を代入すると

$$\begin{cases}21-a-2b+4c+d=0\\45-4a+2b+5c+d=0\\45+5a+2b-4c+d=0\\129+4a+7b+8c+d=0\end{cases}$$

これらを解いて

$a=-4,\ b=-8,\ c=-4,\ d=-25$

$x^2+y^2+z^2-4x-8y-4z-25=0$

よって　$(x-2)^2+(y-4)^2+(z-2)^2=7^2$

471

答　(1) 中心 $(\mathbf{1},\ \mathbf{-2},\ \mathbf{0})$，半径 $\mathbf{3}$ の球面

(2) 中心 $(\mathbf{-2},\ \mathbf{6},\ \mathbf{-3})$，半径 $\mathbf{7}$ の球面

検討　(1) $(x-1)^2+(y+2)^2+z^2=3^2$

(2) $(x+2)^2+(y-6)^2+(z+3)^2=7^2$

応用問題

本冊 p. 144

472

答　$\mathbf{AB}\perp\mathbf{CD}$ だから

$\overrightarrow{AB}\cdot\overrightarrow{CD}=\overrightarrow{AB}\cdot(\overrightarrow{AD}-\overrightarrow{AC})=0$

ゆえに　$\overrightarrow{AB}\cdot\overrightarrow{AD}=\overrightarrow{AB}\cdot\overrightarrow{AC}$　……①

同様に，$\mathbf{AC}\perp\mathbf{BD}$ だから

$\overrightarrow{AC}\cdot\overrightarrow{BD}=\overrightarrow{AC}\cdot(\overrightarrow{AD}-\overrightarrow{AB})=0$

ゆえに　$\overrightarrow{AC}\cdot\overrightarrow{AD}=\overrightarrow{AB}\cdot\overrightarrow{AC}$　……②

①，②より　$\overrightarrow{AB}\cdot\overrightarrow{AD}=\overrightarrow{AC}\cdot\overrightarrow{AD}$

ゆえに　$(\overrightarrow{AB}-\overrightarrow{AC})\cdot\overrightarrow{AD}=\overrightarrow{CB}\cdot\overrightarrow{AD}=0$

よって　$\mathbf{AD}\perp\mathbf{BC}$

473

答　$\angle\mathbf{C}=\mathbf{90}^\circ$ の直角三角形

検討　与式を変形すると

$|\overrightarrow{AB}|^2=\overrightarrow{AB}\cdot\overrightarrow{AC}-\overrightarrow{AB}\cdot(\overrightarrow{AC}-\overrightarrow{AB})+\overrightarrow{CA}\cdot\overrightarrow{CB}$

$=\overrightarrow{AB}\cdot\overrightarrow{AC}-\overrightarrow{AB}\cdot\overrightarrow{AC}+|\overrightarrow{AB}|^2+\overrightarrow{CA}\cdot\overrightarrow{CB}$

ゆえに　$\overrightarrow{CA}\cdot\overrightarrow{CB}=0$　よって　$\angle ACB=90^\circ$

474

答　$\boldsymbol{x+5y-8z-2=0,\ 7x+5y+4z-14=0}$

検討　2 平面に下ろした垂線の長さが等しい点 $(x,\ y,\ z)$ の軌跡を求めればよい。

$$\frac{|3x+5y-4z-6|}{5\sqrt{2}}=\frac{|x-y+4z-2|}{3\sqrt{2}}$$

よって

$3(3x+5y-4z-6)=\pm5(x-y+4z-2)$

475

答　$\boldsymbol{R=\dfrac{a^2}{3}}$

検討　中心 $(0,\ 0,\ 0)$ からこの平面に下ろした垂線の長さが，この球面の半径 $\sqrt{R}$ に等しいことから　$\dfrac{|-a|}{\sqrt{1^2+1^2+1^2}}=\sqrt{R}$

476

答　$\boldsymbol{x^2+y^2+z^2=56}$

接点の座標 $(\mathbf{2},\ \mathbf{4},\ \mathbf{-6})$

検討　平面の法線ベクトルは　$(1,\ 2,\ -3)$

したがって，接点を H とすると

$\overrightarrow{OH}=k(1,\ 2,\ -3)=(k,\ 2k,\ -3k)$

接点は平面上にあるから

$k+4k+9k=28$　　ゆえに　$k=2$

よって　$\overrightarrow{OH}=(2,\ 4,\ -6)$

$|\overrightarrow{OH}|^2=2^2+4^2+(-6)^2=56$

求める球面の方程式は　$x^2+y^2+z^2=56$

47 等差数列

基本問題

本冊 p. 145

477

答　(1) **7，16**　(2) **6，−3**　(3) **−8，64**

(4) **81，−243**

478

答　(1) **1，4，7，10，13**

(2) **2，6，18，54，162**

(3) **3，1，3，1，3**

(4) $\boldsymbol{\frac{1}{2},\ -\frac{1}{3},\ -\frac{3}{4},\ -1,\ -\frac{7}{6}}$

(5) **−1，1，−1，1，−1**

(6) **1，0，−1，0，1**

479

答　(1) **1，3，5，7，9**

(2) **2，−3，−8，−13，−18**

480

答　(1) **6，16，**$\boldsymbol{a_n=5n-4}$

(2) **0，−4，**$\boldsymbol{a_n=-2n+2}$

(3) **23，44，**$\boldsymbol{a_n=7n+16}$

(4) **7, 11, $\boldsymbol{a_n=4n-1}$**

検討 初項 a, 公差 d が求められないか。

(1) $a=1$, $a_3=11=a+2d$ ゆえに $d=5$

よって $a_n=5n-4$

これより $a_2=6$, $a_4=16$

(2) $a_2=-2=a+d$, $a_4=-6=a+3d$

ゆえに $a=0$, $d=-2$

よって $a_n=-2n+2$

これより $a_1=0$, $a_3=-4$

(3) $a_2=30$, $a_3=37$ より $d=7$, $a=23$

ゆえに $a_n=7n+16$

これより $a_1=23$, $a_4=44$

(4) $a=3$, $a_4=15$ より $d=4$

ゆえに $a_n=4n-1$

これより $a_2=7$, $a_3=11$

481

答 (1) $\boldsymbol{a_n=2n+1}$, $\boldsymbol{a_{10}=21}$

(2) $\boldsymbol{a_n=5n-20}$, $\boldsymbol{a_{10}=30}$

(3) $\boldsymbol{a_n=-7n+107}$, $\boldsymbol{a_{10}=37}$

(4) $\boldsymbol{a_n=\frac{10}{3}n-2}$, $\boldsymbol{a_{10}=\frac{94}{3}}$

検討 (1) $a_n=3+2(n-1)=2n+1$

(2) 初項を a とすると

$a_8=a+5(8-1)=20$ より $a=-15$

ゆえに $a_n=-15+5(n-1)=5n-20$

(3) 公差を d とすると

$a_7=100+6d=58$ より $d=-7$

ゆえに $a_n=100-7(n-1)=-7n+107$

(4) 初項を a, 公差を d とすると

$a+2d=8$, $a+5d=18$

これを解いて $a=\frac{4}{3}$, $d=\frac{10}{3}$

ゆえに $a_n=\frac{4}{3}+\frac{10}{3}(n-1)=\frac{10}{3}n-2$

テスト対策

〔等差数列〕

等差数列は**初項**と**公差**がわかれば決まる。したがって，第 k 項と第 l 項が与えられた等差数列の一般項を求めるには，初項を a, 公差を d として，a と d を求めればよい。

482

答 (1) $\boldsymbol{\frac{n(3n+1)}{2}}$ (2) $\boldsymbol{n(9-n)}$

(3) $\boldsymbol{n(11-3n)}$ (4) $\boldsymbol{\frac{-n(3n+1)}{2}}$

検討 初項を a, 公差を d とする。

(1) $a=2$, $d=5-2=3$ より

$$S_n=\frac{n\{4+3(n-1)\}}{2}=\frac{n(3n+1)}{2}$$

(2) $a=8$, $d=6-8=-2$ より

$$S_n=\frac{n\{16-2(n-1)\}}{2}=n(9-n)$$

(3) $a=8$, $d=2-8=-6$ より

$$S_n=\frac{n\{16-6(n-1)\}}{2}=n(11-3n)$$

(4) $a=-2$, $d=-5+2=-3$ より

$$S_n=\frac{n\{-4-3(n-1)\}}{2}=\frac{-n(3n+1)}{2}$$

483

答 (1) **96** (2) **5300** (3) **140**

検討 (1) $S_8=\frac{8(3+21)}{2}=96$

(2) 初項を a, 公差を d とすれば，$a_{59}=70$, $a_{66}=84$ より

$$\begin{cases} a+58d=70 & \cdots\cdots① \\ a+65d=84 & \cdots\cdots② \end{cases}$$

②−① より $7d=14$ ゆえに $d=2$

$d=2$ を①に代入して a を求めると $a=-46$

よって $S_{100}=\frac{100(-92+2\times99)}{2}=5300$

(3) $a_1=2+3=5$, $a_{10}=20+3=23$ より

$$S_{10}=\frac{10(5+23)}{2}=140$$

484

答 $\boldsymbol{\frac{b-a}{n+1}}$

検討 公差を d とすれば，初項は a で，b は第 $(n+2)$ 項であるから $b=a+(n+2-1)d$

よって $d=\frac{b-a}{n+1}$

485

答 **初項 6，公差 4**

検討 初項を a，公差を d とする。第 5 項が 22 であるから　$a+4d=22$　……①

第 5 項までの和が 70 であることから

$\frac{5(2a+4d)}{2}=70$

ゆえに　$a+2d=14$　……②

①－② より　$2d=8$　　ゆえに　$d=4$

これを②に代入して　$a+8=14$

よって　$a=6$

486

答 **11 個，3861**

検討 $306=9\times34$，$396=9\times44$

よって，9 の倍数の個数は 11 個。

$S=\frac{11(306+396)}{2}=3861$

487

答 **第 27 項**

検討 初めて負の数となるものを第 n 項とすれば，初項 100，公差 -4 の等差数列であるから，$100+(n-1)\cdot(-4)<0$ となる最小の自然数 n を求めればよい。

すなわち，$n>26$ だから　$n=27$

応用問題 本冊 p. 147

488

答 (1) **315**　(2) **2418**

検討 (1) 3 でも 5 でも割り切れる数は 15 の倍数であるから　$1\leqq15n\leqq100$

n は整数より　$1\leqq n\leqq6$　　ゆえに，6 個。

したがって，初項 15，末項 90，項数 6 の等差数列の和である。

よって　$S=\frac{6(15+90)}{2}=315$

(2) 3 の倍数の個数は $1\leqq3n\leqq100$ より 33 個，5 の倍数の個数は $1\leqq5n\leqq100$ より 20 個である。

よって，求める和は，(3 の倍数の和)＋(5 の倍数の和)－(15 の倍数の和) より

$S=\frac{33(3+99)}{2}+\frac{20(5+100)}{2}-315=2418$

489

答 (1) **23478**　(2) **212008**

検討 (1) 3 でも 7 でも割り切れる数は 21 の倍数であるから，$21n$ (n は自然数) と書ける。

$21n$ は 3 桁であるから

$100\leqq21n\leqq999$　$4+\frac{16}{21}\leqq n\leqq47+\frac{12}{21}$

ゆえに　$5\leqq n\leqq47$

よって，その個数は　$47-4=43$(個)

$n=5$ のとき　$21n=105$，

$n=47$ のとき　$21n=987$

すなわち，求める和は，初項 105，末項 987，項数 43 の等差数列の和であるから

$S=\frac{43(105+987)}{2}=23478$

(2) (1)と同様にして，3 の倍数の和は，初項 102，末項 999，項数 300 の等差数列の和，

7 の倍数の和は，初項 105，末項 994，項数 128 の等差数列の和である。

よって，求める和は，(3 の倍数の和)＋(7 の倍数の和)－(21 の倍数の和) より

$S=\frac{300(102+999)}{2}+\frac{128(105+994)}{2}-23478$

$=212008$

490

答 (1) $\boldsymbol{a_n=-4n+5}$

(2) $\boldsymbol{a_n=3n^2-3n+1}$

(3) **$n\geqq2$ のとき**　$\boldsymbol{a_n=4n+1}$

$n=1$ のとき　$\boldsymbol{a_1=6}$

(4) **$n\geqq2$ のとき**　$\boldsymbol{a_n=3n^2-3n}$

$n=1$ のとき　$\boldsymbol{a_1=-1}$

(5) $\boldsymbol{a_n=2an-a+b}$

検討 $n\geqq2$ と $n=1$ のときを考えればよい。

(1) $n\geqq2$ のとき

$a_n=S_n-S_{n-1}$

$=-2n^2+3n-\{-2(n-1)^2+3(n-1)\}$

$=-4n+5$　……①

$n=1$ のとき　$a_1=S_1=-2+3=1$

ところで，①で $n=1$ を代入すると 1 となり，a_1 と一致する。

よって　$a_n=-4n+5\ (n\geqq 1)$

(2) $n\geqq 2$ のとき

$a_n=S_n-S_{n-1}=n^3-(n-1)^3$

$=3n^2-3n+1$　……①

$n=1$ のとき　$a_1=S_1=1$

ところで，①で $n=1$ を代入すると 1 となり，a_1 と一致する。

よって　$a_n=3n^2-3n+1\ (n\geqq 1)$

(3) $n\geqq 2$ のとき

$a_n=S_n-S_{n-1}$

$=2n^2+3n+1-\{2(n-1)^2+3(n-1)+1\}$

$=4n+1$　……①

$n=1$ のとき　$a_1=S_1=6$

ところで，①で $n=1$ を代入すると 5 となり，a_1 と一致しない。

よって　$a_1=6,\ a_n=4n+1\ (n\geqq 2)$

(4) $n\geqq 2$ のとき

$a_n=S_n-S_{n-1}$

$=n^3-n-1-\{(n-1)^3-(n-1)-1\}$

$=3n^2-3n$　……①

$n=1$ のとき　$a_1=S_1=-1$

ところで，①で $n=1$ を代入すると 0 となり，a_1 と一致しない。

よって　$a_1=-1,\ a_n=3n^2-3n\ (n\geqq 2)$

(5) $n\geqq 2$ のとき

$a_n=S_n-S_{n-1}$

$=an^2+bn-\{a(n-1)^2+b(n-1)\}$

$=2an-a+b$　……①

$n=1$ のとき　$a_1=S_1=a+b$

ところで，①で $n=1$ を代入すると $a+b$ となり，a_1 と一致する。

よって　$a_n=2an-a+b\ (n\geqq 1)$

テスト対策

数列 $\{a_n\}$ の初項から第 n 項までの和を S_n とするとき

$\boldsymbol{a_1=S_1}$

$\boldsymbol{a_n=S_n-S_{n-1}\ (n\geqq 2)}$

48 等比数列

基本問題 本冊 p. 148

491

答 (1) **32, 128, $a_n=2^{2n-1}$**

(2) **27, 81, $a_n=3^{n-1}$**

(3) **3, $\frac{1}{\sqrt{3}}$, $a_n=(\sqrt{3})^{4-n}$**

(4) **−32, 4, $a_n=(-2)^{7-n}$**

検討 (3) 公比　$1\div\sqrt{3}=\frac{1}{\sqrt{3}}$

(4) 公比　$-8\div 16=-\frac{1}{2}$

492

答 (1) **$a_n=2^{n-1}$, $a_5=16$**

(2) **$a_n=(-3)\cdot 2^{n-1}$, $a_5=-48$**

(3) **$a_n=4\cdot 3^{n-2}$, $a_5=108$**

(4) **$a_n=2^{5-n}$, $a_5=1$**

または $a_n=(-2)^{5-n}$, $a_5=1$

(5) **$a_n=5^{3-n}$, $a_5=\frac{1}{25}$**

検討 (3) 初項を a とすると，$a\cdot 3^2=12$ より

$a=\frac{4}{3}$　　よって　$a_n=\frac{4}{3}\cdot 3^{n-1}=4\cdot 3^{n-2}$

ゆえに　$a_5=4\cdot 3^3=108$

(4) 公比を r とすると　$16r^2=4$

よって　$r=\pm\frac{1}{2}$

$r=\frac{1}{2}$ のとき　$a_n=16\left(\frac{1}{2}\right)^{n-1}=2^{5-n}$

ゆえに　$a_5=2^0=1$

$r=-\frac{1}{2}$ のとき

$a_n=16\left(-\frac{1}{2}\right)^{n-1}=(-2)^4\cdot(-2)^{1-n}=(-2)^{5-n}$

ゆえに　$a_5=(-2)^0=1$

(5) 初項を a，公比を r とすると

$ar=5$　……①　　$ar^2=1$　……②

②÷① より　$r=\frac{1}{5}$

これを①に代入して a を求めると　$a=25$

よって　$a_n=25\left(\frac{1}{5}\right)^{n-1}=5^{3-n}$

ゆえに　$a_5=5^{3-5}=5^{-2}=\frac{1}{25}$

493

答　(1) $\boldsymbol{\frac{2}{3}\{1-(-2)^n\}}$
(2) $\boldsymbol{2(\sqrt{3}+1)\{(\sqrt{3})^n-1\}}$
(3) $\boldsymbol{27\left\{1-\left(\frac{1}{3}\right)^n\right\}}$　(4) $\boldsymbol{\frac{1}{2}(1-3^n)}$
(5) $\boldsymbol{\frac{64}{189}\left\{1-\left(-\frac{3}{4}\right)^n\right\}}$　(6) $\boldsymbol{\frac{3}{4}(3^n-1)}$

検討　(1) 初項が 2，公比が -2 だから

$$S_n=\frac{2\{1-(-2)^n\}}{1-(-2)}=\frac{2}{3}\{1-(-2)^n\}$$

(2) 初項が 4，公比が $\sqrt{3}$ だから

$$S_n=\frac{4\{(\sqrt{3})^n-1\}}{\sqrt{3}-1}=2(\sqrt{3}+1)\{(\sqrt{3})^n-1\}$$

(3) 初項が 18，公比が $\frac{1}{3}$ だから

$$S_n=\frac{18\left\{1-\left(\frac{1}{3}\right)^n\right\}}{1-\frac{1}{3}}=27\left\{1-\left(\frac{1}{3}\right)^n\right\}$$

(4) 初項が -1，公比が 3 だから

$$S_n=\frac{(-1)(1-3^n)}{1-3}=\frac{1}{2}(1-3^n)$$

(5) 初項が $\frac{16}{27}$，公比が $-\frac{3}{4}$ だから

$$S_n=\frac{\frac{16}{27}\left\{1-\left(-\frac{3}{4}\right)^n\right\}}{1-\left(-\frac{3}{4}\right)}=\frac{64}{189}\left\{1-\left(-\frac{3}{4}\right)^n\right\}$$

(6) 初項が $\frac{3}{2}$，公比が 3 だから

$$S_n=\frac{\frac{3}{2}(3^n-1)}{3-1}=\frac{3}{4}(3^n-1)$$

494

答　(1) **1275**　(2) **1023**　(3) **3069**
(4) **−29524**

検討　(1) $640=5\cdot 2^{n-1}$ より　$n=8$

よって　$S_8=\frac{5(2^8-1)}{2-1}=1275$

(2) 初項を a，公比を r とすると

$ar^4=-48$，$ar^7=384$

$r^3=-\frac{384}{48}=-8$　　ゆえに　$r=-2$

$a(-2)^4=-48$ より　$a=-3$

よって　$S_{10}=\frac{-3\{1-(-2)^{10}\}}{1-(-2)}=1023$

(3) 初項が 3，公比が 2 だから

$S_{10}=\frac{3(2^{10}-1)}{2-1}=3069$

(4) 初項を a，公比を r とすると

$ar^2=18$，$ar^3=-54$

これより　$r=-3$，$a=2$

よって　$S_{10}=\frac{2\{1-(-3)^{10}\}}{1-(-3)}=-29524$

495

答　**最小の数 2，最大の数 8**

検討　初項を $a(>0)$，公比を $r(>0)$ とすると

$a+ar+ar^2=14$，$a^3r^3=64$

第 2 式から　$ar=4$

これを第 1 式に代入すると

$a+4+\frac{16}{a}=14$　すなわち　$a^2-10a+16=0$

$(a-2)(a-8)=0$　　よって　$a=2$，8

$a=2$ でも $a=8$ でも，3 数は 2，4，8 となる。

496

答　(1) $\boldsymbol{-3\sqrt[3]{12}}$，$\boldsymbol{-2\sqrt[3]{18}}$
(2) **6，18，54 または −6，18，−54**

検討　(1) 初項 a，公比 r とすれば

$a=-9$，$ar^3=-4$ より　$r=\sqrt[3]{\frac{4}{9}}$

ゆえに　$ar=-9\times\sqrt[3]{\frac{4}{9}}=-3\sqrt[3]{12}$

$ar^2=-3\sqrt[3]{12}\times\sqrt[3]{\frac{4}{9}}=-2\sqrt[3]{18}$

(2) 同様にして，$a=2$，$ar^4=162$ より　$r=\pm 3$

$r=3$ のとき

$ar=2\times 3=6$，$ar^2=6\times 3=18$，

$ar^3=18\times 3=54$

$r=-3$ のとき

$ar=2\times(-3)=-6$，$ar^2=-6\times(-3)=18$，

$ar^3=18\times(-3)=-54$

497

答　等比数列をなすから　$b^2=ac$　……①

左辺－右辺$=\{(a+c)^2-b^2\}-(a^2+b^2+c^2)$

$=2ac-2b^2$

$=2(ac-b^2)=0$（①より）

検討　3数が等比数列をなす条件を思い出す。

応用問題

本冊 p. 150

498

答　$a=b=c$ のとき，なす。

検討　a, b, c が等差数列をなすための必要十分条件は　$2b=a+c$　……①

また，a, b, c が等比数列をなすための必要十分条件は　$b^2=ac$　……②

①，②より，b を消去すると　$(a-c)^2=0$

ゆえに　$a=c$　これを①に代入して　$b=c$

よって　$a=b=c$

逆に，$a=b=c$ のとき，①，②が成り立つ。

テスト対策

a, b, c の3数が，この順に

等差数列 $\Longleftrightarrow 2b=a+c$

等比数列 $\Longleftrightarrow b^2=ac$

499

答　$\dfrac{-1+\sqrt{5}}{2}<r<\dfrac{1+\sqrt{5}}{2}$

検討　三角形ができるための条件は，a, b, c が正で，$a+b>c$, $b+c>a$, $c+a>b$ が同時に成り立つことである。

a, b, c がこの順に等比数列をなすとして，$b=ar$, $c=ar^2$ を代入して，$a>0$ より

$r^2-r-1<0$　……①　$r^2+r-1>0$　……②

$r^2-r+1>0$　……③　$r>0$　……④

①より　$\dfrac{1-\sqrt{5}}{2}<r<\dfrac{1+\sqrt{5}}{2}$　……⑤

②より　$r<\dfrac{-1-\sqrt{5}}{2}$, $\dfrac{-1+\sqrt{5}}{2}<r$　……⑥

また，③は $r^2-r+1=\left(r-\dfrac{1}{2}\right)^2+\dfrac{3}{4}>0$ だから，つねに成り立つ。

したがって，④，⑤，⑥より

$\dfrac{-1+\sqrt{5}}{2}<r<\dfrac{1+\sqrt{5}}{2}$

500

答　(1) **3280**　(2) **9828**

検討　(1) $2187=3^7$

よって　$S=3^0+3^1+3^2+\cdots+3^7=\dfrac{3^8-1}{3-1}$

$=3280$

(2) 正の約数の総和 S は，$2^m\cdot5^n$（$m=0$, 1, 2, 3, 4, 5；$n=0$, 1, 2, 3）の和であるから

$S=(2^0+2^1+\cdots+2^5)(5^0+5^1+5^2+5^3)$

$=\dfrac{2^6-1}{2-1}\times\dfrac{5^4-1}{5-1}=9828$

501

答　$\dfrac{Ar(1+r)^n}{(1+r)^n-1}$（円）

検討　n 年後の年末を計算の時期とすると，借金の元利合計は　$A(1+r)^n$（円）　……①

a 円ずつ支払うとすると，返済金の総計は

$a+a(1+r)+a(1+r)^2+\cdots+a(1+r)^{n-1}$

$=\dfrac{a\{(1+r)^n-1\}}{r}$（円）　……②

①＝② より a を求めればよい。

502

答　等差数列であり，和は **375750**　等比数列ではない。

検討　$1500=3+(n-1)\times3$, $1500=3\cdot2^{n-1}$ に適する整数 n があるかどうかを調べればよい。

$1500=3+3(n-1)$ より　$n=500$

初項3，公差3の等差数列で，その和は

$S=\dfrac{500(3+1500)}{2}=375750$

また，$1500=3\cdot2^{n-1}$ に適する整数 n はない。

49 いろいろな数列

基本問題 本冊 p. 151

503

答 (1) $\sum_{k=1}^{n} 2k = n(n+1)$ (2) $\sum_{k=1}^{n} k = \frac{n(n+1)}{2}$

(3) $\sum_{k=1}^{n}(4k-3) = n(2n-1)$

(4) $\sum_{k=1}^{100}(3k-2) = 14950$ (5) $\sum_{k=1}^{10} k^2 = 385$

(6) $\sum_{k=1}^{10} k^3 = 3025$

504

答 (1) 120 (2) −155 (3) 1330

(4) $\frac{n(n+1)(n+5)}{3}$

(5) $\frac{n(n+1)(n+2)(3n-7)}{12}$

(6) −341 (7) 77 (8) −162

(9) $\frac{n(n+1)(2n+7)}{6}$

検討 (1) 与式 $=2\sum_{k=1}^{10} k + \sum_{k=1}^{10} 1$

$=2\times\frac{10\times11}{2}+10=120$

(2) 与式 $=\sum_{k=1}^{10} 1 - 3\sum_{k=1}^{10} k = 10-3\times\frac{10\times11}{2}=-155$

(3) 与式 $=\sum_{k=1}^{10}(4k^2-4k+1)$

$=4\sum_{k=1}^{10} k^2 - 4\sum_{k=1}^{10} k + \sum_{k=1}^{10} 1$

$=4\times\frac{10\times11\times21}{6}-4\times\frac{10\times11}{2}+10=1330$

(4) 与式 $=\sum_{k=1}^{n} k^2 + 3\sum_{k=1}^{n} k$

$=\frac{n(n+1)(2n+1)}{6}+3\times\frac{n(n+1)}{2}$

$=\frac{n(n+1)(n+5)}{3}$

(5) 与式 $=\sum_{k=1}^{n} k^3 - \sum_{k=1}^{n} k^2 - 2\sum_{k=1}^{n} k$

$=\left\{\frac{n(n+1)}{2}\right\}^2-\frac{n(n+1)(2n+1)}{6}$

$-2\times\frac{n(n+1)}{2}$

$=\frac{n(n+1)(n+2)(3n-7)}{12}$

(6) 初項 1，公比 −2 の等比数列の初項から第 10 項までの和であるから

与式 $=\frac{1-(-2)^{10}}{1-(-2)}=-341$

(7) 与式 $=\sum_{k=0}^{10} k + \sum_{k=0}^{10} 2 = \sum_{k=1}^{10} k + 2\times11$

$=\frac{10\times11}{2}+22=77$

(8) 与式 $=\sum_{k=1}^{10}(3-4k)-\sum_{k=1}^{4}(3-4k)$

$=3\times10-4\times\frac{10\times11}{2}-\left(3\times4-4\times\frac{4\times5}{2}\right)$

$=-162$

(9) 与式 $=\sum_{k=1}^{n+1} k^2 - \sum_{k=1}^{n+1} 1$

$=\frac{(n+1)(n+2)(2n+3)}{6}-(n+1)$

$=\frac{n(n+1)(2n+7)}{6}$

505

答 (1) $\sum_{k=1}^{n} k(k+2) = \frac{n(n+1)(2n+7)}{6}$

(2) $\sum_{k=1}^{n}(2k)^2 = \frac{2n(n+1)(2n+1)}{3}$

(3) $\sum_{k=1}^{n} k^2(k+1) = \frac{n(n+1)(n+2)(3n+1)}{12}$

(4) $\sum_{k=1}^{n}(k^2+k) = \frac{n(n+1)(n+2)}{3}$

検討 (1) 与式 $=\sum_{k=1}^{n} k(k+2) = \sum_{k=1}^{n} k^2 + 2\sum_{k=1}^{n} k$

$=\frac{n(n+1)(2n+1)}{6}+2\times\frac{n(n+1)}{2}$

$=\frac{n(n+1)(2n+7)}{6}$

(2) 与式 $=\sum_{k=1}^{n}(2k)^2 = 4\sum_{k=1}^{n} k^2$

$=\frac{2n(n+1)(2n+1)}{3}$

(3) 与式 $=\sum_{k=1}^{n} k^2(k+1) = \sum_{k=1}^{n} k^3 + \sum_{k=1}^{n} k^2$

$=\left\{\frac{n(n+1)}{2}\right\}^2+\frac{n(n+1)(2n+1)}{6}$

$=\frac{n(n+1)(n+2)(3n+1)}{12}$

(4) 与式$=\sum_{k=1}^{n}(k^2+k)=\sum_{k=1}^{n}k^2+\sum_{k=1}^{n}k$

$=\frac{n(n+1)(2n+1)}{6}+\frac{n(n+1)}{2}$

$=\frac{n(n+1)(n+2)}{3}$

テスト対策

〔数列の和の公式〕

$\sum_{k=1}^{n}k=\frac{n(n+1)}{2}$,

$\sum_{k=1}^{n}k^2=\frac{n(n+1)(2n+1)}{6}$,

$\sum_{k=1}^{n}k^3=\left\{\frac{n(n+1)}{2}\right\}^2$

の 3 つの公式は必ず覚えておくこと。

506

答 (1) $2^{n+1}-n-2$　(2) $\frac{n(n+1)(n+2)}{6}$

(3) $\frac{n(n+1)(n+2)}{6}$

検討 (1) $a_n=\frac{2^n-1}{2-1}=2^n-1$

$S_n=\sum_{k=1}^{n}(2^k-1)=\sum_{k=1}^{n}2^k-\sum_{k=1}^{n}1=\frac{2(2^n-1)}{2-1}-n$

$=2^{n+1}-n-2$

(2) $a_n=\sum_{k=1}^{n}k=\frac{n(n+1)}{2}$

$S_n=\sum_{k=1}^{n}\frac{k(k+1)}{2}=\frac{1}{2}\left(\sum_{k=1}^{n}k^2+\sum_{k=1}^{n}k\right)$

$=\frac{1}{2}\left\{\frac{n(n+1)(2n+1)}{6}+\frac{n(n+1)}{2}\right\}$

$=\frac{n(n+1)(n+2)}{6}$

(3) $S_n=\sum_{k=1}^{n}k(n+1-k)=(n+1)\sum_{k=1}^{n}k-\sum_{k=1}^{n}k^2$

$=(n+1)\times\frac{n(n+1)}{2}-\frac{n(n+1)(2n+1)}{6}$

$=\frac{n(n+1)(n+2)}{6}$

507

答 (1) $a_n=\frac{(n+1)(n+2)}{2}$,

$S_n=\frac{n(n^2+6n+11)}{6}$

(2) $a_n=\frac{2n^3-3n^2+n+6}{6}$, $S_n=\frac{n(n^3-n+12)}{12}$

(3) $a_n=\frac{3n^2-5n+4}{2}$, $S_n=\frac{n(n^2-n+2)}{2}$

(4) $a_n=3n^2-3n+1$, $S_n=n^3$

検討 (1) 階差数列 $\{b_n\}$ は，$b_n=n+2$ だから，$n\geqq2$ のとき

$a_n=3+\sum_{k=1}^{n-1}(k+2)=\frac{(n+1)(n+2)}{2}$ ……①

①で $n=1$ とすると 3 となり，a_1 と等しくなるから，$n=1$ のときも成り立つ。

よって，一般項は①である。

初項から第 n 項までの和は

$S_n=\sum_{k=1}^{n}\frac{(k+1)(k+2)}{2}=\frac{1}{2}\left(\sum_{k=1}^{n}k^2+3\sum_{k=1}^{n}k+\sum_{k=1}^{n}2\right)$

$=\frac{1}{2}\left\{\frac{n(n+1)(2n+1)}{6}+3\times\frac{n(n+1)}{2}+2n\right\}$

$=\frac{n(n^2+6n+11)}{6}$

(2) 階差数列 $\{b_n\}$ は，$b_n=n^2$ だから，$n\geqq2$ のとき

$a_n=1+\sum_{k=1}^{n-1}k^2=\frac{2n^3-3n^2+n+6}{6}$ ……①

①で $n=1$ とすると 1 となり，a_1 と等しくなる。

よって，一般項は①である。

また　$S_n=\sum_{k=1}^{n}\frac{2k^3-3k^2+k+6}{6}$

$=\frac{1}{6}\left[2\left\{\frac{n(n+1)}{2}\right\}^2-3\times\frac{n(n+1)(2n+1)}{6}\right.$

$\left.+\frac{n(n+1)}{2}+6n\right]$

$=\frac{n(n^3-n+12)}{12}$

(3) 階差数列 $\{b_n\}$ は，$b_n=3n-1$ だから，$n\geqq2$ のとき

$a_n=1+\sum_{k=1}^{n-1}(3k-1)=\frac{3n^2-5n+4}{2}$ ……①

①で $n=1$ とすると 1 となり，a_1 と等しくなる。

よって，一般項は①である。

また　$S_n=\sum_{k=1}^{n}\frac{3k^2-5k+4}{2}$

$=\frac{1}{2}\left\{3\times\frac{n(n+1)(2n+1)}{6}-5\times\frac{n(n+1)}{2}+4n\right\}$

$=\dfrac{n(n^2-n+2)}{2}$

(4) 階差数列 $\{b_n\}$ は，$b_n=6n$ だから，

$n\geqq2$ のとき

$a_n=1+\sum_{k=1}^{n-1}6k=3n^2-3n+1$ ……①

①で $n=1$ とすると 1 となり，a_1 と等しくなる。

よって，一般項は①である。

また　$S_n=\sum_{k=1}^{n}(3k^2-3k+1)$

$=3\times\dfrac{n(n+1)(2n+1)}{6}-3\times\dfrac{n(n+1)}{2}+n=n^3$

テスト対策

〔階差数列の利用〕

階差数列を利用して数列の一般項を求めるときには，まず **$n\geqq2$ のときの一般項**を求める。次に，この式で $n=1$ としたときの値と，初項を比較すること。

508

答　(1) $\dfrac{n}{2n+1}$　(2) $\dfrac{n(3n+5)}{4(n+1)(n+2)}$

検討　(1) $S_n=\sum_{k=1}^{n}\dfrac{1}{(2k-1)(2k+1)}$

$=\dfrac{1}{2}\sum_{k=1}^{n}\left(\dfrac{1}{2k-1}-\dfrac{1}{2k+1}\right)$

$=\dfrac{1}{2}\left\{\left(1-\dfrac{1}{3}\right)+\left(\dfrac{1}{3}-\dfrac{1}{5}\right)+\cdots\right.$

$+\left(\dfrac{1}{2n-3}-\dfrac{1}{2n-1}\right)$

$\left.+\left(\dfrac{1}{2n-1}-\dfrac{1}{2n+1}\right)\right\}$

$=\dfrac{1}{2}\left(1-\dfrac{1}{2n+1}\right)=\dfrac{n}{2n+1}$

(2) $S_n=\sum_{k=1}^{n}\dfrac{1}{k(k+2)}=\dfrac{1}{2}\sum_{k=1}^{n}\left(\dfrac{1}{k}-\dfrac{1}{k+2}\right)$

$=\dfrac{1}{2}\left\{\left(1-\dfrac{1}{3}\right)+\left(\dfrac{1}{2}-\dfrac{1}{4}\right)+\left(\dfrac{1}{3}-\dfrac{1}{5}\right)+\cdots\right.$

$+\left(\dfrac{1}{n-2}-\dfrac{1}{n}\right)+\left(\dfrac{1}{n-1}-\dfrac{1}{n+1}\right)$

$\left.+\left(\dfrac{1}{n}-\dfrac{1}{n+2}\right)\right\}$

$=\dfrac{1}{2}\left(1+\dfrac{1}{2}-\dfrac{1}{n+1}-\dfrac{1}{n+2}\right)=\dfrac{n(3n+5)}{4(n+1)(n+2)}$

応用問題 本冊 p. 154

509

答　異なる 2 項ずつの積の和：

$\dfrac{n(n-1)(n+1)(3n+2)}{24}$

連続しない 2 整数の積の和：

$\dfrac{n(n+1)(n-1)(n-2)}{8}$

検討　異なる 2 項ずつの積の和を S とすると

$(1+2+\cdots+n)^2=(1^2+2^2+\cdots+n^2)+2S$

よって

$S=\dfrac{1}{2}\left\{\dfrac{n^2(n+1)^2}{4}-\dfrac{n(n+1)(2n+1)}{6}\right\}$

$=\dfrac{n(n-1)(n+1)(3n+2)}{24}$

また，連続しない 2 整数の積の和 T は，S から次の S' をひけばよい。

$S'=1\cdot2+2\cdot3+\cdots+(n-1)n=\sum_{k=1}^{n-1}k(k+1)$

$=\sum_{k=1}^{n-1}k^2+\sum_{k=1}^{n-1}k=\dfrac{n(n-1)(n+1)}{3}$

よって

$T=\dfrac{n(n-1)(n+1)(3n+2)}{24}$

$-\dfrac{n(n-1)(n+1)}{3}$

$=\dfrac{n(n+1)(n-1)(n-2)}{8}$

510

答　(1) $a_n=\dfrac{3^n-1}{2}$，$S_n=\dfrac{3^{n+1}-2n-3}{4}$

(2) $a_n=\dfrac{n^3-3n^2+11n-3}{3}$，

$S_n=\dfrac{n(n^3-2n^2+17n+8)}{12}$

検討　(1) 階差数列 $\{b_n\}$ は，$b_n=3^n$ だから，

$n\geqq2$ のとき

$a_n=1+\sum_{k=1}^{n-1}3^k=\dfrac{3^n-1}{2}$ ……①

①で $n=1$ とすると 1 となり，a_1 と等しくなる。

よって，一般項は①である。

また　$S_n=\dfrac{1}{2}\left(\sum_{k=1}^{n}3^k-\sum_{k=1}^{n}1\right)=\dfrac{1}{2}\left(\dfrac{3^{n+1}-3}{2}-n\right)$

$$=\frac{3^{n+1}-2n-3}{4}$$

(2) 第二階差数列 $\{c_n\}$ は　$c_n=2n$

第一階差数列 $\{b_n\}$ は，$n\geqq 2$ のとき

$b_n=3+\sum_{k=1}^{n-1}2k=n^2-n+3$　……①

①で $n=1$ とすると 3 となり，b_1 と等しくなるから，$n=1$ でも①は成り立つ。

求める一般項 a_n は，$n\geqq 2$ のとき

$$a_n=2+\sum_{k=1}^{n-1}(k^2-k+3)$$

$$=\frac{n^3-3n^2+11n-3}{3}\quad\cdots\cdots②$$

②で $n=1$ とすると 2 となり，a_1 と等しくなるから，$n=1$ でも②は成り立つ。

次に，初項から第 n 項までの和は

$$S_n=\frac{1}{3}\sum_{k=1}^{n}(k^3-3k^2+11k-3)$$

$$=\frac{1}{3}\left[\left\{\frac{n(n+1)}{2}\right\}^2-3\times\frac{n(n+1)(2n+1)}{6}+11\times\frac{n(n+1)}{2}-3n\right]$$

$$=\frac{n(n^3-2n^2+17n+8)}{12}$$

511

答　(1) $\boldsymbol{\frac{n(n+2)}{3(2n+1)(2n+3)}}$　(2) $\boldsymbol{\frac{n}{2n+1}}$

検討　(1) $S_n=\sum_{k=1}^{n}\frac{1}{(2k-1)(2k+1)(2k+3)}$

$$=\frac{1}{4}\sum_{k=1}^{n}\left\{\frac{1}{(2k-1)(2k+1)}-\frac{1}{(2k+1)(2k+3)}\right\}$$

$$=\frac{1}{4}\left[\left(\frac{1}{1\cdot3}-\frac{1}{3\cdot5}\right)+\left(\frac{1}{3\cdot5}-\frac{1}{5\cdot7}\right)+\cdots+\left\{\frac{1}{(2n-1)(2n+1)}-\frac{1}{(2n+1)(2n+3)}\right\}\right]$$

$$=\frac{1}{4}\left\{\frac{1}{1\cdot3}-\frac{1}{(2n+1)(2n+3)}\right\}$$

$$=\frac{n(n+2)}{3(2n+1)(2n+3)}$$

(2) $S_n=\sum_{k=1}^{n}\frac{1}{(2k)^2-1}=\frac{1}{2}\sum_{k=1}^{n}\left(\frac{1}{2k-1}-\frac{1}{2k+1}\right)$

$$=\frac{1}{2}\left\{\left(1-\frac{1}{3}\right)+\left(\frac{1}{3}-\frac{1}{5}\right)+\cdots+\left(\frac{1}{2n-1}-\frac{1}{2n+1}\right)\right\}$$

$$=\frac{1}{2}\left(1-\frac{1}{2n+1}\right)=\frac{n}{2n+1}$$

512

答　(1) $\boldsymbol{x\neq1}$ **のとき**

$$\boldsymbol{S=\frac{(2n-1)x^{n+1}-(2n+1)x^n+x+1}{(1-x)^2}}$$

$\boldsymbol{x=1}$ **のとき**　$\boldsymbol{S=n^2}$

(2) $\boldsymbol{x\neq-1}$ **のとき**

$$\boldsymbol{S=\frac{1+(-1)^{n-1}\{(n+1)x^n+nx^{n+1}\}}{(1+x)^2}}$$

$\boldsymbol{x=-1}$ **のとき**　$\boldsymbol{S=\frac{n(n+1)}{2}}$

検討　(1) $S=1+3x+\cdots+(2n-1)x^{n-1}$　……①

$xS=\quad x+\cdots+(2n-3)x^{n-1}+(2n-1)x^n$　……②

①－② より

$(1-x)S=1+2x+\cdots+2x^{n-1}-(2n-1)x^n$

$x\neq1$ のとき

$$(1-x)S=\frac{2(1-x^n)}{1-x}-1-(2n-1)x^n$$

よって　$S=\frac{(2n-1)x^{n+1}-(2n+1)x^n+x+1}{(1-x)^2}$

$x=1$ のとき　$S=\sum_{k=1}^{n}(2k-1)=n^2$

(2) 与式を①とし，両辺を x 倍した式を②とすれば，①＋② より

$(1+x)S$

$=1-x+x^2-\cdots+(-1)^{n-1}x^{n-1}+(-1)^{n-1}nx^n$

$x\neq-1$ のとき

$$(1+x)S=\frac{1-(-x)^n}{1+x}+(-1)^{n-1}nx^n$$

よって　$S=\frac{1+(-1)^{n-1}\{(n+1)x^n+nx^{n+1}\}}{(1+x)^2}$

$x=-1$ のとき　$S=1+2+\cdots+n$

$$=\frac{n(n+1)}{2}$$

513

答　$\boldsymbol{a_n=\frac{2n+5}{3^n}}$，$\boldsymbol{S_n=4-\frac{n+4}{3^n}}$

検討　一般項は分母，分子別々に考えよ。和は

$$S_n=\frac{7}{3}+\frac{9}{3^2}+\frac{11}{3^3}+\cdots+\frac{2n+5}{3^n}\quad\cdots\cdots①$$

①$\times\frac{1}{3}$ より

$$\frac{1}{3}S_n=\frac{7}{3^2}+\frac{9}{3^3}+\cdots+\frac{2n+3}{3^n}+\frac{2n+5}{3^{n+1}}$$

……②

①－② より

$$\frac{2}{3}S_n=\frac{7}{3}+\frac{2}{3^2}+\frac{2}{3^3}+\cdots+\frac{2}{3^n}-\frac{2n+5}{3^{n+1}}$$

$$=\frac{7}{3}+2\cdot\frac{\frac{1}{9}\left\{1-\left(\frac{1}{3}\right)^{n-1}\right\}}{1-\frac{1}{3}}-\frac{2n+5}{3^{n+1}}$$

$$=\frac{8}{3}-\frac{2(n+4)}{3^{n+1}}$$

よって　$S_n=4-\dfrac{n+4}{3^n}$

514

答　(1) $\boldsymbol{\dfrac{n^2-n+2}{2}}$　(2) $\boldsymbol{\dfrac{n(n^2+1)}{2}}$

検討 (1) 区切りをとった自然数の列 1, 2, 3, …の k 番目の数は k である。第 n 群の最初の数が自然数の列の N 番目の数であるとすると，第 n 群には n 個の数が含まれているから

$$N=\{1+2+3+\cdots+(n-1)\}+1$$

$$=\frac{n(n-1)}{2}+1=\frac{n^2-n+2}{2}$$

よって，第 n 群の最初の数は　$\dfrac{n^2-n+2}{2}$

(2) 第 n 群の数列は，初項が $\dfrac{n^2-n+2}{2}$，公差が 1，項数が n の等差数列であるから，その和 S は

$$S=\frac{n\left\{2\times\frac{n^2-n+2}{2}+(n-1)\times1\right\}}{2}$$

$$=\frac{n(n^2+1)}{2}$$

50 漸化式

基本問題

本冊 p. 156

515

答　(1) **25**　(2) **−10**　(3) **32**　(4) **81**

検討 具体的に $n=1, 2, 3, 4$ を代入して順に求めればよい。

516

答　(1) $\boldsymbol{a_n=4n-3}$　(2) $\boldsymbol{a_n=2^{n-1}}$

(3) $\boldsymbol{a_n=-3n+4}$　(4) $\boldsymbol{a_n=(-2)^{n-1}}$

検討 (1) $a_{n+1}-a_n=4$ より，初項 1，公差 4 の等差数列である。

(2) $a_{n+1}\div a_n=2$ より，初項 1，公比 2 の等比数列である。

(3) 初項 1，公差 −3 の等差数列

(4) 初項 1，公比 −2 の等比数列

517

答　(1) $\boldsymbol{a_n=\dfrac{3^n}{2}-\dfrac{1}{2}}$　(2) $\boldsymbol{a_n=(-3)^{n-1}+1}$

(3) $\boldsymbol{a_n=2}$　(4) $\boldsymbol{a_n=6-3\left(\dfrac{1}{2}\right)^{n-1}}$

検討 (1) $a_{n+1}+\dfrac{1}{2}=3a_n+1+\dfrac{1}{2}$

$a_{n+1}+\dfrac{1}{2}=3\left(a_n+\dfrac{1}{2}\right)$ となり，数列 $\left\{a_n+\dfrac{1}{2}\right\}$ は，初項 $\dfrac{3}{2}$，公比 3 の等比数列より

$a_n+\dfrac{1}{2}=\dfrac{3}{2}\cdot3^{n-1}$　　よって　$a_n=\dfrac{3^n}{2}-\dfrac{1}{2}$

(2) $a_{n+1}-1=-3a_n+4-1$

$a_{n+1}-1=-3(a_n-1)$ となり，数列 $\{a_n-1\}$ は，初項 1，公比 −3 の等比数列より

$a_n-1=(-3)^{n-1}$　　よって　$a_n=(-3)^{n-1}+1$

(3) $a_{n+1}-2=\dfrac{1}{2}(a_n-2)$ となり，数列 $\{a_n-2\}$ は，初項 0，公比 $\dfrac{1}{2}$ の等比数列より　$a_n-2=0$

よって　$a_n=2$

(4) $a_{n+1}-6=\dfrac{1}{2}(a_n-6)$ となり，数列 $\{a_n-6\}$ は，

初項 -3，公比 $\frac{1}{2}$ の等比数列より

$a_n-6=(-3)\left(\frac{1}{2}\right)^{n-1}$

よって　$a_n=6-3\left(\frac{1}{2}\right)^{n-1}$

テスト対策

$a_{n+1}=pa_n+q$ $(p\neq1,\ q\neq0)$ の形の漸化式は，$\boldsymbol{\alpha=p\alpha+q}$ を満たす α を求めて，$\boldsymbol{a_{n+1}-\alpha=p(a_n-\alpha)}$ の形に変形する。

518

答　$\boldsymbol{a_n=\frac{3}{2}n^2-\frac{5}{2}n+2}$

検討　数列 $\{a_n\}$ の階差数列を $\{b_n\}$ とすれば

$b_n=a_{n+1}-a_n=3n-1$

$n\geqq2$ のとき

$a_n=a_1+\sum_{k=1}^{n-1}b_k=1+\sum_{k=1}^{n-1}(3k-1)$

$=1+3\sum_{k=1}^{n-1}k-\sum_{k=1}^{n-1}1=1+3\cdot\frac{(n-1)n}{2}-(n-1)$

$=\frac{3}{2}n^2-\frac{5}{2}n+2$

この式に $n=1$ を代入すると 1 となり，a_1 に一致する。したがって，求める一般項は

$a_n=\frac{3}{2}n^2-\frac{5}{2}n+2$

応用問題

本冊 p. 158

519

答　$\boldsymbol{a_n=n+\frac{1}{2}(7\cdot3^{n-1}+1)}$

検討　$a_{n+1}=3a_n-2n$　……①

で，n のかわりに $n-1$ とおくと

$a_n=3a_{n-1}-2n+2$ $(n\geqq2)$　……②

①−② より　$a_{n+1}-a_n=3(a_n-a_{n-1})-2$

数列 $\{a_n\}$ の階差数列を $\{b_n\}$ とすると

$b_n=3b_{n-1}-2$

また，$a_2=3a_1-2\cdot1=3\cdot5-2=13$ だから

$b_1=a_2-a_1=13-5=8$

このとき，$\alpha=3\alpha-2$ を満たす α の値 1 を用いて，$b_n-1=3(b_{n-1}-1)$ と表せる。

これは，数列 $\{b_n-1\}$ が，初項 $b_1-1=7$，公比 3 の等比数列であることを示す。

したがって　$b_n-1=7\cdot3^{n-1}$

よって　$b_n=7\cdot3^{n-1}+1$

$n\geqq2$ のとき

$a_n=a_1+\sum_{k=1}^{n-1}b_k=5+7\sum_{k=1}^{n-1}3^{k-1}+\sum_{k=1}^{n-1}1$

$=5+7\cdot\frac{3^{n-1}-1}{3-1}+(n-1)=n+\frac{1}{2}(7\cdot3^{n-1}+1)$

この式で $n=1$ とすると 5 となり，a_1 と等しくなる。

520

答　(1) $\boldsymbol{a_{n+1}=2a_n+1}$

(2) $\boldsymbol{a_n=2^n-1,\ \sum_{k=1}^{n}a_k=2^{n+1}-n-2}$

検討　(1) $a_{n+1}=\sum_{k=1}^{n}a_k+(n+1)$ $(n=1,\ 2,\ \cdots)$

……①

①と，①で n のかわりに $n-1$ とおいた式を辺々引いて，

$n\geqq2$ のとき　$a_{n+1}-a_n=a_n+1$

ゆえに　$a_{n+1}=2a_n+1$　……②

また，$a_1=1$，$a_2=a_1+2=3$ より，$n=1$ のときも②を満たす。

よって　$a_{n+1}=2a_n+1$ $(n=1,\ 2,\ \cdots)$

(2) (1)で求めた式の両辺に 1 を加えて

$a_{n+1}+1=2(a_n+1)$　また　$a_1+1=2$

よって，数列 $\{a_n+1\}$ は，初項 2，公比 2 の等比数列である。

ゆえに　$a_n+1=2^n$　　よって　$a_n=2^n-1$

また　$\sum_{k=1}^{n}a_k=a_{n+1}-(n+1)=2^{n+1}-1-(n+1)$

$=2^{n+1}-n-2$

521

答　(1) $\boldsymbol{b_{n+1}=\frac{1}{2}b_n+3}$　(2) $\boldsymbol{a_n=\frac{2^{n-1}}{3\cdot2^n-5}}$

検討　(1) 与式の逆数をとって　$\frac{1}{a_{n+1}}=\frac{1}{2a_n}+3$

よって　$b_{n+1}=\frac{1}{2}b_n+3$

(2) (1)の関係式の両辺から 6 を引いて

$b_{n+1}-6=\frac{1}{2}(b_n-6)$

ゆえに，$\{b_n-6\}$ は，初項 $b_1-6=-5$，公比 $\frac{1}{2}$ の等比数列だから　$b_n-6=-5\cdot\left(\frac{1}{2}\right)^{n-1}$

$b_n=6-\frac{5}{2^{n-1}}=\frac{3\cdot 2^n-5}{2^{n-1}}$

よって　$a_n=\frac{2^{n-1}}{3\cdot 2^n-5}$

522

答　(1) $\boldsymbol{b_{n+1}=2b_n+1}$　(2) $\boldsymbol{a_n=1-\frac{1}{3\cdot 2^{n-1}-1}}$

検討　(1) $a_{n+1}=\frac{2}{3-a_n}$ より

$1-a_{n+1}=1-\frac{2}{3-a_n}=\frac{1-a_n}{3-a_n}$

両辺の逆数をとって

$\frac{1}{1-a_{n+1}}=\frac{3-a_n}{1-a_n}=\frac{2}{1-a_n}+1$

$\frac{1}{1-a_n}=b_n$ とおくと　$b_{n+1}=2b_n+1$

(2) (1)の関係式の両辺に 1 を加えて

$b_{n+1}+1=2(b_n+1)$

ゆえに，$\{b_n+1\}$ は，初項 3，公比 2 の等比数列だから　$b_n+1=3\cdot 2^{n-1}$

$\frac{1}{1-a_n}=b_n$ より　$a_n=1-\frac{1}{b_n}$

よって　$a_n=1-\frac{1}{3\cdot 2^{n-1}-1}$

51 数学的帰納法

基本問題 本冊 p. 160

523

答　(1) (I) $\boldsymbol{n=1}$ のとき　左辺$=\boldsymbol{1}$　右辺$=\boldsymbol{1}$

よって，$\boldsymbol{n=1}$ のとき与式は成立。

(II) $\boldsymbol{n=k}$ のとき与式が成立すると仮定する。

$\boldsymbol{1+2+\cdots+k=\frac{1}{2}k(k+1)}$　……①

①の両辺に $\boldsymbol{k+1}$ を加えると

$\boldsymbol{1+2+\cdots+k+(k+1)}$

$\boldsymbol{=\frac{1}{2}k(k+1)+(k+1)}$

$\boldsymbol{=\frac{1}{2}(k+1)\{(k+1)+1\}}$

よって，$\boldsymbol{n=k+1}$ のときも与式が成立する。

したがって，(I)，(II)より，すべての自然数 $\boldsymbol{n}$ について与式は成立する。

(2) (I) $\boldsymbol{n=1}$ のとき　左辺$=$右辺$=\boldsymbol{1}$

(II) $\boldsymbol{n=k}$ のとき成り立つとすると

$\boldsymbol{1^2+2^2+\cdots+k^2+(k+1)^2}$

$\boldsymbol{=\frac{1}{6}k(k+1)(2k+1)+(k+1)^2}$

$\boldsymbol{=\frac{1}{6}(k+1)\{(k+1)+1\}\{2(k+1)+1\}}$

より，$\boldsymbol{n=k+1}$ のときも成り立つ。

したがって，すべての自然数 $\boldsymbol{n}$ について成り立つ。

(3) (I) $\boldsymbol{n=1}$ のとき　左辺$=$右辺$=\boldsymbol{1}$

(II) $\boldsymbol{n=k}$ のとき成り立つとすると

$\boldsymbol{1^2+3^2+\cdots+(2k-1)^2+(2k+1)^2}$

$\boldsymbol{=\frac{1}{3}k(2k-1)(2k+1)+(2k+1)^2}$

$\boldsymbol{=\frac{1}{3}(k+1)\{2(k+1)-1\}\{2(k+1)+1\}}$

より，$\boldsymbol{n=k+1}$ のときも成り立つ。

したがって，すべての自然数 $\boldsymbol{n}$ について成り立つ。

(4) (I) $\boldsymbol{n=1}$ のとき　左辺$=$右辺$=\boldsymbol{1}$

(II) $\boldsymbol{n=k}$ のとき成り立つとすると

$\boldsymbol{1+2+\cdots+2^{k-1}+2^k=2^k-1+2^k}$

$\boldsymbol{=2^{k+1}-1}$

より，$\boldsymbol{n=k+1}$ のときも成り立つ。

したがって，すべての自然数 $\boldsymbol{n}$ について成り立つ。

テスト対策

〔数学的帰納法による証明〕

数学的帰納法による証明では，第 2 段階の証明がポイントになる。$n=k$ のときに与式が成立することを必ず使うこと。

応用問題 本冊 p. 161

524

答　(1) (I) $\boldsymbol{n=1}$ のとき　左辺$=\boldsymbol{2}$　右辺$=\boldsymbol{2}$

(II) $\boldsymbol{n=k}$ のとき成立すると仮定する。

すなわち

$1\cdot3\cdot5\cdot\cdots\cdot(2k-1)\cdot2^k$
$=(k+1)(k+2)\cdot\cdots\cdot(2k)$ ……①

①の両辺に $2\{2(k+1)-1\}=2(2k+1)$ をかけると

$1\cdot3\cdot5\cdot\cdots\cdot(2k-1)(2k+1)\cdot2^{k+1}$
$=\{(k+1)(k+2)\cdot\cdots\cdot(2k)\}\cdot2(2k+1)$
$=\{(k+2)(k+3)\cdot\cdots\cdot(2k)(2k+1)\}\cdot2(k+1)$
$=\{(k+1)+1\}\{(k+1)+2\}\cdot\cdots\cdot\{2(k+1)\}$

これは，$n=k+1$ のときも与式が成立することを示している。

したがって，(I)，(II)より，すべての自然数 n について与式は成立する。

(2) (I) $n=1$ のとき　左辺$=\frac{1}{2}$　右辺$=\frac{1}{2}$

(II) $n=k$ のとき成立すると仮定する。

すなわち

$$1-\frac{1}{2}+\frac{1}{3}-\frac{1}{4}+\cdots+\frac{1}{2k-1}-\frac{1}{2k}$$
$$=\frac{1}{k+1}+\cdots+\frac{1}{2k} \quad \cdots\cdots①$$

①の両辺に $\frac{1}{2k+1}-\frac{1}{2(k+1)}$ を加えると

$$1-\frac{1}{2}+\cdots-\frac{1}{2k}+\frac{1}{2k+1}-\frac{1}{2(k+1)}$$
$$=\frac{1}{k+1}+\cdots+\frac{1}{2k}+\frac{1}{2k+1}-\frac{1}{2(k+1)}$$
$$=\frac{1}{k+2}+\cdots+\frac{1}{2k}+\frac{1}{2k+1}+\frac{1}{k+1}-\frac{1}{2(k+1)}$$
$$=\frac{1}{k+2}+\cdots+\frac{1}{2k}+\frac{1}{2k+1}+\frac{1}{2(k+1)}$$

よって，$n=k+1$ のときも与式は成立する。

したがって，(I)，(II)より，すべての自然数 n について与式は成立する。

525

答　(1) (I) $n=2$ のとき

左辺$=(1+x)^2=1+2x+x^2$　右辺$=1+2x$

$x>0$ より，$n=2$ のとき成立。

(II) $n=k\ (k\geqq2)$ のとき与式が成立すると仮定する。すなわち

$(1+x)^k>1+kx$ ……①

①の両辺に $1+x\ (1+x>0)$ を掛けると

$(1+x)^{k+1}>(1+kx)(1+x)$

$(1+x)^{k+1}>1+(k+1)x+kx^2$

ここで，k は自然数で，$x^2>0$ であるから

$kx^2>0$

よって　$(1+x)^{k+1}>1+(k+1)x$

すなわち，$n=k+1$ のときも与式は成立。

(I)，(II)より，2 以上の整数 n について与式は成立。

(2) (I) $n=2$ のとき　左辺$=\frac{3}{2}$　右辺$=\frac{4}{3}$

ゆえに，左辺>右辺 となり成立。

(II) $n=k\ (k\geqq2)$ のとき与式が成立すると仮定する。すなわち

$$1+\frac{1}{2}+\cdots+\frac{1}{k}>\frac{2k}{k+1} \quad \cdots\cdots①$$

①の両辺に $\frac{1}{k+1}$ を加えると

$$1+\frac{1}{2}+\cdots+\frac{1}{k}+\frac{1}{k+1}>\frac{2k}{k+1}+\frac{1}{k+1}$$

ところで　$\frac{2k}{k+1}+\frac{1}{k+1}-\frac{2(k+1)}{k+2}$

$$=\frac{k}{(k+1)(k+2)}>0$$

よって

$$1+\frac{1}{2}+\cdots+\frac{1}{k}+\frac{1}{k+1}>\frac{2(k+1)}{k+2}$$

すなわち，$n=k+1$ のときも与式は成立。

(I)，(II)より，2 以上の整数 n について与式は成立。

テスト対策

〔不等式の証明〕

数学的帰納法を使って不等式を証明するときは，$n=k+1$ のときにも成り立つような形にもっていくのがコツ。

52 確率分布

基本問題 本冊 p. 163

526

答

(1)

X	0	1	2	計
P	$\frac{1}{4}$	$\frac{1}{2}$	$\frac{1}{4}$	1

(2)

X	0	1	2	3	計
P	$\frac{1}{8}$	$\frac{3}{8}$	$\frac{3}{8}$	$\frac{1}{8}$	1

(3)

X	0	1	2	3	4	計
P	$\frac{1}{16}$	$\frac{1}{4}$	$\frac{3}{8}$	$\frac{1}{4}$	$\frac{1}{16}$	1

$P(X \leqq 2)=\frac{11}{16}$

検討 確率分布はふつう次のような表で表す。

変数 X	x_1	x_2	…	x_n	計
確率 P	p_1	p_2	…	p_n	1

このとき，$p_1+p_2+\cdots+p_n=1$ であることに注意する。

(1) $P(X=0)=\frac{{}_2C_0}{2^2}$，$P(X=1)=\frac{{}_2C_1}{2^2}$，

$P(X=2)=\frac{{}_2C_2}{2^2}$

(2)，(3)も同様である。

(3) $P(X \leqq 2)=P(X=0)+P(X=1)+P(X=2)$

$=\frac{1}{16}+\frac{1}{4}+\frac{3}{8}=\frac{11}{16}$

527

答

X	0	1	2	計
P	$\frac{1}{7}$	$\frac{4}{7}$	$\frac{2}{7}$	1

検討 X のとる値は 0，1，2 のいずれかである。赤球が 1 個も含まれていない確率 $P(X=0)$，赤球が 1 個含まれている確率 $P(X=1)$，赤球が 2 個含まれている確率 $P(X=2)$ を求める。

$P(X=0)=\frac{{}_3C_2}{{}_7C_2}=\frac{1}{7}$

$P(X=1)=\frac{{}_4C_1\times{}_3C_1}{{}_7C_2}=\frac{4}{7}$

$P(X=2)=\frac{{}_4C_2}{{}_7C_2}=\frac{2}{7}$

528

答

X	2	3	4	5	6
P	$\frac{1}{36}$	$\frac{1}{18}$	$\frac{1}{12}$	$\frac{1}{9}$	$\frac{5}{36}$

7	8	9	10	11	12	計
$\frac{1}{6}$	$\frac{5}{36}$	$\frac{1}{9}$	$\frac{1}{12}$	$\frac{1}{18}$	$\frac{1}{36}$	1

$P(3 \leqq X \leqq 6)=\frac{7}{18}$

検討 目の出方は　$6\times6=36$(通り)

和が 2 になるのは，(1，1) の 1 通り。

和が 3 になるのは，(1，2)，(2，1) の 2 通り。

和が 4 になるのは，(1，3)，(2，2)，(3，1) の 3 通り。

和が 5 になるのは，(1，4)，(2，3)，(3，2)，(4，1) の 4 通り。

以下，同様にして調べていけばよい。

また　$P(3 \leqq X \leqq 6)=\frac{1}{18}+\frac{1}{12}+\frac{1}{9}+\frac{5}{36}=\frac{7}{18}$

529

答

X	0	1	2	3	計
P	$\frac{7}{24}$	$\frac{21}{40}$	$\frac{7}{40}$	$\frac{1}{120}$	1

検討 $P(X=r)=\frac{{}_3C_r\times{}_7C_{3-r}}{{}_{10}C_3}$ $(r=0,\ 1,\ 2,\ 3)$

を求めればよい。

530

答 平均：$E(X)=\frac{9}{7}$，分散：$V(X)=\frac{24}{49}$

検討 $P(X=r)=\frac{{}_3C_r\times{}_4C_{3-r}}{{}_7C_3}$ $(r=0,\ 1,\ 2,\ 3)$

を求めて確率分布表を作ると次のようになる。

X	0	1	2	3	計
P	$\frac{4}{35}$	$\frac{18}{35}$	$\frac{12}{35}$	$\frac{1}{35}$	1

$$E(X)=0\times\frac{4}{35}+1\times\frac{18}{35}+2\times\frac{12}{35}+3\times\frac{1}{35}$$
$$=\frac{9}{7}$$

$$V(X)=0^2\times\frac{4}{35}+1^2\times\frac{18}{35}$$
$$+2^2\times\frac{12}{35}+3^2\times\frac{1}{35}-\left(\frac{9}{7}\right)^2$$
$$=\frac{24}{49}$$

531

答　**平均：$\boldsymbol{E(X)=8}$，標準偏差：$\boldsymbol{\sigma(X)=2}$**

検討　X のとりうる値は 4，7，10 である。

$X=4$ となるのは，2 枚とも 2 を取り出すときだから，その確率は　$\left(\frac{1}{3}\right)^2=\frac{1}{9}$

$X=7$ となるのは，2，5 のカードを 1 枚ずつ取り出すときだから，その確率は

$$\frac{1}{3}\times\frac{2}{3}+\frac{2}{3}\times\frac{1}{3}=\frac{4}{9}$$

$X=10$ となるのは，2 枚とも 5 を取り出すときだから，その確率は　$\left(\frac{2}{3}\right)^2=\frac{4}{9}$

よって，平均 $E(X)$ は

$$E(X)=4\times\frac{1}{9}+7\times\frac{4}{9}+10\times\frac{4}{9}=8$$

また，分散 $V(X)$ は

$$V(X)=(4-8)^2\times\frac{1}{9}+(7-8)^2\times\frac{4}{9}$$
$$+(10-8)^2\times\frac{4}{9}$$
$$=4$$

ゆえに，標準偏差 $\sigma(X)=\sqrt{V(X)}=2$

532

答　(1) $\boldsymbol{\frac{63}{125}}$　(2) $\boldsymbol{\frac{12}{25}}$　(3) $\boldsymbol{\frac{2}{25}}$　(4) **333**

検討　すべての場合の数は　$5^3=125$(通り)

(1) 和が奇数となるのは，次の 2 つの場合である。

(i) 3 つとも奇数である。

(ii) 1 つが奇数で 2 つが偶数である。

(i)の場合の数は　$3\times3\times3=27$(通り)

(ii)の場合の数は　${}_3C_1\times3\times2\times2=36$(通り)

よって，求める確率は　$\frac{27+36}{125}=\frac{63}{125}$

(2) a，b，c がすべて異なる場合の数は

${}_5P_3=5\cdot4\cdot3=60$(通り)

よって，求める確率は　$\frac{60}{125}=\frac{12}{25}$

(3) $a<b<c$ となるのは，${}_5C_3=10$(通り)である。

よって，求める確率は　$\frac{10}{125}=\frac{2}{25}$

(4) a の平均は

$$1\times\frac{1}{5}+2\times\frac{1}{5}+3\times\frac{1}{5}+4\times\frac{1}{5}+5\times\frac{1}{5}=3$$

同様に，b，c の平均も 3 である。

よって，求める平均は 333

533

答　**平均：$\boldsymbol{E(Y)=14}$，分散：$\boldsymbol{V(Y)=80}$**

検討　$E(X)=2$，$V(X)=5$ より

$$E(Y)=E(4X+6)=4E(X)+6$$
$$=4\times2+6=14$$
$$V(Y)=V(4X+6)=4^2V(X)$$
$$=16\times5=80$$

534

答　**80 円**

検討　取り出す白球の個数を Y とすると

$X=100Y-100$

Y のとりうる値は 1，2，3 で，確率分布は次のようになる。

Y	1	2	3	計
P	$\frac{3}{10}$	$\frac{3}{5}$	$\frac{1}{10}$	1

これより，Y の平均 $E(Y)$ は

$$E(Y)=1\times\frac{3}{10}+2\times\frac{3}{5}+3\times\frac{1}{10}=\frac{9}{5}$$

よって　$E(X)=100E(Y)-100$

$$=100\times\frac{9}{5}-100=80$$

535

答 $a=2$, $b=1$

検討 $E(X)=1$, $\sigma(X)=4$ より

$E(Y)=E(aX+b)=aE(X)+b=a+b$

$\sigma(Y)=\sigma(aX+b)=|a|\sigma(X)=4a \quad (a>0)$

$E(Y)=3$, $\sigma(Y)=8$ であるから

$a+b=3$, $4a=8$ よって $a=2$, $b=1$

536

答 平均：$E(3X-2Y)=-10$,
分散：$V(3X-2Y)=69$

検討 $E(X)=10$, $V(X)=5$, $E(Y)=20$, $V(Y)=6$ より

$$E(3X-2Y)=3E(X)-2E(Y)$$
$$=3\times10-2\times20=-10$$
$$V(3X-2Y)=V(3X)+V(-2Y)$$
$$=9V(X)+4V(Y)$$
$$=9\times5+4\times6=69$$

537

答 平均：$E(X+Y)=125$,
分散：$V(X+Y)=4375$

検討 $P(X=0)=\frac{1}{2}$, $P(X=100)=\frac{1}{2}$ より

$$E(X)=0\times\frac{1}{2}+100\times\frac{1}{2}=50$$
$$E(X^2)=0^2\times\frac{1}{2}+100^2\times\frac{1}{2}=5000$$
$$V(X)=E(X^2)-\{E(X)\}^2=5000-50^2=2500$$

また，$P(Y=0)=\frac{1}{8}$, $P(Y=50)=\frac{3}{8}$,

$P(Y=100)=\frac{3}{8}$, $P(Y=150)=\frac{1}{8}$ より

$$E(Y)=0\times\frac{1}{8}+50\times\frac{3}{8}+100\times\frac{3}{8}+150\times\frac{1}{8}$$
$$=75$$
$$E(Y^2)=0^2\times\frac{1}{8}+50^2\times\frac{3}{8}+100^2\times\frac{3}{8}+150^2\times\frac{1}{8}$$
$$=7500$$
$$V(Y)=E(Y^2)-\{E(Y)\}^2=7500-75^2=1875$$

よって $E(X+Y)=E(X)+E(Y)$
$$=50+75=125$$

さらに，X, Y は独立であるから

$$V(X+Y)=V(X)+V(Y)=2500+1875$$
$$=4375$$

応用問題 本冊 p. 167

538

答 (1) $\frac{3}{5}$ (2) $\frac{3}{10}$ (3) $\frac{3}{2}$

検討 (1) 5 枚のカードから 3 枚ぬき取る方法は ${}_5C_3$ 通り，2 以外の 4 枚のカードから 2 枚ぬき取る方法は ${}_4C_2$ 通りある。

よって，求める確率は $\frac{{}_4C_2}{{}_5C_3}=\frac{3}{5}$

(2) ぬき取られたカード 3 枚のうち 1 枚は 2 である。残りの 2 枚を 5，4，3 の 3 枚からぬき取る方法は ${}_3C_2$ 通りある。

よって，求める確率は $\frac{{}_3C_2}{{}_5C_3}=\frac{3}{10}$

(3) $x=1$ となる確率は $\frac{{}_4C_2}{{}_5C_3}=\frac{3}{5}$

$x=3$ となる確率は $\frac{{}_2C_2}{{}_5C_3}=\frac{1}{10}$

$x=4$ または $x=5$ となることはあり得ない。
したがって，平均は

$$1\times\frac{3}{5}+2\times\frac{3}{10}+3\times\frac{1}{10}=\frac{15}{10}=\frac{3}{2}$$

539

答 $a=\frac{1}{5}$, $b=-\frac{1}{55}$

検討 $X=r$ となる確率は $a+br$ であるから，X の平均 $E(X)$ は

$$E(X)=\sum_{r=1}^{10}r(a+br)=a\sum_{r=1}^{10}r+b\sum_{r=1}^{10}r^2$$
$$=a\times\frac{1}{2}\times10\times11$$
$$+b\times\frac{1}{6}\times10\times11\times21$$
$$=55a+385b=4 \quad \cdots\cdots①$$

また，確率の和は 1 であるから

$$\sum_{r=1}^{10}(a+br)=10a+b\times\frac{1}{2}\times10\times11$$
$$=10a+55b=1 \quad \cdots\cdots②$$

①, ②より　$a=\dfrac{1}{5}$, $b=-\dfrac{1}{55}$

540

答　(1) $\boldsymbol{n=13}$　(2) **1**

検討　(1) 1 回の試行 T で，事象 A の起こる確率は $\left(\dfrac{3}{6}\right)^2=\dfrac{1}{4}$, A の起こらない確率は $1-\dfrac{1}{4}=\dfrac{3}{4}$ である。

n 回目に初めて A が起こる確率は $\left(\dfrac{3}{4}\right)^{n-1}\left(\dfrac{1}{4}\right)$ だから，条件より　$\left(\dfrac{3}{4}\right)^{n-1}\left(\dfrac{1}{4}\right)\leqq 0.01$

両辺の常用対数をとって

$$(n-1)(\log_{10}3-\log_{10}4)-\log_{10}4\leqq\log_{10}0.01$$

$$n\geqq 1+\frac{\log_{10}4+\log_{10}0.01}{\log_{10}3-\log_{10}4}$$

$$=1+\frac{0.301\times 2-2}{0.477-0.301\times 2}=12.184$$

これを満たす最小の自然数は　$n=13$

(2) $S=X_1+X_2+X_3+X_4$ のとりうる値は 0, 1, 2, 3, 4 である。

$S=0$ となる確率は，$X_1=X_2=X_3=X_4=0$ のときであるから　$\left(\dfrac{3}{4}\right)^4$

$S=1$ となる確率は，X_i のうち 1 つだけが 1 で他は 0 であるから　${}_4C_1\left(\dfrac{1}{4}\right)\left(\dfrac{3}{4}\right)^3$

$S=2$ となる確率は，X_i のうち 2 つが 1 で他は 0 であるから　${}_4C_2\left(\dfrac{1}{4}\right)^2\left(\dfrac{3}{4}\right)^2$

$S=3$ となる確率は，X_i のうち 3 つが 1 で残りは 0 であるから　${}_4C_3\left(\dfrac{1}{4}\right)^3\left(\dfrac{3}{4}\right)$

$S=4$ となる確率は，$X_1=X_2=X_3=X_4=1$ のときであるから　$\left(\dfrac{1}{4}\right)^4$

よって　$E(S)=0\times\left(\dfrac{3}{4}\right)^4+1\times{}_4C_1\left(\dfrac{1}{4}\right)\left(\dfrac{3}{4}\right)^3$

$$+2\times{}_4C_2\left(\frac{1}{4}\right)^2\left(\frac{3}{4}\right)^2$$

$$+3\times{}_4C_3\left(\frac{1}{4}\right)^3\left(\frac{3}{4}\right)+4\times\left(\frac{1}{4}\right)^4$$

$$=\frac{108}{256}+\frac{108}{256}+\frac{36}{256}+\frac{4}{256}$$

$$=\frac{256}{256}=1$$

(別解)　$E(X_i)=1\times\dfrac{1}{4}+0\times\dfrac{3}{4}=\dfrac{1}{4}$

$(i=1,\ 2,\ 3,\ 4)$

よって

$$E(S)=E(X_1+X_2+X_3+X_4)$$

$$=E(X_1)+E(X_2)+E(X_3)+E(X_4)$$

$$=\frac{1}{4}+\frac{1}{4}+\frac{1}{4}+\frac{1}{4}=1$$

541

答　(1) $\boldsymbol{\dfrac{3r+2s}{8(r+s)}}$　(2) $\boldsymbol{\dfrac{3(3r+5s)}{2(r+s)}}$　(3) $\boldsymbol{\dfrac{15}{2}}$

検討　(1) A から赤球，B から 3, 4, 5 のカードが出る確率は　$\dfrac{r}{r+s}\times\dfrac{3}{8}$

A から白球，C から 4, 5 のカードが出る確率は　$\dfrac{s}{r+s}\times\dfrac{2}{8}$

この 2 つの事象は排反であるから，求める確率は　$\dfrac{r}{r+s}\times\dfrac{3}{8}+\dfrac{s}{r+s}\times\dfrac{2}{8}=\dfrac{3r+2s}{8(r+s)}$

(2) $X=1$, 2, 3 である確率は，それぞれ

$$\frac{r}{r+s}\times\frac{1}{8}=\frac{r}{8(r+s)}$$

$X=4$, 5, 6, 7, 8 である確率は，それぞれ

$$\frac{r}{r+s}\times\frac{1}{8}+\frac{s}{r+s}\times\frac{1}{8}=\frac{1}{8}$$

$X=9$, 10, 11 である確率は，それぞれ

$$\frac{s}{r+s}\times\frac{1}{8}=\frac{s}{8(r+s)}$$

よって

$$E(X)=\frac{r}{8(r+s)}(1+2+3)$$

$$+\frac{1}{8}(4+5+6+7+8)$$

$$+\frac{s}{8(r+s)}(9+10+11)$$

$$=\frac{6r+30s}{8(r+s)}+\frac{30}{8}=\frac{3(3r+5s)}{2(r+s)}$$

(3) $r=s$ のとき　$E(X)=6$

また，$X=1$, 2, 3, 9, 10, 11 である確率は，それぞれ $\dfrac{1}{16}$ となる。

よって

$$V(X)=\frac{1}{16}\{(1-6)^2+(2-6)^2+(3-6)^2+(9-6)^2+(10-6)^2+(11-6)^2\}+\frac{1}{8}\{(4-6)^2+(5-6)^2+(6-6)^2+(7-6)^2+(8-6)^2\}$$

$$=\frac{15}{2}$$

542

答 (1) $\boldsymbol{\frac{2k}{n(n+1)}}$ (2) $\boldsymbol{\frac{2n+1}{3}}$

(3) $\boldsymbol{\frac{1}{3}\sqrt{\frac{n^2+n-2}{2}}}$

検討 (1) 全部のカードの枚数を N とすると

$$N=1+2+3+\cdots+n=\frac{n(n+1)}{2}$$

したがって，$X=k$ である確率は

$$p_k=\frac{k}{N}=\frac{2k}{n(n+1)}$$

(2) $m=E(X)=\sum_{k=1}^{n}kp_k=\frac{1}{N}\sum_{k=1}^{n}k^2$

$$=\frac{1}{N}\cdot\frac{n(n+1)(2n+1)}{6}=\frac{2n+1}{3}$$

(3) $\sigma^2=V(X)=E(X^2)-m^2$

$$=\sum_{k=1}^{n}k^2p_k-m^2=\frac{1}{N}\sum_{k=1}^{n}k^3-m^2$$

$$=\frac{2}{n(n+1)}\left\{\frac{n(n+1)}{2}\right\}^2-\left(\frac{2n+1}{3}\right)^2$$

$$=\frac{n^2+n-2}{18}$$

よって　$\sigma=\frac{1}{3}\sqrt{\frac{n^2+n-2}{2}}$